普通高等教育"十一五"国家级规划教材

制造工程工艺基础

ZHIZAOGONGCHENGGONGYIJICHU

主编：刘舜尧 李 燕 邓曦明

中南大学出版社
www.csupress.com.cn

内 容 提 要

本书内容包括工程材料、材料成形工艺、切削加工工艺、数控加工与特种加工等四篇。第一篇工程材料包含金属材料、非金属材料、复合材料与功能材料的基本知识；第二篇材料成形工艺包含铸造、锻造、冲压、锻压成形先进工艺、焊接、快速原形制造技术等；第三篇为切削加工基础知识、机械加工与钳工等内容；第四篇主要介绍数控车、数控铣、电火花成形加工、线切割加工、超声波加工与激光加工。

本书的编写以国家教委新颁布的"工程材料及机械制造教学基本要求"为指导，认真总结改革开放以来课程建设与教学改革的经验，精选常规工艺教学内容，增加现代工业制造工程中已成熟并已推广应用的新材料、新技术与新工艺。新增加的内容注意与常规工艺内容在知识深度方面的衔接。

本书可作为高等学校近机类、非机类各专业制造工程训练实践教学（金工实习）与课堂教学的通用教材，也可以作为机械专业以及函授大学、广播电视大学相关专业的教学参考书，各专业可以根据教学条件和教学计划的要求，对书中内容有所取舍。

序　言

湖南省高等教育学会金工教学委员会在总结本地区多年课程教学改革经验的基础上，认真吸取与借鉴国内兄弟院校的教学改革成果，组织一批经验丰富的骨干教师，几历艰辛，成功编写了8本一套"工程材料及机械制造基础"的系列教材。该套教材囊括了课堂教学、工程实践教学和教学指导三部分必备的内容，注重扩充制造领域的新材料、新技术和新工艺，重视零件设计的结构工艺性；使之既符合目前金工系列课程改革的发展方向，又体现湖南地区高校课程改革的基本特色。

金工系列课程虽然属于工艺性技术基础课程的范畴，但它在大学实现其整体教育目标中所起的作用，并不亚于任何一门其他重要课程。这是因为：

1. 它包含讲课、实习和实验三部分完整内涵，是工艺理论与工艺实践高度结合的课程，尤其是"实践"这一必须经历的重要过程，正是我国高校学生所普遍缺乏的。

2. 工程训练中心所提供的大工程背景和严格按照教学规划所实施的全面训练，使其不只是为后续课程打基础的一般性业务课程，而是全面贯彻落实素质教育的综合性课程。

3. 工艺课程体现出很强的综合性。任何一个小的工艺问题，都必然涉及一系列相关的边界问题。因此，工艺问题的解决，实际上总是可以转化为类似于对一个多元方程求优化解，在解决问题的思维方法上可以给学生以启迪。

4. 设计创新与工艺创新是相互关联和密切联系的。事实上，工艺创新愈深入，设计创新就愈活跃。真正懂得工艺的人，才能更好地实施设计创新。在这里，零件的结构工艺性只是体现其中的一个方面，工艺方法本身的不停顿创新则显得更为重要。国内外的专家学者目前对此问题的看法已经基本趋于一致。

5. 当今的高等教育，旨在培养出一大批基础宽、能力强和素质高的复合性人才。从未来社会的发展趋势看，人文社会学科的学生应该具备一些工程技术方面的知识和经历；同样，理工学科的学生也应该具备更好的人文素质。金工系列课程中的工程训练则可以为实现这种交叉和融合提供一个良好的界面。

6. 要高质量、高效率地实现预定的教学目标，在教学中应该合理、适度地采用已经日趋成熟的现代教育技术。

7. 通过改革后的金工系列课程的教学过程，来实施新的课程教学目标：学习工艺知识，增强工程实践能力，提高综合素质，培养创新精神和创新能力。从全国金工同仁的实践看，这一目标是完全可以实现的。

工艺系列课程的重要性已经不容置疑，中南大学出版社出版的这套系列教材应时而出，期待它为培养新世纪的高质量人才作出新的贡献。

清华大学   傅水根

---

*傅水根：清华大学教授，国家教育部"工程材料及机械制造基础"课程教学指导组组长。

第2版前言

《制造工程工艺基础》教材自2002年出版以来，8年已印刷8次，在国内各有关理工院校"机械制造工程训练"（金工实习）课程教学中使用。这期间，我国高等教育发生了深刻的变革，在教育部、财政部实行高等学校本科教学质量与教学改革工程及精品课程建设工作的推动下，"机械制造工程训练"课程的建设与教学改革取得了许多新的成果，本课程实践教学和理论教学对教材建设提出了新的更高的要求。根据教育部"工程材料及机械制造基础"课程指导组新制定的"机械制造实习课程教学基本要求"，本教材在2002年第1版的基础上进行修订。

本次修订保持了教材原有的体系和风格，对第1版编写的内容进行了适当的调整，删除了与课程教学关系不太紧密的"胶接成形"内容，根据计算机技术和数控加工技术的最新发展新编写了第11章数控加工技术。本次修订由刘舜尧修订第1、2、3、4、5、6、7章；蔡小华新编第6章；钟世金修订第8章；李燕修订第9章；邓曦明修订第10章和第11章第4节；何玉辉新编第11章1、2、3节；彭高明新编第11章第5节；舒金波修订第12章。

本教材修订、编写由刘舜尧、李燕、邓曦明担任主编，胡昭如教授负责主审。

编者对本教材第1版发行使用、第2版修订过程中提出宝贵意见与建议的专家教授和实习教学指导工作者深表感谢。限于编者水平，修订编写中难免存在不当之处，敬请读者批评指正。

与本教材配套的《制造工程实践教学指导书》同时修订，出版第2版。

编　者

2010年3月

前　　言

制造技术是将原材料转变为产品的应用技术，它既是科学技术走向实际应用的接口和桥梁，又是推动科学技术向前发展的基础。先进的制造技术对于创造物质财富和发展科学技术，具有十分重要的意义。

工业发达国家都无不拥有先进的制造技术和庞大的制造业，制造业已成为各工业发达国家基本的支柱产业，所创造的物质财富达到整个国民经济总产值的一半以上。所以，要使国家和民族繁荣富强，必须大力创新制造技术，大力发展现代制造业。

先进制造技术与现代科学技术密不可分，新材料技术、能源技术、自动控制技术、信息技术、计算机技术和现代管理技术在制造工程中的应用，使得现代制造技术向着更高的水平前进。所以，制造技术教育必须适应科学技术的发展，必须适应现代制造业的需要，教育观念、教学内容、教学方法与手段都必须更新。

《制造工程工艺基础》一书，遵循党和政府倡导的科技创新与全面推进素质教育的指导思想，以国家教育部新颁布的"金工实习教学基本要求"为指导，在原《机械制造基础与实践》教材的基础上，认真总结国内各兄弟院校关于本课程教学内容与课程体系教学改革的经验，并结合编者的教学实践，提高起点，拓宽知识面，精选常规制造工艺内容，增加先进制造技术及其工艺方法。在编写结构上突破传统金工教材的体系，将全书分为四篇，各篇自成体系；在内容上有较大幅度的更新，对常规的工艺内容做了必要的精简，增加了在制造工程中已广泛应用的新材料、新技术与新工艺的内容；选材上注意知识的系统性和科学性，文字力求简洁；各章节之后均附有练习题，以便于学生阅读和培养自学能力；为了帮助学生学习科技外语，书中还插入了部分常用制造工程专业术语的英语单词，以拓宽获得英语词汇的途径。

全书采用法定计量单位，材料牌号、基本概念和工艺术语等均采用已颁布的国家规范和标准。

本书由刘舜尧、李燕、邓曦明主编。书中各部分内容分别由刘舜尧（前言，第 1，2，3，4，5，7 章），蔡小华（第 6 章），钟世金（第 8 章），李燕（第 9 章），邓曦明（第 10，11 章）、舒金波（第 12 章）编写。

本书由中南大学胡昭如教授主审，参加本书审稿工作的有：湖南大学陈永泰，中南大学何少平、贺小涛，国防科技大学周继伟，湖南师范大学汤酞则，长沙交通学院杨瑾珏，中南林学院郑哲文，湖南工程学院张亮峰。他们对本教材的编写提出了许多建设性的意见。

　　本书是"湖南省普通高等教育21世纪课程教材"规划重点资助项目，也是湖南省高等教育学会金工教学委员会组织编写的"工程材料及机械制造基础"系列教材之一，在编写出版过程中得到了湖南省教育厅和学会有关专家的指导和帮助。在本书的编写中，还参考并引用了有关文献资料，借鉴了各兄弟院校和同行专家的教学改革成果。值此书出版之际，特向以上专家、教授表示诚挚的感谢！

　　限于编者的学识水平，书中的错误和不妥之处，热诚希望读者斧正。

编　者

目　录

第三篇　切削加工工艺

第四篇 数控加工与特种加工

第一篇
工程材料

1 金属材料
2 非金属材料与复合材料
3 功能材料

1 金属材料

金属材料在工业制造工程中的应用非常广泛，机床、汽车、船舶、航空航天、通用机械、农机、轻纺、仪器仪表、电子计算机、信息产业等制造行业中，金属材料的使用约占85%，其他材料只占15%左右，可见金属材料对于制造业是十分重要的基础材料。

金属材料可分为黑色金属材料、有色金属材料及粉末冶金材料等。其中黑色金属材料是指铁基金属合金，包括碳钢、合金钢和铸铁，有色金属材料则是除铁基金属材料以外的所有金属及其合金，而粉末合金材料是用粉末冶金的方法将各种金属粉末混合并烧结成形的工程金属材料，粉末冶金中所用的粉末可以是铁基粉末也可以是各种有色金属粉末。

本章介绍金属材料的基础知识及其在制造工程中的应用。

1.1 金属材料的性能

金属材料的性能(properties of metal materials)包括力学性能、物理性能、化学性能和工艺性能。在工业设备的设计与制造中，主要考虑材料的力学性能与工艺性能，某些特定条件下工作的零件还要求材料具备一定的物理性能与化学性能。

1.1.1 金属材料的力学性能

金属材料在外力作用下反映出来的力学性质称为力学性能(mechanical property)，衡量力学性能的指标主要有强度、塑性、硬度和韧性等几种。

1. 强　度

金属材料在外力作用下抵抗变形与断裂的能力称为强度(strength)。根据外力的作用方式不同，可以分为抗拉强度、抗压强度、抗弯强度、抗扭强度等等。一般所说的强度指的是抗拉强度。

抗拉强度是将金属试样(图1.1)夹持在拉伸试验机上测试出来的。试验时，对拉伸试样缓慢增加载荷，试样在拉力作用下产生变形并且被不断拉长，最终被拉至断裂。用低碳钢试样作拉伸试验，可以得到如图1.2所示的拉伸曲线。

在拉伸曲线上，纵坐标表示外力的大小，横坐标表示试样的变形量。从拉伸曲

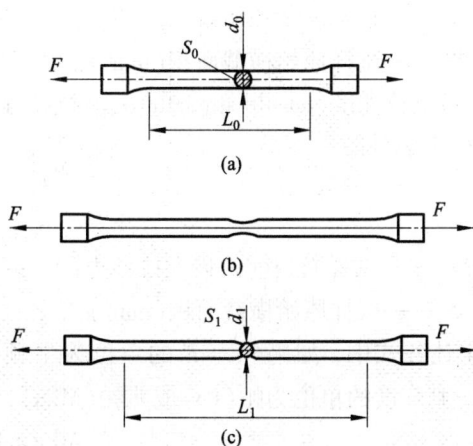

图1.1　拉伸试样

线可以看出,当外力小于 F_e 时,试样的变形量与外力成正比关系,此时若去除外力,试样将恢复到原始长度,说明这时试样仅发生弹性变形;当外力大于 F_e 时,试样除发生弹性变形外,还发生不能回复的变形(塑性变形),这时如果去除外力,试样的弹性变形消失,塑性变形部分残留下来,试样不能完全恢复到原始长度;当外力增加到 F_s 时,S 点附近的曲线近似于水平状态,即发生外力不增加而试样却在连续伸长的现象,这种现象称为"屈服";屈服现象过后,继续增加外力,则试样发生明显的塑性变形,当外力增大到 F_b 时,试样局部开始变细而发生"缩颈"现象;之后,试样变形集中出现在缩颈附近,由于截面缩小,继续变形所需的外力下降,外力达到 F_k 时,试样在缩颈处断裂。

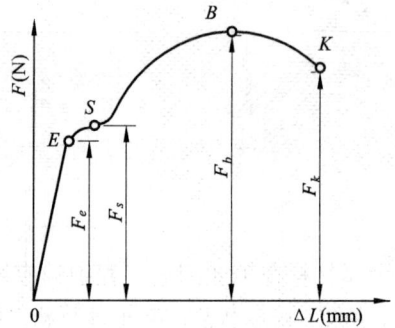

图 1.2　低碳钢的拉伸曲线

根据拉伸曲线所反映出的试样拉伸变形与断裂的情况,可以得到如下的概念:

(1)弹性极限(elastic limit)σ_e　弹性极限是金属材料在外力作用下开始产生塑性变形时的应力,即:

$$\sigma_e = \frac{F_e}{S_0} \quad (\text{N/mm}^2)$$

式中:F_e——试样发生最大弹性变形时的拉伸力(N);

S_0——试样原始横截面积(mm^2)。

为了便于比较,在国家标准中把产生残余伸长为 0.01% 的应力作为规定弹性极限,用 $\sigma_{p0.01}$ 表示,并将 $\sigma_{p0.01}$ 称为规定非比例伸长应力。

(2)屈服点(yield point)σ_s　屈服点是金属材料在外力作用下开始发生屈服现象时的应力,即:

$$\sigma_s = \frac{F_s}{S_0} \quad (\text{N/mm}^2)$$

式中:F_s——试样发生屈服现象时的拉伸力(N);

S_0——试样原始横截面积(mm^2)。

(3)抗拉强度(tensile strength)σ_b　抗拉强度是金属材料在拉伸力作用下,断裂前能承受的最大应力,即:

$$\sigma_b = \frac{F_b}{S_0} \quad (\text{N/mm}^2)$$

式中:F_b——试样断裂前的最大拉伸力(N);

S_0——试样原始横截面积(mm^2)。

上述各式中,如果外力 F 的单位为牛顿(N),试样原始横截面积 S_0 的单位为平方米(m^2),则强度的单位为帕(Pa)或兆帕(MPa),且有:

$$1\text{MPa} = 1 \times 10^6 \text{Pa}$$

金属材料的强度在机械设计中具有重要意义。设计弹簧和弹性零件时,材料的许用应力不应超过其弹性极限,即 $\sigma_{许} < \sigma_e$;采用韧性材料制造机械零件时,材料的许用应力不应超过

其屈服点，即 $\sigma_{许} < \sigma_s$；采用脆性材料制造机械零件时，其许用应力不应超过抗拉强度，即 $\sigma_{许} < \sigma_b$。违反了这些规则，机械零件就不能正常使用。

2. 塑　性

金属材料在外力作用下，产生永久变形而不破坏的能力称为塑性（plasticity）。塑性通常用断后伸长率（δ）与断面收缩率（ψ）来表示。它们的计算式如下：

$$\delta = \frac{L_1 - L_0}{L_0} \times 100\%$$

$$\psi = \frac{S_0 - S_1}{S_0} \times 100\%$$

式中：L_0——试样原始标距长度（mm）；

L_1——试样拉断后的标距长度（mm）；

S_0——试样原始横截面积（mm^2）；

S_1——试样拉断后缩颈处的最小横截面积（mm^2）。

测定金属材料的断后伸长率时，同一种材料用不同长度的试样得到的 δ 值不同。用长比例试样（$L_0 = 10d_0$）测得的断后伸长率用 δ_{10} 表示，通常简写为 δ；用短比例试样（$L_0 = 5d_0$）测得的断后伸长率用 δ_5 表示。由于金属材料的断后伸长率随标距长度 L_0 增加而 δ 值变小，故有 $\delta_5 > \delta_{10}$。

断面收缩率（percentage reduction of area）则不受试样长短的影响。

金属材料的断后伸长率（percentage elongation after fractures）与断面收缩率的值愈大，说明材料的塑性愈好。金属材料的塑性优劣，对零件的成形加工与使用具有重要意义。塑性良好是金属进行压力加工的必要条件，也是零件安全使用的标志。金属材料具有一定的塑性，能够顺利地进行锻造或其他形式的变形加工。在使用中，材料具有一定塑性，如果载荷超过允许值（$\sigma > \sigma_s$），则在载荷作用下通过局部塑性变形并产生加工硬化，使零件强度升高，可以避免产生裂纹而不至于发生脆性断裂。大多数零件只要达到 $\delta \geqslant 5\%$ 或 $\psi \geqslant 10\%$ 就可以满足使用要求。过高地追求材料的塑性指标将导致强度偏低，不利于提高零件的使用寿命。

3. 硬　度

金属材料抵抗集中载荷作用的能力称为硬度（hardness）。或者说，硬度是材料抵抗硬物压入的能力。

常用的硬度测试方法有布氏硬度和洛氏硬度两种。

（1）布氏硬度（brinell hardness）HBS（HBW）　布氏硬度值（brinell hardness number）在布氏硬度计上测定。用直径为 D 的钢球或硬质合金球作为压头，在规定的载荷 F 作用下压入试样表面，保持一定时间后卸除载荷，试样上留下直径为 d 的球面压痕（图1.3），以压痕单位面积上所承受载荷的大小作为试样的硬度值，其计算式为：

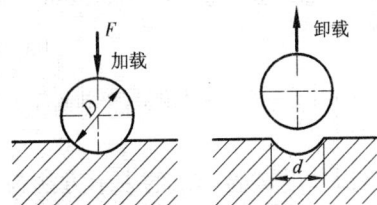

图 1.3　布氏硬度测定示意图

$$HBS(HBW) = 0.102 \frac{2F}{\pi D(D - \sqrt{D^2 - d^2})}$$

式中：HBS——压头为钢球时的布氏硬度符号；

HBW——压头为硬质合金球时的布氏硬度符号；

D——压头直径(mm)；

F——试验时的压力(kgf)；

d——压痕平均直径(mm)。

在实际生产中，布氏硬度试验值并不需要进行计算，而是测出材料表面所留压痕直径 d 后，可直接查阅布氏硬度表得到 HBS(或 HBW)的数值。在进行布氏硬度试验(brinell hardness test)时，钢球压头适合于测定硬度较低的金属材料(<450 HBS)，硬质合金球压头适合于测定硬度较高的金属材料(450~650 HBW)。

(2)洛氏硬度(rockwell hardness)　洛氏硬度试验是用顶角为 120°的金刚石圆锥体或直径为 1.588 mm 的钢球作为压头，在初载荷 F_0 与总载荷 $F(F=$初载荷 F_0 + 主载荷 F_1)分别作用下压入被测材料表面，然后卸除主载荷 F_1，在初载荷 F_0 作用下测量压痕深度残余增量 e 来计算硬度值(图 1.4)。如果 e 值小，则金属材料硬度较高；e 值较大，则材料的硬度较低。试验时，可以通过洛氏硬度计上的刻度盘直接读出洛氏硬度值。

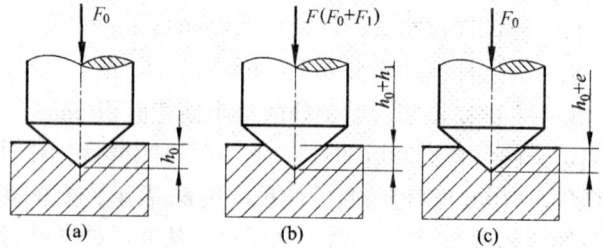

图 1.4　洛氏硬度试验原理

根据试验时所用的压头和载荷不同，洛氏硬度有几种硬度标尺，常用的有 A、B、C 三种标尺。各种标尺的洛氏硬度试验及其应用范围见表 1.1。

表 1.1　三种洛氏硬度标尺的试验条件和应用范围

符号	压　头	初载荷 kgf(N)	主载荷 kgf(N)	测量范围	应　用　范　围
HRA	顶角 120°金刚石圆锥	10(98.1)	50(490.3)	60~85	硬质合金或表面处理过的零件等
HRB	直径 1.588 mm 钢球	10(98.1)	90(882.6)	25~100	退火钢、灰铸铁及有色金属等
HRC	顶角 120°金刚石圆锥	10(98.1)	140(1373)	20~67	淬火钢、调质钢等

注：三种标尺的硬度值 HRA，HRB，HRC 的计算公式如下：

$$HRA(HRC)=100-\frac{e}{0.002}, \quad HRB=130-\frac{e}{0.002}$$

式中：e——卸除主载荷后，在初载荷下的压痕深度残余增量(mm)。

洛氏硬度试验结果的表示方法为：用 HR 表示洛氏硬度，随后的字母表示所用标尺，字母后面的数字表示硬度值。例如 HRC60 表示用 C 标尺测定的洛氏硬度值为 60。

硬度试验是一种非破坏性试验，可以直接在零件上测定成品的硬度。一般零件图上都标出所要求的硬度值范围作为零件性能的技术要求。例如，一般工具(刃具、模具、量具)的硬度为 HRC60~66；结构零件的硬度为 HRC25~40；弹簧或弹性零件的硬度为 HRC40~48。

金属材料的硬度与其他性能指标之间有一定的关系。例如，对于钢材，在一定的范围内，硬度与抗拉强度有下列经验公式可供参考：

$$低碳钢 \quad \sigma_b \approx 0.36 \ HBS；$$
$$合金调质钢 \quad \sigma_b \approx 0.33 \ HBS；$$
$$高碳钢 \quad \sigma_b \approx 0.34 \ HBS。$$

4. 冲击韧度

金属材料抵抗冲击载荷作用而不破坏的能力称为冲击韧度（impact toughness）。

冲击韧度的测定在冲击试验机上进行。试验时，把冲击试样放在摆锤冲击试验机的支座上，然后让摆锤从一定高度 H_1 将试样冲断，摆锤反向升到 H_2 高度（图 1.5）。冲击韧度值用下式计算：

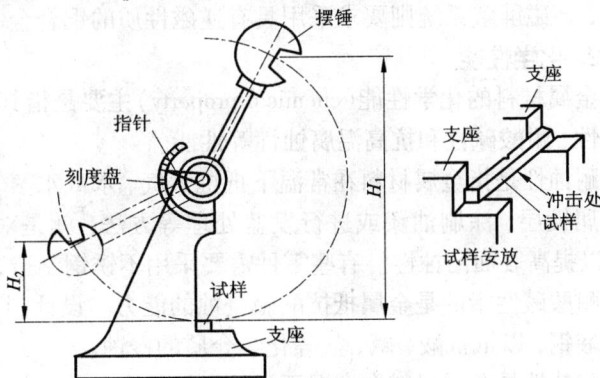

图 1.5　冲击试验原理

$$a_{KV}(a_{KU}) = \frac{A_{KV}(A_{KU})}{S} \quad (J/cm^2)$$

式中：$a_{KV}(a_{KU})$——冲击韧度值，单位为 J/cm^2（或 $kgf \cdot m/cm^2$）；

$A_{KV}(A_{KU})$——冲击吸收功，单位为 J（或 $kgf \cdot m$）；

S——试样缺口底部横截面积，单位为 cm^2。

冲击试验标准试样有 V 形缺口和 U 形缺口两种，所以分别用 a_{KV} 或 a_{KU} 表示它们的试验值。

冲击韧度是金属材料的一种重要的性能指标，通常用它来衡量零件在使用时的安全性或检验材料的脆性倾向。实际工作中，有些零件（如汽车变速齿轮、凿岩机活塞等）在使用过程中承受较大的冲击载荷作用，从而产生比静载荷作用时大得多的应力。有些金属材料在静载荷作用下具有很高的强度，而在冲击载荷作用时却表现得脆弱。因此，对于承受冲击载荷作用的零件，不仅要有较高的强度，还必须具有一定的冲击韧度值才能满足使用要求。

1.1.2　金属材料的其他性能

除力学性能之外，金属材料的物理性能、化学性能和工艺性能在机械设计与制造中也具有重要的意义。

1. 物理性能

金属材料的物理性能（physical property）包括密度、熔点、热膨胀性、导热性、导电性和磁性等。

密度小于 $5g/cm^3$ 的金属称为轻金属，轻金属材料对于制造飞机与航天器具有重要的意义。密度大于 $5g/cm^3$ 的重金属材料则主要用于制造普通的机械设备。

制造保险丝时要求金属熔点低，制造锅炉管道及加热炉底板等零件则要求金属熔点高。此外，在进行金属热加工时，必须了解金属的熔化温度，以便制定合适的加工工艺。

金属材料的热膨胀性主要是通过它的线膨胀系数反映出来。线膨胀系数大的材料会使零件在使用中改变配合状态甚至出现变形与裂纹的问题，从而影响机器的精度和使用寿命。

在制定金属热处理工艺或其他热加工工艺时，要考虑金属的导热性。导热性差的材料在加热与冷却时，若加热速度与冷却速度控制不当，则工件内外温差大，容易产生大的应力，而导致零件变形甚至产生裂纹。

金属材料的导电性和磁性在设计制造电机与电器产品中是很重要的性能参数。例如，电阻丝要求大电阻，导线和电缆要求导电性能优良，变压器和电机的铁芯要采用磁性好的铁磁材料，而磁屏蔽系统则要求采用具有逆磁性质的铜合金制造。

2. 化学性能

金属材料的化学性能(chemical property)主要是指其抵抗活泼介质化学侵蚀的能力，包括耐蚀性、耐酸碱性和抗高温腐蚀性等性能。

耐蚀性是指金属材料在常温下抵抗大气、水或水蒸气等介质侵蚀的能力。工程上采用表面金属镀层、涂刷油漆或进行发蓝处理等方法，就是对零件和金属制品采取的表面保护措施，以提高表面耐蚀性。有些零件需要采用不锈钢制造，以抵抗腐蚀性环境的侵袭。

耐酸碱性指的是金属抵抗酸碱侵蚀的能力。设计制造化工、石油等工程机械设备时要选用耐酸钢，以抵抗酸、碱、盐等化学介质的侵蚀。

耐热性是金属材料在高温下保持足够强度并能抵抗氧或其他介质侵蚀的能力。锅炉、汽轮机及其他在高温下工作的机械设备，其中的一些结构件必须采用耐热钢制造，以适应高温工作环境。

3. 工艺性能

金属材料的工艺性能(technological property)是材料在加工过程中能否易于加工成零件的性质。工艺性能主要有铸造性、锻造性、焊接性、切削加工性与热处理性。材料的工艺性能与它的化学成分、内部组织以及加工条件有关，它们是材料的力学性能、物理性能和化学性能在加工过程中的综合表现。工艺性能的优劣不仅影响产品的生产效率和成本，而且影响产品的质量和性能。

铸造成形的零件要求所选用的金属铸造性能良好，液态金属能够顺利地充满铸型，得到力学性能合格、尺寸准确和轮廓清晰的铸件，并且能够减少和避免产生应力、变形、裂纹、缩孔、气孔、化学成分与内部组织不均匀等缺陷，提高铸件使用的可靠性。

锻压成形的零件应该选用锻造性良好的金属材料，即材料的塑性好、变形抗力小，可锻温度范围较宽，变形时不易产生裂纹，易于获得高质量的锻件。

焊接件应该获得优质焊接接头。焊接性好的金属焊接接头强度高，焊缝及焊缝邻近部位不易产生大的焊接应力而引起变形与裂纹，焊缝中也不易出现气孔、夹渣与其他焊接缺陷。

大多数零件必须经过各种形式的切削加工，因此要求材料的切削加工性良好，即切削时能耗低、切屑易脱落、加工面的表面质量高，并且刀具寿命长，切削工效高。

进行热处理的零件要求材料具有良好的热处理性能，经过热处理之后金属零件必须是内部晶粒细小、组织均匀、性能合格，尽量避免出现过大的热处理应力而导致变形与开裂的缺陷。

练习题

1. 说出下列力学性能指标的含义：

　　σ_e、σ_s、σ_b、δ、ψ、a_K、HBS、HRC

2. 机械零件图上一般只标明零件的硬度要求，而不标明要求多高的强度，为什么？

3. 零件在使用中发生下列现象，是什么性能指标不符合要求？

　①零件使用中发生过量塑性变形而不能继续运行；

　②某种轴的轴颈磨损速率极快；

　③某种杆状零件使用时发生突然断裂的现象；

　④一种弹簧在使用短时间之后即失去弹性。

1.2　金属热处理方法

　　热处理(heat treatment)是将金属在固态下通过加热、保温和冷却，改变金属的晶体结构和组织，从而改变金属性能的一种工艺方法(图1.6)。在热处理过程中，通过控制加热温度、保温时间和冷却速度来改变金属材料的组织结构和它的力学性能与工艺性能。

　　在机械制造中，热处理是一种非常重要的工艺方法。切削加工之前，对零件进行预备热处理，可以改善切削加工性能，提高切削效率，改善加工质量；欲使零件达到使用性能指标，应该根据图纸的技术要求进行最终热处理；为了稳定零件的形状和尺寸，可以制定合适的热处理工艺方法来消除金属内部的应力。所以，热处理是现代机械制造中改善加工条件、保证产品质量、节约能源和节省材料的一项极为重要的工艺方法。

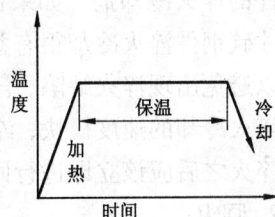

图1.6　热处理方法示意图

　　热处理的工艺方法很多，在机械制造中常见的热处理方法有退火、正火、淬火与回火等常规热处理，还有表面淬火与化学热处理(渗碳、渗氮、碳氮共渗等)等表面热处理。

1.2.1　退火与正火

1. 退火

　　将钢材加热到适当的温度并保温一定的时间，然后随炉缓慢冷却的热处理工艺称为退火(annealing)。退火时，钢材的加热温度一般为 800~900℃ 范围，低碳钢的退火加热温度较高，而高碳钢的退火加热温度较低。保温时间的长短主要取决于零件的尺寸大小和同炉装入工件的数量。

　　退火是缓慢冷却，退火以后得到平衡组织，经过退火的钢件内部晶粒细小，组织均匀，降低了硬度和消除了应力，切削加工性能得到了改善。退火主要适应于含碳量较高的碳钢和各类合金钢。

　　如果只是为了消除工件内部的应力，防止变形和开裂，可将工件加热到 600~650℃，保温一段时间后缓慢冷却下来。这种方法称为去应力退火(低温退火)。

2. 正火

　　正火(normalizing)是将工件加热到临界温度以上的适当温度，保温之后从炉中取出置于空气中冷却的热处理工艺。钢材的正火加热温度与钢中的化学成分有关，通常在 820~950℃ 范围，正火的冷却速度比退火快，正火之后工件的硬度比退火略高，而正火消除应力的效果不如退火彻底。

　　在实际生产中，正火处理的目的与退火相似，而正火后钢材的组织更为细小，低碳钢和中碳钢通过正火后更适合于切削加工。所以，正火多用于改善钢材切削加工性能的预备热处理。对于普通要求的机械零件，正火也可以作为达到使用性能的最终热处理工艺。

1.2.2 淬火与回火

1. 淬火

淬火(quech hardening)是将工件加热到临界温度以上的适当温度，保温之后快速冷却下来的热处理工艺方法。钢材的淬火加热温度也是由它的化学成分来决定，一般为 780 ~ 880℃。淬火处理之后，再进行适当的回火处理，能改善零件的使用性能和延长使用寿命。

淬火操作时要使钢材实现快速冷却，必须选择具有足够冷却能力的淬火冷却介质，常用的冷却介质为水和矿物油。水是最便宜而且冷却能力很强的一种冷却介质，主要用于一般碳钢零件的淬火冷却剂。如果在水中加入少量盐，则其冷却能力可以进一步提高，这对于一些大尺寸碳钢件淬火冷却很有益处。油的冷却能力比水低，工件在油中淬火冷却的速度较慢，但可以避免出现淬火缺陷，合金钢适宜于采用矿物油作淬火冷却剂。

淬火冷却的速度极快，淬火后钢材的内部组织为非平衡组织，存在较大的应力和脆性，工件淬火之后应该立即进行回火处理才能使用。

2. 回火

将淬火后的工件加热到临界温度以下一定的温度，保温一段时间，然后冷却下来，称为回火(tempering)。回火的主要作用在于减小和消除淬火工件的应力与脆性，防止零件产生变形或裂纹(carcking)，并且通过回火过程调整零件的力学性能，使之符合使用要求。

根据回火加热温度的差别，可以分为低温回火、中温回火和高温回火三种。

(1)低温回火(low-temperature tempering)　低温回火的加热温度为 150 ~ 250℃。在较低的温度下回火，可以部分消除淬火应力、降低脆性，提高韧性。同时，使工件保持淬火后的高硬度与高耐磨性。低温回火适用于要求硬度高、耐磨损的刀具、量具、模具以及各种耐磨零件。钢材低温回火后，硬度可达 HRC58 ~ 64。

(2)中温回火(medium-temperature tempering)　中温回火的加热温度为 350 ~ 500℃。淬火工件经中温回火之后，应力与脆性已基本上消除，零件具有较高的强度与一定的韧性，而且弹性良好。中温回火主要用于处理弹簧和弹性零件，中温回火后硬度一般为 HRC35 ~ 50。

(3)高温回火(high temperature tempering)　高温回火的加热温度为 500 ~ 650℃。由于回火温度较高，不仅可以使淬火应力与脆性全部清除，而且可以赋予零件良好的综合力学性能，即零件的强度、硬度与塑性、韧性具有良好的配合。高温回火主要是用于齿轮、轴、连杆和要求较高综合力学性能的各种结构件。

习惯上把淬火与高温回火相结合的热处理工艺称为调质处理，调质零件的硬度为 200 ~ 330 HBS。

1.2.3 表面热处理

有些零件，如齿轮、链轮、轴、轧辊等，使用中要求整体强度和韧性较高，而表面则需要高硬度和高耐磨性，这时可以通过表面热处理(surface heat treatment)的方法改变零件的表面性能。机械制造中广泛应用的表面热处理方法有表面淬火和化学热处理两种。

1. 表面淬火

表面淬火(surface hardening)是以极快的速度将零件表面加热到淬火温度，然后快速冷却下来，使表面组织发生转变、表面硬度得到提高。由于只对表面进行快速加热和快速冷却，故零件心部组织和性能并不发生变化。中碳钢和合金调质钢常采用表面淬火方法来提高表面硬度。表面淬火可以用火焰加热和感应加热等方法。

(1)火焰加热表面淬火　火焰加热表面淬火是利用氧气－乙炔高温火焰将工件表层迅速加热到淬火温度，随后立即用水或乳化液进行冷却，使表层淬硬。火焰加热表面淬火设备简单，成本低，但不易于控制淬火质量，淬火之后表面硬度不够均匀，一般主要用于单件或小批量生产中。

(2)感应加热表面淬火　感应加热表面淬火是利用交流电通过导体的集肤效应来加热工件的(图1.7)。交流电通过导体时，在靠近导体表面部位电流密度大，而中心部位电流密度几乎为零。并且，交流电频率越高，则电流密度分布不均匀的现象越显著。利用电磁感应的方法在零件中产生感应电流即可实现加热淬火操作。

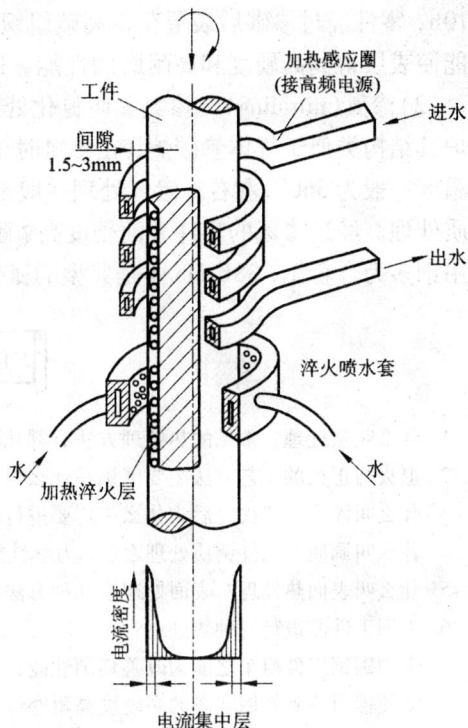

图1.7　感应加热淬火示意图

高频电流在感应圈内形成强大电磁场，工件处于感应圈内的部分由于表面层感生强大的涡流而迅速发热，很快达到淬火温度，位于感应圈下部的喷液套立即喷出冷却水(或乳化液)进行冷却，使工件表层淬硬。工件心部则并无涡流加热，所以不会变硬。淬火操作时，感应圈和喷水套固定不动，工件在感应圈内旋转并向下移动，使表面淬火连续进行。

2. 化学热处理

化学热处理(thermo-chemical treatment)是将工件置于一定温度的活性介质中保温，使一种或几种元素渗入其表层，以改变表层的化学成分，从而改变表层的组织和性能的热处理工艺。常用的化学热处理方法有渗碳、渗氮、氰化(碳－氮共渗)、渗硼、渗钒等。

(1)渗碳(carburizing)　常用的渗碳方法有固体渗碳和气体渗碳两种，生产中广泛应用的是气体渗碳。图1.8是气体渗碳装置示意图。工件装入密封的气体渗碳炉中，加热到930℃左右长时间保温，并且不断滴入渗碳剂(煤油、酒精或丙酮等)，液态渗碳剂在高温下气化裂解产生活性碳原子[C]，这些活性碳原

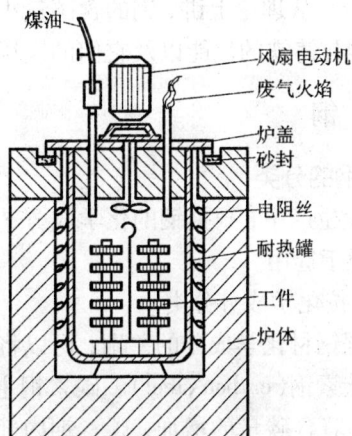

图1.8　气体渗碳法示意图

子吸附在工件表面并不断地向表层渗入，渗入速度为 0.15 ~ 0.20 mm/h，一般工件应保温 6 ~ 10h，零件经过渗碳后表层获得高碳组织。渗碳以后的零件还要进行淬火和低温回火处理，才能使表层得到高硬度和高耐磨的性能。适合于渗碳的钢是低碳钢和合金渗碳钢。

（2）渗氮（nitriding）　渗氮又叫氮化处理。气体渗氮是最常用的方法，用于气体渗氮的井式炉其结构类似于气体渗碳炉，在渗氮时不是滴入煤油，而是通入氨气（NH_3），渗氮时的加热温度一般为 560℃左右。渗氮处理一般是零件加工的最后一道工序，渗氮之前一般应进行调质处理。经过渗氮的零件表面硬度高、耐磨损、抗腐蚀能力强，使用时寿命显著提高。氮化用钢多为合金钢，38CrMoAl 是典型的氮化钢。

练习题

1. 什么叫热处理？常见的热处理方法有哪几种？
2. 退火与正火的工艺方法主要区别是什么？
3. 什么叫淬火？淬火之后为什么一定要进行回火处理？回火温度高低与力学性能有什么关系？
4. 什么叫调质？工件调质处理之后，力学性能有什么特点？
5. 什么叫表面热处理？表面处理有几种方法？表面处理能否改变工件心部性能？
6. 下列工件需进行何种热处理？
　①中碳钢工件粗车之前为改善切削性能；
　②使锉刀达到使用状态的高硬度高耐磨性；
　③机车连杆要求良好的综合力学性能；
　④螺旋弹簧要求良好的弹性；
　⑤汽车变速齿轮表面需要具有高硬度高耐磨性，心部具有良好的韧性。

1.3　钢铁材料

钢铁（steel and iron）是应用十分广泛的金属材料，它是由铁、碳以及锰、硅等其他元素组成的合金。从理论上讲，钢的含碳量小于 2.11%，铸铁的含碳量大于 2.11%。由于含碳量不同，故钢与铸铁的性能以及它们的应用范围都有很大的差别。

1.3.1　钢

1. 钢的分类

工业生产中，根据钢的化学成分、冶炼质量、用途等方面的不同，可以将钢分为各种类别，以便于选用。

（1）按化学成分分类

根据钢材化学成分的差别，可以将钢材分为碳素钢和合金钢两大类。

①碳素钢（carbon steel）　碳素钢主要含有铁和碳两种元素，碳对碳素钢的力学性能影响很大，随着含碳量的增加，碳素钢内部的组织发生变化，强度和硬度随之提高，而塑性和韧性降低。当含碳量超过 0.9% 以后，再增加含碳量，钢的硬度继续增加，而强度开始下降（图1.9）。工业用钢的实际含碳量一般不超过 1.4%。碳素钢中还有元素锰、硅以及杂质硫和磷，其中锰和硅是炼钢时作为脱氧剂加入的，少量的锰和硅残留在钢中可以提高碳钢的力学

性能，而硫和磷是钢中的有害杂质。碳素钢是工业上使用量非常大的钢种，依照其中含碳量又可以分为三类：

低碳钢　$w_C \leqslant 0.25\%$。低碳钢的强度和硬度较低，而塑性和韧性较高；

中碳钢　w_C 在 $0.25\% \sim 0.55\%$。中碳钢的综合力学性能较好；

高碳钢　w_C 大于 0.60%。高碳钢的强度与硬度较高，而塑性与韧性较低。

②合金钢（alloy steel）　在碳素钢的基础上加入铬、镍、钼、钨、锰、硅等元素而成为合金钢。钢中加入一种或几种合金元素，可以改善力学性能和工艺性能，有时可以使钢获得特殊的物理性能和化学性能。合金钢的性能比碳钢优越，可以满足多方面的使用要求，成为现代工业中不可缺少的基础材料。

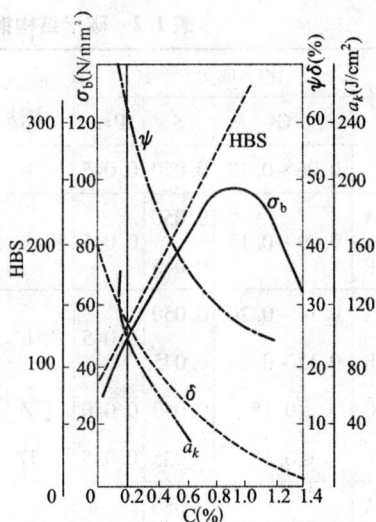

图 1.9　碳对碳钢的力学性能的影响

（2）按照冶炼质量分类

在钢铁材料中，硫和磷是两种有害的杂质，硫和磷存在于钢铁中，使得工艺性能和力学性能下降，所以在钢铁冶炼时，应当严格限制杂质硫和磷的含量。

根据钢在冶炼过程中杂质硫和磷的去除程度，可以分为普通钢（$w_S \leqslant 0.050\%$，$w_P \leqslant 0.045\%$）、优质钢（$w_S \leqslant 0.035\%$，$w_P \leqslant 0.035\%$）、高级优质钢（$w_S \leqslant 0.020\%$，$w_P \leqslant 0.030\%$）。

还可以根据钢在冶炼时的脱氧方法将钢分为沸腾钢（以"F"表示）、半镇静钢（以"b"表示）、镇静钢（以"Z"表示）和特殊镇静钢（以"TZ"表示）。通常，"Z"与"TZ"可以省略。

（3）按用途分类

根据用途而将钢分为结构钢、工具钢和特殊性能钢。

①结构钢　用来制造机械零件和工程结构的钢称为结构钢。结构钢的特点是强度和硬度较高且塑性与韧性较好；

②工具钢　工具钢用于制造刃具、模具与量具，工具钢的特点是硬度高和耐磨性高。

③特殊性能钢　特殊性能钢具有特殊的物理性能和化学性能。

2. 钢的编号与用途

（1）碳素结构钢

这类钢的牌号由代表屈服点的拼音字母"Q"、屈服点值、质量等级符号、脱氧方法等部分按顺序组成。钢的质量分为 A、B、C、D 四级，A 级含 S $\leqslant$ 0.050%，P $\leqslant$ 0.040%，而 D 级含 S $\leqslant$ 0.035%，P $\leqslant$ 0.035%。例如 Q235 - A·F 表示 σ_s = 235N/mm^2 的 A 级碳素结构钢，且为沸腾钢。

碳素结构钢主要用来制造一般要求的机械零件与工程结构（见表 1.2）。

表 1.2　　碳素结构钢的牌号、化学成分、力学性能和用途

牌　号		化学成分(%)			脱氧方法	力学性能			用　　　途
		C	S	P≤		$\sigma_s(N/mm^2)\geqslant$	$\sigma_b(N/mm^2)\geqslant$	$\delta_5(\%)\geqslant$	
Q195		0.06~0.12	0.050	0.045	F、b、Z	195	315~390	33	承受载荷不大的金属结构件、垫圈、地脚螺栓、冲压件及焊接件
Q215	A	0.09~0.15	0.050	0.045	F、b、Z	215	335~410	31	
	B		0.045						
Q235	A	0.14~0.20	0.050	0.045	F、b、Z	235	375~460	26	金属结构件,心部要求强度不高的渗碳或氰化零件、钢板、钢筋、型钢、螺栓、螺母、心轴等；Q235C、Q235D 可用作重要焊接结构件
	B	0.12~0.20	0.045						
	C	≤0.18	0.040	0.040	Z				
	D	≤0.17	0.035	0.035	TZ				
Q255	A	0.18~0.28	0.050	0.045	Z	255	410~510	24	键、销、转轴、拉杆、链轮、链环片等
	B		0.045						
Q275		0.28~0.38	0.050	0.045	Z	275	490~610	20	

表中 σ_s、δ_5 数值适用于钢板厚度(或直径)≤16 mm。考虑钢材的尺寸效应,标准中规定了随着钢材厚度(或直径)增大,σ_s、δ_5 降低后的数值。

(2)优质碳素结构钢

优质碳素结构钢用两位阿拉伯数字表示牌号,这两位数字表示钢的平均含碳量的万分之几。如 45 表示平均含碳量为万分之四十五(0.45%)的优质碳素结构钢。

优质碳素结构钢有普通含锰量与较高含锰量之分。普通含锰量的优质碳素结构钢中含锰最多不超过 0.80%。若为较高含锰量的碳素结构钢则含锰量最高时可达 1.20%,其牌号在两位数字后面加上元素符号"Mn",如 15Mn、20Mn、25Mn、30Mn、45Mn、55Mn 等。

优质碳素结构钢的力学性能较高,用于制造较重要的机械零件和工程结构(见表 1.3)。较高含锰量的优质碳素结构钢的强度略高于普通含锰量钢,用途大致相似。

(3)合金结构钢

合金结构钢的牌号由阿拉伯数字和化学元素符号构成,前面的两位数字表示平均含碳量的万分之几,随后的元素符号表示钢中所含的合金元素,元素符号后面的数字表示该元素的含量百分数。合金元素的含量小于 1.5% 时不标明含量,若平均含量超过 1.5%、2.5%、3.5% 时,则相应标明 2、3、4 等。例如 40Cr 表示平均含碳量为万分之四十(0.40%)、含铬量小于 1.5% 的合金结构钢。若为高级优质钢,则在钢号后面加标"A",如 23CrNi3A。滚动轴承钢前面冠有"G",含碳量不标明,含铬量以千分之一为单位,如 GCr15 表示平均含铬量为千分之十五(1.5%)的滚动轴承钢。

表1.3 部分优质碳素结构钢的牌号、力学性能及用途

类别	牌号	力 学 性 能					应 用 举 例
		σ_s(N/mm²)≥	σ_b(N/mm²)≥	δ_5(%)≥	ψ(%)≥	a_K(J/cm²)	
优质碳素结构钢	08	195	325	33	60	—	这类低碳钢由于强度低,塑性好,易于冲压与焊接,一般用于制造受力不大的零件,如螺栓、螺母、垫圈、小轴、销子、链等。经过表面渗碳与氰化处理可用作表面要求耐磨、耐腐蚀的机械零件
	10	205	335	31	55	—	
	15	225	375	27	55	—	
	20	245	410	25	55	—	
	25	275	450	23	50	71	
	30	295	490	21	50	63	这类中碳钢的综合力学性能和切削加工性均较好,可用于制造受力较大的零件,如主轴、曲轴、齿轮、连杆、活塞销等
	35	315	530	20	45	55	
	40	335	570	19	45	47	
	45	355	600	16	40	39	
	50	375	630	14	40	31	
	55	380	645	13	35	—	这类钢有较高的强度、弹性和耐磨性,主要用于制造凸轮、车轮、板弹簧、螺旋弹簧和钢丝绳等
	60	400	657	12	35	—	
	65	410	695	10	30	—	
	70	420	715	9	39	—	

注:以上力学性能是正火后的试验测定值,但 a_K 值试样应进行调质处理。

合金结构钢的种类较多,相互之间的性能差异很大,应用范围也各不相同。常用的合金结构钢有低合金结构钢、合金渗碳钢、合金调质钢、合金弹簧钢和滚动轴承钢等。表1.4 为几种常用合金结构钢的牌号及其用途。

表1.4 几种合金结构钢的牌号、热处理工艺、性能与用途

类别	牌 号	热处理工艺	力 学 性 能				用 途 举 例
			σ_b(N/mm²)	σ_s(N/mm²)	δ_5(%)	a_K(J/cm²)	
低合金结构钢	Q295	正 火	440~590	275	22	27	低压锅炉汽包,中、低压化工容器,薄板冲压件,输油管道等
	Q345	正 火	510~660	345	22	27	各种大型船舶、铁路车辆、桥梁、管道、锅炉、压力容器、石油储罐、起重及矿山机械、电站设备、厂房钢架等承受载荷的各种焊接结构件

续表 1.4

类别	牌 号	热处理工艺	力学性能				用 途 举 例
			σ_b (N/mm²)	σ_s (N/mm²)	δ_5 (%)	a_K (J/cm²)	
合金渗碳钢	20Cr	880 油淬 220 回火	835	540	10	47	截面在 30 mm 以下形状复杂、心部要求较高强度、工作表面承受磨损的零件,如机床变速箱齿轮、凸轮、蜗杆、活塞销、爪形离合器等
	20CrMnTi	880 油淬 220 回火	1080	835	10	45	在汽车、拖拉机中用于截面在 30 mm 以下、承受高速、中或重载荷以及受冲击、摩擦的重要渗碳件,如齿轮、轴、齿轮轴、爪形离合器、蜗杆等
	20Cr2Ni4	880 油淬 220 回火	1175	1080	10	45	大截面渗碳件如大型齿轮、轴等
合金调质钢	40Cr	850 油淬 520 回火	980	785	9	47	制造承受中等载荷和中等速度工作下的零件,如汽车后半轴及机床上齿轮、轴、花键轴、顶尖套等
	35CrMo	850 油淬 550 回火	980	835	12	63	通常用作调质件,也可在高、中频表面淬火或淬火、低温回火后用于高载荷下工作的重要结构件,特别是受冲击、振动、弯曲、扭转载荷的机件,如车轴、大电机轴、曲轴、锤杆等
	38CrMoAl	940 油淬 640 回火	980	835	14	71	高级氮化钢,常用于制造磨床主轴、自动车床主轴、精密丝杠、精密齿轮、高压阀门、压缩机活塞杆、橡胶及塑料挤压机上的各种耐磨件
合金弹簧钢	60Si2Mn	870 油淬 480 回火	1275	1177	(δ_{10}) 5		汽车、拖拉机、机车上的减振板簧和螺旋簧,气缸安全阀簧,电力机车用升弓钩弹簧,止回阀簧,还可用作 250℃ 以下使用的耐热弹簧
	50CrVA	850 油淬 500 回火	1275	1128	10		用作较大截面的高载荷重要弹簧及工作温度 <300℃ 的阀门弹簧、活塞弹簧、安全阀弹簧等
滚动轴承钢	GCr15	845 油淬 160 回火	HRC >62				一般工作条件下的滚动体和内外套圈,广泛用于汽车、拖拉机、内燃机、机床及其他工业设备上的轴承
	GCr15SiMn	845 油淬 170 回火	HRC >62				大型轴承或特大型轴承(外径 >440 mm)的滚动体和内外套圈

(4)工具钢

工具钢是用来制造刃具、量具和模具的钢种,由于工具在工作中需要高硬度和高耐磨性,所以工具钢的含碳量一般大于 0.70%。工具钢有碳素工具钢和合金工具钢两类,碳素工具钢的编号方法是以汉语拼音字母"T"表示碳素工具钢,T 后面的数字表示平均含碳量的千分之几,高级优质钢则在牌号末尾加标"A"。如 T8A 表示平均含碳量为千分之八(0.80%)的高级优质碳素工具钢。合金工具钢的钢号表示法与合金结构钢类似,但它的平均含碳量以千分数表示,且当钢中的含碳量超过 1.0% 时不标出含碳量,钢中合金元素的表示方法与合金结构钢相同。

常用的几种工具钢列于表 1.5,可供参考。

表 1.5 常用工具钢的牌号、热处理规范和应用

类别	牌号	热处理规范				应用举例
		淬火		回火		
		温度(℃)	硬度(HRC)	温度(℃)	硬度(HRC)	
碳素工具钢	T7、T7A	800~820	61~63	180~200	60~62	制造承受振动与冲击载荷、要求较高韧性的工具,如凿子、各种锤子、木工工具等
	T8、T8A	780~800	61~63	180~200	60~62	制造承受振动与冲击载荷、要求足够韧性和较高硬度的工具,如简单模子、冲头、木工工具等
	T10、T10A	770~790	62~64	180~200	60~62	制造不受突然振动,在刃口上要求有少许韧性的工具,如刨刀、冲模、丝锥、手工锯条、板牙等
	T12、T12A	760~780	62~64	180~200	60~62	制造不受振动,要求极高硬度的工具,如钻头、丝锥、锉刀、刮刀等
低合金刃具钢	9SiCr	820~860	≥62	190~200	60~63	用作要求耐磨性高、切削不剧烈的刃具,如板牙、丝锥、钻头、铰刀、齿轮铣刀、拉刀等,还可作冷冲模、冷轧辊等
	9Mn2V	780~820	≥62	150~200	58~63	丝锥、板牙、量规、中小型模具、精密丝杠等
	Cr2	830~860	≥62	180~200	61~63	用作低速、进给量小、加工材料不很硬的切削刀具,还可作样板、量规、冷轧辊等
	CrWMn	800~830	≥62	140~160	62~65	用于制作淬火要求变形很小、长而形状复杂的切削刀具,如拉刀、长丝锥及形状复杂、高精度的冷冲模以及各种量具
高速工具钢	W18Cr4V	1260~1300		560~570	63~66	制造一般高速车刀、刨刀、钻头、铣刀等
	W6Mo5Cr4V2	1210~1230		540~560	64~66	制造高耐磨性和韧性好的丝锥、钻头等高速切削刀具
冷作模具钢	Cr12	950~1000		150~200	≥60	制造冲头、冷冲模、量规、拉丝模等
	Cr12MoV	950~1000		150~180	≥58	制造形状复杂的冷作模具
	9CrWMn	800~830		160~180	≥62	同 CrWMn
	Cr4W2MoV	960~980		170~190	≥62	制造硅钢片冲模、冷挤压模、拉拔模、搓丝模、冷镦模等
热作模具钢	5CrNiMo	830~860	≥58	560~580	34~37	制造冲击载荷大的大、中型锤锻模
	3Cr2W8V	1075~1125	≥54	600~660	40~48	制造压铸模、铜合金挤压模、平锻机模具等

(5)特殊性能钢

在钢的冶炼过程中向钢水中加入一定量的某些合金元素,可以获得具有特殊的物理性能与化学性能的特殊钢种,常用的有不锈钢、耐热钢、耐磨钢等。

不锈钢具有抵抗空气、水、酸、碱、盐等介质腐蚀的能力。常用的不锈钢有 1Cr18Ni9、1Cr13、2Cr13、3Cr13、1Cr17 等。

耐热钢在高温下不易氧化并有较好的高温强度。常用的高温抗氧化钢有 1Cr13Si3、1Cr18Si2、1Cr23Ni2 等,常用的高温热强钢有 15CrMo、12CrMoV、1Cr6Si2Mo、1Cr12WMoV、

4Cr12Ni8MoVNb 等。

耐磨钢在强烈摩擦条件下抗磨损能力强。常用的耐磨钢有 ZGMn13、ZG30Mn2Si、ZG40CrMn2SiMo 等。

1.3.2　铸　铁

铸铁（cast iron）是含碳量大于 2.11% 的铁碳合金，工业上常用的铸铁除含碳之外，还含有硅、锰等元素。在合金铸铁中，加入铬、钼、硼等元素，可以改善其性能。

与钢相比，铸铁的抗拉强度、塑性和韧性比较差，不能进行压力加工。但它具有优良的铸造性、可切削加工性、减震性和耐磨性，而且它的价格低廉。因此，铸铁在机械制造业中得到广泛应用。

根据碳在铸铁中的存在方式，可以将其分为白口铸铁、灰口铸铁、可锻铸铁和球墨铸铁等。

1. 白口铸铁

白口铸铁（white cast iron）中碳主要以化合物状态（Fe_3C）存在，断口呈银白色，故得其名。白口铸铁性硬而脆，很难进行切削加工，某些抗磨件可用白口铸铁制造，而大量的白口铸铁是用作炼钢的原料。

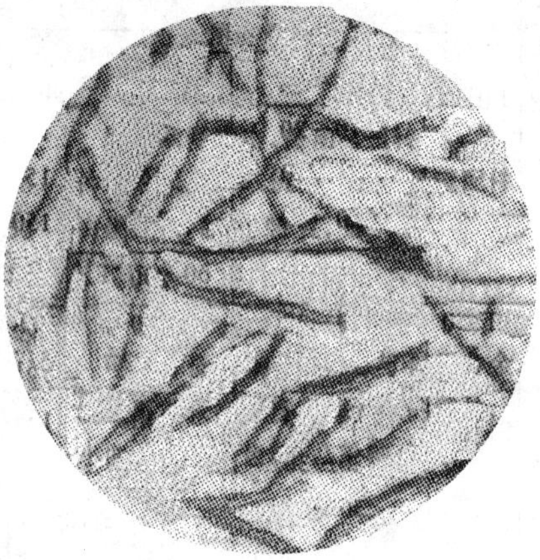

图 1.10　灰口铸铁中的片状石墨

2. 灰口铸铁

灰口铸铁（grey cast iron）中碳主要以片状石墨形态存在（图 1.10），断口呈灰色，因而称为灰口铸铁。灰口铸铁的牌号中用"HT"代表灰口铸铁，HT 后面的数字代表铸铁的最低抗拉强度值，如 HT200 表示 $\sigma_b \geqslant 200N/mm^2$ 的灰口铸铁。表 1.6 列出了灰口铸铁的牌号、性能与用途。

灰口铸铁的力学性能与铸件壁厚有关，同一牌号的铸铁薄壁件冷却速度较快，组织细小，抗拉强度较高；厚壁处则冷却速度较慢，内部组织粗大，抗拉强度较低。在选用灰口铸铁时，应注意铸件壁厚与性能的关系。

表 1.6　灰口铸铁牌号、不同壁厚铸件的力学性能和用途

牌　号	铸件壁厚（mm）	力学性能		用　　途　　举　　例
		$\sigma_b(N/mm^2)$ ≥	HBS	
HT100	2.5～10	130	110～166	适用于载荷小、对摩擦和磨损无特殊要求的不重要零件，如防护罩、盖、油盘、手轮、支架、底板、重锤、小手柄等
	10～20	100	93～140	
	20～30	90	87～131	
	30～50	80	82～122	
HT150	2.5～10	175	137～205	承受中等载荷的零件，如机座、支架、箱体、刀架、床身、轴承座、工作台、带轮、法兰、泵体、阀体、管路、飞轮、马达座等
	10～20	145	119～179	
	20～30	130	110～166	
	30～50	120	105～157	

续表1.6

| 牌 号 | 铸件壁厚 (mm) | 力学性能 | | 用 途 举 例 |
		σ_b(N/mm^2) ≥	HBS	
HT200	2.5~10	220	157~236	承受较大载荷和要求一定的气密性或耐蚀性等较重要零件,如汽缸、齿轮、机座、飞轮、床身、气缸体、气缸套、活塞、齿轮箱、刹车轮、联轴器盘、中等压力阀体等
	10~20	195	148~222	
	20~30	170	134~200	
	30~50	160	129~192	
HT250	4.0~10	270	175~262	
	10~20	240	164~247	
	20~30	220	157~236	
	30~50	200	150~225	
HT300	10~20	290	182~272	承受高载荷、耐磨和高气密性重要零件,如重型机床、剪床、压力机、自动车床的床身、机座、机架,高压液压件,活塞环,受力较大的齿轮、凸轮,大型发动机的曲轴、汽缸体、缸套、汽缸盖等
	20~30	250	168~251	
	30~50	230	161~241	
HT350	10~20	340	199~298	
	20~30	290	182~272	
	30~50	260	171~257	

3. 可锻铸铁

可锻铸铁(malleable cast iron)是由白口铸铁经过石墨化退火而获得的一种铸铁,其中的石墨为团絮状(图1.11)。由于石墨的形态与灰口铸铁中的片状石墨不一样,所以可锻铸铁的抗拉强度、塑性和韧性比灰口铸铁高。

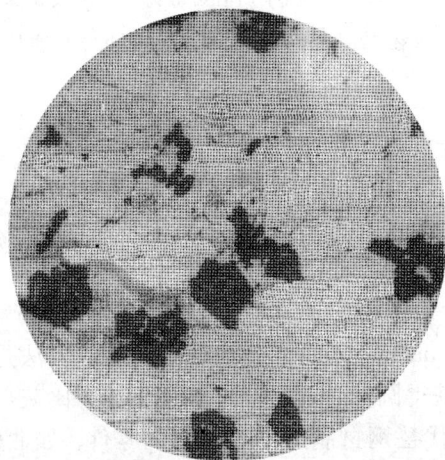

图 1.11 可锻铸铁的团絮状石墨

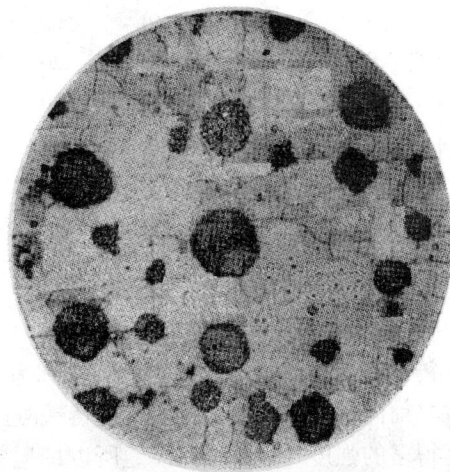

图 1.12 球墨铸铁的显微组织

在可锻铸铁的生产过程中可以通过控制退火工艺获得"黑心"和"白心"两种可锻铸铁。可锻铸铁的牌号是以"KT"代表可锻铸铁,"H"表示黑心,"B"表示白心,"Z"表示为珠光体,两组数字分别表示最低抗拉强度和最低断后伸长率。例如 KTH330 - 08 表示 $\sigma_b \geqslant 330$N/mm^2,$\delta \geqslant 8\%$ 的黑心可锻铸铁。可锻铸铁的牌号、性能与用途列于表 1.7。

表 1.7　可锻铸铁的牌号、力学性能与用途(GB9440—88)

类别	牌　　号	试样直径(mm)	$\sigma_b \geqslant$ (N/mm^2)	$\sigma_{0.2} \geqslant$ (N/mm^2)	$\delta(\%)$ ($L_0 = 3d$)	HBS	用 途 举 例
黑心可锻铸铁	KTH300 - 06		300	—	6	≤150	用于承受冲击、振动与扭转负荷的零件如农机、汽车、机床零件与管道配件、内燃机车制动装置,螺母防松档用 KTH300 - 06
	KTH330 - 08		330	—	8	≤150	
	KTH350 - 10		350	200	10	≤150	
	KTH370 - 12	12 或 15	370	—	12	≤150	
珠光体可锻铸铁	KTZ450 - 06		450	270	6	150 ~ 200	可代替低碳钢、中碳钢与有色合金,制造要求较高强度和耐磨性的零件,如小曲轴、连杆、齿轮、凸轮轴、活塞环等
	KTZ550 - 04		550	340	4	180 ~ 230	
	KTZ650 - 02		650	430	2	210 ~ 260	
	KTZ700 - 02		700	530	2	240 ~ 290	
白心可锻铸铁	KTB350 - 04	9	340	—	5	≤230	韧性较好,可焊性优良,切削性好,可制作厚度为 15 mm 以下的铸件 由于白心可锻铸铁强度及耐磨性较差,生产工艺复杂,故在生产中应用很少
		12	350	—	4		
		15	360	—	3		
	KTB380 - 12	9	320	170	13	≤200	
		12	380	200	12		
		15	400	210	8		
	KTB400 - 05	9	360	200	8	≤220	
		12	400	220	5		
		15	420	230	4		
	KTB450 - 07	9	400	230	10	≤220	
		12	450	260	7		
		15	480	280	4		

4. 球墨铸铁

铸铁组织中石墨呈圆球状的铸铁称为球墨铸铁(ductile iron)。生产球墨铸铁的方法是在浇注之前向铁水中加入球化剂,使铸铁凝固过程中获得圆球状石墨。球墨铸铁具有比灰口铸铁高得多的强度、塑性和韧性。所以球墨铸铁可以代替钢材制造一些重要的零件,如曲轴、连杆等。

表 1.8 列出了球墨铸铁的牌号、性能和用途。牌号中"QT"表示球墨铸铁,随后的两组数字中第一组表示最低抗拉强度,第二组表示最低断后伸长率。

表1.8 球墨铸铁的牌号、力学性能和用途

牌 号	力学性能 σ_b(N/mm²)	σ_0.2(N/mm²)	δ(%)	HBS	用 途 举 例
	不 小 于				
QT400-18	400	250	18	130~180	承受冲击、振动的零件,如汽车、拖拉机的轮毂、驱动桥壳、差速器壳、拨叉,农机具零件,中低压阀门,压缩机上高低压汽缸,电机机壳、齿轮箱、飞轮壳等
QT400-15	400	250	15	130~180	
QT450-10	450	310	10	160~210	
QT500-7	500	320	7	170~230	机器座架、传动轴、飞轮、电动机架,内燃机的机油泵齿轮、铁路机车车辆轴瓦等
QT600-3	600	370	3	190~270	载荷大、受力复杂的零件,如汽车、拖拉机的曲轴、连杆、凸轮轴、气缸套,部分磨床、铣床、车床的主轴,机床蜗杆、蜗轮,轧钢机轧辊、大齿轮,小型水轮机主轴,压气机缸体,桥式起重机大小滚轮等
QT700-2	700	420	2	225~305	
QT800-2	800	480	2	245~335	
QT900-2	900	600	2	280~360	高强度齿轮,如汽车后桥螺旋锥齿轮、大减速器齿轮,内燃机曲轴、凸轮轴等

练习题

1. 钢的分类方法有哪几种?钢的力学性能与含碳量有什么关系?
2. 识别下列钢材牌号(或钢号):

Q235、45、55Mn、Q345、20CrMnTi、40Cr、38CrMoAl、60Si2Mn、GCr15、T8A、T10、CrWMn、W18Cr4V、5CrNiMo、Cr12MoV、1Cr18Ni9、3Cr13
3. 铸铁有哪些特性?铸铁分为哪些种类?
4. 识别下列铸铁的牌号:

HT200、KTH300-06、QT600-3、KTB400-05
5. 为下列零件选择合适的材料:

①普通地脚螺栓; ②小轴; ③自行车链轮;
④车床齿轮和主轴; ⑤普通弹簧; ⑥汽车变速齿轮;
⑦滚动轴承(内套圈); ⑧重要连杆; ⑨麻花钻;
⑩钳工手锯条; ⑪铣刀; ⑫冷冲模。

1.4 有色金属材料与粉末合金

1.4.1 有色金属材料

在工程金属材料中,人们通常称钢铁为黑色金属材料,钢铁以外的金属材料统称为有色金属材料(non-ferrous metal materials)。有色金属及其合金种类很多,它们往往具有某些独特的性能,成为现代工业技术中不可缺少的材料。下面介绍机械制造中常用的铝合金与铜合金。

1. 铝及铝合金

铝(aluminium)是一种银白色金属，纯铝的强度低而塑性很好，导电性与导热性好。所以铝大量用作输电导线和电器元件。铝的表面极易形成一层 Al_2O_3 膜，这层氧化物膜致密而坚固，有很好的保护作用，所以铝在淡水、海水、各种硝酸盐、汽油及各种有机物中都具有的足够的耐蚀性，故铝在工业上具有广泛的用途。

在铝中加入硅、铜、镁、锰、锌等一些合金元素而制成的铝合金(aluminium alloy)，其力学性能比纯铝高，铝合金还可以通过热处理进一步提高强度。因此，铝合金可用于制造承受较大载荷的工程结构和机械零件。根据铝合金的生产方法可以将铝合金分为形变铝合金和铸造铝合金两大类。

（1）形变铝合金(wrought aluminium alloy)

形变铝合金的塑性好，能够加工成板、带、线、棒、管以及各种截面形状的型材。表1.9是常用形变铝合金的代号、成分、性能与用途。

表1.9　常用形变铝合金的代号、化学成分、力学性能及用途

| 新牌号 | 代号 | 化 学 成 分 （%） | | | | 半成品状况 | 力 学 性 能 | | | 用　途 |
		Cu	Mg	Mn	其 他		σ_b (N/mm²)	δ (%)	HBS	
5A05	LF11	0.10	4.8 ~ 5.5	0.3 ~ 0.6	V0.02 ~ 0.15 Zn0.20	M	260	15		焊接油箱、油管、焊条、铆钉以及中载零件和制品
3A21	LF21	0.2	0.05	1.0 ~ 1.6	Ti0.15	M	125	21	30	焊接油箱、油管、铆钉以及轻载零件和制品
2A11	LY11	3.8 ~ 4.8	0.4 ~ 0.8	0.4 ~ 0.8	Ni0.10 Ti0.15	板材 CZ	400	13	115	中等强度的结构零件，如骨架、模锻的固定接头、螺旋桨叶片、局部镦粗的零件、螺栓和铆钉
2A12	LY12	3.8 ~ 4.9	1.2 ~ 1.8	0.3 ~ 0.9	Ni0.10 Ti0.15	板材 CZ	460	14	130	高强度的结构零件，如飞机骨架、蒙皮、隔框、肋、梁、铆钉等150℃以下工作的零件
7A04	LC4	1.4 ~ 2.0	1.8 ~ 2.8	0.2 ~ 0.6	Zn5.0 ~ 7.0 Cr0.10 ~ 0.25	CS	600	8	150	结构中主要受力件，如飞机大梁、桁架、加强框、蒙皮接头及起落架
7A09	LC9	1.2 ~ 2.0	2.0 ~ 3.0	0.15	Zn5.1 ~ 6.1 Cr0.16 ~ 0.3	CS	530	8	150	飞机大梁、桁架、加强框、蒙皮、接头、起落架及其他高强度结构件
2A70	LD7	1.9 ~ 2.5	1.4 ~ 1.8	0.20	Ti0.02 ~ 0.1 Ni0.9 ~ 1.5 Fe0.9 ~ 1.5	CS	415	13	105	内燃机活塞和在高温下工作的复杂锻件，板材可作高温下工作的结构件
2A14	LD10	3.9 ~ 4.8	0.4 ~ 0.8	0.4 ~ 1.0	Ni0.10 Si11.5 ~ 13.5 Ti0.15	CS	480	10	133	承受重载荷的锻件和模锻件

注：热处理符号说明 M——退火；C——淬火；CZ——淬火 + 自然时效；CS——淬火 + 人工时效。

（2）铸造铝合金（cast aluminum alloy）

铸造铝合金用于制造铝铸件。根据主加元素的差别，通常把铸造铝合金分为 Al – Si 系、Al – Cu 系、Al – Mg 系和 Al – Zn 系四类。表 1.10 列出了它们的常用代号、成分、性能与用途。

2. 铜及铜合金

纯铜（copper）　纯铜又称紫铜，纯铜具有很高的塑性以及优良的导电性、导热性和耐蚀性。工业纯铜主要用于制造电线、热交换器和油管等。

表 1.10　几种铸造铝合金的代号、化学成分、力学性能与用途

类别	代号	化 学 成 分 （%）				力 学 性 能			用途举例
		Si	Cu	Mg	Zn	σ_b（MPa）	δ_5（%）	HBS	
铝硅合金	ZL102	10.0 ~ 13.0				140 ~ 160		50	仪表、水泵壳体、200℃以下工作的高气密性零件
	ZL105	4.5 ~ 5.5	1.0 ~ 1.5	0.40 ~ 0.60		160 ~ 240	0.5 ~ 1.0	65 ~ 70	活塞及其他在高温下工作的零件，如缸体等
铝铜合金	ZL201		4.5 ~ 5.3		Ti0.15 ~ 0.35 Mn0.6 ~ 1.0	300 ~ 340	4 ~ 8	70 ~ 90	300℃以下工作的内燃机气缸头、活塞及支臂等
	ZL203		4.0 ~ 5.0			210 ~ 230	3 ~ 6	60 ~ 70	200℃以下工作的要求切削性好的小件，形状简单的中等载荷零件
铝镁合金	ZL301			9.5 ~ 11.0		280	9	60	大气或海水中工作的零件、150℃以下受大振动负荷的零件
	ZL303	0.8 ~ 1.3		4.5 ~ 5.5	Mn0.1 ~ 0.4	150	1	55	腐蚀介质中工作中等载荷件，200℃下工作件，如海轮配件等
铝锌合金	ZL401	6.0 ~ 8.0		0.1 ~ 0.3	9.0 ~ 13.0	200 ~ 250	1.5 ~ 2.0	80 ~ 90	200℃以下工作的形状复杂件，如汽车、飞机零件
	ZL402			0.5 ~ 0.65	5.0 ~ 6.5	220 ~ 240	4	65 ~ 70	空气压缩机活塞、飞机起落架等

说明："ZL"代表铸造铝合金，ZL 后面的第一位数字表示类别，第二、三位数字表示序号。

黄铜（brass）　在铜中加入元素锌之后，其色泽金黄，故称黄铜。简单黄铜只含合金元素锌，复杂黄铜中既加入锌还加入铅、锰等其他元素。黄铜工艺性能良好，力学性能和抗腐蚀性能、导电性、导热性也比较好，可用来制造冷凝管、散热器、齿轮、衬套及耐蚀件。

青铜（bronze）　在铜中加入锡、铝、铍等元素所获得的各种铜合金统称为青铜。青铜的性能因所加元素不同会有很大差异。例如，锡青铜具有良好的弹性和耐磨性，铝青铜的机械强度较高，等等。青铜常用来制造弹簧和耐磨零件等。

白铜（white copper）　在铜中加入镍而形成的铜合金（copper alloy）叫白铜，白铜具有良好

的力学性能和耐腐蚀性能。简单白铜只含铜和镍，复杂白铜还加入锌、铝等元素。白铜可制造医疗器械、耐蚀零件和海船耐蚀件等。

表 1.11 列出了几种加工铜合金的代号、成分及其用途，可供参考。铜合金同样可以用铸造方法生产机械零件，在铜合金牌号前冠以"Z"表示为铸造铜合金，如 ZH62 表示铸造黄铜。

表 1.11　几种加工铜合金的代号、化学成分、力学性能与用途

类别	代号	化学成分（%）				力学性能			用途举例
		Zn	Sn	其他	Cu	σ_b（N/mm²）	δ（%）	HBS	
黄铜	H68	30.0~33.0			67.0~70.0	660	3	150	散热器外壳、复杂形状的冷冲压件
	HPb59-1	38.1~42.2		Pb 0.8~1.9	57.0~60.0	650	16	140	销钉、螺钉、垫圈等零件
	HAl77-2	18.7~22.2		Al 1.8~2.5 As、Be 微量	76.0~79.0	650	12	170	齿轮、蜗轮、衬套轴及耐蚀零件
青铜	QSn4-3	2.7~3.3	3.5~4.5		余量	550	4	160	弹性元件、抗磁零件、化工机械耐磨零件
	QBe2			Be 1.8~2.1 Ni 0.2~0.5	余量	850	3	248	重要弹簧及弹性元件、耐磨零件、高速高温轴承衬套等
	QAl9-2			Al 8.0~10.0 Mn 1.5~2.5	余量	588	5	200	在航空工业中制造支架、导阀、凸轮、衬套等零件
白铜	B5			Ni 4.4~5.0	余量	220~270	3~4		船舶耐蚀零件等
	B19			Ni 18.0~20.0	余量	550	4		热电偶补偿导线 医疗器械、化工零件

1.4.2　粉末合金

以金属粉末或金属粉末与非金属粉末的混合物为原料，经过成形和烧结而制成的金属制品，称为粉末合金（powder metal）。

用粉末冶金的方法可以制造机械零件、工具、磁性材料、原子能材料等等。这里仅介绍粉末合金机械零件和粉末硬质合金工具。

1. 粉末合金结构材料

用粉末合金结构材料制造机械零件一般采用铁基粉末，采用粉末冶金结构材料生产机械零件的优点是其尺寸精确，不需要切削加工，成本较低。缺点是产品的塑性与韧性不如锻件高，且只适宜于形状简单的小尺寸零件（参看表 1.12）。

用铁基或铜基粉末合金可以制造轴瓦与含油轴承。其中粉末金属含油轴承是利用粉末压型时轴瓦中存在大量孔隙，烧结之后将轴瓦浸入油中让孔隙吸入润滑油，工作时由于轴转动摩擦生热以及在轴瓦与轴之间形成局部真空，轴承孔隙中的油流到表面形成油膜而起润滑作用。运转停止后，润滑油在毛细管作用下又吸回到孔隙之中。故轴承运转中不需加润滑油而能自动润滑。

粉末金属含油轴承可用于制造中速轻载荷轴承，尤其适宜于不能经常加油的轴承，如纺织机械、电影机械、食品机械、电风扇上的轴承，在汽车、拖拉车、机床、电机中也有广泛应用。表 1.13 是几种常见的含油轴承材料。

表 1.12 粉末冶金铁基结构材料

类 别	成 分 (%)	牌 号	力学性能(不低于)				特点及应用
			σ_b (N/mm²)	δ (%)	a_k (J/cm²)	HBS	
烧结低碳钢	C > 0.1 ~ 0.4	FTG30 – 10 FTG30 – 15 FTG30 – 20	100 150 200	1.5 2 3	5 10 15	50 60 70	可渗碳淬火。用作端盖、滑块、底座等
烧结中碳钢	C > 0.4 ~ 0.7	FTG60 – 15 FTG60 – 20 FTG60 – 25	150 200 250	1 1.5 2	5 5 10	60 70 80	强度较高，可热处理，用来制造轻负荷零件，如传动小齿轮、油泵转子
烧结高碳钢	C > 0.7 ~ 1.0	FTG90 – 20 FTG90 – 25 FTG90 – 30	200 250 300	0.5 0.5 1.0	3 5 5	70 80 90	强度、硬度高，耐磨性较好，可热处理，用作推力垫、档套等
烧结铜钼钢	C 0.4 ~ 0.7 Cu 2 ~ 4 Mo 0.5 ~ 1.0	FTG60Cu3Mo – 40 FTG60Cu3Mo – 55	400 550	0.5 0.5	5 5	120 130	强度与硬度高，耐磨性好，可热处理，用作滚子、齿轮、活塞环、锁紧块等

牌号说明：FTG 分别为粉、铁、构的汉语拼音首位字母，表示粉末冶金铁基结构材料。末尾数字表示抗拉强度，"G"后面的数字表示含碳量。

表 1.13 含油滑动轴承材料的牌号及性能

类 别		主要成分 (%)	牌 号	性 能			
				含油密度 (g/cm³)	含油率 (%)	径向压溃强度 (N/mm²)	硬 度 HBS
铁基	铁－碳	C < 1.0	FZ 1260 FZ 1265	5.7 ~ 6.2 >6.2 ~ 6.6	>18 ≥12	250 300	50 ~ 100 60 ~ 110
	铁－碳－铜	C < 1.0 Cu 2 ~ 5	FZ 1360 FZ 1365	5.7 ~ 6.2 >6.2 ~ 6.6	≥18 ≥12	350 400	60 ~ 110 70 ~ 120
铜基	铜－锡－锌－铅	C 0.5 ~ 2.0 Sn 5 ~ 7 Zn 5 ~ 7 Pb 2 ~ 4	FZ 2170 FZ 2175	6.6 ~ 7.2 >7.2 ~ 7.8	≥18 ≥12	150 200	20 ~ 50 30 ~ 60
	铜－锡	C 0.5 ~ 2.0 Sn 8 ~ 11	FZ 2265 FZ 2270	6.2 ~ 6.8 >6.8 ~ 7.4	≥18 ≥12	150 200	25 ~ 55 35 ~ 65

牌号说明：FZ 为粉、轴的汉语拼音首位字母，表示粉末冶金轴承。字母后第一位数字表示铁基或铜基，第二位数字表示类别，末尾两位数字表示含油密度。

2. 硬质合金

硬质合金(hard metal)是以难熔金属碳化物粉末(WC、TiC、NbC、TaC 等)为硬质相，以钴粉或镍粉等金属粉末作粘结剂，经模压成形和烧结而制成的具有高硬度、高耐磨性的材料。硬质合金主要用来制造金属切削刀具、金属材料成形模具、矿山采掘工具以及耐磨零件等。用硬质合金制造的切削刀具硬度相当于 HRC70～80，在刀刃摩擦升温至 850～1000℃时仍可切削、热硬性很好。硬质合金刀具的切削速度比工具钢高 10 倍以上，使用寿命高几十倍，并且可以切削高硬度的淬火钢。用硬质合金制造模具，其寿命比模具钢制造的模具高 20 倍以上。硬质合金的缺点是脆性大、强度不够高。

硬质合金中应用较多的主要有碳化钨硬质合金、碳化钛硬质合金和钢结硬质合金（见表 1.14）。

表 1.14 常用硬质合金的牌号、性能及用途

ISO 分类分组代号	牌号	成 分 (%)				抗弯强度 (N/mm²)	硬度 HRA	应 用 举 例
		WC	TiC	TaC	Co			
K05	YG3X	96.5		<0.5	3	1100	91.5	铸铁精加工；直径 2mm 以下钢丝的拉丝模
K10	YG6A	92		2	6	1400	91.5	硬铸铁半精加工、淬火钢半精加工
K10	YG6X	93.5		<0.5	6	1400	91	加工冷硬铸铁与耐热钢；6 mm 以下钢丝的拉丝模
K15	YG6	94			6	1450	89.5	铸铁粗加工；煤电钻钻头；拉制棒材的模具
—	YG4C	96			4	1450	89.5	煤田地质钻探钻头
K20	YG8N	91		NbC 1	8	1500	89.5	白口铁粗加工、不锈钢粗加工
K20	YG8	92			8	1500	89	铸铁间断粗加工；石料及混凝土钻头；耐磨零件
—	YG8C	92			8	1750	88	中硬、坚硬岩石凿岩钎头
—	YG11C	89			11	2100	86.5	牙轮钻钻头；坚硬岩石凿岩钎头
K40	YG15	85			15	2100	87	极坚硬岩层凿岩钻头；钢材穿孔及冲压模具
P30	YT5	85	5		10	1400	89.5	间断切削条件下钢的粗加工
P25	YT14	78	14		8	1200	90.5	连续切削条件下钢的粗加工
	YT30	66	30		4	900	92.5	钢材的精加工
M10	YW1	84	6	4	6	1200	91.5	普通钢、铸铁、耐热钢、高锰钢的切削
M20	YW2	82	6	4	8	1350	90.5	同 上
P05	YN10	15	62	1	Ni12 Mo10	1100	92	碳钢、合金钢、工具钢、不锈钢、淬火钢的连续精加工
	GT35	Fe 60.5	TiC 35	Cr 2	Mo 2	C 0.5 — 1800	85.5	冷镦、冷冲、冷挤、冷拉模具；量具

牌号说明：首位字母"Y"表示硬质合金；G—钨钴类，T—钨钛钴类，W—多用途（万能）类，N—碳化钛类，末尾字母表示特性；A—含少量碳化钽，N—含少量碳化铌，X—细颗粒，C—粗颗粒。

练习题

1. 铝和铝合金有哪些特性？铝合金分为哪几个类别？
2. 铜和铜合金有哪些特性？铜合金分为哪几个类别，海船上的内燃机冷凝管选用何种铜合金合适？
3. 铸铁粗、精切削加工各选择什么牌号的硬质合金刀具？
4. 钢制零件的粗、精切削加工各选择什么牌号的硬质合金刀具？
5. 识别下列材料的类别：
   LF11、LY12、LC4、LD10、ZL102、ZL301、H68、QBe2、B5、YG8、YW2

2 非金属材料与复合材料

在工业制造工程中，除了大量使用金属材料以外，还广泛地采用非金属材料与复合材料（composite materials）。非金属材料与复合材料往往具有金属材料不具备的某些特殊性能或者能够克服金属材料的某些弱点，在机械工业和其他工业部门中发挥着越来越重要的作用。

2.1 非金属材料

高分子材料和陶瓷材料是常用的非金属材料。

2.1.1 高分子材料

高分子材料包括塑料、橡胶、合成纤维、合成胶粘剂等。绝大多数高分子材料是人工合成的有机化合物。其制取过程是首先从石油或煤等原料中提取由碳、氢、氧等元素构成的某些化合物，然后在一定的温度、压力及辅助剂的作用下，将这些化合物合成为分子量很大（>5000）的高分子化合物，再将它们加工成为各种工程结构材料。

1. 工程塑料

塑料（plastics）是以各种合成树脂为基础，加入一些可以改善性能的添加剂（如填充料、增塑剂、防老化剂等）而制成的工程材料。

根据树脂在加热和冷却时所表现的性能，可以将塑料分为热塑性塑料和热固性塑料。热塑性塑料加热时软化、熔融，冷却后变硬，若再加热又可软化。故热塑性塑料可以反复加热重塑成不同形状的制品，而且其性能基本不变。其成形工艺简便，生产率高，且具有一定的力学性能。但其耐热性与刚性较差，使用温度一般低于120℃。聚乙烯、聚丙烯、聚氯乙烯、ABS、有机玻璃、尼龙等等都是热塑性塑料。热固性塑料在加热时软化，塑制成形、冷却固化后成为坚硬的制品，固化后的制品不能再软化重塑。这类塑料受压不易变形，能在较高温度下使用，但其强度不高，脆性较大，成形工艺复杂，生产率不很高。酚醛树脂、氨基树脂、环氧树脂、有机硅树脂、不饱和聚酯树脂等都是热固性塑料。

根据塑料的应用范围不同，可以分为通用塑料、工程塑料和高温塑料。通用塑料是用来制作生活用品、包装材料及一般零件的聚氯乙烯、聚乙烯、聚丙烯等。工程塑料具有很好的强度、韧性和刚性，在各种环境下（如高温、低温、腐蚀等）仍然能保持良好的性能，是制造工程结构、机器零件和各种设备的一类新型结构材料。尼龙、聚甲醛、ABS、聚碳酸酯、氯化聚醚等热塑性塑料是常用的工程塑料。而高温塑料可以在150℃以上工作，典型的有氟塑料、有机硅树脂、聚酰亚胺、芳香尼龙等。

表2.1列出几种常用的工程塑料的性能特点和用途。

2. 橡胶

室温时的弹性模数为 $0.1 \sim 1N/mm^2$ 的高分子材料称为橡胶。橡胶在较小的外力作用下就能产生很大的弹性变形，具有优良的伸缩性和可贵的积储能量的能力。同时，橡胶还有良好的耐磨性、隔音性和阻尼特性。在机械工程中常用作密封件、减震防震件、传动件及运输胶带。

橡胶可分为天然橡胶及合成橡胶两大类，合成橡胶又可分为通用橡胶和特种橡胶。天然橡胶是从热带的橡胶树的浆汁中制取的，主要成分是聚异戊二烯。天然橡胶的弹性和力学性能较高，但产量远不能满足现代工业的需要。所以，目前广泛应用的是通过化学合成的方法制取的合成橡胶。各类橡胶的性能、特点及用途见表 2.2。

表 2.1　几种常用工程塑料的性能特点与应用举例

类别	名　称	性　能　特　点	应　用　举　例
热塑性塑料	聚乙烯（PE）	按照制造方法分为低压、中压、高压三种，低压聚乙烯质地坚硬，有良好的耐磨性、耐蚀性和电绝缘性能；高压聚乙烯是聚乙烯中最轻的一种，其化学稳定性高，有良好的高频绝缘性、柔软性、耐冲击性和透明性	低压聚乙烯可制造塑料管（板、绳）、承受小载荷的齿轮、轴承等；高压聚乙烯适宜吹塑成薄膜、软管、塑料瓶等用于食品和药品包装制品及电线电缆包皮等
	聚丙烯（PP）	密度小，强度、硬度、刚性和耐热性均优于低压聚乙烯，可在 100 ~ 120℃ 长期使用；几乎不吸水，并有较好的化学稳定性，优良的高频绝缘性，且不受湿度影响。但低温脆性大，不耐磨，易老化	制作齿轮、接头等一般机械零件，泵叶轮、化工管道等耐蚀件以及电视机、收音机、电扇、马达罩等
	聚酰胺（尼龙）（PA）	无臭、无味、无毒，有较高强度和良好韧性，有一定耐热性，可在 100℃ 下使用。优良的耐磨性和自润滑性，摩擦系数小，良好的消声性和耐油性，耐蚀性较好；成形性好。但蠕变值较大，热导性较差（约为金属的 1/100），吸水性高，成形收缩率较大	常用的有尼龙 6、尼龙 66、尼龙 610、尼龙 1010 等。用于制造要求耐磨、耐蚀的某些承载和传动零件，如轴承、齿轮、螺钉、螺母，高压耐油密封圈，喷涂金属表面作防腐耐磨涂层
	苯乙烯－丁二烯－丙烯腈共聚体（ABS）	有高的冲击韧性和较高的强度，优良的耐油、耐水性和化学稳定性，好的电绝缘性和耐寒性，高的尺寸稳定性和一定的耐磨性。但长期使用易起层	制作电话机、扩音机、电视机、电机、仪表壳体、齿轮、泵叶轮、轴承、把手、管道、贮槽内衬、仪表盘、轿车车身等
	聚甲醛（POM）	优良的综合力学性能，耐磨性好，吸水性小，尺寸稳定性高，着色性好，良好的减摩性和抗老化性，优良的电绝缘性和化学稳定性，可在 -40 ~ 100℃ 范围内长期使用。但加热易分解，成形收缩率大	制作减摩、耐磨及传动件，如轴承、滚轮、齿轮、电气绝缘件、耐蚀件及化工容器等
	聚四氟乙烯（也称塑料王）（F-4）	优良的耐蚀性，良好的耐老化性及电绝缘性，不吸水；优异的耐高、低温性，在 -195 ~ 250℃ 可长期使用；摩擦系数很小，有自润滑性。但在高温下不流动，只能用类似粉末冶金的冷压、烧结成形工艺，高温时会分解出对人体有害气体	制作耐蚀件、减摩耐磨件、密封件、绝缘件，如高频电缆、电容线圈架以及化工用的反应器、管道等

续表2.1

类别	名　称	性　能　特　点	应　用　举　例
热固性塑料	环氧塑料（EP）	强度较高，韧性较好，电绝缘性优良，防水、防潮、防霉、耐热、耐寒，可在 -80 ~155℃ 范围内长期使用，化学稳定性较好，固化成形后收缩率小，粘结力强，成形工艺简便	塑料模具、精密量具、机械仪表和电气结构零件，电气、电子元件及线圈的灌注、涂覆和包封等
	聚对 - 羟基苯甲酸酯塑料	是一种新型的耐热性热固性工程塑料。具有突出的耐热性，可在 315℃ 下长期使用，短期使用温度范围为 371 ~427℃，导热系数极高，比一般塑料高 3 ~5 倍，很好的耐磨性和自润滑性，优良的电绝缘性，耐溶剂性和自熄性	耐磨、耐蚀及尺寸稳定的自润滑轴承，高压密封圈，汽车发动机零件，电子和电气元件以及特殊用途的纤维和薄膜等

表 2.2　常用橡胶的性能特点及用途

类型及名称	抗拉强度（N/mm²）	伸长率（%）	使用温度（℃）	特　点	用　途
天然橡胶	25 ~30	650 ~900	-50 ~120	高强度	轮胎、胶带、胶管
通用橡胶 丁苯橡胶	15 ~20	500 ~800	-50 ~140	耐磨	三角胶带、耐寒运输带 地下采矿用的耐燃 运输带、胶管、电缆
顺丁橡胶	18 ~25	450 ~800	~120	耐寒、高弹性	
氯丁橡胶	25 ~27	800 ~1000	-35 ~130	耐燃烧、耐酸碱	
丁腈橡胶	15 ~30	300 ~800	-35 ~175	耐油	耐油的垫圈、运输带、胶辊、密封件及输油管
特种橡胶 聚氨酯	20 ~35	300 ~800	~80	高强度、耐磨	胶辊、耐磨件、胶碗
硅橡胶	4 ~10	50 ~500	-70 ~275	耐高温、无毒无味	高温使用的垫圈、密封件、食品及医疗用橡胶制品
氟橡胶	20 ~22	100 ~500	-50 ~300	耐腐蚀、耐高温	特殊密封件

2.1.2　陶瓷材料

陶瓷是一种无机非金属材料，工业陶瓷（engineering ceramic）有普通陶瓷与特种陶瓷两大类。在机械制造业中陶瓷可用作结构材料与工具。

普通陶瓷是以粘土、长石、石英等为原料，经过原料加工、成形与高温烧结而制取的。广泛使用的日用陶瓷、建筑陶瓷、电绝缘陶瓷、化工陶瓷和多孔陶瓷即属此类。

特种陶瓷采用纯度较高的人工合成原料（如 Al_2O_3、Si_3N_4、BN、SiC 等），经过成形和高温烧结而成。特种陶瓷的力学、物理与化学性能优于普通陶瓷，可满足多种工程结构和工具材料的需要。

陶瓷材料与工程金属相比，具有硬度高、耐磨性好、高温强度高、化学稳定性好和抗酸碱盐及其他介质腐蚀的能力强、绝缘性能优越等特点。所以，陶瓷在工业上具有十分广泛的用途。陶瓷材料的缺点是塑性极低、强度不高、易发生脆性断裂、导热性能较差。

表2.3列出了几种工业陶瓷的性能特点及其用途。

表 2.3　几种工业陶瓷的性能特点与用途

类别	性 能 特 点	用 途 举 例
普通陶瓷	采用粘土、长石、石英为原料制成。这类陶瓷质地坚硬，不氧化生锈，耐磨蚀，不导电，加工成形性好。但强度低，耐高温性能较差，一般只承受1200℃高温。这类陶瓷种类多、产量大、成本低	广泛用于电气、化工、建筑等行业；如用于受力不大、工作温度低于200℃，且在酸、碱介质中工作的容器、反应塔、管道等；供电系统中的绝缘子等
氧化铝陶瓷	是一种以 Al_2O_3 为主要成分的陶瓷，根据 Al_2O_3 的含量多少，可分为75瓷、95瓷、99瓷。氧化铝陶瓷强度比普通陶瓷高2~5倍，而且硬度高；含 Al_2O_3 高的95瓷，能在1600℃高温下长期使用，最高使用温度达1980℃，高温下蠕变很小；耐酸、碱和其他化学药品的腐蚀，高温下也不氧化；有优良的电绝缘性。缺点是：脆性大，不能承受冲击载荷，抗热震性差	制作刀具用于精密切削、高硬材料切削和大工件的切削；耐磨零件（如金属拉丝模）；农用、化工、石油用泵的密封环等
氮化硅陶瓷	氮化硅陶瓷(Si_3N_4)有良好的化学稳定性，除氢氟酸外，能耐各种无机酸（如盐酸、硝酸、硫酸、磷酸和王水）和碱溶液的腐蚀，能抵抗熔融的非铁金属（如铝、铅、锡、锌、金、银等）的侵蚀；硬度高，有良好的电绝缘性和耐磨性；摩擦系数小，有自润滑性，是一种优良的耐磨材料；热膨胀系数小，抗高温蠕变性能和抗热震能力比其他陶瓷高；其强度在1200℃时仍不下降	制作高温轴承、热电偶套管、燃气轮机转子叶片、泵和阀的密封环、转子发动机中的刮片、难切削加工材料的刀具
碳化硅陶瓷	高温强度大，其抗弯强度在1400℃高温下仍可保持500~600MPa，而其他陶瓷在1200~1400℃高温时强度就显著下降；有很高的热传导能力，良好的热稳定性、耐磨性、耐蚀性和抗蠕变性	制作火箭尾管的喷嘴、浇注金属用的喉嘴以及热电偶套管、炉管等高温零件，是温度高于1500℃时良好的结构材料。此外，还可制作燃气轮机的叶片、轴承、泵的密封圈等
氮化硼陶瓷	六方氮化硼具有良好的耐热性、热稳定性，是理想的高温绝缘材料（在2000℃时仍绝缘）和散热材料；优异的化学稳定性，能抵抗大部分熔融金属的侵蚀，有自润滑性。但硬度低，可进行车、铣、刨、钻等切削加工。由六方氮化硼转变而成的立方氮化硼的硬度与金刚石相近，是优良的耐磨材料	制作热电偶套管、半导体散热绝缘零件、坩埚和冶金用的高温容器和管道。六方氮化硼可制作高温轴承和玻璃制品的成形模具等。立方氮化硼目前仅用于磨料和金属切削刀具

2.2　复合材料

由两种或两种以上物理性质与化学性质不同的物质经人工组合而成的多相固态材料，称为复合材料(composite materials)。复合材料可以改善或克服单一材料的弱点，充分发挥优点，得到单一材料不易具备的性能与功能。

人工合成的复合材料一般是由高韧性、低强度的基体材料与硬度高、脆性大的增强材料所构成。复合材料与单一材料比较，具有强度高、弹性模量高、抗疲劳性好、减震性能强、高温性能好和断裂安全性高等优点。常见的复合材料有纤维增强复合材料、粒子增强复合材料和层状复合材料。

2.2.1　纤维增强复合材料

纤维增强复合材料是复合材料中最重要的一类，应用也最广泛，它的性能主要取决于纤维的特性、含量和排布方式。表 2.4 列出了常见的几种纤维增强复合材料的性能特点与用途。

表 2.4　纤维增强复合材料的性能特点与用途举例

名称	基体	性　能　特　点	用　途　举　例
玻璃纤维复合材料（玻璃钢）	热塑性树脂	强度与疲劳性能比热塑性塑料高 2～3 倍，冲击韧性高 2～4 倍，性能与某些金属相当	轴承、齿轮、汽车仪表盘、空调器叶片、收音机壳体等
	热固性树脂	密度小，耐蚀，介电性好，易成形，比强度高于铜合金、铝合金及合金钢，耐热性不高	汽车车身、氧气瓶、轻型船体、直升机旋翼、石油化工管道及阀门
碳纤维复合材料	合成树脂	密度小，强度比钢高，弹性模量高，摩擦系数小，耐水、热导性好，性能优于玻璃钢	齿轮、轴承、活塞、密封环、化工零件、宇宙飞船与卫星的外形材料
	碳或石墨	耐磨性高，刚度好，强度与冲击韧度高，化学稳定性与尺寸稳定性好	导弹鼻锥、飞船前缘、超音速飞机材料、高温技术材料
	陶瓷	高温强度高，弹性模量高，抗弯强度高，可在 1200～1500℃下长期工作	喷气飞机涡轮叶片等
	金属	以铝、铝锡合金为基的碳纤维复合材料强度与弹性模量高，耐磨性好	高质量轴承、旋转发动机壳体等
硼纤维复合材料	树脂	硬度与弹性模量高，强度高，耐磨蚀，耐水、热导性与电导性好	航天航空材料，如压气机叶片、直升机螺旋浆叶片、转动轴等
	金属铝等	强度高，400～500℃时的高温强度高	用于航空和火箭技术材料，如推进器、涡轮机等
碳纤维硅化合物复合材料	合成树脂	强度极高，高温化学稳定性好	航天航空材料，如涡轮机叶片等

2.2.2　粒子增强复合材料

在基体材料中均匀分布一种或多种大小适宜的增强粒子所获得的高强度材料称为粒子增强复合材料。粒子增强复合材料的基体可以是金属也可以是非金属，增强粒子有金属粒子也有非金属粒子。粒子的尺寸大小不同，增强效果有明显的差异，粒子直径在 0.01～0.1 μm 范围的称为弥散强化材料，粒子直径在 1～50 μm 范围的称为颗粒增强材料。一般地说，粒子直径越小，增强效果越好。

金属基陶瓷粒子增强复合材料是一种发展很快的复合材料。一般金属及合金的塑性与热稳定性好，但高温下强度低、易氧化，而陶瓷则耐高温耐腐蚀和硬度高，但脆性大。将陶瓷微粒分散于金属基体中所制得的金属陶瓷具有强度高、耐磨损、耐腐蚀、耐高温等优点，是一种优良的工具材料。

又如将石墨微粒分散于铝合金液中浇铸而成的复合材料密度小、减摩性和消震性良好，是一种新型的轴瓦材料。

2.2.3 层叠复合材料

层叠复合材料由两层或多层不同材料复合而成。层叠复合材料可使强度、刚度、耐磨、耐蚀、绝热、隔声、密度等性能得到改善。常见的层叠复合材料有双金属复合材料、塑料－金属多层复合材料与夹层结构复合材料。

双金属复合材料用得较多的有不锈钢－碳素钢复合钢板、合金钢－碳素钢复合钢板、钢带－锡（铅）基合金轴瓦材料等。塑料－金属多层

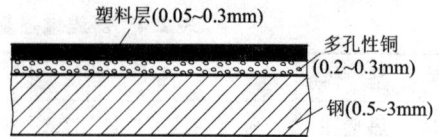

图 2.1   塑料－多孔性铜－钢复合材料

复合材料已应用的有聚四氟乙烯－多孔性铜（铜网）－钢复合无润滑轴承材料（图 2.1）。夹层复合材料有用金属或塑料作面板、中间夹以泡沫、木屑、石棉等芯子材料的夹层复合板等等。

练 习 题

1. 什么是热固性塑料和热塑性塑料？叙述它们的性能特点并各举出几个应用实例。
2. 什么是橡胶？叙述其性能特点并举出几个应用实例。
3. 什么是陶瓷？普通陶瓷与特种陶瓷有何区别？举例说明它们的应用。
4. 什么是复合材料？复合材料分为几类？举例说明复合材料在工业和日常生活中的应用。
5. 你认为非金属材料与复合材料在经济建设与人民生活中的意义如何？它们的发展前景如何？

3 功能材料

3.1 磁性材料

磁性材料(magnetic materials)是电子、电力、能源、信息乃至各行各业不可缺少的基础材料,例如变压器的铁芯,发电机与电动机的转子与定子、计算机的磁盘、磁带、磁鼓,人造卫星上探测星际磁场的探头,收音机、录音机、电视机、洗衣机等家用电器无一可离开磁性材料。所以,可以说,如果没有磁性材料就没有现代工业技术。

人们最早认识的磁性材料是天然磁石,它的主要成分是 Fe_3O_4。现代工业中用的磁性材料主要有软磁材料、硬磁材料(永磁材料)以及超导磁材料等。

3.1.1 软磁材料

软磁材料是矫顽力小于 0.8 kA/m 的磁性材料。纯铁、低碳钢、铁 – 硅合金(硅钢片)、铁 – 镍合金、铁 – 钴合金、铁 – 铝合金等是常用的软磁金属材料。例如,在变压器、电动机和发电机等电力设备与通信设备中大量使用硅钢片,这种软磁性质的材料中含 Si 量≤4.5%。在工业生产中,常选择含 3.2% Si 左右的硅钢,经过退火处理和冷轧变形,成为厚度很薄的板带,根据需要再叠合成不同形状的铁芯。

除了金属软磁材料之外,铁氧体软磁材料同样被广泛的应用。所谓铁氧体是以铁为主要成分的一种或几种金属元素的复合氧化物,铁氧体磁性材料主要有三大类别,即尖晶石型铁氧体(如 $MnFe_2O_4$)、石榴石型铁氧体(如 $R_3Fe_5O_{12}$,其中 R 代表钇、钪以及稀土族元素)和六角晶型铁氧体(如 $PbFe_{12}O_{19}$、$BaFe_{12}O_{19}$ 等)。铁氧体磁性材料由于具有高电阻率,使得它在交变电磁场中表现出很小的集肤效应和涡流损耗。所以铁氧体磁性材料在无线电、高频、微波、脉冲等领域得到广泛应用,通讯、广播、电视、计算机、航天技术及家用电器中都离不开铁氧体磁性材料。

另一类软磁材料是非晶态磁性合金。通常的合金材料都是晶态结构,但人们可以采用气相沉积、液相急冷或高能离子注入等方法获得非晶态金属合金。在非晶态合金中,原子的排列是不规则的,所以又称为金属玻璃。典型的非晶态软磁材料是原子比例为80%的铁、钴和镍,20%的硼、碳、硅、磷或者铝,这种非晶态合金具有一系列优良的性能,特别是它的电阻率较高及涡流损耗低、电阻温度系数小,用作变压器铁芯、磁记录、磁传感器与电机材料具有很大的优越性。

3.1.2 硬磁材料

具有高矫顽力、高剩磁和宽磁滞回线的磁性材料称为硬磁材料或永磁材料,常叫做永久磁铁。永久磁铁经外加磁场饱和磁化之后,在移去外加磁场时,磁铁两个磁极之间的空隙中可以产生恒定磁场,对外界提供有用的磁能。

金属永磁材料主要有 Al – Ni – Fe 合金、Al – Ni – Co 合金以及稀土永磁合金等。例如成分为 Al = 10% ~ 16%、Ni = 20% ~ 35%、Fe = 55% ~ 70% 的合金,可以熔化成液体然后铸造成形,也可以先制成粉末,然后压制烧结成永久磁铁。稀土永磁材料是以稀土金属与过渡族金属形成的金属间化合物为基的永久磁铁,常见的有 $Ce(Co、Cu、Fe)_5$ 型、R_2Co_{17} 型永磁材料以及 R – Fe – B 型永磁材料等。

近年来,Nb – Fe – B 永磁材料以其优异的永磁性能受到世界各国的高度重视,其成分为 w_{Nb} 在 15% ~ 17%,w_B 在 6.0% ~ 8.5%,余为铁。

铁氧体永磁材料中常用的有 $BaFe_{12}O_{19}$ 等。

永久磁铁广泛用于永磁电机、电声器件、仪表,磁力机械、磁性轴承、磁悬浮、磁分离技术等许多领域,是很有生命力的功能材料。

3.2　超导材料

3.2.1　金属材料的超导电性

一般的金属材料在温度接近绝对零度(0K)时,其电阻率随着温度的下降而趋近于一有限的常数。而某些纯金属、合金和化合物却在温度接近绝对零度时,对应于某一特定的温度 T_C 附近,其电阻突然变为零,同时物体内部失去磁通而成为完全抗磁性的物质,这种现象称为超导电性(superconductivity)。在超导电体中没有电能损耗,电流可以永恒地流动。人们发现并研究得较多的超导体有 W、Be、Cd、Zn、Mo、Al、Pb、Nb 等纯金属,Nb – Ti、Nb – Zr – Ti、Nb – Zr – Ta 等合金材料,NbTi、Nb_3Sn、V_3Ga、Nb_3Al、Nb_3Ga、Nb_3Ge、$PbMo_6S_8$ 等化合物。

3.2.2　超导材料的应用

超导电性具有广泛的应用前景。利用超导输电,可以大大降低输电损耗(一般导体输电的损耗为 7% 左右);超导电力储存可用于储存夜间的电力为白天提供大量电能;利用超导体无功率损耗的特点可获得强磁场,超导磁体在热核反应、磁流体发电、磁悬浮列车、高能物理实验、磁场炼钢、磁轴承等许多方面有着广泛的应用前景。

近些年来,人们在超导研究方面又有许多新的进展,在提高超导体的临界温度 T_C、临界磁场 H_{cz} 和临界电流密度 J_C 等方面,以及在发现新的超导材料方面,都不断地获得新的成果。目前已知有几十种纯金属、1000 多种合金和化合物具有超导性。随着研究的深入进行,超导材料的工业应用将为人类带来巨大的利益。

3.3　形状记忆合金

3.3.1　金属材料的形状记忆效应

形状记忆合金是一种具有形状记忆效应的金属材料,它是在低温下改变形状,一旦受热后就回复到原状的合金。

合金的形状记忆效应的机理源于热弹性马氏体可逆相变。前面讨论钢淬火时，已知钢加热到临界温度以上成为高温相，然后淬入水中冷却，使之成为低温相，这种变化过程称为马氏体相变，相变中伴随有一定的形状改变。有些合金的马氏体相变具有某些独特之点：（1）马氏体随温度的降低而长大，并随温度的升高而缩小；（2）相变时发生的形状改变不是通过滑移来实现的（不同于 3.1 中所讨论的金属塑性变形），而是通过晶体结构和晶体位向的转变实现的，且形状改变的同时并不引起体积的变化；（3）相变在晶体学上是完全可逆的，即这种相变的可逆性不仅在晶体结构上而且在晶体的位向上都能恢复到相变前的母相状态。也就是说，试件相变之后在温度变化的条件下，能够回到和冷却、变形前相同的母相状态而完成一次完整的形状恢复。这种现象称为马氏体相变的形状记忆效应。

具有上述三个特征的马氏体相变称为热弹性马氏体相变。记忆合金的研究与开发应用完全建立在热弹性马氏体相变的原理之上。

将记忆合金材料加工成所需要的形状并加热到高温，让它记住这个形状（即进行形状记忆处理），随后淬火冷却到马氏体相变区，施加外力使试件发生一定的变形，再将温度升高，试件将完全恢复到原来的形状。例如将 TiNi 合金丝沿螺纹卷成线圈，固定两端，在 300℃ 保温 1h，冷却到室温并将线圈拉直，然后将其浸泡在热水中，则它立即恢复到线圈形状。

TiNi 合金的形状记忆处理是在 400~500℃ 保温几个小时，CuZnAl 合金的形状记忆处理是在 800~850℃ 保温约 10 min。

3.3.2 形状记忆合金的应用

形状记忆合金在国防、航空航天、石油化工以及民用工业中均得到了应用，发挥了这种材料的重要作用，具有重要的技术经济价值。

下面是记忆合金的某些应用实例。

图 3.1 是利用形状记忆效应制成的人造卫星天线，将 TiNi 合金板（或棒）卷成竹笋状（或旋涡状）发条，收缩后安装在卫星内。发射卫星并进入轨道后，利用加热器或太阳能加热天线，使之向宇宙空间撑开。

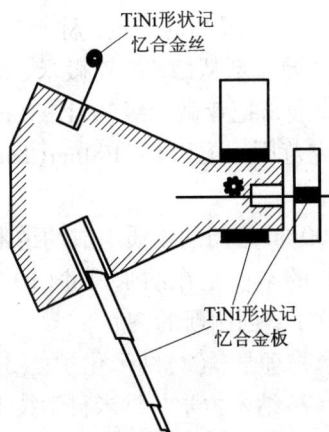

图 3.1 利用形状记忆效应的人造卫星天线

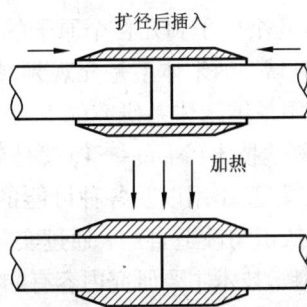

图 3.2 形状记忆合金管接头

图 3.2 是用 TiNiFe 记忆合金制成的管接头，把内径加工成比被接管外径小约 4%。当进行连接时，先把管接头在低温上用锥形芯模压入管接头内壁，使内径扩大约 7% ~ 8%。扩径后的管接头用适宜的保温材料保持低温，把被接管从管接头两端插入，去掉保温材料，管接头温度上升到室温，内径恢复到扩径前状态，将被接管牢牢箍紧。这种管接头在喷气飞机、核潜艇和海底输油管道上使用，从未发生过漏油等事故。

紧固件常用铆钉和螺栓，但当操作不能到达反面时（如在密封中空结构中），很难进行紧固操作。形状记忆紧固铆钉依靠三维形状恢复可以进行这种操作（图3.3），把铆钉尾部形状记忆处理成开口形状，在紧固操作前于低温下进行充分冷却，

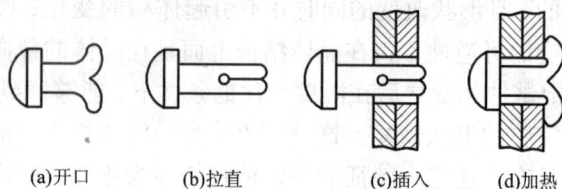

(a)开口　　(b)拉直　　(c)插入　　(d)加热

图 3.3　形状记忆紧固铆钉的动作原理

然后把尾部拉直，插入被紧固孔，当温度回升到室温时产生形状恢复，铆钉尾部恢复叉开状，把物体固紧。

此外，记忆合金作为机器上的形状记忆驱动器、太阳能热机元件、冷暖空调机温敏元件等方面已有许多应用实例。

记忆合金在医学上已有几十种应用。如脊柱侧弯矫形棒、人造关节、接骨板、骨髓针及人工心脏用人工肌肉等等。这些应用在解决医学难题和减少病人痛苦方面发挥了极为重要的作用。

3.4　纳米材料

3.4.1　纳米科学技术

1. 纳米科学技术

在现代物理学中，通常以人的肉眼可见的最小物体为下限，向上延伸至无限大的宇宙天体，称为宏观领域；以物质的分子、原子为上限，向下延伸至无限小的领域，称为微观领域；而宏观领域与微观领域之间的领域称为介观领域。介观领域包括从微米、亚微米、纳米到团簇尺寸（从几个原子到几百个原子的尺寸）的范围。目前，通常把亚微米级（$0.1 ~ 1~\mu m$）体系称为介观领域，纳米体系是介观领域中的一个特定的研究范围，从 $0.1 ~ 100nm$（$1nm = 10^{-9}$ m）尺寸范围是纳米体系研究的主要对象。

纳米科学技术（Nano – ST）就是研究由尺寸在 $0.1 ~ 100nm$ 之间的物质组成的纳米体系的运动规律、相互作用以及各种可能的实际应用，纳米科技的本质是在纳米尺寸（$10^{-9} ~ 10^{-7}$ m）范围内认识与改造自然，通过实际操作和安排原子、分子，创制新的物质。

纳米科学技术主要研究内容有如下七个部分：（1）纳米物理学；（2）纳米化学；（3）纳米材料学；（4）纳米生物学；（5）纳米电子学；（6）纳米加工学；（7）纳米力学。纳米科学技术将人类的科技活动直接延伸到物质分子、原子领域，从而开辟人类认识世界的新层次。

2. 纳米材料学

纳米材料学是纳米科学技术中的一个非常重要的学科分支，"纳米"作为一个尺度概念来

命名材料始于 20 世纪 80 年代，它把材料的颗粒限制在 1 ~ 100nm 范围。现在，人们所说的纳米材料是在三维空间中至少有一维在纳米尺度范围。纳米材料的基本单元可以按照维数分为三类：(1)零维。三维尺寸都处于纳米尺度，如纳米颗粒、原子团簇等；(2)一维。有二维处于纳米尺度，如纳米丝、纳米棒、纳米管等；(3)二维。有一维处于纳米尺度，如超薄膜、多层膜、超晶格等。因为这些基本单元往往具有量子特性，所以又可以用量子点、量子线、量子阱来称呼零维、一维、二维纳米材料。

纳米材料一般都是人工制备的，然而在自然界中发现有许多纳米微粒、纳米固体。如人和兽类的牙齿表层就是由纳米微粒构成的，而海洋则是一个巨大的超微粒世界，海洋中蕴藏着无限数量的纳米颗粒。

人工制备纳米材料的历史，有据可考的至少有 1000 多年了。在我国古代，制造铜镜时表面涂上了一层纳米氧化锡薄膜；古人还利用燃烧蜡烛收集炭黑，用作为墨和染料的原料，古代用的防腐涂料氧化锡与纳米尺寸的碳黑也许就是最早的人工纳米材料。现在，人工制备纳米材料的方法主要有：(1)球磨和机械合金化技术；(2)化学合成技术；(3)等离子电弧合成技术；(4)电火花制备技术；(5)激光合成技术：(6)生物学制备技术；(7)磁控溅射技术；(8)燃烧合成技术；(9)喷雾合成技术等等。

3.4.2 纳米结构单元与纳米材料

1. 纳米结构单元

纳米结构单元是构成纳米结构块体、薄膜、多层膜等纳米材料的基本单元，包括原子团簇、纳米微粒、人造原子、纳米管、纳米棒、纳米丝、同轴纳米电缆等。

(1)原子团簇

原子团簇是指几个至几百个原子的聚集体(粒径 ≤1nm)，如 Fe_n、Cu_nS_m、C_nH_m(n、m 均为整数)及碳簇(C_{60}、C_{70})等。

原子团簇的形状可以是多种多样的，它们尚未形成规整晶体，是以化学键紧密结合的聚集体。

(2)纳米微粒

纳米微粒的尺度大于原子团簇(cluster)，而小于通常的微粉，是一种纳米量级的超细颗粒。纳米微粒的尺度一般在 1 ~ 100nm 之间，有人称之为超微粒子(ultra-fine particle)。纳米微粒的观察需要借助于高倍的电子显微镜。

纳米微粒的制备有气相法、液相法、高能球磨法等，而制备纳米微粒的实验装置则有几十种之多。图 3.4 是一种化学气相凝聚法(CVC)制备纳米粒子的装置示意图。它的基本原理是利用高纯惰性气体作为载气，携带六甲基二硅烷等金属有机前驱物进入钼丝炉，炉温为 1100 ~ 1400℃，气氛的压力在 100 ~ 1000Pa 的低压状态。在此环境下，原料热解形成团簇，进而凝聚成纳米粒子，最后附着在内部充满液氮的转动的衬底上，经刮刀刮下进入纳米粉收集器。

(3)人造原子

人造原子(artificial atoms)又称为量子点，他是由一定数量的真实原子组成的聚集体，其尺度小于 100nm。

(4)碳纳米管

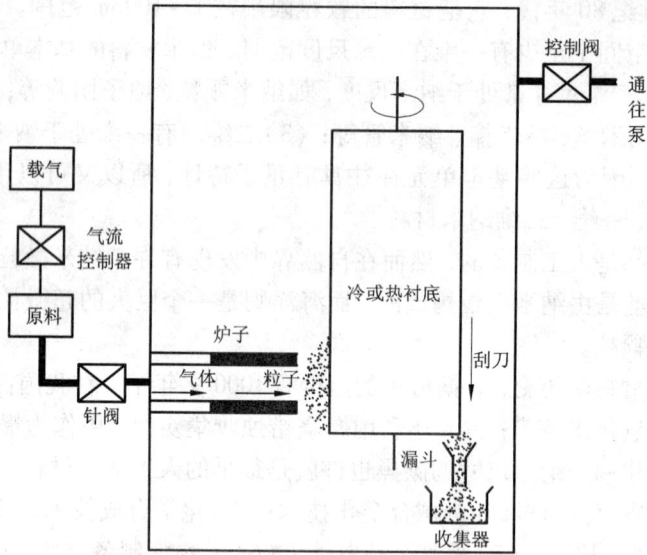

图 3.4　化学蒸发凝聚(CVC)装置示意图

碳多层纳米管一般由 10 个至几十个单壁碳纳米管同轴构成，管间距为 0.34nm 左右。碳纳米管的直径在零点几纳米至几十纳米，每个单壁管侧面由碳原子六边形组成，长度一般为几十纳米至微米级，两端由碳原子的五边形封顶，单壁碳纳米管可能存在三种类型的结构，分别为单壁纳米管，锯齿形纳米管和手性纳米管(图 3.5)。

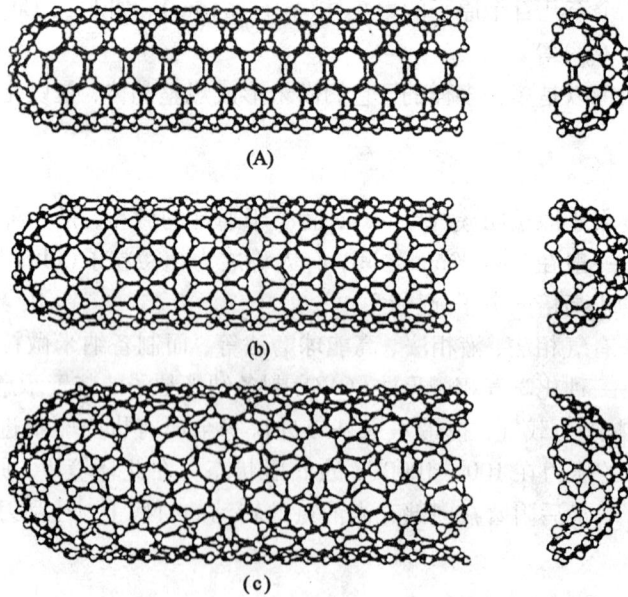

图 3.5　三种类型的碳纳米管

(a)单臂纳米管；(b)锯齿形纳米管；(c)手性纳米管

除了碳纳米管之外，其他材料的纳米管还有许多种，如 WS_2、MoS_2、BN 纳米管等。

（5）纳米棒、纳米丝、纳米线

两维方向上为纳米尺度，而长度方向上的尺度大得多，甚至长度方向为宏观量级的纳米材料称为纳米棒。长度与直径之比（纵横比）较小的称为纳米棒，纵横比大的称为纳米丝或纳米线。一般情况下，可以把长度小于 $1~\mu m$ 的纳米材料称为纳米棒，长度大于 $1~\mu m$ 则称为纳米丝或纳米线，半导体或金属纳米线称为量子线。

（6）同轴纳米电缆

芯部为半导体或导体的纳米丝，外层包敷异质（导体或非导体）纳米壳层的纳米结构称为同轴纳米电缆（coarial nanocable）。这类纳米材料具有独特的性能和广泛的应用前景。

2. 纳米材料

这里简要介绍纳米结构材料的分类和纳米复合材料

（1）纳米材料的分类

纳米结构块体、薄膜材料（nanostructured bulk and film）是由颗粒尺寸为 $1\sim100nm$ 的粒子为主体形成的块体和薄膜。以纳米单元沿着一维方向排列形成纳米丝、在二维方向排列形成纳米薄膜，在三维空间可形成纳米块体。经过人为的控制和加工，纳米微粒在一维、二维、三维空间有序排列，可以形成不同维数的阵列体系。

根据物质原子排列的有序程度及对称性，固态物质分为晶态（原子长程有序排列）、非晶态（原子短程有序排列）、准晶态（原子只有取向对称性）等三类。按照纳米微粒的结构状态，纳米固体材料又可以分为纳米微晶体材料（nanocrystalling, nanometer-sized crystalline）、纳米非晶体材料（nano amorphous materials）和纳米准晶体材料。根据纳米微粒键的形式，还可以把纳米材料分为纳米金属材料、纳米离子晶体材料、纳米半导体材料（nano semiconductors）及纳米陶瓷材料（nano ceramic materials）。

（2）纳米复合材料

纳米复合材料（nano composite material）大致包括三种类型。一种是 $0-0$ 复合，即不同成分、不同相或者不同种类的纳米粒子复合而成的纳米固体，这种复合体的纳米粒子可以是金属与金属、金属与陶瓷、金属与高分子、陶瓷与陶瓷、陶瓷与高分子等构成纳米复合体；第二种是 $0-3$ 复合，即把纳米粒子分散到常规的三维固体中，例如，把金属纳米粒子弥散到另一种金属或合金中，或者放入常规的陶瓷材料或高分子中。用这种方法获得的纳米复合材料由于它的优越性能，因而具有广泛的应用前景。第三种是 $0-2$ 复合，即把纳米粒子分散到二维的薄膜材料中，这种 $0-2$ 复合材料又可分为均匀弥散和非均匀弥散两大类。均匀弥散是指纳米粒子在薄膜中均匀分布，人们可根据需要控制纳米粒子的粒径及粒间距，非均匀分布是指纳米粒子随机地分散在薄膜基体中。

3.4.3　纳米结构与纳米材料的应用

在当今世界，信息、能源、环境、生物技术、先进制造技术和国防工业的高速发展对材料提出了新的需求，材料的智能化、元件的高集成、高密度存储和超快传输等为纳米材料的应用开辟了广阔的空间。纳米材料问世还只有十多年，在应用领域已经产生了革命性的应用效果。由于纳米材料具有奇特的物理、化学、力学等特性，科学家们预计，这种人们用肉眼看不见的极微小的物质将给各个领域带来一场产业革命。

1. 纳米结构的应用

纳米结构可应用于量子磁盘、高密度记忆存储元件、单电子晶体管、高效能量转化、微型传感器、离子分离器、超高灵敏度电探测器、高密度电接线头等等。

例如，计算机中具有存储功能的磁盘，一般存储密度达到 $10^6 \sim 10^7 \text{bit/in}^2$，光盘问世之后，存储密度提高到 10^9bit/in^2。有人试图采用减小磁性材料颗粒尺寸的方法继续提高磁盘的存储密度，却受到超磁性的限制。当人们将纳米结构应用于磁盘存储之后，设计出新型的量子磁盘，可使磁盘尺寸缩小 10000 倍，存储密度可达 10^{11}bit/in^2。

2. 纳米材料的应用

由于纳米材料在磁、光、电、敏感性等多方面呈现出常规材料不具备的特性，因而纳米微粒在磁性材料、电子材料、光学材料、高密度材料的烧结、催化、传感、陶瓷增韧等方面具有广阔的应用前景。表 3.1 列出了纳米材料的一些应用情况，可供参考。

表 3.1　纳米材料的应用

性　能	用　途
磁性	磁记录、磁性液体、永磁材料、吸波材料、磁光元件、磁存储、磁探测、磁制冷材料
光学性能	吸波隐身材料、反光材料、光通信、光存储、光开关、光过滤材料、光导电体发光材料、光学非线性元件、红外线传感器、光折变材料
电学特性	导电浆料、电极、超导体、量子器件、压敏和非线性电阻
热学性能	低温烧结材料、热交换材料、耐热材料
敏感特性	湿敏、温敏、气敏、热释电
显示、记忆特性	显示装置（电学装置、电泳装置）
力学性能	超硬、高强、高韧、超塑性材料、高性能陶瓷和高韧高硬涂层
催化性能	催化剂
燃烧特性	固体火箭和液体燃料的助燃剂、阻燃剂
流动性	固体润滑油、油墨
悬浮特性	各种高精度抛光液
其他	医用（药物载体、细胞染色、细胞分离、医疗诊断、消毒杀菌）过滤器，能源材料（电池材料、储氢材料）环保用材（污水处理、废物料处理）

练 习 题

1. 什么是软磁材料？什么是硬磁材料？各有哪些应用？
2. 什么是超导材料？它对现代工业技术有何意义？
3. 什么是合金的形状记忆效应？记忆合金有何应用价值？
4. 什么叫纳米材料？纳米材料有哪些应用价值？

第二篇
材料成形工艺

4　铸造成形

4.1　概　述

4.1.1　铸造生产的基本概念

将熔融金属浇注到具有与零件形状相适应的铸型中，经过凝固冷却后，获得毛坯或零件的方法，称为铸造（casting）。铸造所得到的产品称为铸件。

铸造的方法很多，生产中应用最广泛的是砂型铸造（sand casting process）。图4.1是压盖的砂型铸造生产工艺过程示意图。

砂型铸造的主要工序有制造模样（pattern）与芯盒（core box）、制备造型材料（molding material）、造型（molding）、造芯、合型（mold assembling）、熔炼金属、浇注（pouring）、落砂（knockout）、清理（cleaning fettling）与检验（inspected）等。有的铸件需用干型铸造，造型与造芯之后，还必须将砂型和芯子送入烘房进行烘干，湿型铸造中芯子一般也应该烘干使用。

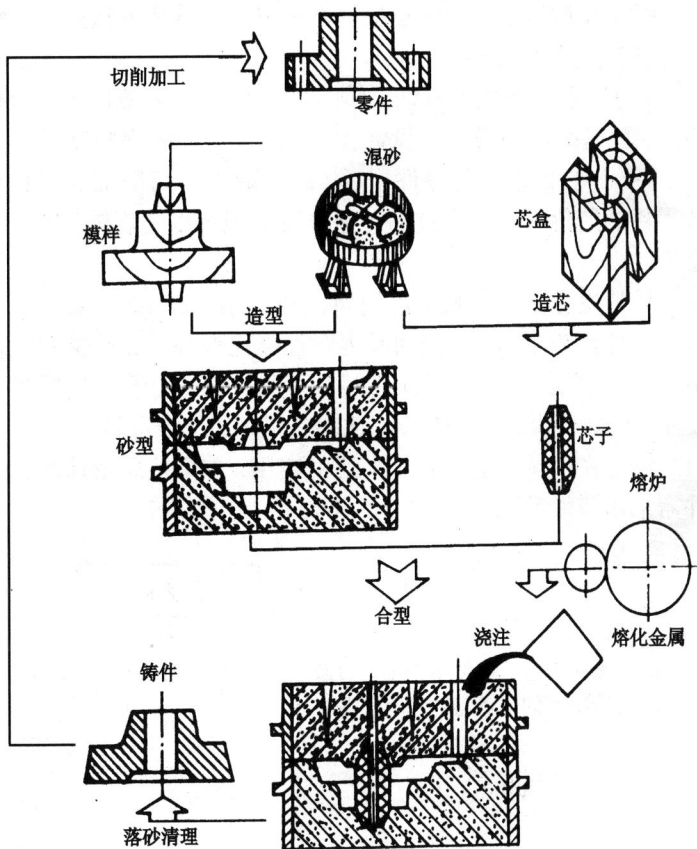

图4.1　压盖砂型铸造生产工艺过程示意图

4.1.2　铸型的组成

图4.2是铸型装配图，它主要由上型、下型、型腔、芯子、浇注系统等部分组成，上型与

下型之间有一个接合面称为分型面。

4.1.3 铸造生产的特点与应用

铸造生产具有以下优点：

（1）铸造可以形成形状复杂的铸件。这是利用了液体的特性，因为液体具有与容器一致的形状。一些形状复杂，特别是内腔复杂的零件，如各种壳体、床身、发动机缸体等，大都采用铸造方法获取零件的毛坯。

（2）铸造的适应性广泛。铸件的尺寸与重量一般不受限制，各种工程金属都可以采用铸造方法成形，有些脆性金属（如铸铁）只能用铸造方法制成零件毛坯。

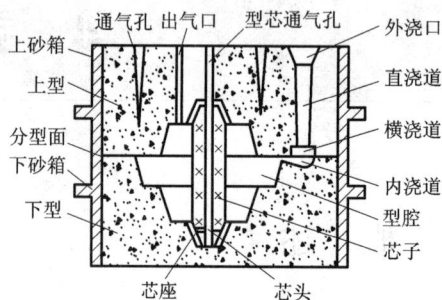

图 4.2　铸型装配图

（3）铸造生产成本较低。铸造所用原材料来源广泛，价格低廉，可以利用报废的机件及切屑；铸造生产中设备的投资较少，所以铸件的价格较低。

（4）铸件的形状与零件相近，因而减少了切削加工工作量，降低了金属的消耗，可以降低零件的造价。一些先进的铸造方法甚至可以实现铸件无切削加工，这在经济上具有很大的意义。

铸造也存在一些缺点。例如，铸件的内部组织比较粗大，常容易产生缩孔、气孔、夹渣、裂纹等各种铸造缺陷，因而其力学性能比锻件低，承受动载荷和冲击载荷的能力较差；铸造生产过程中工序多，一些工艺过程不易控制，使得铸件质量不易稳定，容易因工艺原因出现废品；此外，砂型铸件的表面比较粗糙，加工余量较多。

铸造在机械制造中有着广泛的应用，如果按质量计算，机械设备中约有 50% ~ 80% 的零件需采用铸件毛坯。

练习题

1. 什么叫铸造？铸造生产工艺过程由哪些工序组成？
2. 铸造生产的优点与缺点有哪些？

4.2　砂型铸造

砂型铸造（sand molding）是用型砂制成铸型，将熔融金属注入铸型并经凝固冷却，经落砂取出铸件。一个铸型只能使用一次。

4.2.1　型砂与芯砂

型砂（molding sand）用于制造砂型，芯砂（core sand）用于制造芯子，每生产 1t 合格铸件大约需要 5t 型砂和芯砂。型砂和芯砂的性能对铸件质量有很大的影响，合理地选择和配制型砂与芯砂，对于提高铸件质量和降低铸件成本具有重要意义。

1. 型砂与芯砂应具备的性能

（1）强度（strength）　型砂与芯砂成形之后抵抗外力破坏的能力称为强度。强度高的铸型在搬运、合型时不易损坏，浇注时不易被熔融金属冲塌，铸件可避免产生砂眼、夹砂和塌箱等缺陷。

（2）透气性（permeability） 型砂与芯砂透过气体的能力称为透气性。熔融金属浇入铸型时，砂型中会产生大量气体，熔融金属中也随温度下降而析出一些气体。这些气体如不能从砂型中排出，就会使铸件形成气孔（blowhole）。

（3）耐火性（refractoriness） 型砂与芯砂在高温熔融金属的作用下，不软化、不熔化的性质叫做耐火性。耐火性差的型（芯）砂容易使铸件表面产生粘砂缺陷，导致铸件切削加工困难。

（4）退让性（deformability） 铸件凝固时体积要缩小，型砂与芯砂随铸件收缩而被压缩的性能称为退让性。退让性好的型（芯）砂不会阻碍铸件的收缩，使铸件避免产生裂纹，减少应力。

由于芯子被熔融金属包围，所以芯砂的性能比型砂要求更高。

2. 型砂与芯砂的组成

型砂与芯砂主要由石英砂、粘结剂（binder）和水混合而制成，有时加入少量煤粉或木屑等辅助材料。

石英砂的主要成分是 SiO_2，其中含有少量杂质。砂粒应均匀且呈圆形。砂粒细小则有利于增加型（芯）砂的强度，但其透气性差，耐火性低。生产中要根据熔融金属温度的高低选择不同粒度的石英砂。通常，铸钢砂较粗，铸铁用较细的砂，有色金属铸造选用的砂更细一些。

常用的粘结剂有普通粘土和膨润土，粘结剂加水之后，质点之间便产生表面张力而使砂粒相互粘结，因而使型砂具有一定的强度。型砂中粘结剂的加入量一般为8%～20%，水的加入量为4%～8%。型砂中使用的粘结剂还有水玻璃、树脂等其他物质。

在型砂中加入少量煤粉可以增加型砂的耐火性，以提高铸件的表面质量。加入少量木屑可以增加型砂的退让性。

一般铸件采用湿砂型铸造，即造型之后铸型不烘干，合型之后即可浇注。大型铸件或重要的铸件以及铸钢件，多采用干型铸造，即造型后将铸型置于烘房中烘干，使铸型中的水分（moisture content）挥发。干型的强度更高，透气性更好。

芯子一般是使铸件获得内腔，浇注时，芯子周围被高温熔融金属包围。因此，芯砂应有更高的性能，要求高的芯子要采用桐油、树脂等作粘结剂。芯子一般需烘干以后使用。

3. 涂 料(blacking)

为了提高铸件表面质量和防止铸件表面粘砂，铸型型腔和芯子外表应刷上涂料。铸铁件的涂料为石墨粉加水，铸钢件以石英粉作为涂料。涂料中加入少量粘土可以增加粘性。

为提高铸件质量，在湿砂型的型腔中撒上一层干石墨粉，称为扑料。

4.2.2 模样与芯盒

模样（pattern）用来获得铸件外部形状，芯盒（core box）用以造出芯子、以获得铸件的内腔。制造模样与芯盒的材料有木材、铝合金或者塑料等。

制造模样要考虑铸造生产的特点。为了便于造型，要选择合适的分模面；为了便于起模，在垂直于分型面的模样壁上要做出斜度，称为起模斜度；模样上壁与壁连接处要以圆角过渡，称为铸造圆角；铸件需要切削加工的表面上要留出切削时切除的多余金属，即留出加工余量;有内腔的铸件,在模样上应做出安放芯子的芯头;考虑到金属凝固冷却后尺寸会变小,所以模样的尺寸要比零件尺寸大一些,称为收缩量。

把上述需要考虑的因素绘制在零件图上,就变成了铸造工艺图,再根据铸造工艺图制造模样和芯盒。图4.3是滑动轴承的铸造工艺图、模样与芯盒结构图、铸件图。

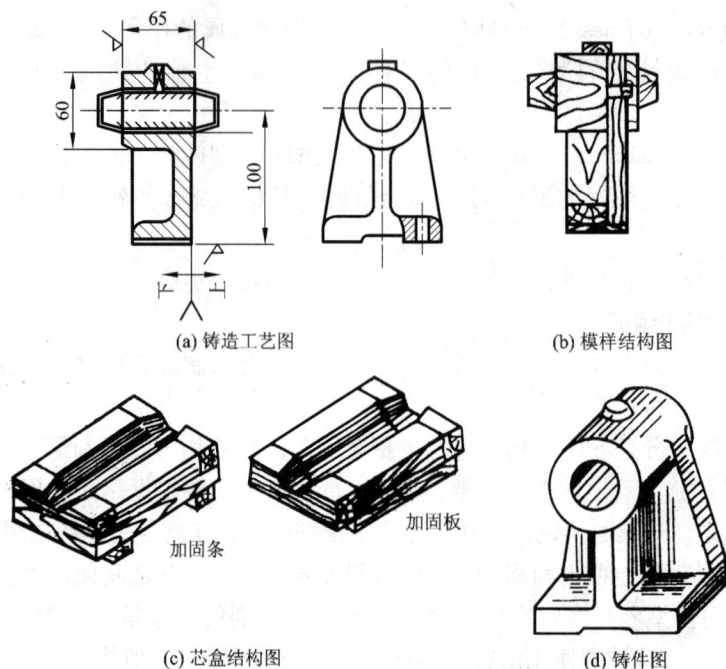

(a) 铸造工艺图　　　　　　　　　　　(b) 模样结构图

(c) 芯盒结构图　　　　　　　　　　　(d) 铸件图

图4.3　滑动轴承铸造工艺图、模样与芯盒结构图、铸件图

4.2.3　造型方法

在砂型铸造中,造型与造芯是一项重要的工作,在单件和小批量生产中用手工造型,大批量生产则采用机器造型。芯子一般均以手工制造,也可用机器制造。

1. 手工造型

手工造型(hand molding)是用手工操作完成造型工序。砂箱及常用的手工造型工具如图4.4所示。

手工造型操作灵活,适应性强,不需要特殊的工艺装备。但其生产率低,劳动强度大,劳动条件差。下面介绍几种常用的手工造型方法。

(1)整模造型　整模(one-piece parttern)造型时,模样放置在一个砂箱(flask)中,分型面位于模样的一侧。图4.5是整模造型过程示意图。

整模造型操作方便,铸件的形状与尺寸精确,不会出现错箱的缺点,这种方法适用于生产形状比较简单的铸件。

(2)分模造型　分模(parted pattern)造型的特点是沿模样最大截面处将其分成两部分,分模面与分型面可在同一个平面内,两个半模分别位于铸型的上、下型之中。图4.6是分模

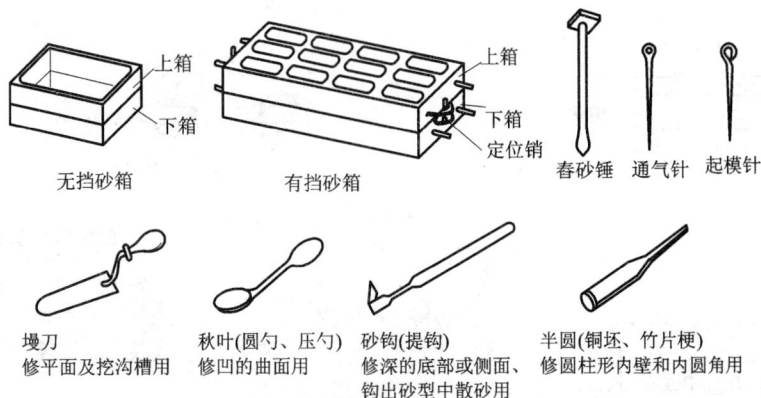

图 4.4　砂箱及常用的手工造型工具

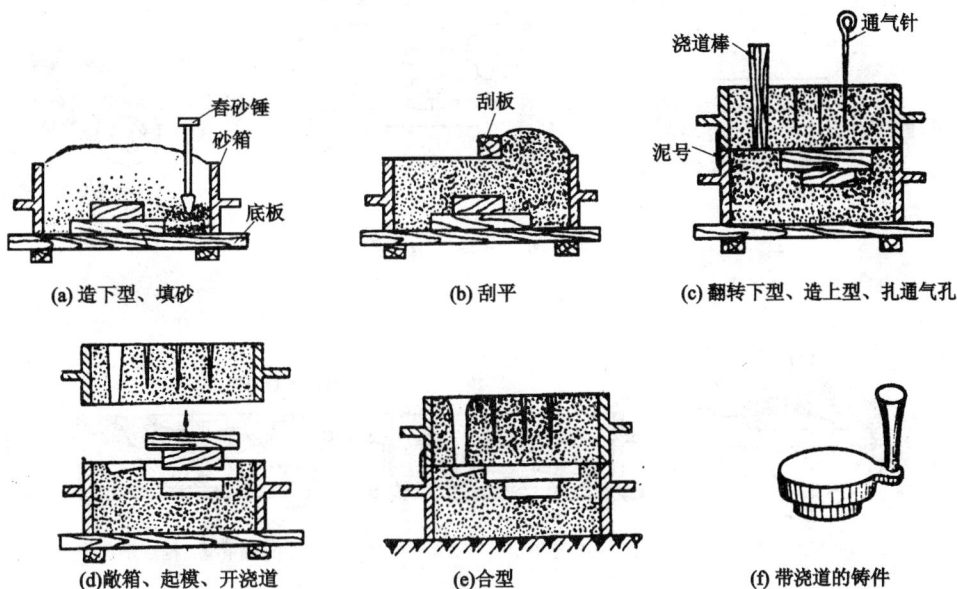

图 4.5　整模造型过程

造型示意图。

分模造型也是一种广泛应用的造型方法，圆柱体、管件、阀体、套筒等形状较复杂的铸件一般采用分模造型。

(3)挖砂造型　有些铸件的形状为曲面或阶梯形，难以找到一个平面作为分型面，只能采用整模造型，造型时需挖出阻碍起模的型砂，将分型面修挖出来，这种方法叫做挖砂造型。挖砂造型时分型面是一个曲面或者是高低变化的阶梯状。图 4.7 是挖砂造型的过程示意图。挖砂造型时，分型面要挖到模样的最大截面处[图 4.7(b)]，修挖分型面时坡度应尽量小一些，表面应平整光洁。

挖砂造型操作技术要求高，造型工时多，生产率低，只适宜于单件和小批量生产，大批量生产时，应采用假箱造型。

假箱造型(oddside molding)是利用预先制备好的半个铸型(假箱)承托模样，造型时先造

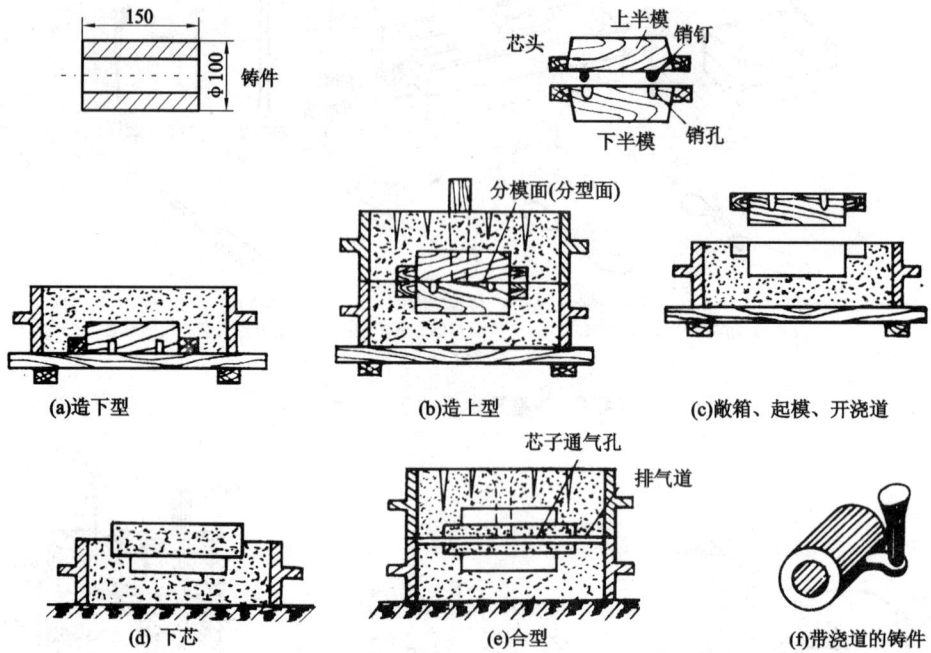

图 4.6 分模造型过程

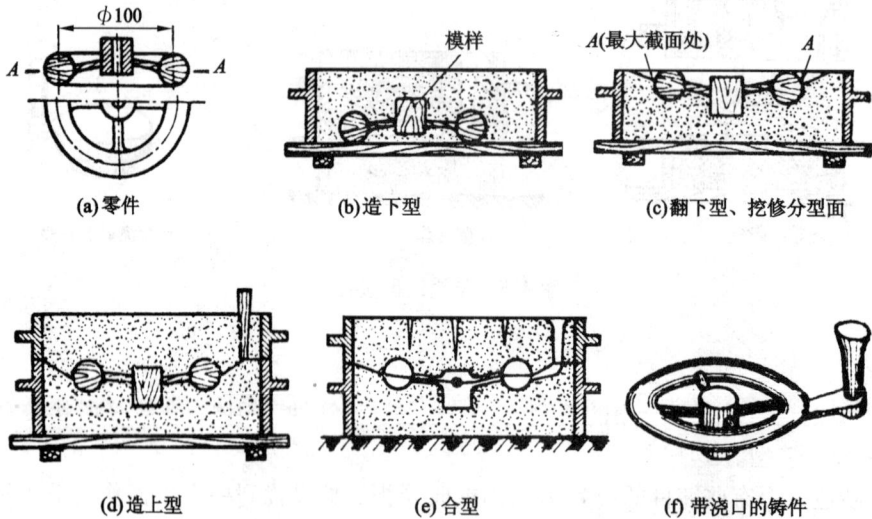

图 4.7 挖砂造型过程

出下型，这样就省去修挖分型面的工时，提高了铸型的质量与生产效率。图 4.8 是假箱造型示意图。

如果铸件批量很大，则可采用成形底板代替假箱，如图 4.9 所示。

(4)活块造型(loose piece molding)　有些铸件上有一些小的凸台，造型时妨碍起模，这

(a) 模样放在假箱上   (b) 造下型   (c) 翻转下型、待造上型

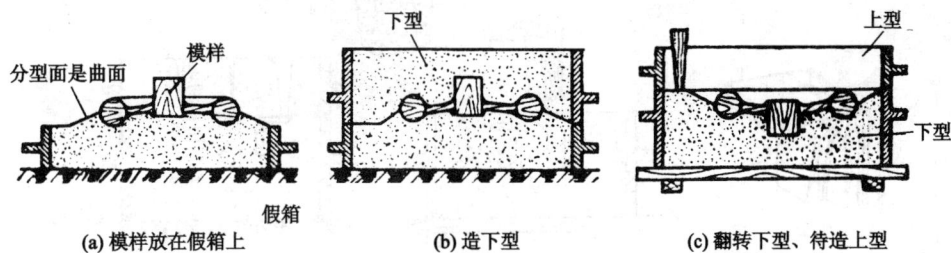

图 4.8 假箱造型过程

时可以将小凸台做成活动块(loose piece),在模样
主体取出后,活动块仍留在铸型中,然后设法取出
活动块。这种造型方法称为活块造型(图 4.10)。

活块造型的操作技术要求高,生产率低,多用
于单件和小批量生产。在大批量生产时,可以用
外砂芯做出凸台,如图 4.11 所示。

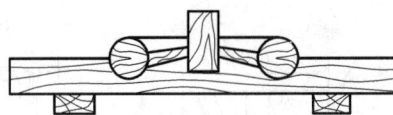

图 4.9 成形底板

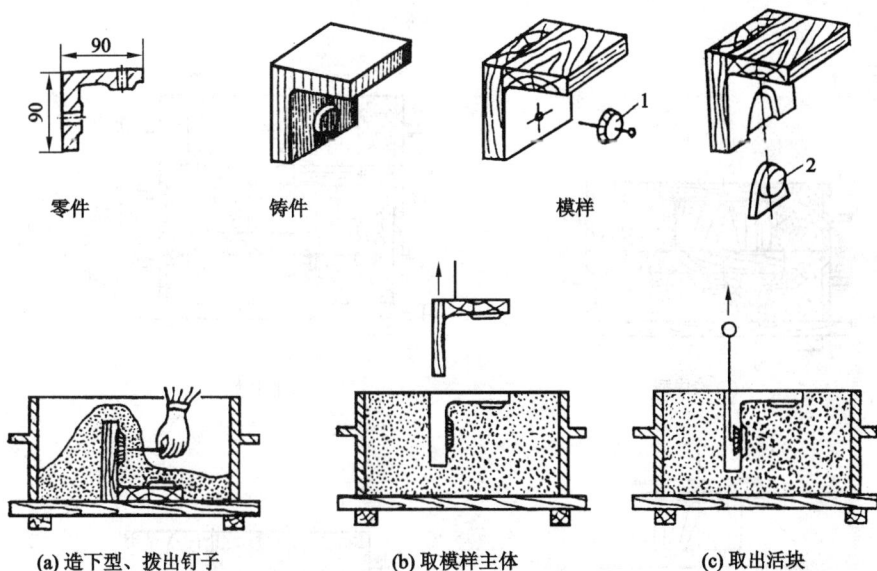

零件   铸件   模样

(a) 造下型、拨出钉子   (b) 取模样主体   (c) 取出活块

图 4.10 活块造型过程
1—用钉子连接的活块;2—用燕尾榫连接的活块

(5)三箱造型(three-part molding) 有些形状较复杂的铸件,用一个分型面造型时仍取不
出模样,需要从小截面处分开模样,用两个分型面,采用三个砂箱造型(图 4.12)。

三箱造型所用的中箱高度应与中箱中的模样高度相近,中箱上、下两面都是分型面。

三箱造型的方法较复杂,生产率较低,主要用于单件或小批量生产。在大批量生产或用
机器造型时可以采用外砂芯将三箱造型改为两箱造型(图 4.13)。

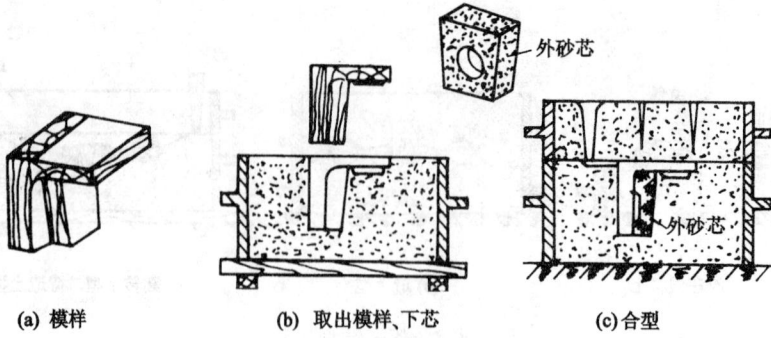

(a) 模样　　　　(b) 取出模样、下芯　　　　(c) 合型

图 4.11　用外砂芯做出活块

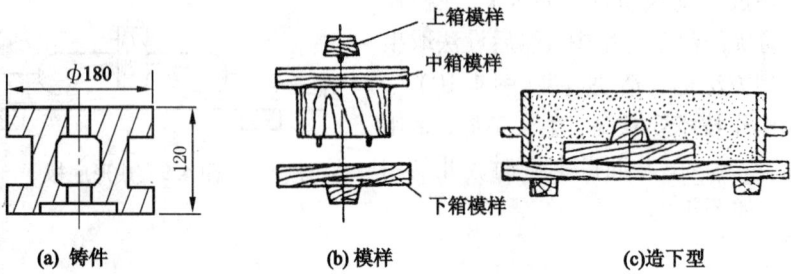

(a) 铸件　　　　(b) 模样　　　　(c)造下型

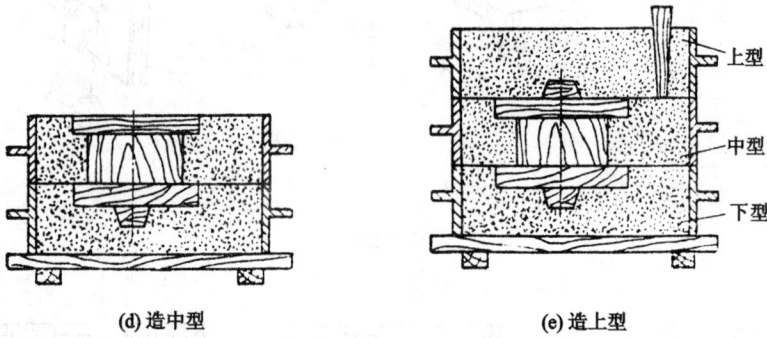

(d) 造中型　　　　　　　　(e) 造上型

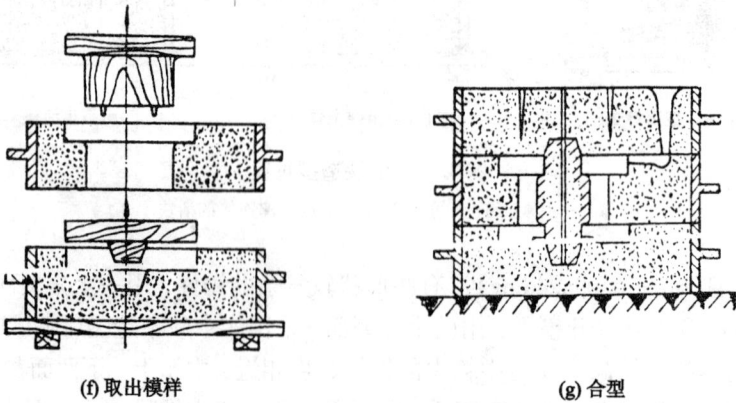

(f) 取出模样　　　　　　　　(g) 合型

图 4.12　带轮的三箱造型过程

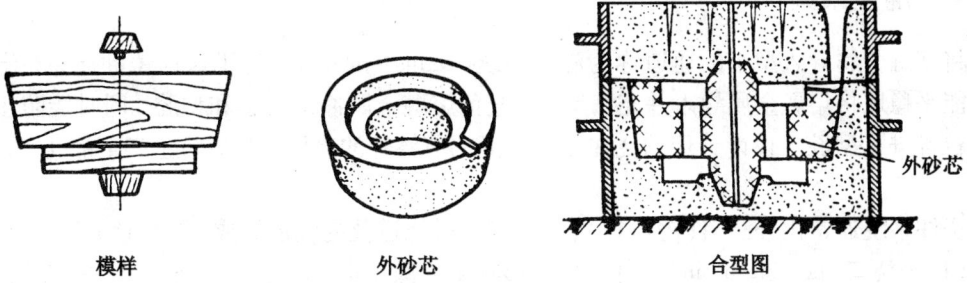

模样　　　　　　　　　外砂芯　　　　　　　　　合型图　　外砂芯

图 4.13　用外砂芯将三箱造型改为两箱造型

2. 机器造型

机器造型(machine molding)是大批量生产中制造铸型的基本方法。它将紧砂、起模两个造型工序全部或部分实现机械化，从而大大改善劳动条件，提高生产率。机器造型的铸件精度高、加工余量小，表面粗糙度低。图 4.14 为震压式造型机(jolt molding machine)的工作过程示意图。

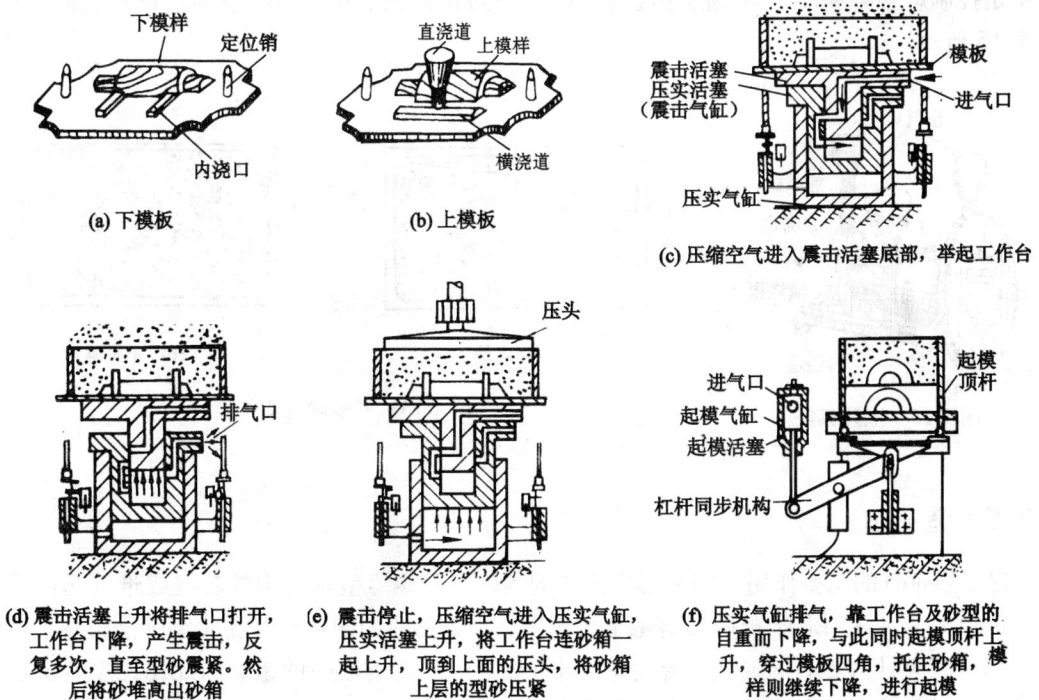

(a) 下模板　　　　　　(b) 上模板　　　　　　(c) 压缩空气进入震击活塞底部，举起工作台

(d) 震击活塞上升将排气口打开，工作台下降，产生震击，反复多次，直至型砂震紧。然后将砂堆高出砂箱

(e) 震击停止，压缩空气进入压实气缸，压实活塞上升，将工作台连砂箱一起上升，顶到上面的压头，将砂箱上层的型砂压紧

(f) 压实气缸排气，靠工作台及砂型的自重而下降，与此同时起模顶杆上升，穿过模板四角，托住砂箱，模样则继续下降，进行起模

图 4.14　震压式造型机的原理及造型过程示意图

机器造型过程中应用模板造型，即将模样与浇注系统固定在模板上，模板上有定位销固定砂箱的位置，生产中通常分别由两台造型机造出上、下铸型，再合型浇注。

除震压式造型机之外，现代化的铸造车间还有低压微震造型机、高压造型机、射压造型机等更先进的造型设备及相应的自动铸造生产线，可以实现铸造生产的机械化与自动化。

4.2.4　浇注系统

将熔融金属导入型腔的通道称为浇注系统(gating system)。为了保证铸件质量,浇注系统应能平稳地将熔融金属导入并充满型腔,避免熔融金属冲击芯子和型腔,同时能防止熔渣及砂粒等进入型腔。设计合理的浇注系统还能调节铸件的凝固顺序,防止产生缩孔、裂纹等缺陷。

浇注系统通常由外浇口(浇口杯)、直浇道、横浇道及内浇道组成(图4.15)。

(1)外浇口(pouring besin)　外浇口的形状多为漏斗形,浇注时外浇口应保持充满状态,以便熔融金属比较平稳地流到铸型内并使熔渣上浮。

(2)直浇道(sprue)　直浇道是外浇口下面的一段直立通道,利用其高度产生一定的液态静压力,使熔融金属产生充填能力。大件浇注有时有几个直浇道进行浇注。

(3)横浇道(rumer)　横浇道承接直浇道流入的熔融金属,一般为梯形,它的作用是将熔融金属分配进入内浇道并起挡渣作用。横浇道应开设在内浇道的上部,以便熔渣上浮而不致流入型腔内。

(4)内浇道(ingate)　内浇道与型腔直接相连,其断面形状多为梯形或半圆形。内浇道的作用是控制熔融金属流入型腔的速度与方向。为防止冲毁芯子,内浇道不宜正对着芯子(如图4.16所示)。

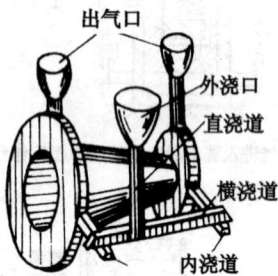

图4.15　浇注系统

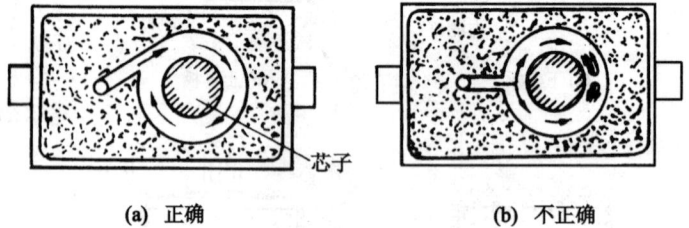

图4.16　开设内浇道的方法

(a)　正确　　　　(b)　不正确

4.2.5　造　芯

芯子(core)的主要作用是用来形成铸件的内腔,有些铸型有时用外芯组成难以起模部分的局部铸型。浇注时芯子被高温熔融金属包围,所受到的冲刷及烘烤比铸型强烈得多,因此芯子比铸型应具有更高的强度、透气性、耐火性与退让性。芯砂的组成与配比比型砂要求更严格。一般芯子用粘土砂,要求较高的芯子用桐油砂、合脂砂或树脂砂等。芯砂中一般都使用新砂,很少用旧砂。为了增加芯砂的透气性与退让性,芯砂中可适当加锯木屑。

造芯时,芯子中应放入芯骨(core rod)以提高其强度。小芯子用铁丝作芯骨,中型与大型芯子要用铸铁浇注或用钢筋焊接成骨架。为了吊运方便,芯子上要做出吊环(图4.17)。

造芯时应该做出通气道,使芯子产生的气体能顺利地排出来,芯子的通气道要与铸型的排气孔连通。大型芯子心部常放入焦炭增加透气功能(见图4.17)。

造芯的方法很多,图4.18是几种常见的造芯方法。

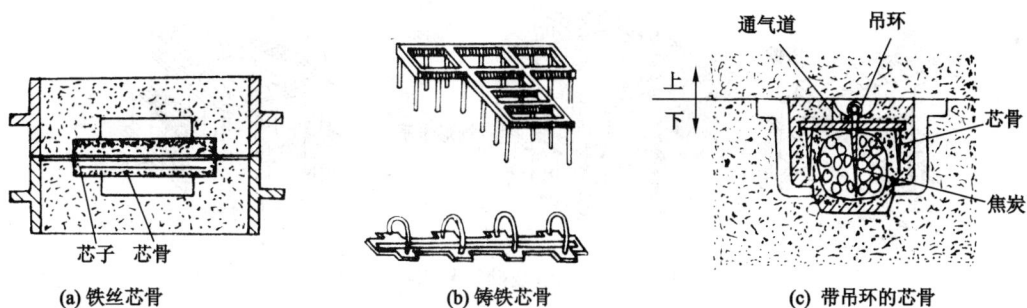

(a) 铁丝芯骨　　　　　(b) 铸铁芯骨　　　　　(c) 带吊环的芯骨

图 4.17　芯骨

芯子制成之后，表面刷上一层涂料，防止铸件内腔粘砂，然后放入烘房，在 250℃ 左右的温度下烘干，以提高芯子的性能。

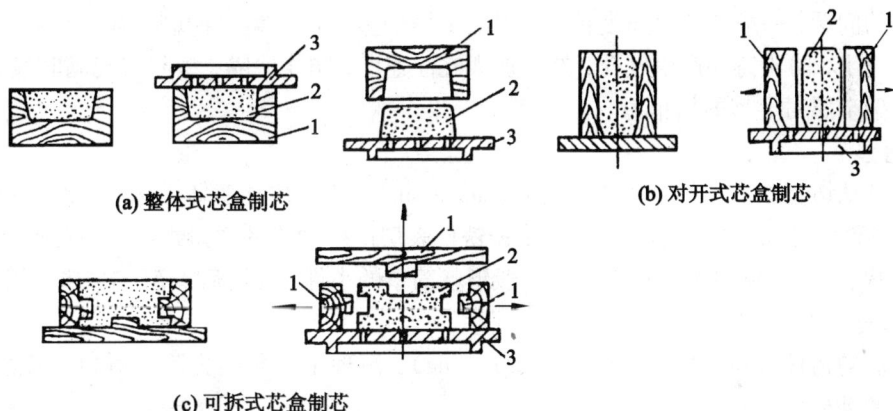

(a) 整体式芯盒制芯　　　　　　　　　　(b) 对开式芯盒制芯

(c) 可拆式芯盒制芯

图 4.18　利用芯盒制芯

1—芯盒；2—砂芯；3—烘干板

4.2.6　合型　浇注　落砂　清理及铸件热处理

1. 合型

铸型的装配称为合型(mold assembling)。合型是决定铸型型腔形状与尺寸精度的关键工序，若操作不当，可能造成跑火、错箱、塌箱等缺陷。

合型时应按图纸要求检查型腔及芯子的尺寸与形状，清除型腔中的散砂；装配芯子时，应使芯子通气道与铸型通气孔相连，使气体能从铸型中引出(图 4.1、图 4.17)；芯头与芯座的间隙中，要用泥条或干砂密封，防止熔融金属从间隙中流入芯头端面，堵塞芯子的通气道。

合型之后，上型上应加压铁，或用夹具夹紧上、下型(图 4.19)，防止浇注时熔融金属的浮力将上型抬起，造成熔融金属从分型面流出(跑火)。

2. 浇注

将熔融金属浇入铸型的过程称为浇注(pouring)。浇注对铸件质量有很大的影响，浇注不当，常引起浇不足、冷隔、气孔、缩孔和夹渣等缺陷。

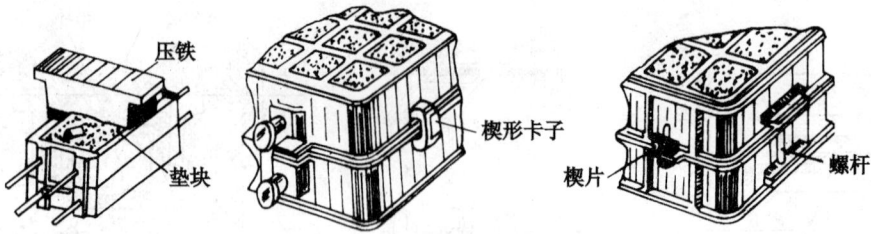

图 4.19　压铁及砂箱紧固装置

浇注前应作好准备工作。例如，浇包及浇注用具要烘干，防止降低熔融金属温度及引起飞溅；浇注场地应畅通无阻，地面干燥无积水。

浇注时浇包与铸型外浇口对准，浇注中不能断流，防止产生冷隔；要控制好浇注温度，对于铸铁件浇注，中小件浇注温度为1250～1350℃、薄壁件为1350～1400℃；浇注速度也是一个重要的问题，一般开始时速度稍低，以减少熔融金属对铸型的冲刷作用，并有利于气体从型腔中逸出，防止铸件产生气孔，然后加大浇注速度，防止冷隔，型腔快充满时又要慢浇，以减少熔融金属对上型的抬箱力。

3. 落砂

将铸件从铸型中取出的过程称为落砂(shake-out)。落砂应注意铸件温度，温度很高时落砂，会使铸件急冷而产生变形、裂纹或使铸铁件表层产生硬脆的白口组织。铸件何时落砂与铸件的形状、大小、壁厚等因素有关。一般形状简单的小件，浇注后1.5h左右即可落砂。

4. 清理

落砂后的铸件必须经过清理(cleaning fettling)，清理工序包括去除浇冒口、清除芯砂和铸件表面的粘砂。

铸件的表面清理一般用钢丝刷、錾子、风铲、手提式砂轮等工具进行手工清理，手工清理劳动条件差、效率低。机器清理有清理滚筒、喷丸机等设备，可提高效率和避免繁重的手工劳动。

5. 热处理

经过清理的铸件有时要进行热处理(heat treatment)，一般是进行去应力退火，以消除铸造应力。铸铁件的去应力退火在650℃保温4h然后炉冷降温，如果为了消除铸铁件表面的白口组织和改善切削加工性能，则应加热到930℃左右保温4h，随炉冷却降温。

清理完毕的铸件要进行检验，合格的铸件转入到切削加工车间或入库备用。

4.2.7　铸造工艺图

铸造生产中要根据零件的特点、批量大小与生产条件确定铸造工艺，并将所确定的各项工艺设计内容用不同的符号和颜色描绘在零件图上并辅以文字说明，这就是铸造工艺图(foundry molding drawing)。生产车间根据铸造工艺图进行生产准备和指导铸造生产过程。

铸造工艺图主要包含如下内容：

1. 确定铸件的浇注位置

铸件浇注位置(pouring position)是指浇注时铸件在铸型中所处的位置。确定浇注位置的出发点在于保证铸件质量。下面介绍确定浇注位置的几条原则：

（1）铸件的重要加工面与受力面应朝下。因为在一般情况下，铸件上部的组织不如下部致密，夹渣、气孔与缩孔等缺陷多出现在上部，为了保证铸件重要部位的性能，这些面应该置于下部。图4.20中为了保证车床导轨的性能，浇注时导轨面朝下。

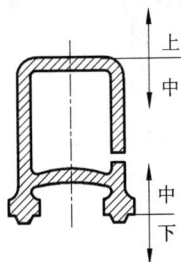

图4.20　C6140床身浇注位置

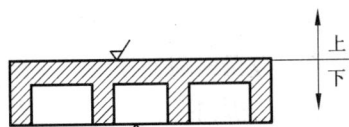

(a) 宽大面朝上，不合理　　　　　(b) 宽大面朝下，合理

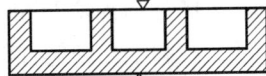

图4.21　带筋平台的浇注位置

（2）铸件的宽大平面应朝下。图4.21为一带筋的平台的浇注位置，为使平面质量合格，将大平面朝下，可防止夹砂和夹渣等缺陷，同时减少加工余量。

（3）便于安放冒口。当铸件壁厚不均匀时，应把厚大部位朝上，便于安放冒口进行补缩，防止产生缩孔（图4.22）。

（4）尽量减少芯子数量。图4.23所示铸件，按（a）方案中间空腔需要一个大芯子，增加了制芯盒、造芯、烘干的工作量，使铸件成本大为上升；按（b）方案，则中间空腔可用自带芯子（砂垛）来形成，简化了造型工艺，可降低铸件的成本。

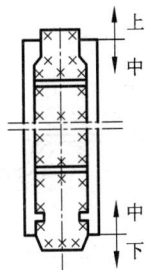

图4.22　起重机卷筒的
合理浇注位置

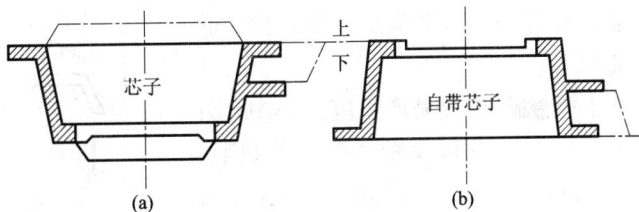

(a)　　　　　　　　(b)

图4.23　床腿铸件的两种浇注位置

2. 选择分型面

选择分型面（mold joint）是在保证铸件质量的前提下尽量简化工艺，方便造型操作。

选择分型面主要考虑如下原则：

（1）应使铸型有最简单和最少的分型面，并尽可能使铸件位于下型，以便简化造型操作，减少错箱和提高铸件精度。图4.12中，带轮铸件需用三箱造型，出现两个分型面，铸件精度难以保证，造型工作量也较大。在大批量生产中，利用外芯获得带轮的凹槽，可减少一个分型面，使铸件成为整模造型，便于机器造型（图4.13）。

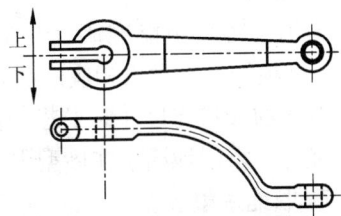

图4.24　起重臂的分型面

（2）分型面应尽量取平直面，并应取在铸件的最大截面处。这是为了便于造型以及减少模样制造的工作量。图4.24为起重臂的分型面，所选择的分型面对简化造型工艺十分有利。

（3）应充分利用上下砂箱的高度。不要使模样在一箱内过高，而在另一箱内很矮，以防造型时起模难度大，不利于操作。图4.25中，采用分型面2比分型面1好。

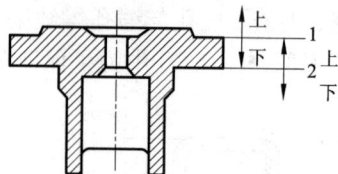

图4.25　减少砂箱高度

此外，选择分型面应尽量减少芯子的数量，则便于下芯和检验，有利于保证铸件精度，降低铸件成本。

3. 加工余量

在铸件需要加工的表面上，应该增加在切削加工时切去的金属层厚度，所增加的金属层称为加工余量（machining allowance）。

加工余量的大小与合金的种类、铸件尺寸和加工面在浇注时的位置等有关。一般灰口铸铁小件的加工余量为 2 ~ 4 mm，大件为 4 ~ 10 mm。铸钢件的加工余量比灰口铸铁件大一些，有色金属铸件加工余量比灰口铸铁件略小。

铸铁件上小于 25 mm 的孔和铸钢件上小于 30 mm 的孔一般不予铸出，待切削时再加工出来，以简化造型操作。

4. 起模斜度

模样上垂直于分型面的立壁上应做出一定斜度，使模样能从砂型中顺利地起出。起模斜度（pattern draft）的大小与模样高度、模样的材料以及造型方法有关，木制模样的斜度一般取 $0°30' ~ 3°$。

5. 铸造圆角

铸件壁相交之处要做成圆弧过渡，称为铸造圆角。

铸件上尖角处容易产生应力集中，引起裂纹、产生缩孔以及粘砂严重等缺陷。做成圆角则可避免这些缺陷的产生（见表4.2）。

铸造圆角半径 R 一般可取 3 ~ 12 mm。

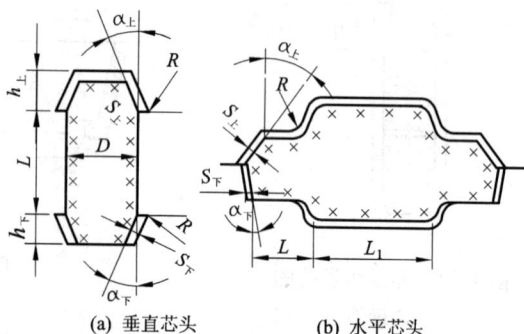

(a) 垂直芯头　　　　(b) 水平芯头

图4.26　型芯头的构造

6. 芯头

为了在铸型中能准确而稳固地安放芯子，在模样上应做出相应的凸起部分，称为芯头（core print）（图4.26）。

芯头的形状与尺寸对于芯子在铸型中装配的工艺性与稳固性有很大影响，总的要求是应能保证芯子牢固地固定在砂型中，防止芯子在浇注时飘浮、偏斜或移动。

7. 收缩余量

为了补偿铸件在冷却时的收缩而增大尺寸数值称为收缩余量（shrinkage allowance）。因此，模样的尺寸应比铸件大，其数值决定于合金的线收缩量。例如，灰口铸铁的线收缩量为 1%，铸钢为 2%，有色金属为 1.5%。

将以上内容绘制在零件图上，其中除芯子与芯头、冷铁用蓝色外，其余用红色表示，并将它们一一在图上表示出来,就得到铸造工艺图。图4.27是衬套的零件图、铸造工艺图与铸件图。

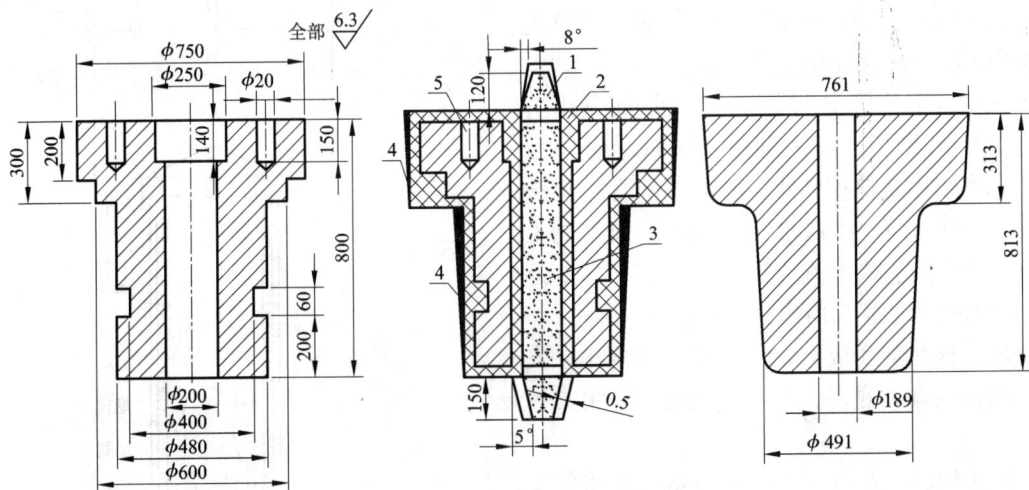

图4.27 衬套的零件图、铸造工艺图与铸件图
1—芯头;2—分型面;3—芯;4—起模斜度;5—加工余量

练习题

1. 型砂与芯砂由哪些成分组成?型砂与芯砂应具备哪些基本性能?
2. 什么叫浇注系统?浇注系统由几部分组成?内浇道的开设应注意什么?
3. 什么叫挖砂造型?修挖分型面时应注意什么问题?
4. 造芯操作有哪些要点?芯子为什么要烘干?
5. 绘制铸造工艺图要考虑哪些内容?选择分型面要注意些什么问题?
6. 起模斜度的作用是什么?

4.3 铸造合金熔炼

机器制造中常用的铸造合金有铸铁、铸钢、铜合金、铝合金以及锌合金等,其中铸铁的使用量最大。

要获得高质量的铸件,必须有优质的熔融金属,铸造合金的熔炼应该满足:(1)熔融金属的温度足够高;(2)熔融金属的化学成分符合要求;(3)熔化效率高;(4)热能消耗较少,成本要低。

4.3.1 冲天炉熔炼

熔炼铸铁一般采用冲天炉,这种炉子构造简单,操作方便,熔化效率高,铁水成本低,可以连续作业。

1. 冲天炉的构造

冲天炉(cupola)的构造如图4.28所示。炉身由炉壳和炉衬组成,炉壳用钢板焊接而成,炉衬用耐火砖砌成。炉身上部有加料口、烟囱，下部装有风带。风带通过风口与炉内相通。鼓风机鼓出的风经过风管、风带、风口进入炉内，供焦炭燃烧用。

风口以下的部分称为炉缸(cupola well)，熔化的铁水经炉缸流入前炉(forehearth)。前炉的基本作用是储存铁水，前炉下部有一出铁口，浇注时由前炉将铁水流入浇包。前炉侧上方有一出渣口，铁水流入前炉静置过程中，浮渣上浮在铁水表面，由出渣口排渣。

炉体装在炉底板上，炉底板用四根支柱支撑。底板装有炉底门，炉底门关闭后，用支撑撑住。

冲天炉的大小以每小时能够熔化铁水的量来表示。常见的冲天炉为 $1.0 \sim 10t/h$。

2. 炉料

冲天炉炉料(charge)包括金属炉料、燃料和熔剂。

(1)金属炉料(metallic charge)　金属炉料有新生铁、回炉料(foundry returns)、废钢和铁合金。新生铁是炼铁时的铸造生铁，它是金属炉料的主要部分；回炉料包括浇冒口和废铸件；废钢件及钢件切屑加入炉内可以调节铁水的含碳量和改善铸件的力学性能；硅铁、锰铁等铁合金加入炉内可以改变铁水的化学成分和熔制合金铸铁。金属炉料的加入量要经过配料计算，不同牌号的铸铁件应按照一定的成分要求并考虑熔炼时的烧损量配料。

(2)燃料(fuel)　多数冲天炉都以焦炭为燃料。焦炭(foundry coke)要求含固定碳高，挥发物、灰分、硫的含量要少。焦炭块度为 $100 \sim 150$

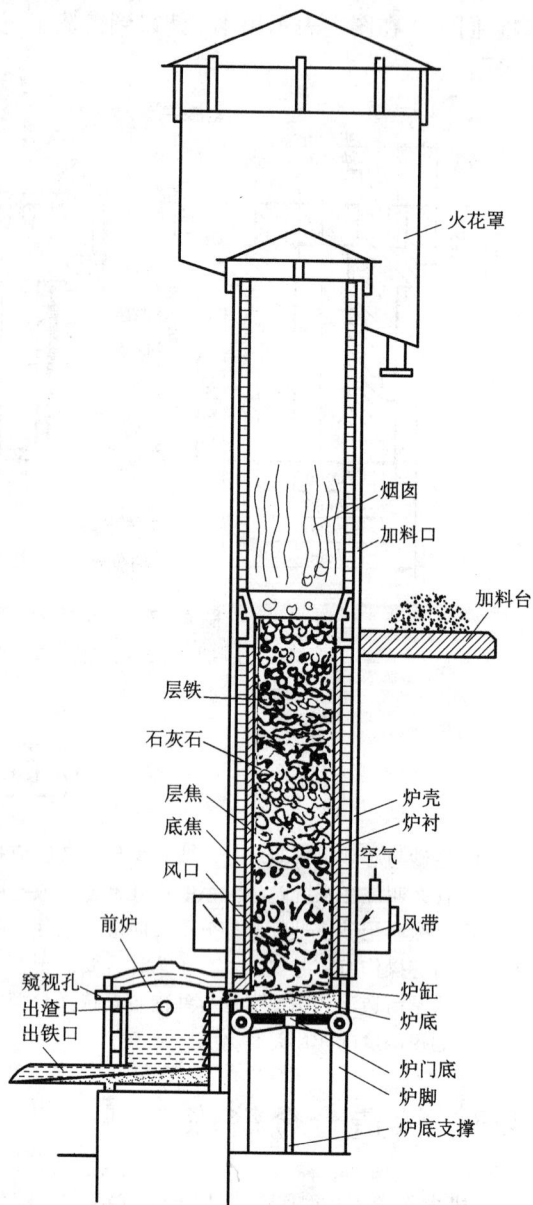

图4.28　冲天炉

mm。熔化的金属炉料重量与消耗焦炭重量之比称为铁焦比(iron coke ratio)，一般为：$8 \sim 12:1$。

(3)熔剂(flux)　熔化过程中，由于焦炭中的灰分、金属炉料上的锈迹、泥砂、元素的烧损和炉衬侵蚀而形成高熔点的炉渣，必须加入熔剂，降低渣的熔点，增加熔渣的流动性，使熔渣与铁水分离，使浮渣从出渣口排出炉外。冲天炉常用熔剂是石灰石($CaCO_3$)与萤石(CaF_2)。熔剂的加入量为焦炭的 $25\% \sim 30\%$，熔剂的块度以 $20 \sim 70$ mm合适。

3. 冲天炉的熔炼过程

冲天炉是间歇工作的，每次开炉前要进行修炉工作，将炉内侵蚀处用耐火材料修补并筑好炉底，然后烘干。烘干后，在底部加入刨花和木柴，待引燃烧旺，加入部分底焦，焖火一段时间再加入全部底焦并鼓风燃烧。底焦的高度一般为主风口以上 800 ~ 1500 mm 处。

底焦烧红之后,开始加入炉料。每批料按熔剂、金属料和层焦的顺序加入,直到加料口为止。

炉料加满并经预热(10 ~ 20 min)之后,打开风口放出 CO 气体,即开始鼓风熔化,随后关闭风口。在熔炼过程中要不断加料,使炉料与加料口平齐。

大约半小时后即开始出铁水,准备进行浇注工作。熔炼结束时,停止加料、停风、熄炉,打开炉底板,放出未熔的金属炉料、熔剂以及未燃完的焦炭。

在冲天炉的熔炼过程中,燃料的燃烧和金属炉料的熔化同时进行,并且发生高温炉气上升和炉料下降两种逆向运动。

冲天炉开风后,经风口进入炉内的空气与底焦(coke bed)发生完全燃烧反应,放出大量的热,即:

$$C + O_2 == CO_2 + Q$$

由此而生成的高温炉气与剩余的氧气一起上升。在上升过程中,氧气与焦炭继续发生燃烧反应,并不断将热量传给由加料口加入的炉料,使炉气温度下降而炉料温度上升。

炉料由加料口加入之后,迎着上升的高温炉气下降,金属炉料在下降过程中逐渐被加热到熔化温度,当温度达到 1100 ~ 1200℃时开始熔化成熔滴。熔化后的熔滴在底焦层内下降过程中,进一步被炽热焦炭加热(约 1600℃)。这种过热高温铁水经炉缸、过桥流入前炉,此时铁水温度有所下降(约 1350 ~ 1420℃)。

在高温炉气作用下,石灰石从 700℃ 左右开始分解成 CaO 与 CO_2,碱性 CaO 与焦炭中的灰分以及被侵蚀的酸性炉衬等物结合形成熔点较低、易于流动的浮渣,与铁水分离而由出渣口排出。

在熔炼过程中,由于铁水与焦炭接触而含碳量有所增加,硅、锰等合金元素的含量有所烧损,杂质元素磷基本不变,硫有较大的增加(增加约 50%),这是由焦炭中的硫熔于铁水所致。

4.3.2 感应电炉熔炼

熔炼(melting)铸造合金还可以利用感应电炉(electric induction furnace)。根据熔炼合金种类不同,感应电炉的频率可以是工频(50 Hz)、中频(500 ~ 10000 Hz)和高频(100 ~ 300 kHz),炉子的容量从几千克到几吨不等。

感应电炉是利用感应电流在炉料中发热熔化金属的炉子,图 4.29 是感应电炉构造示意图。它的内部是用硅砂或镁砂筑成的坩埚,坩埚外面绕有感应线圈,线

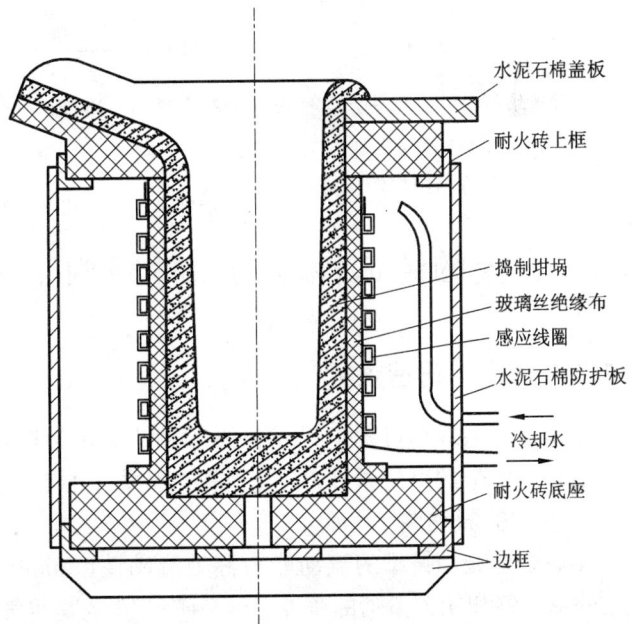

水泥石棉盖板
耐火砖上框
捣制坩埚
玻璃丝绝缘布
感应线圈
水泥石棉防护板
冷却水
耐火砖底座
边框

图 4.29 感应电炉构造简图

圈内通水冷却。工作时，将金属料置于坩埚内，当感应线圈通过交流电时，坩埚内的金属料就能在交变磁场的作用下产生感应电流，由于金属料具有电阻而发热，从而使其熔化成熔融态。感应线圈相当于变压器的初级线圈，产生感应电流的金属炉料相当于次级线圈。所以感应电炉的工作原理类似于变压器。

利用感应电炉熔炼金属时，熔化速度快，炉子热效率高，温度易于控制。并且，合金元素烧损少，熔融金属质量高，环境污染小。所以，感应电炉越来越多地应用于熔炼铸铁、铸钢、铜合金以及高熔点铸造合金等。

4.3.3　坩埚炉熔炼

在小规模铸造生产中，常采用坩埚炉(crucible furnace)来熔炼金属，用燃烧焦炭、燃油、煤气或电能作为热源。图 4.30 为电阻坩埚炉结构示意图。

电阻坩埚炉利用电流通过电阻丝发热使金属熔化。熔炼过程中金属炉料不与炉气接触，减少了金属的氧化和吸气倾向，易于获得纯净的熔融金属；炉温也易于控制，并且操作简便。这种炉子的缺点是熔炼时间较长，坩埚容量不大，一般只能熔炼 250 kg 以下的熔融金属。

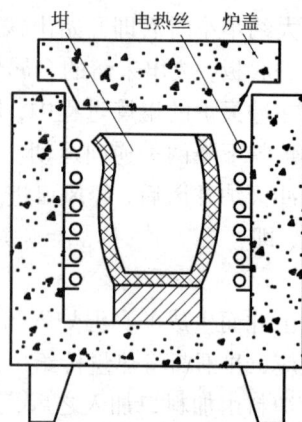

图 4.30　电阻坩埚炉示意图

目前，坩埚炉主要用于熔炼铝合金、锌合金等熔点较低的金属，有些铸造车间也常用坩埚炉熔炼铜合金。

练 习 题

1. 冲天炉的大小如何表示？冲天炉炉料有哪些？熔炼铸铁为什么要加入熔剂？
2. 金属熔炼有何要求？
3. 感应炉熔炼与坩埚炉熔炼各有何特点？

4.4　合金的铸造性能与铸件结构工艺性

4.4.1　合金的铸造性能

合金在铸造成形过程中所表现的工艺性能称为铸造性能(castability)。良好的铸造性能是保证铸件质量的重要条件，合金的铸造性能主要有流动性与收缩等几项。

1. 合金的流动性

熔融合金充填铸型的流动能力称为流动性(fluidity)。流动性好的合金易于获得尺寸准确、外形完整和轮廓清晰的铸件，有利于排出浮渣和气体，防止铸件产生浇不足、冷隔、夹渣、气孔等缺陷，保证铸件质量。

影响合金流动性的因素主要有合金的化学成分、浇注温度和铸型工艺条件等。

不同成分的合金具有不同的结晶凝固特点。在常用的铸造合金中，铸铁的流动性最好，有色金属也有较好的流动性，铸钢的流动性较差。

浇注温度（pouring temperature）高熔融金属所含的热量多，在同样的冷却条件下保持熔融态的时间长、粘度小，同时，高温液体传给铸型的热量多，铸型温升高，使冷却速度降低。所以，提高浇注温度有利于提高流动性。不过，过高的浇注温度会增加金属的吸气量，加大收缩量，使铸件产生气孔与缩孔等缺陷。

铸型工艺因素中，加高直浇道、扩大内浇道横截面积，以及在型砂中加入煤粉、提高型腔的光滑程度、预热铸型等，都可以提高流动性。反之，如果浇注系统复杂、直浇道过低、内浇道截面太小、铸型透气性不良和铸型导热性太快，均易于使铸件产生冷隔和浇不足等缺陷。

2. 合金的收缩

（1）合金的收缩（contraction）及其影响因素　铸件在凝固和冷却过程中体积和尺寸减小的现象称为收缩。铸造合金的收缩由液态收缩、凝固收缩和固态收缩三个部分组成。从浇注温度冷却至凝固开始温度的收缩为液态收缩；从凝固开始温度冷却至凝固终了温度的收缩为凝固收缩；从凝固终了温度冷却至室温的收缩为固态收缩。通常，液态收缩和凝固收缩引起较大的体积变化，因而称为体收缩；固态收缩引起铸件外部尺寸变化，称为线收缩。

不同的合金收缩率不同。碳钢的体收缩率为10%～14%，线收缩率约为2%；灰口铸铁的体收缩率为5%～8%，线收缩率约为1%。此外，合金的浇注温度增高则液态收缩量增大。铸型工艺因素对收缩也有明显的影响。

合金的体收缩是铸件产生缩孔的基本原因，线收缩是产生应力、变形与裂纹的基本原因。

（2）缩孔（shrinkage）　合金在凝固过程中由于液态收缩与凝固收缩，在铸件最后凝固的部位如果没有液体流来补充，将在此处形成孔洞，称为缩孔。缩孔一般集中在铸件上部，呈倒锥形（图4.31）。

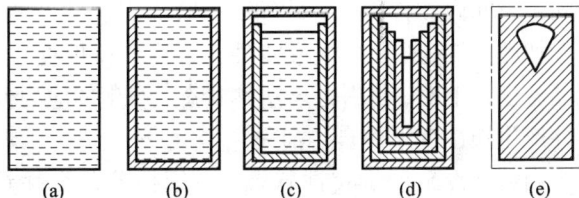

图4.31　铸件缩孔形成过程示意图

缩孔存在于铸件内部使铸件有效受力面积减小，并且在缩孔部位易产生应力集中，使铸件使用性能降低。防止缩孔的办法是对铸件最后凝固部位进行补缩，即在凝固过程中对最后凝固处补充部分熔融金属来消除缩孔。

对于形状简单的铸件，可将浇口设置在厚壁处，适当扩大内浇道的面积，利用浇道直接进行补缩（图4.32）。对于形状复杂壁厚不均匀的铸件，必须在铸件最后凝固的部位设置冒口进行补缩。冒口是贮存熔融金属供铸件壁厚部分补缩的空腔，冒口可设置在需补缩部位的上部或侧位，用冒口中的熔融金属补充厚壁的凝固收缩，将缩孔移至冒口中［图4.33（b）］，去除冒口便可获得致密的铸件。

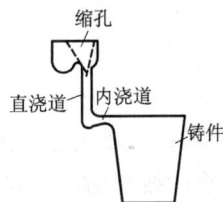

图4.32　浇道直接补缩示意图

对于不便于设置冒口的部位，可以用冷铁控制铸件的凝固顺序，达到防止缩孔的目的［4.33（c）］。

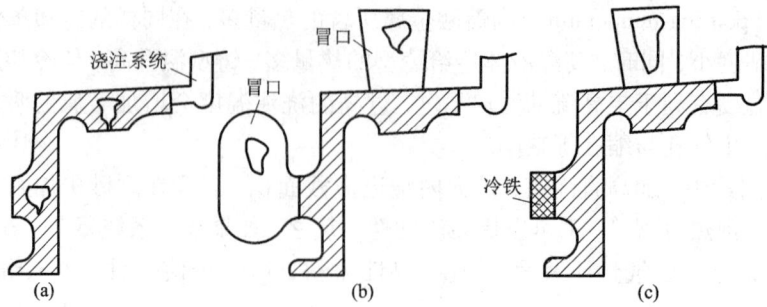

图 4.33　冒口补缩示意图

3. 铸造应力、变形与裂纹的形成与防止

铸件如果固态收缩受阻则会引起应力,称为铸造应力(casting stress)。铸造应力主要有机械应力与热应力。

如图 4.34 所示,机械应力是铸件收缩时受到铸型(或芯子)的阻碍而引起的应力。机械应力过大时会引起铸件变形或裂纹。为防止机械应力,应该提高铸型与芯子的退让性;铸件冷却到 400℃ 左右时,应及时落砂,落砂后,阻碍去除,则机械应力自行消失。

热应力是由于铸件壁厚不均匀,冷却速度不同,在同一时间内铸件各部分收缩不一致而引起的。

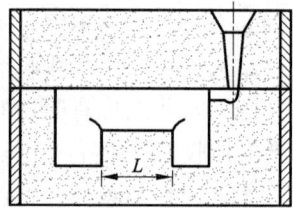

图 4.34　机械应力形成过程示意图

如图 4.35 所示的框形铸件,当整个铸件处于再结晶温度以上时,材料处于塑性状态,产生的应力使铸件产生塑性变形而自行消失。

当铸件冷至处于弹性状态时,细杆 Ⅱ 冷至接近于室温,并停止收缩,而粗杆 Ⅰ 冷却慢,继续冷却收缩,但两杆又联成一整体,于是粗杆的收缩受到细杆的阻碍,若不产生弯曲变形,则只能具有相同的收缩量。因此,粗杆 Ⅰ 被弹性拉长了一些,细杆 Ⅱ 被弹性压缩了一些,以保持整体,最终粗杆 Ⅰ 受到拉应力,细杆 Ⅱ 受到压应力[图 4.35(c)],这就是热应力。

因此,热应力使铸件厚壁处受到拉应力、薄壁处受到压应力,心部受到拉应力、表层受到压应力。

合金的线收缩量愈大,铸件壁厚相差愈大,热应力则愈大。

热应力是造成铸件变形的主要原因。细长件、厚薄不均匀的铸件、大平板铸件易产生弯曲变形,如图 4.36 所示。

当应力超过材料的强度时,铸件便会产生裂纹。

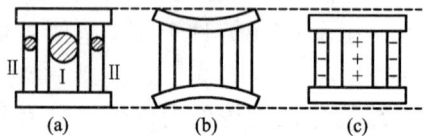

图 4.35　热应力的产生过程

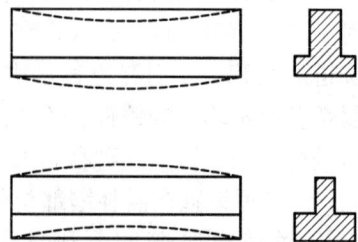

图 4.36　铸件的变形

设计铸件时应尽量使铸件厚薄均匀，减少壁厚差，以防止铸件因热应力造成变形或裂纹。

4.4.2　铸件缺陷分析

由于铸件生产工艺繁多，产生缺陷的原因十分复杂。它不仅与合金性质、铸型工艺、合金熔炼、造型材料等因素有关，而且也与铸件结构有关。表 4.1 列出一些常见的铸件缺陷的特征及其产生的主要原因。

表 4.1　铸件常见缺陷、特征及其产生原因

名　称	特　征	产 生 的 主 要 原 因
气孔 （blowhole）	孔的内壁圆滑 气孔	1. 舂砂太紧或型砂透气性差； 2. 起模、修型刷水过多； 3. 芯子未烘干或通气孔堵塞； 4. 浇注速度太快
缩孔 （shrinkage）	缩孔 孔的内壁粗糙，形状不规则， 多产生在厚壁处	1. 浇冒口位置不对或冒口太小； 2. 浇注温度过高，铁水成分不对，收缩太大； 3. 铸件结构不合理
砂眼 （sand inclusion）	孔内充塞型砂 砂眼	1. 型砂强度不够或舂砂不紧； 2. 型腔内散砂未吹净； 3. 浇注系统不合理，冲坏了砂型
粘砂 （penetration）	粘砂 铸件表面粗糙， 粘有烧结砂粒	1. 浇注温度过高； 2. 型砂耐火性不够

续表 4.1

名　称	特　　征	产 生 的 主 要 原 因
冷　隔 （cold shut）	铸件有未完全熔合的隙缝，交接处是圆滑凹坑	1. 浇注温度太低； 2. 浇注速度太慢或有中断； 3. 浇口位置不当或太小
浇不足 （misrun）	铸件形状不完整	1. 浇注温度太低； 2. 浇注速度太慢或铁水不够； 3. 铸件太薄
错　箱 （shift）	铸件沿分型面有相对错位	1. 合型时上下砂箱未对准； 2. 砂箱定位销不准确； 3. 模样的上下模未对准
裂　纹 （cracking）	铸件开裂、裂纹处金属表面氧化	1. 铸件结构不合理，壁厚相差过大； 2. 舂砂太紧或落砂太早； 3. 浇口位置不当，冷却顺序不对

4.4.3　铸件结构工艺性

　　铸件结构是否合理，对于铸件的质量、成本和铸造生产率都有很大的影响。铸件结构不仅要保证铸件的力学性能和使用性能要求，而且必须考虑合金的铸造性能以及制模、造型、造芯、合型、铸件清理等各个工艺环节，应力求工艺简单、保证铸件质量、节省材料、提高生产效率和降低成本。这些就是对铸件结构工艺性所要求的原则。

　　铸件结构工艺性的基本要求如表 4.2 所示。

表 4.2　铸件的结构工艺性要点

设计准则	工艺性不合理	工艺性合理	说　明
铸件外形力求简单			便于制造模样、造型和清理等
铸件内腔形状应尽量避免或减少芯子数量			减少造芯和下芯等工作量
铸件上的凸台、肋条、凸缘等突起部分，尽量不要妨碍起模			若突起部分妨碍起模，只能做成活块模或用芯子做出等，均使工艺复杂化
使铸件结构具有最简单的分型面			若分型面不规则，要采用挖砂等方法，使造型工艺复杂化
凡垂直于分型面的非加工表面，应有结构斜度			结构斜度的主要目的是便于起模，通常由设计人员给定
铸件壁厚不宜太薄，也不宜过厚			铸件壁太薄，会引起冷隔、浇不足等缺陷；铸件壁太厚，会引起组织粗大、缩孔、缩松等缺陷

续表 4.2

设计准则	工艺性不合理	工艺性合理	说　　明
铸件壁厚要均匀,避免金属局部积聚	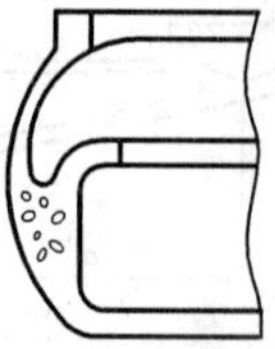	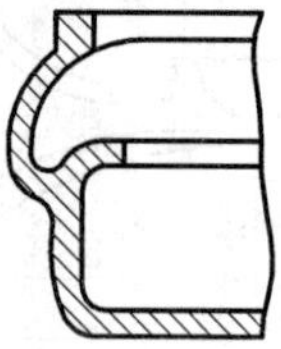	铸件壁厚不均匀,会引起铸造应力、变形和裂纹;金属局部积聚,容易产生缩孔、缩松等缺陷
厚壁与薄壁间的连接要逐步过渡	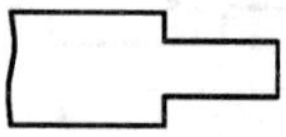		厚壁与薄壁间突变,容易产生应力集中现象,甚至形成裂纹
铸件转角及壁间连接处应有圆角	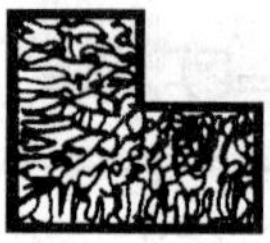	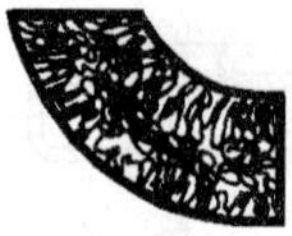	铸件壁直角相交,会形成晶间脆弱面,产生应力集中,引起裂纹、缩孔、缩松等缺陷,也不便于造型、清理等
铸件应尽量避免有过大的水平面	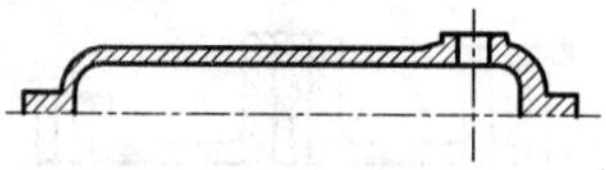	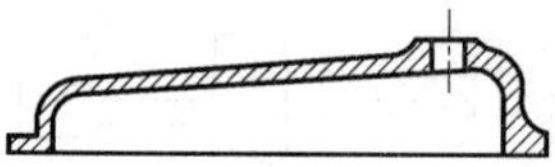	在铸件过大的水平面上,容易产生夹砂、结疤、气孔、冷隔等缺陷
铸件冷却时应能自由收缩	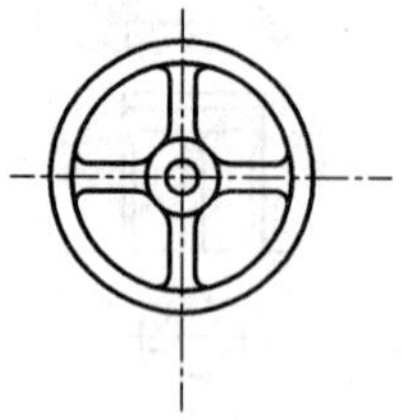	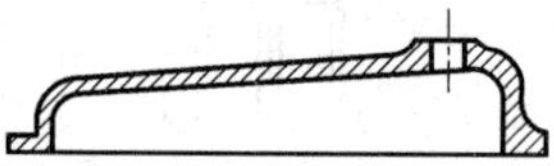	弯轮辐能借助于微量变形,以减少应力,从而避免拉裂。凡收缩性不大的材料,从模样制造方便考虑,亦可将轮辐设计成直的

练习题

1. 什么叫合金流动性? 影响合金流动性的因素有哪些?
2. 缩孔是如何形成的? 如何防止铸件缩孔?
3. 分析铸件热应力产生的原因、危害及减少热应力的措施。

4.5 特种铸造

　　砂型铸造有许多优点,应用非常普遍,但一个砂型只能使用一次,造型工作量大,型砂用量多,且铸件的精度低、表面粗糙度高。为了满足工业生产的需要,克服砂型铸造的不足,人们创造出一些不同于砂型铸造的方法,如金属型铸造、压力铸造、离心铸造、熔模铸造、低压铸造、真空吸铸和磁型铸造等,这些方法统称为特种铸造(special casting)。

4.5.1 金属型铸造

　　用金属制成的铸型称为金属型,将熔融金属注入金属型而形成铸件的过程称为金属型铸造(gravity die casting)。图4.37与图4.38分别为垂直分型式与铰链开合式两种金属型。

　　金属型铸造的特点:

　　(1)金属型可以使用几百次乃至几万次,与砂型铸造相比,可以省去型砂制备、造型、落砂清理等工艺过程,节省了大量型砂和配砂设备与场地,显著地提高了劳动生产率并降低了生产成本;

　　(2)金属型铸造的铸件有较高的尺寸精度和表面质量,因此,切削加工余量小,有的铸件可以不经切削加工即可达到装配要求;

　　(3)金属型导热率高,铸件结晶时冷却速度快,可获得致密的细晶粒组织,有利于提高铸件的力学性能。

　　但是,金属型的制造成本高,加工周期长,故金属型铸造只适应于大批量生产;金属型退让性差,铸件容易产生裂纹,不宜生产形状太复杂的铸件。

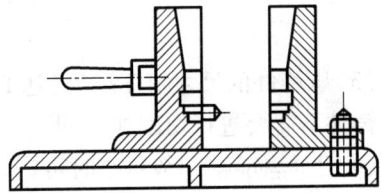

图4.37 垂直分型式金属型
1—活动半型;2—固定半型;
3—底座;4—定位销

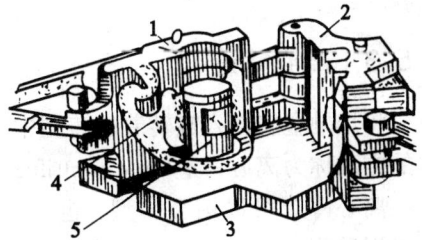

图4.38 铰链开合式金属型
1、2、3—金属型;4—浇道;5—铸件

　　金属型铸造广泛应用于各种有色金属铸件的生产,在航空、汽车、内燃机、电气工业以及医疗器械等行业中得到普遍应用。

4.5.2 压力铸造

　　压力铸造(pressure die casting)是将熔融金属在压力作用下注入铸型,并在压力作用下冷却凝固后获得铸件的铸造方法。

　　压力铸造的铸型是金属型,通常用热模具钢制成。用于压力铸造的机器称为压铸机,压铸机的种类很多,其中用得较多的是卧式冷压室压铸机,图4.39是它的压铸工艺过程图。

　　压力铸造的特点:

　　(1)由于熔融金属在压力作用下注入型腔,因而压力铸造可铸出形状复杂、壁厚很薄的铸件;

　　(2)熔融金属在压力作用下凝固成形,故铸件组织致密,力学性能比砂型铸造高;

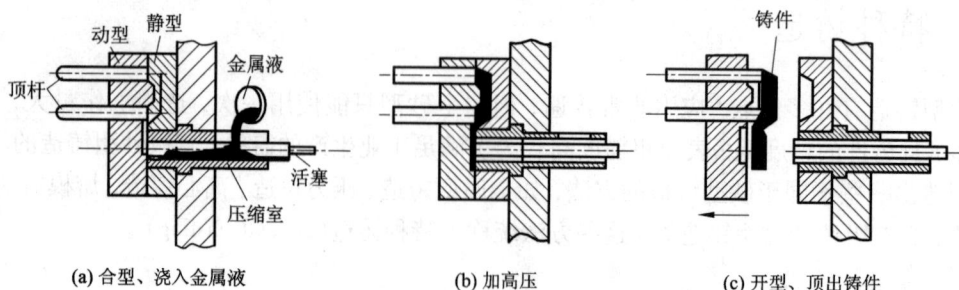

图 4.39　压铸工艺过程示意图

（3）压铸件的尺寸精度高（可达 IT11 ~ 13），表面粗糙度低（Ra 值为 6.3 ~ 1.6 μm），大多数压铸件不需要进行切削加工即可使用；

（4）生产率高，一般每小时可铸几百个铸件，而且易于实现半自动化和自动化生产；

压力铸造的缺点是铸型必须用昂贵和难加工的热作模具钢制造，其加工精度和表面粗糙度都有很高要求，因此，铸型制造费用高。压铸时注入熔融金属的速度很高，在 0.1 ~ 0.2s 内可充满铸型，型腔内气体来不及逸出，铸件容易产生小气孔，影响铸件质量。

目前压铸生产主要适用于熔点较低的有色金属铸造，在汽车、仪表、电器、航空、机床等工业部门中得到广泛应用。由于铸钢和铸铁的熔化、浇注温度高，铸型寿命短，所以目前应用较少。

4.5.3　离心铸造

将熔融金属浇入旋转着的铸型中，使熔融金属在离心力作用下充填铸型并结晶而获得铸件的方法称为离心铸造（true centrifugal casting）。

离心铸造可以用金属型，也可以用砂型，铸型在离心铸造机上可绕垂直轴或水平轴旋转。图 4.40 是离心铸造示意图。

离心铸造的特点：

（1）熔融金属在离心力作用下凝固成形，故铸造组织致密，没有缩孔、气孔、渣眼等缺陷，力学性能较高；

（2）铸造具有圆形内腔的铸件时，不必使用芯子；

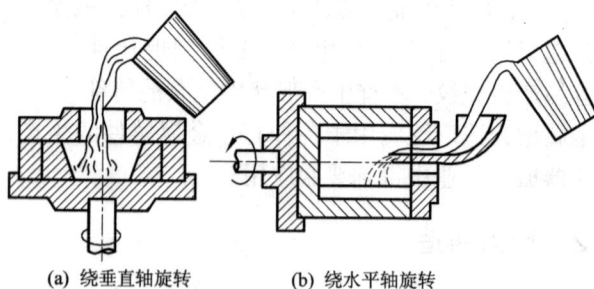

(a) 绕垂直轴旋转　　　　(b) 绕水平轴旋转

图 4.40　离心铸造示意图

（3）铸型中不需要浇注系统，减少了熔融金属的消耗量；

离心铸造的缺点是靠离心力铸出的内孔尺寸不精确，且内壁非金属夹杂物多，需要增大内孔的切削加工余量。

离心铸造常用来铸造上水道、下水道铸铁管、缸套、铜套等空心铸件，也可以用来生产双金属轴承以及其他成形铸件。

4.5.4　熔模铸造

熔模铸造(fusible pattern molding)的工艺过程是先利用压型制出与铸件形状相同的蜡模
(wax pattern),然后把蜡模粘合到浇注系统上组成蜡模组,将蜡模组浸以用水玻璃与石英粉
配成的涂料,并在其上撒上一层石英砂,再浸入氯化铵(硬化剂)中使其硬化。这样反复多
次,一直到结成5~10 mm 的硬壳,这种具有足够强度的硬壳即为铸型。随后将硬壳铸型加
热并使蜡模熔化流出来,得到中空的硬壳铸型。把硬壳铸型烘干,经800~850℃左右焙烧去
掉型内杂质。将硬壳铸型置于容器内并在周围填砂,以防硬壳变形破裂,最后进行浇注。所
以此法又称为失蜡铸造,如图4.41 所示。

熔模铸造的特点:

(1)能获得尺寸精度高、表面质量好的铸件,铸件成形之后一般不需切削加工;

(2)形状很复杂的铸件也能铸造,这是因为能用熔化方法取出蜡模。所以,一些难于切
削加工的复杂件可用此法铸造成形;

(3)各种金属都能用熔模铸造方法生产铸件。

熔模铸造的缺点是工艺过程复杂,生产成本高且不宜生产大型铸件。

熔模铸造广泛应用于航空、电器、仪表、刀具制造等许多部门,以及汽轮机、发动机的叶
片、叶轮等形状复杂的铸件生产。

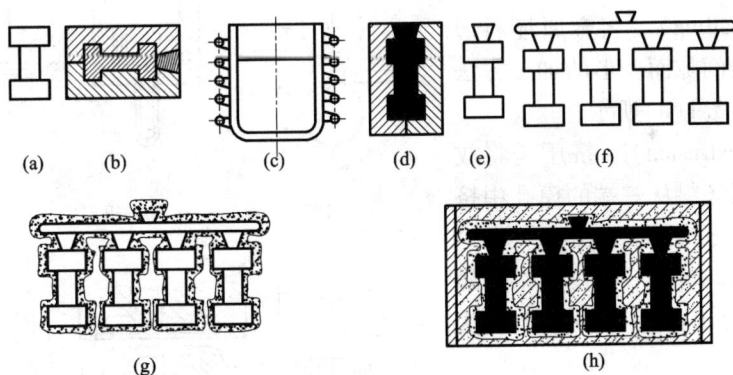

图4.41　熔模铸造工艺过程图

(a)母模;(b)压型;(c)熔蜡;(d)铸造蜡模;(e)单独蜡模;

(f)组合蜡模;(g)结壳、熔出蜡模;(h)填砂、浇注

练 习 题

1. 常见的特种铸造方法有哪些? 它们各有何特点? 各自的应用范围如何?

5 锻压成形

5.1 概　述

5.1.1 金属压力加工的概念

金属材料在外力作用下产生塑性变形（plastic deformation），从而获得具有一定形状、尺寸和一定力学性能的原材料、毛坯或零件的加工方法，称为金属压力加工（mechanical working of metal）。

用于压力加工的金属必须具有良好的塑性。各种钢材与大多数有色金属及其合金都具有一定程度的塑性，可以在不同温度下进行压力加工。

压力加工（mechanical working）的主要方式有：

（1）轧制（rolling）　将金属坯料通过旋转辊之间的间隙而变形的加工方法称为轧制，如图5.1（a）所示；

（2）挤压（extrusion）　挤压是将放在模具内的金属坯料从一端的模孔中挤出而变形的加工方法[图5.1（b）]；

（3）拉拔（drawing）　拉拔是将金属坯料通过模孔拉出而变形的加工方法（图5.1c）；

（4）锻造（forging）　锻造是将金属坯料放在上下砧铁或锻模之间受到冲击力或压力而变形的加工方法。锻造可以分为自由锻[图5.1（d）]和模锻[图5.1（e）]两种类型；

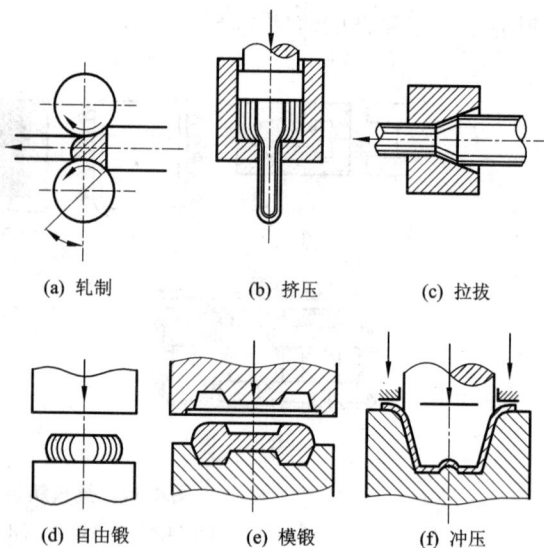

(a) 轧制　　　(b) 挤压　　　(c) 拉拔

(d) 自由锻　　(e) 模锻　　　(f) 冲压

图5.1　金属压力加工的生产方式

（5）冲压（stamping）　冲压是将板材放在冲模之间受压产生分离或变形的加工方法[图5.1（f）]。

在机器制造工业中常使用锻造方法来生产毛坯或零件，用冲压方法制造各种薄壁零件及日用工业品；而轧制、挤压、拉拔等加工方法主要是生产板材、管材、型材、线材等不同截面形状的商品工程金属材料，由于技术的不断发展，这些方法在现代机器制造工业中也用来制造机械零件。

5.1.2　塑性变形对金属组织和性能的影响

1. 金属晶体的塑性变形

金属压力加工是依靠外力的作用,使金属产生塑性变形来改变坯料的形状和尺寸。

金属在外力的作用下,首先产生弹性变形,当外力达到屈服点时,开始产生塑性变形。

一般工程金属都是由许许多多的晶粒组成的多晶体金属。为了讨论的方便,我们首先研究单晶体金属的变形行为。

图5.2是单晶体的变形过程示意图。图中(a)为晶体未受到外力的原始状态,当晶体受到外力作用时,金属内部原子偏离原来的平衡位置,晶格发生弹性歪扭[图5.2(b)],引起原子位能的增高,而处于高位能的原子具有返回原来位能最低的平衡位置的倾向,因而当外力去除后,原子将返回到原来的位置,晶体回复到原始状态,变形消失,这就是材料的弹性变形。

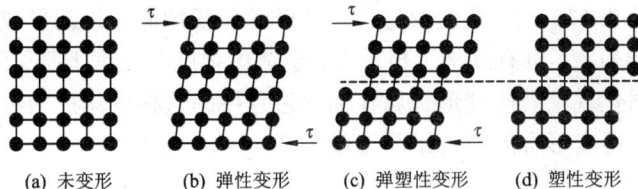

(a) 未变形　　(b) 弹性变形　　(c) 弹塑性变形　　(d) 塑性变形

图 5.2　单晶体的变形过程

若外力继续增加,使晶格的歪扭程度超过弹性变形阶段,则晶体的一部分将会相对另一部分滑过一个原子间距,此时再去除外力,滑动了的原子不能再返回到原来位置。晶体的这种滑动行为通常称为滑移。金属晶体的塑性变形主要是通过滑移来实现的,金属在外力的持续作用下,滑移连续地发生,从而获得形状与尺寸的改变。

多晶体金属中每个晶粒的变形与前述单晶体的变形过程是一致的。但在多晶体中,每个晶粒的变形受到周围晶粒和晶界的制约和影响,除每个晶粒自身的滑移变形之外,晶粒之间也有滑移和晶粒的转动,晶粒的位置和形状随着塑性变形的发生而不断改变(图5.3)。所以,多晶体金属的塑性变形是许多晶粒塑性变形的综合结果。

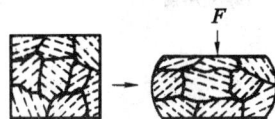

图 5.3　多晶体塑性变形示意图

2. 塑性变形后金属的组织与性能

我们如果用手反复弯折铁丝,发现越弯越硬,最后,弯曲部位因硬脆出现裂纹而折断。这正是塑性变形引起的冷变形强化现象。

冷变形强化(cold deformation strengthening)是指当金属进行塑性变形时,随着变形程度的增加,金属的强度、硬度升高,而塑性与韧性下降的现象。图5.4是室温下塑性变形对低碳钢力学性能的影响。

金属产生冷变形强化的原因是由于金属晶体在塑性变形过程中,粗大的晶粒破碎为较细的晶块,晶体中原子排列偏离平衡位置,出现严重的晶格歪扭,金属内部应力增大,内能升高，从而使变形抗力增大，使滑移的继续进行出现困难。故冷变形强化对塑性变形过程是不利的。

冷变形强化可以提高金属的强度和硬度，所以它是强化金属的一种重要方法。例如，对于那些不能用热处理方法来提高强度和硬度的纯金属和某些合金材料，常利用冷变形强化效应来提高其强度和硬度，以达到使用要求。

冷变形强化是一种不平衡状态，具有自发恢复到平衡状态的倾向，但在低温下由于

图 5.4　常温下塑性变形对低碳钢力学性能的影响

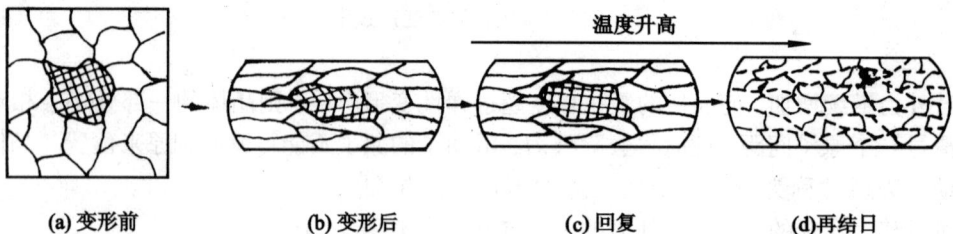

原子活动能力较低，几乎觉察不到恢复现象。当升高温度时金属原子获得了热能，热运动加剧，金属组织和性能产生一系列变化，晶格歪扭现象逐渐消失，应力下降，原子向平衡状态回复。当温度升高到 $0.4T_{熔}$ 时，在变形过程中被破碎拉长的晶粒重新形成新的细小晶粒，原子完全按平衡状态排列，不再有晶格歪扭现象，金属的强度与硬度下降，而塑性与韧性升高，从而消除了冷变形强化现象。冷变形金属在加热过程中的这种变化称为再结晶。图 5.5 是回复与再结晶示意图。冷变形金属的再结晶温度为 $T_{再} \approx 0.4T_{熔}$ K。

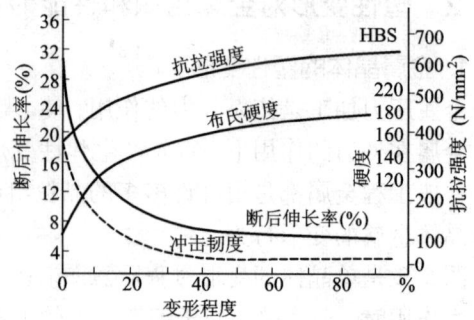

(a) 变形前　　**(b) 变形后**　　**(c) 回复**　　**(d) 再结日**

图 5.5　回复与再结晶示意图

对于变形量很大的金属，在压力加工变形过程中常采用再结晶退火来消除冷变形强化现象、提高塑性，使金属顺利地进行变形加工。

由以上分析可知，金属在不同温度下变形的组织与性能是不相同的。因此，金属的塑性变形可分为冷变形与热变形。

冷变形是在再结晶温度以下进行的塑性变形。金属冷变形时产生冷变形强化现象，因而变形程度不宜过大。冷变形后制品的精度高、尺寸和形状精确、表面光洁，强度和硬度也较高。所以，冷轧、冷拉和冷冲压等压力加工方法是生产精度要求高的材料或零件的重要加工方法。

热变形是在再结晶温度以上进行的塑性变形。热变形时产生的冷变形强化效应被高温下的再结晶行为所消除，因而热变形过程中不出现冷变形强化现象。故金属热变形时塑性良好，变形抗力小，可以承受较大的变形量。金属锻造和热轧、热挤压等塑性变形加工都是在热变形条件下进行的。

金属压力加工的原始坯料是铸锭时，铸锭组织存在晶粒粗细不均匀，并且有气孔、缩孔、

夹杂等缺陷。铸锭经热变形后，可以改善内部组织，获得细化的再结晶组织，一些小的气孔和缩孔等缺陷在压力作用下被锻合，使组织更加细密。所以，热变形能改善金属组织，提高力学性能，特别是金属的强度与韧性提高较大，使用可靠性大为增加。此外，铸锭中的塑性夹杂物(如钢锭中的 FeS 等)多分布在晶界上，在变形时随晶粒变形方向伸长，塑性夹杂物也随之变形，一起被拉长，而脆性夹杂物(如氧化物等)被打碎呈链状分布。再结晶时晶粒形状发生改变，而夹杂物却仍然呈长条状或链状被保留下来，称为"锻造流线"(forging flow line)，变形程度越大，锻造流线就越明显。图 5.6 是金属塑性变形前后的组织示意图。

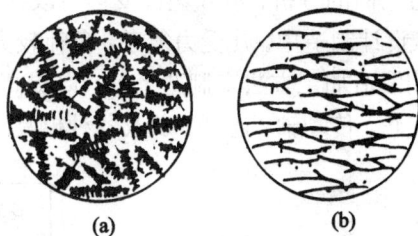

图 5.6　铸锭热变形前后的组织

　　锻造流线的出现使得金属的力学性能具有明显的各向异性，纵向的强度、塑性与韧性显著大于横向。因此，为了获得具有最好力学性能的零件，在设计和制造零件时，应该使零件工作时的最大正应力(σ_{max})的方向和锻造流线方向平行，最大切应力(τ_{max})的方向和锻造流线方向垂直，并使锻造流线能与零件的轮廓相吻合而不被切断。

　　图 5.7 是制造螺栓的两种方法，图(a)是选取较粗的棒料用切削加工方法制成，其头部的锻造流线被切断，切应力顺着锻造流线方向，头部容易出现剪切裂纹；(b)是选取较细棒料用局部镦粗方法制成，头部与杆部的锻造流线连贯而未切断，使用时头部不会出现剪裂现象。

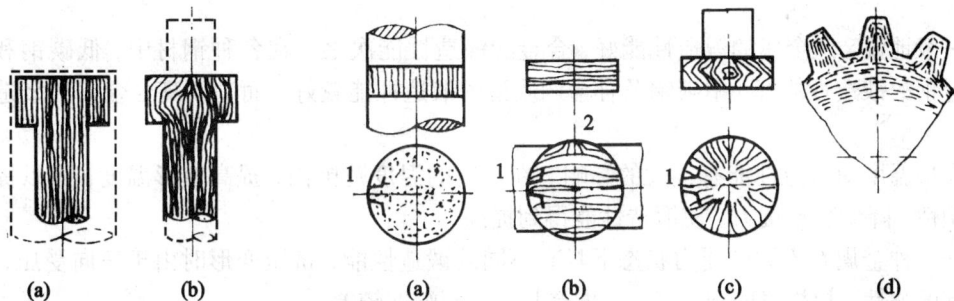

图 5.7　螺钉的锻造流线组织比较　　　　图 5.8　不同加工方法制成齿轮的锻造流线组织

　　图 5.8 是用几种不同方法制造的齿轮的锻造流线分布情况。图中(a)是选择轧制圆钢，用切削方法制造的齿轮，受力时齿根产生的正应力与锻造流线方向垂直，容易产生折齿现象；(b)是选择扁钢制造齿轮，齿 1 的正应力平行于锻造流线方向而不出现折齿现象，齿 2 类似于图(a)的情形而易于折齿；图(c)是选择较小的棒料镦粗后制造的齿轮，其锻造流线呈放射状而使所有的齿在受力时的正应力均平行于锻造流线方向，可以大大增加齿轮的使用寿命；(d)是热轧法直接轧出齿形的齿轮，金属锻造流线更符合于各个齿的形状，并且锻造流线具有连贯性，故这种齿轮的质量更好。

5.1.3　锻造的应用

通过上面的分析，可知塑性变形对改善金属的组织与力学性能具有非常显著的作用。所以，机械设计制造中，凡受力复杂、负荷较大的零件，以及承受动载荷和冲击载荷的零件，都需要采用锻造加工方法来制造毛坯，以提高制品的使用可靠性和延长使用寿命。例如，各种重要的齿轮、传动轴、连杆，以及各种模具、刃具等都应该用锻造的方法获得毛坯。

练 习 题

1. 什么是金属压力加工？压力加工的主要方式有哪些？
2. 简述单晶体塑性变形过程。晶体塑性变形的主要方式是什么？
3. 什么叫冷变形强化，冷变形强化有何利弊？
4. 金属热变形后组织和性能有哪些变化？

5.2　金属的加热和冷却

5.2.1　金属的锻造性能

金属的锻造性能是金属进行锻压成形难易程度的工艺性能。锻造性能(malleability)用金属的塑性和变形抗力的大小来综合评定。金属的塑性好、变形抗力小，则锻造性能好；反之，则锻造性能差。

金属的锻造性能与化学成分、组织结构、变形条件(如变形温度、受力状态)等因素有关。

一般地说，纯金属的锻造性能好，合金的锻造性能次之。在各种钢材中，低碳钢和低碳低合金钢的锻造性能好，中碳钢及合金调质钢的锻造性能较好，而高碳高合金钢的锻造性能较差。

变形温度对锻造性能有很大的影响。在一定的温度范围内，提高变形温度，可以提高金属的塑性，降低变形抗力，使锻造性能得到提高。

同一种金属在不同的受力状态下具有不同的锻造性能，挤压变形时由于三向受压，表现出较好的塑性，拉拔时两向受压、一向受拉，因而塑性较差。

5.2.2　金属的加热

1. 加热的目的和锻造温度范围

锻造之前，金属坯料需要加热，目的是提高塑性、降低变形抗力，以便用较小的外力使坯料(preform)产生较大的变形量而不破裂。

金属材料随着温度的升高，强度和硬度降低而塑性与韧性升高，有利于塑性变形。各种金属在锻压时所允许的最高加热温度称为始锻温度。若加热温度超过始锻温度，会使锻件质量下降，甚至造成废品。始锻温度一般应低于金属的熔点约200℃。

在锻压过程中，坯料不断散热，温度下降，塑性变低，变形抗力随之升高。当坯料温度下降到一定程度时，不仅继续变形难以进行，且容易锻裂，必须重新加热才能继续锻造。金属停止锻造的温度称为终锻温度（finish-forging temperature）。

从始锻温度到终锻温度的温度间隔称为锻造温度范围（forging temperature interval）。几种常用金属材料的锻造温度范围列于表5.1。

表5.1　常用材料的锻造温度范围

材 料 种 类	始 锻 温 度（℃）	终 锻 温 度（℃）
低 碳 钢	1200~1250	800
中 碳 钢	1150~1200	800
合金结构钢	1100~1180	850
铝 合 金	450~500	350~380
铜 合 金	800~900	650~700

锻造时金属的温度可以用仪表测量，也可以用观察金属火色的方法判断。

2. 加热炉

（1）手锻炉　这种加热炉的结构如图5.9所示。常用的燃料为烟煤、焦炭等固体燃料，坯料直接放在炉膛内的燃料中加热。

这种加热炉结构简单、体积小、操作方便，但生产率低，加热质量不高，主要用于小型锻件的单件、小批量生产。

（2）反射炉　反射炉的结构如图5.10所示。燃烧时鼓风机供给的空气经过换热器预热后送入燃烧室，燃烧室产生的高温炉气越过隔火墙进入加热室加热坯料，废气经烟道排出，坯料从炉门装入和取出。

反射炉以煤为燃料，由于有隔火墙将燃烧室与加热室隔开，避免了氧化性火焰直接接触坯料；加热温度比较均匀，可以加热不同尺寸的坯料。不过，反射炉的热效率较低。反射炉多用于自由锻车间。

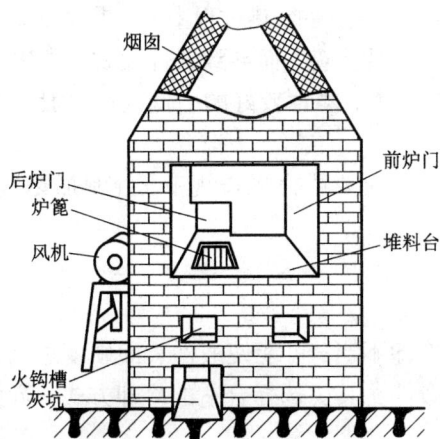

图5.9　手锻炉结构示意图　　　　图5.10　反射炉结构示意图

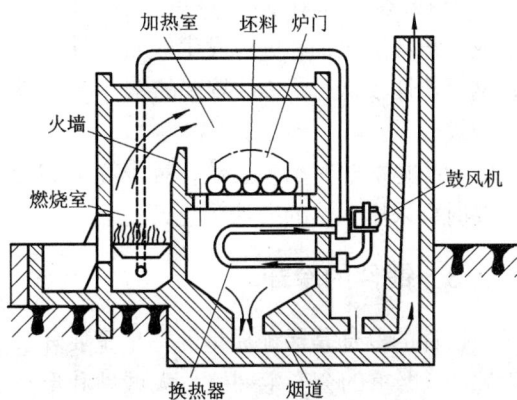

（3）室式加热炉　室式加热炉以重油或煤气为燃料。图 5.11 是室式重油加热炉结构简图，加热时燃油与压缩空气分别进入喷嘴，压缩空气由喷嘴喷出时，将燃油带出并喷射成雾状，与空气均匀混合并燃烧，坯料堆放在燃烧室内直接加热。

室式加热炉是大、中型锻压车间加热用的主要设备，常用于加热各种大、中型锻压件。

3. 钢材的加热缺陷

（1）氧化（oxidation）与脱碳　钢中的主要组成元素是铁和碳，在一般加热条件下，钢件表面与高温氧化性气氛接触，发生剧烈的氧化反应，使坯料的表层生成氧化皮并使表层脱碳（decarbonization）。

图 5.11　室式重油炉结构示意图

钢坯每次加热，氧化烧损量可达坯料重量的 2% ~ 3%，表面氧化还使锻压件表面质量下降；模锻时，氧化皮还会加速模具的磨损。钢件脱碳使表层硬度下降而软化，脱碳层较浅时，切削加工可切去脱碳层；脱碳严重时，将降低零件使用寿命。

防止氧化脱碳的方法是：采用快速加热，减少坯料在高温炉气中的停留时间；控制炉气成分、避免过量供氧；更先进的加热方法是少无氧化加热方法，例如在保护气氛下利用电加热等。

（2）过热与过烧　钢坯在超过始锻温度情况下加热或在高温下保温时间过长，内部的晶粒组织会变得粗大，称为过热（over heat）。过热的坯料锻造时塑性下降，并且影响锻件的使用性能。过热坯料可以通过反复锻造使粗晶粒细化，也可以在锻后进行热处理来细化晶粒，以改善其力学性能。

钢坯在超过始锻温度较多甚至接近熔点温度下加热，晶粒边界会发生严重氧化或出现局部熔化现象，称为过烧（buring）。过烧的坯料晶粒间的联系遭到严重破坏，锻造时会发生碎裂。所以，过烧的钢坯只能报废。

为防止加热时出现过热与过烧的现象，要严格控制加热温度和加热时间，要使炉内加热温度均匀，并注意观察炉内坯料加热情况。

（3）开裂（cracking）　一些复杂的锻件或尺寸较大的锻件在加热过程中，如果加热速度太快或装炉温度过高，可能发生坯料内外温差太大，由于温差应力而导致锻件裂纹。高碳高合金钢等塑性较低、导热性较差的钢件产生裂纹的倾向较大，塑性较好的中低碳钢一般不会产生裂纹。

为防止加热时出现裂纹，对于高碳高合金钢，加热时要严格操作规范，控制加热速度，必要时可采用预热的办法防止开裂。

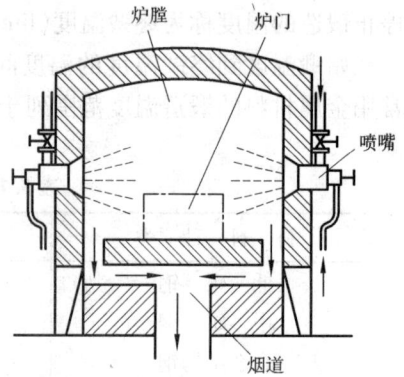

5.2.3　锻件的冷却

锻件的冷却是保证质量的一个重要环节。锻后冷却不当，可能使锻件表面硬度过高，产生翘曲，严重的会产生裂纹。大锻件和形状复杂的锻件尤其要选择合适的冷却方式，防止冷却过程中产生缺陷（defect）。

对于低碳钢和中碳钢及低合金结构钢的中小锻件，锻后一般采用空冷；高碳钢和合金工具钢，锻后要埋在沙子、炉灰或其他绝热材料的灰坑中冷却；高合金工具钢和高速工具钢锻件，锻后要放入 600~700℃ 的加热炉中，随炉缓慢冷却。

练习题

1. 金属的锻造性能是什么？以哪几个指标来衡量？哪些因素影响锻造性能？
2. 坯料锻造之前为什么要加热？加热过程中可能产生些什么缺陷？如何防止加热缺陷？
3. 锻件冷却方式对锻件质量有影响吗？不同化学成分的钢如何冷却？

5.3　锻造工艺

5.3.1　自由锻

1. 自由锻的特点

利用冲击力或压力使金属在上下两个砧铁之间产生塑性变形，从而获得所需的形状、尺寸与内部质量的锻件，这种锻造方法称为自由锻（open die forging）。

自由锻时，在水平面的各个方向金属能自由流动而不受限制，锻件的形状与尺寸主要由锻工的操作技术来保证。所以，锻件精度低，加工余量较大，且不能获得形状太复杂的锻件。

自由锻所用设备和工具通用性大，锻件大小不限，小到几十克，大到数百吨均可锻造，对于大型锻件自由锻是惟一的锻造方法。

自由锻分为手工自由锻和机器自由锻两种。

手工自由锻依靠人力利用铁砧、大锤、手锤、夹钳、冲子、錾子和型锤等工具（图 5.12），使坯料变形而获得锻件。手工自由锻所用的设备和工具简单，投资少，但劳动强度大、生产率低，主要适用于机修及机器锻的辅助工序。

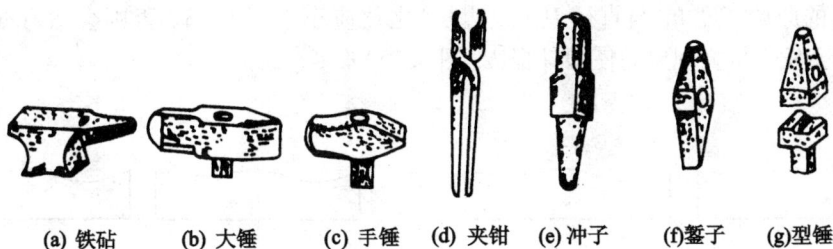

(a) 铁砧　(b) 大锤　(c) 手锤　(d) 夹钳　(e) 冲子　(f)錾子　(g)型锤

图 5.12　手工锻工具

机器自由锻依靠机器产生的冲击力或压力使坯料变形获得锻件，它的生产率高，是一种广泛应用的锻造方法。

机器自由锻的设备有空气锤（pneumatic hammer）、蒸汽－空气自由锻锤和水压机等，其中空气锤的应用最为普遍。

图 5.13 为空气锤的外形图和工作原理示意图。它有压缩气缸和工作气缸，压缩气缸内有压缩活塞，压缩活塞由电动机经减速机构再借助曲柄－连杆机构带动而作上下运动。当压缩活塞上升时，将空气压入工作气缸的上部，使工作活塞连同锤头和上砧块下击。当压缩活

塞下降时，将空气压入工作气缸的下部，使工作活塞连同锤头上升。

为了使空气锤适应锻造的需要，通过手柄或踏杆来操纵上、下控制阀的不同位置，能够在压缩气缸照常工作的情况下，使锤头完成上悬、连续锻击、单次锻击、下压等动作。

空气锤的吨位用落下部分（包括工作活塞、锤头、上砧块）的重量表示。常用的空气锤吨位为 40～750kg。空气锤的吨位主要根据锻件的材质、大小和形状来选择。

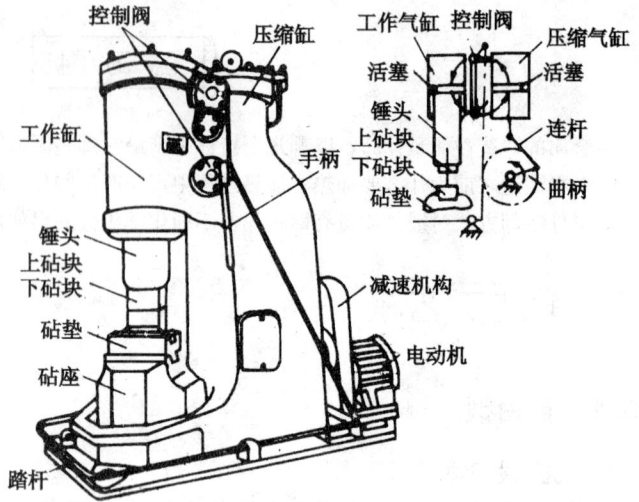

图 5.13　空气锤

2. 自由锻基本工序

自由锻的工序包括基本工序、辅助工序和精整工序等三类。基本工序是实现锻件成形的工序，有镦粗、拔长、冲孔、弯曲、扭转、错移、切割、锻接等；辅助工序是为方便基本工序的操作而对坯料预先进行的少量变形工序，如压肩、压钳口、倒棱等；精整工序是在基本工序完成之后的整形工序，有矫正、滚圆、摔圆等，精整之后使锻件提高质量，使之符合图纸要求。

（1）镦粗（upsetting）　镦粗是使坯料横截面增大、高度减小的锻造工序，可分为整体镦粗与局部镦粗两种（图 5.14）。镦粗的工艺操作要点为：

①坯料的原始高度 H_0 与直径 D_0（或边长）之比应小于 2.5～3，否则会镦弯或造成双鼓形，严重的会发生折叠现象而使锻件报废（图 5.15）；

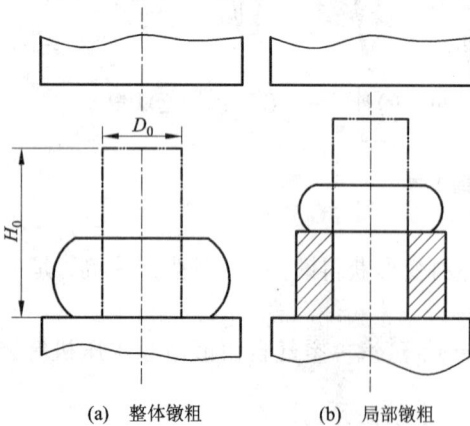

(a)　整体镦粗　　　　(b)　局部镦粗

图 5.14　镦粗

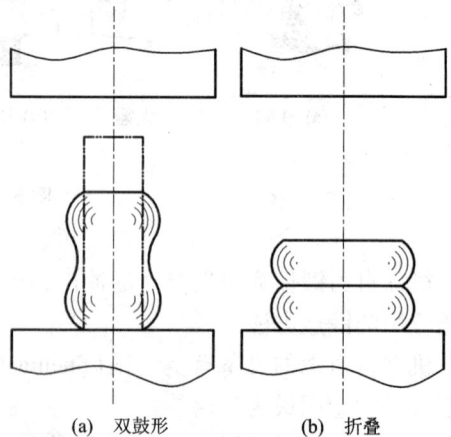

(a)　双鼓形　　　　(b)　折叠

图 5.15　双鼓形和折叠

②坯料的端面应平整并与坯料的中心线垂直,加热后各部分的温度要均匀;端面不平整或不与中心线垂直的坯料,镦粗时要用夹钳夹住,使坯料中心线与锤杆中心线一致。镦粗过程中发现有镦歪、镦弯或出现双鼓形,应及时予以矫正;

③有的坯料只须局部尺寸增大,此时可将坯料的一部分放在漏盘内,限制其变形,仅使不受限制的部分镦粗,此即局部镦粗。漏盘上口应加工出圆角,孔壁最好有 3°~5° 的斜度,以便于拔出锻件。

(2)拔长(drawing out)　拔长是使坯料长度增加,横截面积减少的工序,拔长也称为延伸,如图 5.16 所示。拔长操作要点为:

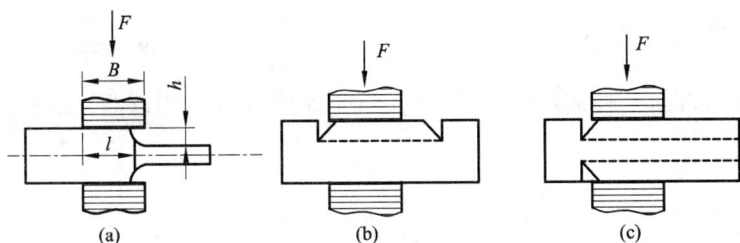

图 5.16　拔长

①锻击时,锻件应沿砧铁的宽度方向(横向)送进,每次送进的量 l 不宜过大,一般送进量为砧铁宽度 B 的 0.3~0.7 倍;送进量太大,金属主要沿坯料宽度方向流动,反而降低拔长的效率,送进量也不宜太小,以免产生夹层。

②拔长过程中要不断翻转坯料,为便于翻转后继续拔长,压下量 h 要适当,应使坯料横截面的宽度与厚度之比不要超过 2.5;将圆截面的坯料拔长成直径较小的圆截面锻件时,必须先把坯料锻成方形截面,当拔长到边长接近锻件的直径时,再锻成八角形,然后滚打成圆形;

③锻制台阶或凹档时,要先在截面分界处压出凹槽,称为压肩;

④拔长后要进行修整,使截面形状规则,矫直弯曲了的中心线,并减小表面的锤痕。修整时,坯料沿砧铁长度方向(纵向)送进。

(3)冲孔(punching)　在坯料上冲出透孔或不透孔(盲孔)的工序称为冲孔。冲孔操作要点如下:

①冲孔前坯料应先镦粗,以尽量减小冲孔深度,为保证孔位正确,应先试冲,即用冲子轻轻压出凹痕,如有偏差,可加以修正;

②孔位检查无误后,可向凹痕内撒放少许煤粉(以便于拔出冲子),再继续冲深;冲孔过程中应保持冲子的轴线与锤杆中心线平行,以防将孔冲歪。坯料较厚的工件一般采用双面冲孔法冲出,即先从一面将孔冲至坯料厚度 2/3~3/4 的深度[图 5.17(a)],取出冲子,翻转坯料,再从反面将孔冲透[图 5.17(b)];较薄的工件可采用单面冲孔方法。

③为防止冲孔时坯料开裂,一般限制冲孔孔径小于坯料直径的 1/3,超过这一限制的孔,应先冲出一较小的孔,然后采用扩孔方法达到所要求的孔径尺寸。常用的扩孔方法有冲头扩孔和芯轴扩孔,图 5.18 为冲头扩孔示意图。冲头扩孔是利用扩孔冲头锥面产生的径向分力将孔扩大,为防止扩孔裂纹,每次扩孔量不宜过大。

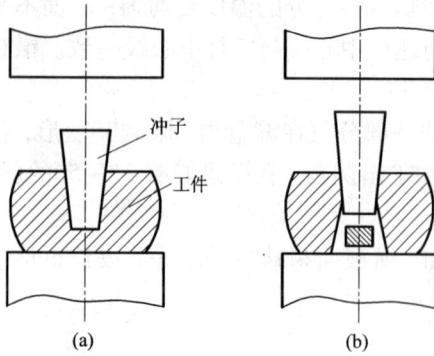

图 5.17　双面冲孔的过程

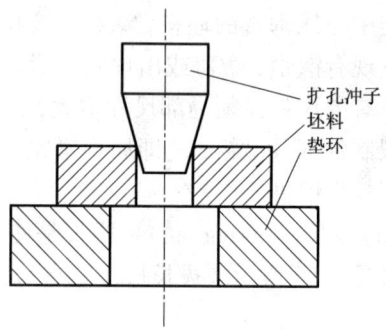

图 5.18　冲头扩孔

（4）弯曲（bending）　使坯料弯成一定角度或形状的工序称为弯曲，如图 5.19 所示。

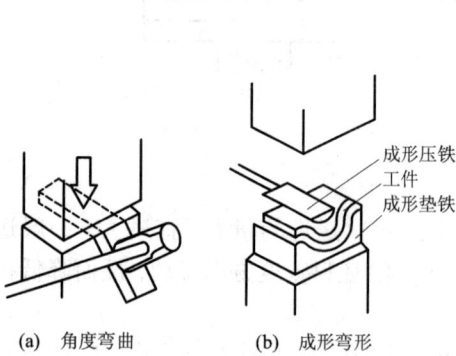

图 5.19　弯曲

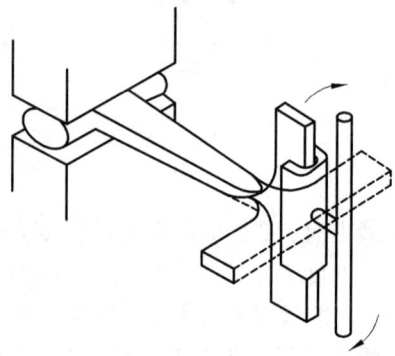

图 5.20　扭转

（5）扭转（twisting）　扭转即是将坯料的一部分相对于另一部分绕其轴线旋转一定角度的工序，如图 5.20 所示。

扭转时，应将工件加热到始锻温度，受扭曲变形的部分必须表面光滑，面与面的相交处过渡均匀，以防扭裂。

（6）错移（offset）　将坯料的一部分相对于另一部分平移错开，但仍保持轴心平行的工序称为错移，如图 5.21 所示。错移时，应先在错移部位压肩，然后加垫板及支撑，锻打错开，最后修整。

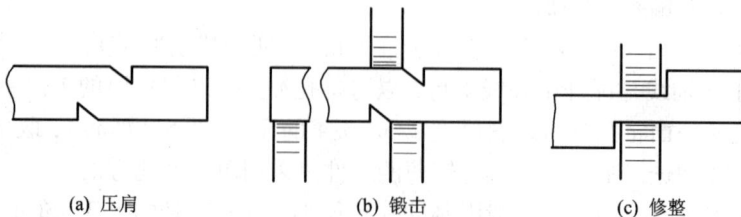

(a) 压肩　　　　　(b) 锻击　　　　　(c) 修整

图 5.21　错移

（7）切割（cutting） 切割是分割坯料或切除锻件余量的工序，图 5.22 是切割方料与圆料的示意图。

（8）锻接（forging welding） 将两分离工件加热到高温，在锻压设备产生的冲击力或压力作用下，使两者在固相状态下接合成一牢固整体称为锻接。一些复杂形状的锻件可先分为几部分锻打成形，然后锻接成一完整的锻件。不过，锻接用得很少，复杂形状锻件主要采用锻－焊联合结构。

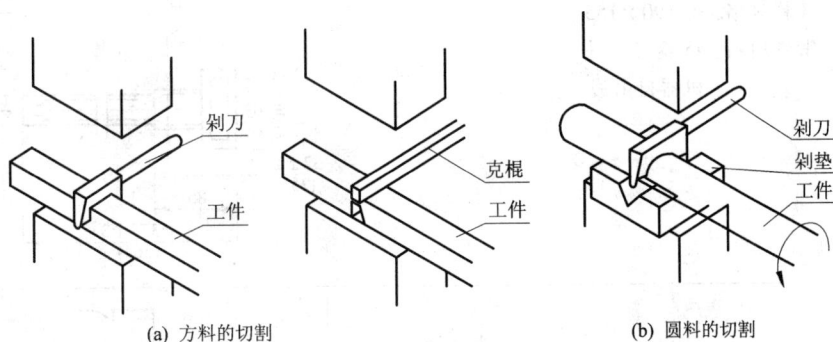

(a) 方料的切割　　　　　　　　　(b) 圆料的切割

图 5.22 切割

3. 自由锻锻件图

锻件图是根据零件图绘制的，其形状与尺寸应考虑以下内容：

（1）工艺余块（excess metal） 自由锻只能锻造形状较简单的锻件，余块是为了简化锻件形状而添加上去的一部分金属。零件上的某些凹档、台阶、小孔、斜面、锥面等都要适当地简化，以便于自由锻操作；

（2）加工余量（machining allowance） 自由锻的精度和表面质量都较差，需要进行切削加工。因此，需要切削加工的零件表面必须加上切削加工余量。零件的基本尺寸加上加工余量便得到锻件的名义尺寸；

（3）锻件公差（forging tolerance）自由锻操作中掌握尺寸不够精确，加上金属的收缩与氧化等原因，锻件的实际尺寸总有一定的偏差。锻件的实际尺寸与名义尺寸之间所允许的偏差称为锻件公差。

图 5.23 是阶梯轴自由锻锻件图，其中（a）标出它的工艺余块和加工余

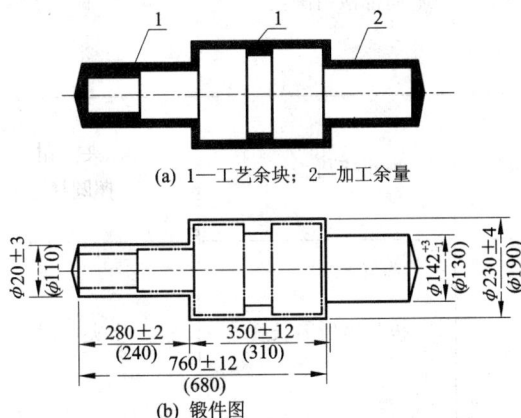

(a) 1—工艺余块；2—加工余量

(b) 锻件图

图 5.23 阶梯轴锻件图

量，（b）为锻件图。为了使锻工了解零件的形状与尺寸，锻件图上要用双点划线画出零件的轮廓，并在锻件尺寸下面用括号注明零件的基本尺寸。

4. 自由锻工艺

自由锻工艺应根据锻件的形状、尺寸、技术要求并结合生产条件来确定。表 5.2 是带法兰传动轴的自由锻工艺过程。

表 5.2　带法兰传动轴的自由锻工艺过程

锻件名称：带法兰传动轴
坯料规格：≤ φ90 × 155
锻件材料：45 钢
工艺类别：机器自由锻

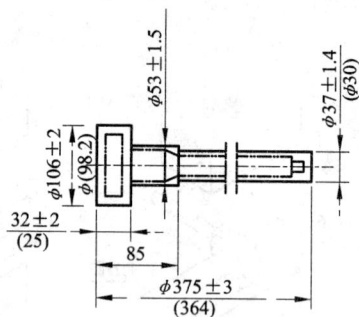

1	压肩	夹　钳 压肩摔子	
2	拔长一端	夹　钳	
3	局部镦粗法兰	漏　盘	
4	侧面摔圆	夹　钳 摔圆摔子	
5	拔长至所需长度	夹　钳	
6	修光、校正	夹　钳 钢板尺	

5. 自由锻件的结构工艺性

设计自由锻锻件结构时，既要满足使用性能要求，又要符合自由锻的工艺特点，应使锻件结构合理、加工方便、节约金属和提高生产效率。表5.3列出了自由锻件的结构工艺性。

表5.3　自由锻件的结构工艺性

不　合　理	合　理	说　明
		圆锥体的锻造须用专门工具，锻造比较困难，应尽量避免。与此相似，锻件上的斜面也不易锻出，也应尽量避免
		圆柱体与圆柱体交接处的锻造很困难，应改成平面与圆柱体交接，或平面与平面交接
		加强筋与表面凸台等结构是难以用自由锻方法获得的，应避免这种结构 对于椭圆形或工字形截面、弧线及曲线形表面，也应避免

续表 5.3

不　合　理	合　理	说　　明
		横截面有急剧变化或形状复杂的锻件,应分成几个易锻造的简单部分,再用焊接或机械连接法组合成整体

5.3.2　模锻

1. 模锻设备与工艺过程

将坯料加热后放在上、下锻模的模膛内,施加外力,使坯料在模膛所限制的空间内产生塑性变形,从而获得与模膛形状相同的锻件,这种锻造方法称为模锻(die forging)。

模锻设备有模锻锤、平锻机、曲柄压力机、摩擦压力机、模锻水压机等多种,其中模锻锤应用最普遍。

模锻锤的结构如图 5.24 所示。它的砧座比自由锻锤的砧座大得多,而且砧座与锤身连成一个封闭的整体,锤头与导轨之间的配合也比自由锻精密,锤头的运动精度高,锤击时能够保证上下模对准。

模锻时上模和下模分别安装在锤头下端和砧座上的燕尾槽内,用楔形铁对准和紧固。图 5.25 是模锻工作示意图。

锻模(forging dies)由热作模具钢加工制成,具有较高的热硬性、耐磨性和耐冲击性能。模膛内与分模面垂直的面都有 5°～10° 的斜度,称为模锻斜度(draft angle),其作用是便利锻件出模;所有面与面之间的交角都要做成圆角,以利于金属充满模膛及防止由于应力集中使模膛开裂。

为了防止锻件尺寸不足及上、下锻模冲

图 5.24　模锻锤

撞,以及有利于坯料充满模膛,模锻件下料时,除考虑烧损量及冲孔损失外,还应使坯料的体积稍大于锻件。模膛的边缘也加工出容纳多余金属的飞边槽,在锻造过程中,多余的金属

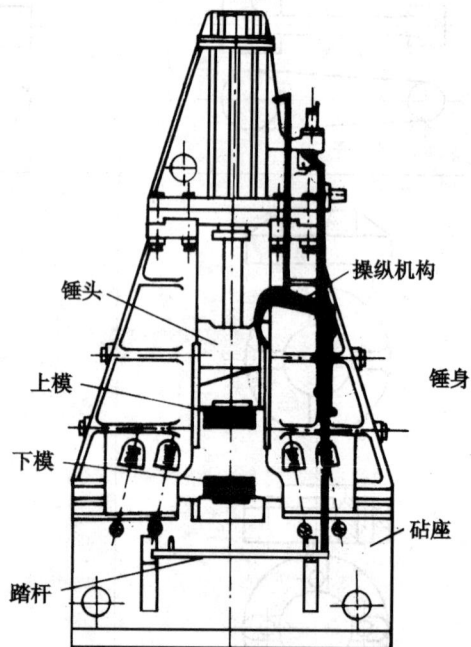

即存留在飞边槽内，锻后再用切边模将飞边切除。

同样，带孔的锻件不可能将孔直接锻出，而留有一定厚度的冲孔连皮，锻后再将连皮冲除。

根据模锻件的复杂程度和设备条件，锻模可分为单腔锻模和多腔锻模两种。单腔锻模是在一副锻模上只具有一个模腔，多腔锻模是在一副锻模上具有两个以上的模腔。对于形状复杂的锻件，要经过制坯、预锻、终锻等过程才能成形，最后还有切边等工序。图5.26是采用多腔锻模锻造弯曲连杆的过程。

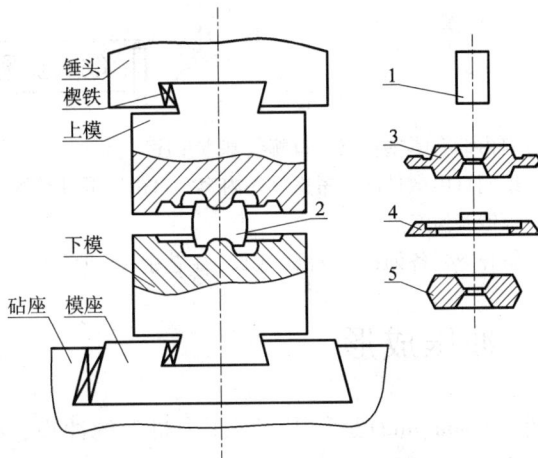

图5.25 模锻工作示意图

1—坯料；2—锻造中的坯料；3—带飞边和
连皮的锻件；4—飞边和连皮；5—锻件

2. 模锻的特点与应用

模锻与自由锻比较有如下优点：

（1）生产率较高。自由锻时，金属的变形是在上、下两个砧块间进行的，难以控制。模锻时，金属的变形是在模腔内进行，故能较快获得所需形状。

（2）锻件尺寸精确，加工余量小。

（3）可以锻造出形状比较复杂的锻件，它们如用自由锻来生产，则必须加大量工艺余块以简化形状。

（4）模锻生产比自由锻生产节省金属材料，减少切削加工量，降低零件成本。

但是，模锻生产由于受模锻设备吨位的限制，模锻件质量不能太大，一般在150kg以下。又由于制造锻模成本很高，所以它不适合于小批和单件生产。因此模锻生产适合于小型锻件的大批量生产。

由于现代化大生产的要求，模锻生产越来越广泛地应用在国防工业和机器制造业中。

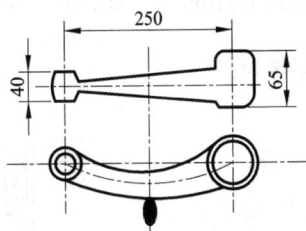

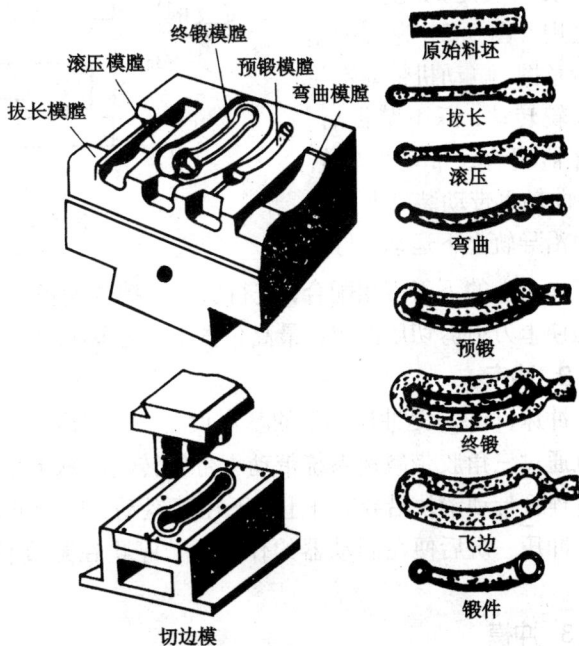

图5.26 弯曲连杆锻造过程

练习题

1. 自由锻有哪些特点？有哪些基本工序？
2. 绘制自由锻件图要考虑哪些内容？自由锻锻件结构工艺性要注意些什么问题？
3. 模锻有何特点？
4. 解释下列各词： 镦粗、拔长、工艺余块、锻件公差

5.4 冲压成形

冲压(stamping)是利用装在压力机上的冲模，对板料加压，使其产生分离或变形，从而获得零件的加工方法。

冲压较薄的板料一般不需加热，所以又叫冷冲压。当板料厚度较大时，才采用热冲压。

冲压可以压制形状复杂的零件，冲压件尺寸精确、表面光洁、重量轻、刚度大，而且冲压操作简单、生产率高、冲压过程易于机械化与自动化。所以，冲压在汽车、拖拉机、航空、电器、仪表、国防及日用品等工业部门中占有极其重要的地位。

5.4.1 冲压设备

1. 剪床

剪床(plane shear)又叫剪板机。它的用途是把板料剪切成一定的宽度供冲压之用。图 5.27 为剪床结构示意图，电动机带动带轮和齿轮转动，踩下踏板后，离合器闭合，带动曲轴转动，曲轴再带动装有上刃的滑块沿导轨上下运动，与装

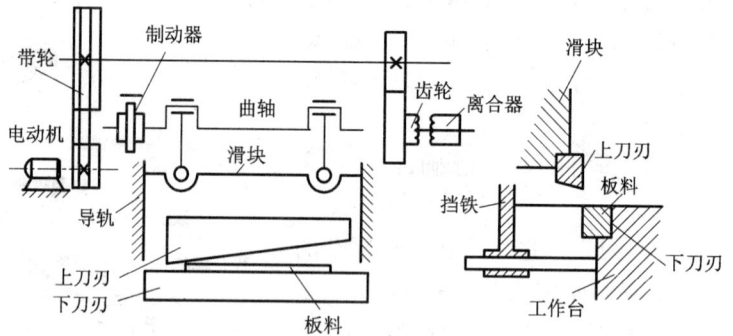

图 5.27　剪床传动机构及剪切示意图

在工作台上的下刀刃相配合，进行剪切。挡铁使板料定位，以便控制下料尺寸。制动器的作用是使上刀刃剪切后停留在最高位置上，为下次剪切作好准备。

2. 冲床

冲床(press)是冲压加工的基本设备，也叫压力机。图 5.28 为开式双柱冲床示意图，电动机通过三角胶带减速系统带动大带轮转动。踩下踏板后，离合器闭合并带动曲轴旋转，再经过连杆带动滑块沿导轨作上、下往复运动，进行冲压加工。如果将踏板踩下后立即抬起，滑块冲压一次后便在制动器的作用下，停止在最高位置上；如果踏板不抬起，滑块就连续冲压。

3. 冲模

图 5.29 为一种冲模的结构，它由上模和下模两部分组成。上模用模柄固定在冲床滑块上，下模用螺钉紧固在工作台上。冲模的工作部分是凸模和凹模，凸模(punch)用凸模压板

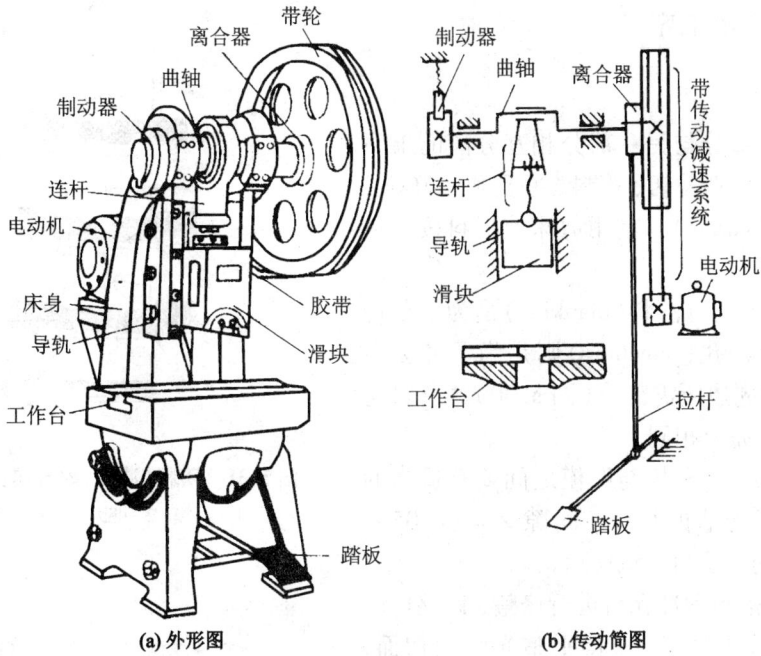

(a) 外形图   (b) 传动简图

图 5.28 开式双柱冲床

固定在上模板上,凹模(die)用压板固定在下模板上。上、下模板分别装有导套和导柱,用以将上、下模对准。

导板和定位销分别用以控制坯料送进的方向和送进的长度。卸料板的作用是在冲压后使工件或坯料从冲头上脱出。

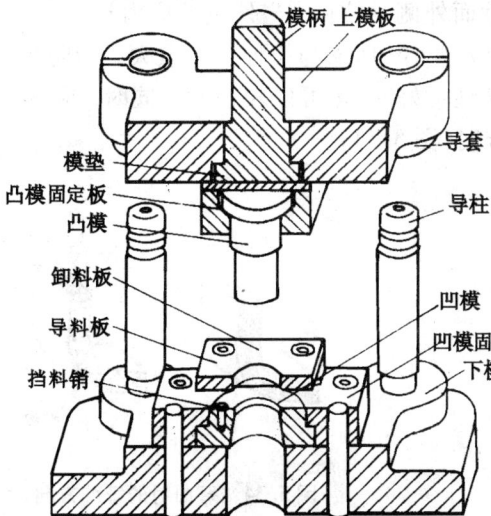

图 5.29 冲模的构造

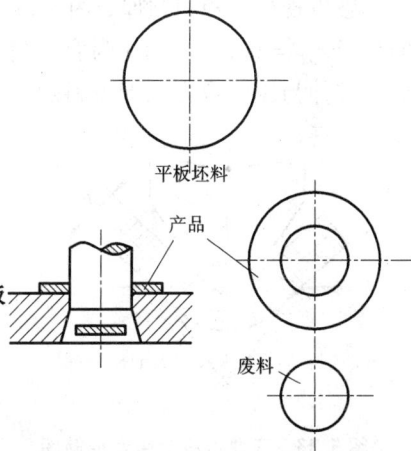

图 5.30 冲孔

5.4.2　冲压基本工序

1. 分离工序

使板料的一部分与另一部分相互分离的工序称为分离工序。包括剪切、落料、冲孔和修整等。

（1）剪切（shearing）　利用剪床使板料按不封闭轮廓分离的工序。

（2）落料与冲孔　落料（blanking）是为了获得冲下的材料，而冲孔（punching）则是为了冲去中间的废料，获得周边所需部分（图 5.30）。落料与冲孔的变形过程完全相同。

落料（冲孔）时，凸模与凹模之间要有适当的间隙，才能获得光洁的切口，间隙 $Z = (0.05 \sim 0.1)S$，S 为板的厚度（图 5.31）。

（3）修整　落料和冲孔后进行修整，修整可以消除切面的粗糙和斜度，获得平整光洁的切面，如图 5.32 所示。

2. 变形工序

使板料的一部分相对于另一部分产生位移而不破裂的工序称为变形工序，包括弯曲、成形、翻边等。

（1）弯曲（bending）　使板料的一部分相对于另一部分弯成一定曲率和角度的工序。图 5.33 是金属弯曲变形简图。弯曲时板料内侧受压缩而外侧受拉伸，当外侧拉应力超过一定极限时，即会出现破裂现象。板料愈厚，内弯曲半径 r 愈小，压缩与拉伸力便愈大。为防止破裂，最小弯曲半径 $r_{min} = (0.25 \sim 1)S$ 为宜。材料塑性愈好时，r 可以较小些。同时，应尽可能使弯曲部分的拉伸与压缩应力顺着板料的纤维方向（图 5.34）。

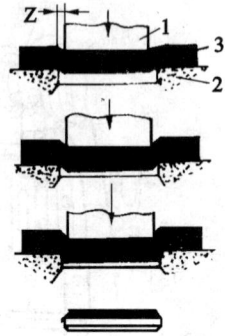

图 5.31　落料（冲孔）时金属变形过程
1—凸模；2—凹模；3—金属料

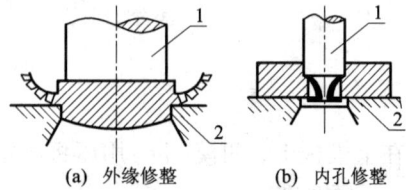

(a) 外缘修整　　(b) 内孔修整

图 5.32　修整工序简图
1—凸模；2—凹模

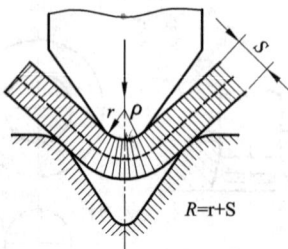

图 5.33　弯曲过程金属变形简图

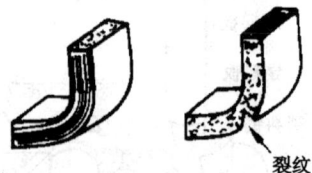

图 5.34　弯曲时的纤维方向

（2）拉深（drawing）　拉深是使平板状坯料变成中空形状零件的工序。拉深时，利用凸模将平板压入凹模，使板料变形（图 5.35）。

为了减少板料破坏和底部拉穿，凸模与凹模边缘均作成圆角，且 $r_n \le r_M = (5 \sim 10)S$，间隙 $z = (1.1 \sim 1.3)S$。

（3）成形（forming）　成形是利用局部变形使板料或半成品改变形状的工序，用于制造刚性筋条或增大中空件的内径等。图 5.36 中，（a）为压筋条操作，（b）为胀形操作。其中用橡皮作为压筋或芯子。

（4）翻边（flanging）　翻边是带孔的平板料上用扩孔的方法获得凸缘的工序（图 5.37）。翻边时，凸模圆角半径 $r_n = (4 \sim 9)S$。如果翻边孔的直径超过容许的大小时，会使孔的边缘造成破裂，一般取 $k_0 = \dfrac{d_0}{d_1} = 0.65 \sim 0.72$。

除上述工序之外，冲压还有卷圆、扭曲、缩口、旋压、校形等工序。在利用板料来制造各种制品时，可以根据制品形状要求选择其中的几种工序。

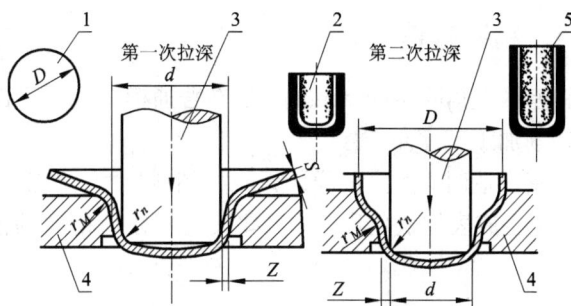

图 5.35　拉深工序图

1—坯料；2—第一次拉深的产品，即第二次拉深的坯料；
3—凸模；4—凹模；5—成品

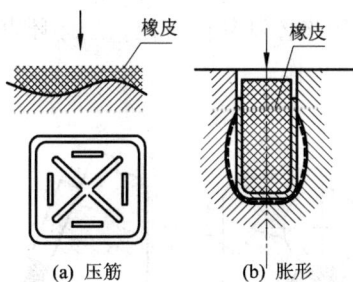

图 5.36　成形简图

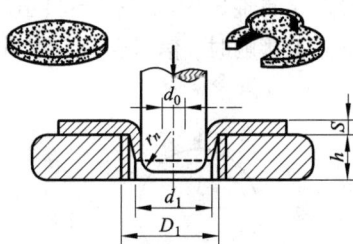

图 5.37　翻边简图

练习题

1. 何谓冲压？冲压件有何特点？
2. 冲压有哪些基本工序？
3. 弯曲时板料的变形特点如何？如何防止弯曲时产生裂纹？

5.5　锻压成形先进工艺

随着工业的发展，锻压生产方面出现了精密模锻、零件的轧制和挤压等许多先进的工艺方法，并得到广泛的应用。

5.5.1　精密锻造

精密锻造(precision forging)是在普通模锻设备上锻造出复杂形状高精度的锻件,减少或免去切削加工工序。

精密锻造时,需要精确计算原始坯料尺寸,严格清理坯料表面,采用少氧化或无氧化加热,避免生成表层氧化皮,并且要使坯料在高精度的模腔中成形。模锻设备要求精度高、刚度大。

5.5.2　轧制成形

轧制可以生产半成品金属材料,如管材、板材和型材等,也可以生产各种零件。零件轧制不仅有生产率高、成本低和废料少等优点,而且,零件的力学性能高、质量好。

1. 辊锻轧制

辊锻轧制是使坯料通过装有圆弧形模块的一对旋转的轧辊时,受压而变形的生产方法(图5.38),辊锻轧制可以生产活动扳手、链环、叶片、连杆等许多种零件。

2. 辗环轧制

辗环轧制是用来扩大环形坯料的外径和内径,从而获得各种环状零件的轧制方法(图5.39)。图中驱动辊1由电机带动旋转,利用摩擦力使坯料5在驱动辊1和芯辊2之间受压变形。驱动辊还可由油缸推动作上下移动,改变1、2两辊间的距离,使坯料厚度逐渐变小,直径增大。导向辊3用以保持坯料正确运送。信号辊4用来控制环件直径。当坯环直径达到需要值与辊4接触时,信号辊旋转传出信号,使辊1停止工作。

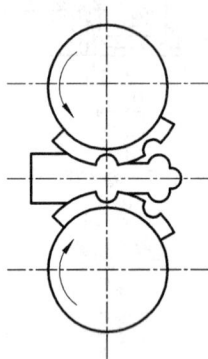

图 5.38　辊锻轧制

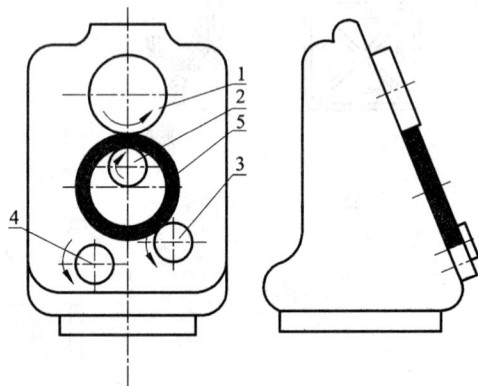

图 5.39　辗环轧制

1—驱动辊;2—芯辊;

3—导向辊;4—信号辊;5—坯料

这种方法生产的环类件,其横截面可以是各种形状的。如火车轮箍、轴承座圈、齿轮及法兰等。

3. 齿轮轧制

齿轮轧制是一种少无切削加工齿轮的先进工艺。直齿轮和斜齿轮都能够采用热轧制造。

在轧制前应将坯料外层加热,然后将带齿的轧轮做径向进给,迫使轧轮与坯料对辗。在对辗过程中,坯料上一部分金属受压形成齿谷,相邻部分金属被轧轮齿部反挤而上升形成齿顶(图5.40)。

4. 螺旋斜轧

螺旋斜轧采用两个带有螺旋型槽的轧辊互相交叉成一定角度,做同方向旋转,则使坯料既绕自身轴线转动又向前进、与此同时受压变形,获得所需轧制件(图5.41)。

螺旋斜轧可以生产钢球、周期性截面毛坯、带螺旋线的高速钢滚刀体、冷轧丝杆等一些零件。

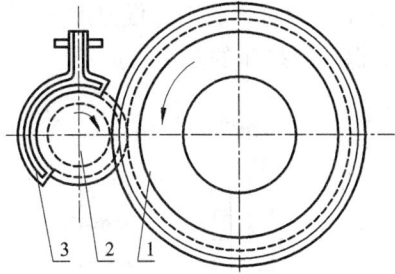

图 5.40 热轧齿轮示意图

1—轧轮;2—毛坯;3—感应加热器

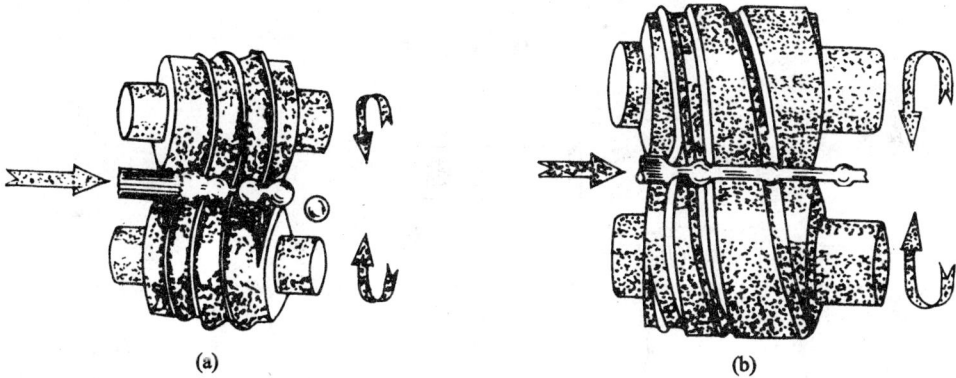

(a)

(b)

图 5.41 螺旋斜轧

5.5.3 挤压成形

挤压(extrusion)是用凸模将放在凹模内的坯料从模孔中挤出而成形的加工方法。

按照挤压时金属流动方向与凸模运动方向的关系,挤压可分为正挤压、反挤压和复合挤压三种。

正挤压时,金属的流动方向与凸模的运动方向相同。如图5.42(a)所示。

反挤压时,金属的流动方向与凸模的运动方向相反,如图5.42(b)所示。

复合挤压时,一部分金属的流动方向与凸模的运动方向一致,另一部分金属的流动方向则与凸模运动方向相反,如图5.42(c)所示。

按照挤压时金属的变形温度不同,还可分为热挤压、冷挤压和温挤压。

热挤压是在再结晶温度以上的挤压,它的特点是金属变形抗力小、塑性高,但制品精度低、表面粗糙,主要用以制造零件毛坯。

冷挤压时金属不加热、冷挤压件尺寸精度高、表面粗糙度低、力学性能好、生产率高,而且可以生产形状复杂的零件,所以应用很广泛。但冷挤压的变形抗力很大,为了降低挤压力,减少模具磨损破坏和提高表面质量,必须进行有效的润滑,对于钢件挤压应该进行表面磷化和浸油处理。

　　温挤压时对金属进行低温加热，钢件温挤压的温度为 $300 \sim 750℃$ 。温挤压时变形抗力较小，又保持冷挤压的基本特点。

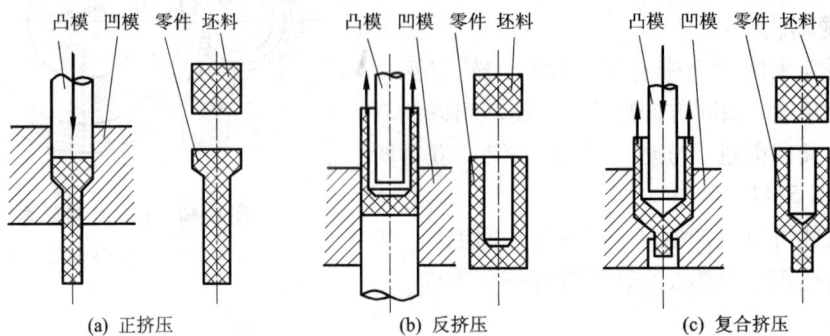

图 5.42　挤压方式

练 习 题

1. 常用的先进压力加工方法有几种？各有何特点？
2. 你所见到的零件或日常用品哪些是用先进压力加工方法制造的？

6 焊接成形

6.1 概述

6.1.1 焊接及其特点

焊接(welding)是一种永久性连接金属材料的工艺方法。焊接过程的实质是利用加热或加压力等手段,使用或不使用填充材料,借助金属原子的结合与扩散作用,使用分离的金属材料牢固地连接起来。

焊接有连接性能好、省工省料、成本低、重量轻、简化工艺、焊缝密封性好、便于实现机械化与自动化等优点。但同时也存在一些不足之处:如结构不可拆,更换修理不方便;焊接接头组织性能变化;存在焊接应力,容易产生焊接变形;容易出现焊接缺陷等。

焊接主要用于制造金属结构件,如压力容、船舶、桥梁、建筑、管道、车辆、起重机、海洋结构、冶金设备。生产机器零件或毛坯,如重型机械和冶金设备中的机架、底座、箱体、轴、齿轮等。对于一些单件生产的特大型零件或毛坯,可通过焊接以小拼大,简化工艺。还能修补铸、锻件的缺陷和局部损坏的零件。这在生产中具有很大的经济意义。

6.1.2 焊接的本质和焊接方法的分类

1. 焊接的本质

金属等固态物体之所以能保持固定的形状是因为其内部原子的间距(晶格)十分小,原子之间形成了牢固的结合力,除非施加足够的外力破坏原子间的结合力,否则,一块固体金属是不会变形或分离成两块的。相反,要把两个分离的金属物体连接在一起,从物理本质上来说,就是要使两个金属连接面上的原子彼此接近到金属的晶体距离(0.3~0.5 nm)。在一般情况下,当把两个金属物体放在一起时,由于两个物体的表面较粗糙或存在着氧化膜等污染物,阻碍着这两个金属物体表面原子间接近到晶格距离并形成结合力,因此这两个金属物体是不会连接在一起的。

焊接过程的本质就是通过适当的物理化学过程,使两个分离固态物体表面的原子(分子)之间接近到晶格距离,并形成结合力。为达到这一目的,可以有许多的方法或途径。根据所采取的基本途径的不同,也形成了不同的焊接方法分类。

2. 焊接方法分类

通常把焊接方法分为熔化焊、压焊和钎焊三大类,如图6.1所示。

熔化焊(fusion welding)是将焊件连接部位局部加热至熔化状态,加入填充金属,随后冷却凝固连成一整体。

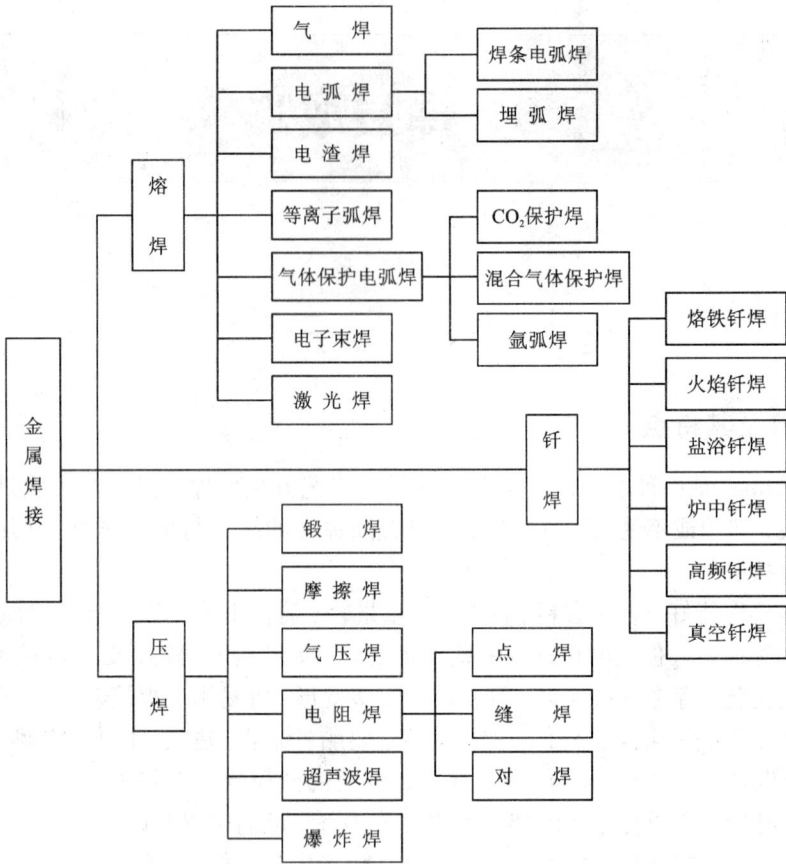

图 6.1　焊接方法分类

压焊(pressure welding)是对焊件施加压力,使接合面紧密地接触并产生一定的塑性变形而完成焊接的方法。

钎焊是采用低熔点的填充金属为钎料,焊接时同时加热被焊件与钎料,并使钎料熔化填充到焊缝中,冷却凝固后使工件连接成为一整体。钎焊过程中被焊件不熔化。

6.1.3　电弧及其形成

电弧(arc)是两个电极间的气体在电压或热的作用下被电离而产生持久放电的现象(图 6.2)。

通常状态下,气体是不导电的,那么为什么两个电极之间的气体会导电呢?我们知道,一切物质都是由分子组成的,分子又是由原子组成的,原子又是由原子核和围绕原子核作不断旋转的电子组成的。电子受到原子核的吸引不能随便脱离其运动轨

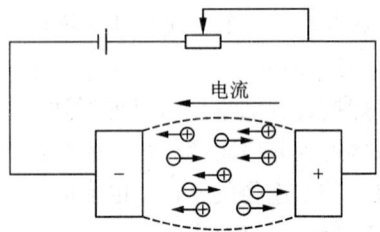

图 6.2　电弧的产生

道,电子与原子核之间保持着一种动平衡的稳定状态,此时,原子核中心的正电荷数与周围电子的负电荷数相等,对外不显电性,正常状态下的气体,因为电子被束缚在原子之中,是

很好的绝缘体,而如果电子获得了足够的能量就能摆脱束缚而成为自由电子。如图 6.2 所示,在两个电极之间接通电源,就形成了电场,如果两极间的电位差(电压)足够高,两电极之间的距离又很小,两电极之间气体原子的外层电子就被正极吸引而飞向正极,失去电子的原子就成为正离子而聚向阴极(负极),在电子和离子快速跑向两极的过程中又撞击其他原子使之电离,形成了电流,同时发出光和热,电弧就形成了。

焊接时,将焊条与焊件接触后很快拉开(相距 2 ~ 5 mm),在焊条端部和焊件之间立即产生明亮的电弧。焊接电弧不但能量大,而且连续持久。因此,我们说焊接电弧是"由焊接电源供给的、具有一定电压的两电极间或电极与焊件间,在气体介质中产生的强烈而持久的放电现象"。

焊接电弧不同于一般电弧,它有一个从点到面的几何轮廓,点是电极电弧的端部,面是电弧覆盖工件的面积,电弧由电极(如电焊条)端部扩展到工件。电弧的形状如图 6.3 所示。

图 6.3 给出的是直流电源正接极情况下的电弧组成情况。反接极时,阳极区在焊条,阴极区在工件,交流电源时阴阳极交替。但无论在何种情况下,

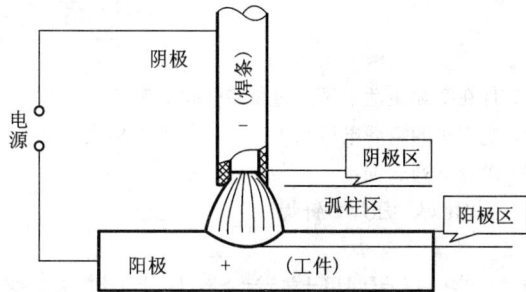

图 6.3 焊接电弧

电弧都分为三部分,即阴极区、弧柱区和阳极区,以弧柱区压降最大,长度最长。

焊接电弧开始引燃时的电压称为引弧电压,即电焊机的空载电压,一般为 50 ~ 90 V。电弧稳定时的电压称为电弧电压,即焊接时的工作电压,其大小随电弧长度的增减而升降,一般为 15 ~ 35 V。当焊条直径和焊接电流一定时,如果电弧长度增加,则电弧电压升高,此时,焊件的熔化深度减小,空气中的氧、氮容易侵入熔化金属,而且电弧不稳,所以焊接时应该使电弧保持较短的长度,一般为 2 ~ 6 mm。

6.1.4 焊接接头与焊缝

熔化焊的焊接接头如图 6.4 所示。被焊的工件材料称为母材(base metal)。焊接过程中局部受热熔化的金属冷却凝固后形成焊缝。焊缝两侧的母材受焊接加热的影响,引起金属内部组织和力学性能变化的区域,称为焊接热影响区(heat-affcted zone)。焊缝和热影响区的分界线称为熔合线(bond)。焊缝和热影响区一起构成焊接接头(welding point)。

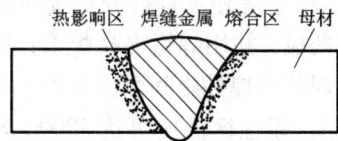

图 6.4 熔化焊焊接接头

焊缝各部分的名称如图 6.5 所示。焊缝表面上的鱼鳞状波纹为焊波。焊缝表面与母材的交界处称为焊趾。超出母材表面焊趾连线上面的那部分焊缝金属的高度,称为余高。单道焊缝横截面中,两焊趾之间的距离,称为焊缝宽度,也叫熔宽。在焊接接头横截面上,母材熔化的深度称为熔深。

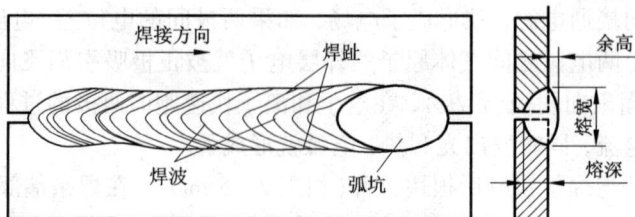

图 6.5　焊缝各部分的名称

练习题

1. 你在实际生活中见到过哪些焊接方法?
2. 电焊机的空载电压和工作电压一般为多大?
3. 解释下列名词:
   焊化焊　压焊　钎焊

6.2　常用的焊接方法及焊接设备

6.2.1　焊条电弧焊

焊条电弧焊(manual welding)是利用焊条与工件间产生的电弧热,将工件和焊条熔化而进行焊接的方法。

焊条电弧焊可以在室内、室外、高空和各种焊接位置进行,设备简单,容易维护,焊钳小,使用灵活、方便,适于焊接 2 mm 以上各种形状结构的高强度钢、铸钢、铸铁和非铁金属,其焊接接头可与工件(母材)的强度相近,是焊接生产中应用最广泛的焊接方法。

1. 焊接过程

焊条电弧焊的焊接过程如图 6.6 所示。焊接前,把焊钳和焊件分别接到弧焊机输出端的两极,并用焊钳夹持焊条;焊接时,首先在焊条与焊件之间引出电弧,由于电弧产生高温(弧柱区温度可达 5000 ~ 8000℃)而使焊条和焊件同时熔化,形成熔池,随着电弧沿焊接方向移动,熔池金属迅速冷却而凝固成焊缝。

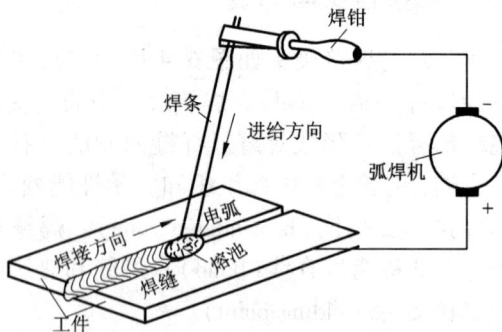

图 6.6　焊条电弧焊

2. 弧焊机

(1)弧焊机的要求

为了便于焊接操作,弧焊机必须满足下列要求:

1)容易引弧。弧焊机的空载电压(未焊接时的输出端电压)有一定的要求,对于交流弧焊机应为 $U_空 = 60 ~ 8 0 V$、直流焊弧机应为 $U_空 = 50 ~ 90 V$,以便于引燃电弧;

2）焊接过程稳定。在焊接过程中，频繁地出现短路和弧长变化现象，所以要求手弧焊机在焊接短路时迅速引燃电弧，而在弧长不断变化时能够自动而迅速地恢复到稳定燃烧的状态。这就要求焊接电源的外特性是陡降的；

3）短路电流不能太大，以免引起弧焊机过载和金属飞溅严重；

4）焊接电流能够调节。这样可以根据不同材料和不同厚度的工件选择所需的焊接电流大小。

（2）弧焊机的种类

1）交流弧焊机。交流弧焊机实际上是一种有一定特性的降压变压器，因此又称为弧焊变压器。图6.7所示是一种常用的交流弧焊变压器，其型号为BX1－330。型号中"B"表示弧焊变压器，"X"表示下降外特性（电源输出端电压与输出端电流的关系称为电源的外特性），"1"为系列品种序号，"330"表示弧焊变压器的额定焊接电流为330 A。

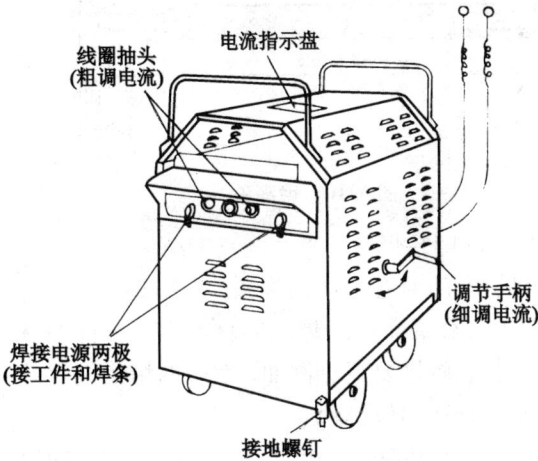

图6.7　交流弧焊机

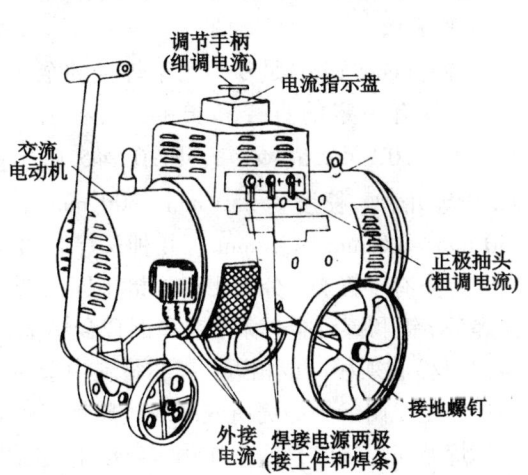

图6.8　旋转式直流弧焊机

2）直流弧焊机。直流弧焊机由一台三相感应电动机和一台直流发电机组成，故又能称为直流弧焊发电机（如图6.8所示）。常用型号为AX1－500，"A"表示为直流弧焊发电机，"X"表示下降外特性，"1"为系列品种序号，"500"表示弧焊机的额定焊接电流为500 A。

3）整流弧焊机。整流弧焊机又称为直流弧焊流器，它的功能是将交流电经过降压、整流后获得直流电供焊接用。它由三相降压变压器、磁饱和电抗器、整流器组、输出电抗器、通风机组及控制系统等组成。常用的直流弧焊整流器型号为EXG－300（图6.9），其中"Z"表示为直流弧焊整流器，"X"表示下降外特性，"G"表示为硅整流元件，"300"表示额定焊接电流为300 A。

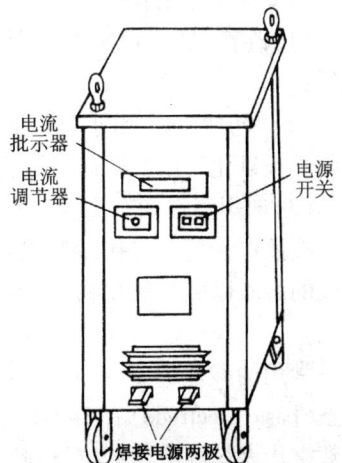

图6.9　整流弧焊机

（3）弧焊机的选用

手工电弧焊机主要有交流和直流两类。选用焊机时，首先根据焊条药皮类型选择焊机种类。低氢钠型碱性焊条必须选用直流焊机(弧焊整流器或逆变焊机,如在野外没有电网的地方则要选用柴油或汽油驱动的直流弧焊发电机),以保证电弧能稳定燃烧。酸性焊条既可使用交流焊机也可使用直流焊机,但从经济考虑,一般选用结构简单,价格较低的交流焊机。其次,根据焊接产品所需要的焊接电流范围和实际负载持续率来选择焊机额定电流。再次,根据工作条件和节能要求选择焊机。在维修性的焊接工作条件下,由于焊缝不长,连续使用电源的时间较短,可选用额定负载率较低的弧焊电源。从节能要求出发,应尽可能选用高效节能的弧焊电源,如先考虑弧焊逆变器,再考虑弧焊整流器、弧焊变压器。在需要经常移动的场合,最好选用体积小,重量轻的电源。

3. 焊条

焊条(covered electuode)是手弧焊的焊接材料,它由焊芯和药皮组成(如图 6.10 所示)。

焊芯(core wire)是专门用于焊接的金属丝,具有一定的直径和长度,直径有 $\phi 1.6$、$\phi 2.0$、$\phi 2.5$、$\phi 3.2$、$\phi 4.0$、$\phi 5.0$、$\phi 6.0$ 等几种,长度为 250 mm、300 mm、

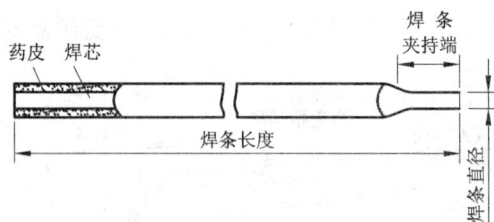

图 6.10　电焊条

350 mm、400 mm、450 mm 等几种。焊芯的直径与长度即是焊条的直径与长度。

焊条有十大类,分别用于焊接不同的金属焊件,常用的有结构钢焊条、不锈钢焊条、铸铁焊条、镍和镍合金焊条、铜和铜合金焊条、铝和铝合金焊条等。焊芯的材料与被焊件的材料(母材)必须相同或相近,焊芯材料中杂质含量要低,质量要高。例如,常用的结构钢焊条的焊芯是专门冶炼的优质或高级优质钢,常用牌号有 H08、H08A 等。

焊芯在焊接时有两个作用:一是作为电极产生电弧和传导焊接电流,二是熔化后作为填充焊缝的金属材料,与熔化的母材一起凝固后形成焊缝。

药皮(coating)是焊芯表面上的涂料层,它由一定成分的矿石粉和铁合金粉按比例配制而成。药皮的作用为:

(1)改善焊接工艺性能。使电弧易于引燃,保持电弧稳定燃烧,减少飞溅和有利于焊缝成形;

(2)保护熔池。由于电弧的高温作用,药皮分解产生大量气体并形成熔渣,保护熔化的金属不被氧化,并去除有害的氢、磷、硫等杂质。

(3)向焊缝渗入有益合金元素。如锰、铬、钨等,提高焊缝力学性能。

按照焊条药皮焊接后形成的熔渣性质,可以将焊条分为酸性和碱性两个类别。酸性焊条形成的熔渣以酸性氧化物(如 SiO_2 等)为主,碱性焊条形成的熔渣以碱性氧化物(如 CaO 等)为主。

常用的酸性焊条(acid electrode)有 E4303(旧牌号为 J422)、E5001(J503)等;常用的碱性焊条(basic electrode)有 E4315(J427)、E5015(J507)等。型号中 E 表示焊条,后面的第一、二位数字代表焊缝金属的抗拉强度大小,第三位数字代表焊接空间位置。如 E4303 表示为结构钢焊条,焊接后焊缝强度可达 430 kgf/mm^2)(420 MPa),"O"表示可全方位焊接,第三位和第四位数字组合起来表示焊接电流种类及药皮类型,03 表示药皮为钛钙型(属酸性),可以是交、直流两用。

4. 焊条电弧焊工艺

（1）焊接参数

焊接参数（welding parameter）包括选择合适的焊条直径、焊接电流、焊接速度和电弧长度，焊接参数的正确调节是获得良好焊接质量的基础。

1）焊条直径　焊条直径是根据焊件的厚度来选择的，表6.1是平焊时板厚与焊条直径的关系，立焊、横焊或仰焊时，焊条直径应比平焊小一些。

表6.1　平焊时，根据板厚选择焊条直径

焊件厚度（mm）	2	3	4～5	6～12	>12
焊条直径（mm）	2	3.2	3.2或4.0	4或5	4、5、6

2）焊接电流　焊接电流要根据焊条直径来确定，在焊接低碳钢与低合金钢时，焊接电流与焊条直径的关系为：

$$I = (30 \sim 50)d$$

式中：I 为焊接电流（A），d 为焊条直径（mm）

在实际施焊时，要根据焊件厚度、焊条种类、焊接位置等因素，通过试焊来调整焊接电流的大小。焊接电流太小，电弧不易引燃，燃烧不稳定，熔宽与熔深减小，焊缝成形不良；焊接电流太大，则燃烧剧烈，飞溅增多，熔宽与熔深增加，焊薄件时容易烧穿。焊接电流的大小通过弧焊机的调节手柄在施焊前调节。

3）焊接速度　焊接速度是指单位时间内完成的焊池长度，焊条电弧弧焊中，焊接速度由焊工凭经验来掌握。焊接速度太慢时，熔宽与熔深增加，焊薄板时容易烧穿；焊接速度太快时，熔宽与熔深减小，焊缝成形不良。

图6.11是焊接电流与焊接速度对焊缝形状的影响。

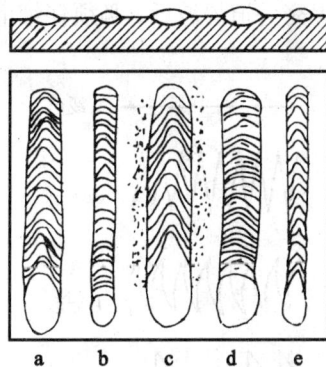

图6.11　电流和焊速对焊缝形状的影响
（a）电流、焊速合适；（b）电流太小；（c）电流太大；（d）焊速太慢；（e）焊速太快

4）电弧长度　电弧长度是焊芯端部与熔池之间的距离。一般要求电弧长小于或等于焊条直径。电弧过长，燃烧不稳定，熔深减小，容易产生焊接缺陷。

（2）焊接操作

1）引弧（stiking）　引弧时，将焊条末端与工件表面接触形成短路，然后迅速将

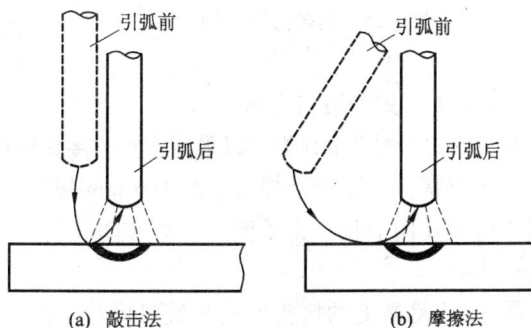

图6.12　引弧方法
（a）敲击法　（b）摩擦法

焊条向上提起，电弧即引燃。引燃方法有敲击法和摩擦法两种（如图6.12所示），初学者在引弧时，常会出现粘条现象，此时应将焊条左右摆动，然后立即拉开，使焊条与焊件脱离。此外，电弧引燃后，焊条提起时离焊件不应大于5 mm，再调整电弧长度，否则容易灭弧。

2）运条　初学焊接，要掌握好焊条角度（图6.13）和运条基本动作（图6.14）。焊条有三种运动：焊条下降、前进和横向摆动。图6.15是焊条前进和横向摆动的几种方式。

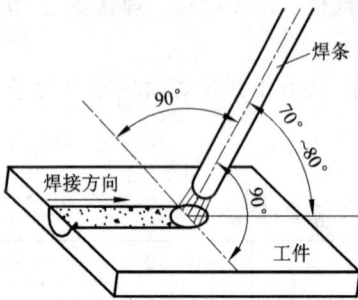

图6.13　平焊的焊条角度

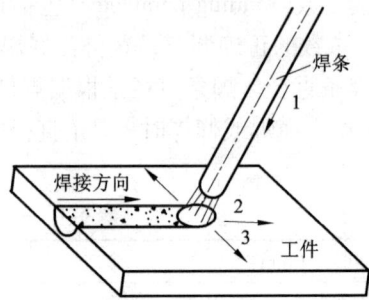

图6.14　运条基本动作

1—向下送进；2—沿焊接方向移动；3—横向摆动

3）多层焊　焊接较厚的焊件时，焊缝不可能一次成形，需要采用多层焊（图6.16）。多层焊时，每焊完一道焊波后，必须仔细清理后再继续施焊下一道焊波，否则易于形成夹渣等焊接缺陷。

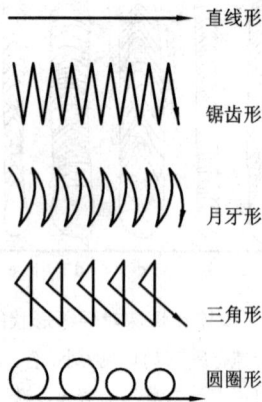

图6.15　运条方法示例

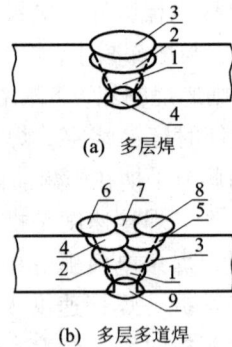

图6.16　对接平焊的多层焊

（3）接头形式与坡口形状

接头形式　焊条电弧焊可以采用不同的接头形式，常见的有对接、搭接、角接与T形接头等。

坡口形状　为了保证焊透，大于6 mm厚度的焊件都要开坡口，即将待焊工件接头处加工成一定的几何形状。为了便于施焊和防止烧穿，坡口的下部要留有2 mm的直边，称为钝边（root face）。

图6.17是常见的接头形式与坡口形状。

（4）焊接的空间位置

焊接的空间位置有平焊、立焊、横焊和仰焊（图6.18）。其中平焊操作最方便，容易获得优质焊缝。立焊和横焊操作较难，而仰焊最难操作。

（5）焊接工序

表6.2列出了钢板对接平焊操作的工序安排，可以参考。

対接接头   角接接头   搭接接头   T形接头

(a)接头形式

U形坡口   双U形坡口

(b)坡口形式

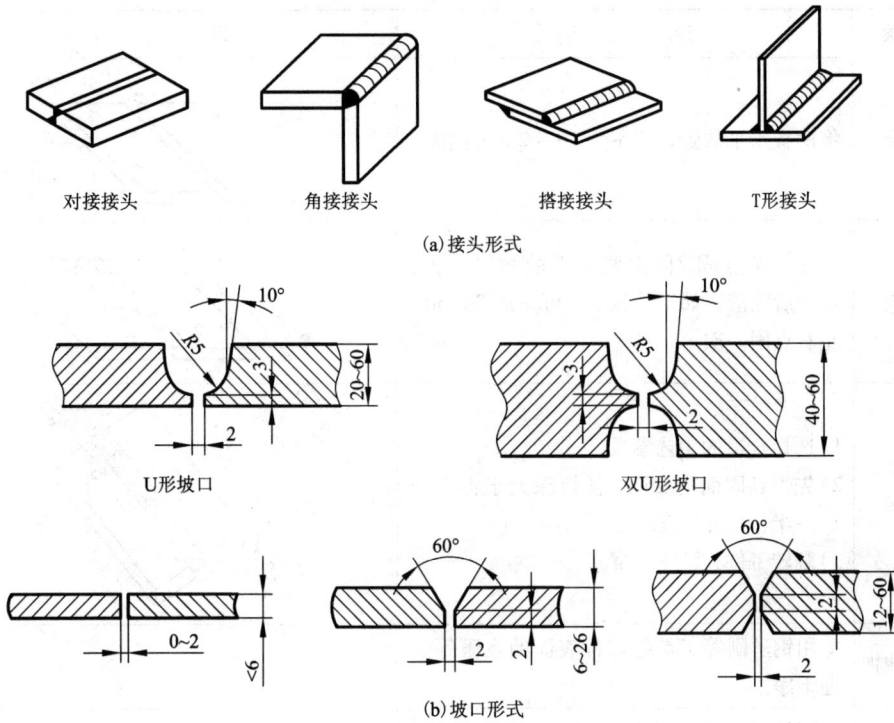

图6.17 焊条电弧焊的接头形式及坡口形状

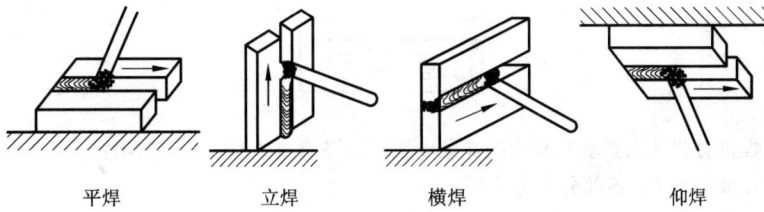

平焊   立焊   横焊   仰焊

图6.18 焊缝的空间位置

表6.2 钢板对接平焊工序

步 骤	说 明	附 图
1. 备 料	划线,用剪切或气割方法下料,调直钢板	
2. 坡口准备	钢板厚4~6 mm,可采用Ⅰ形坡口双面焊,接口必须平整	第一面 第二面
3. 焊前清理	清除铁锈、油污等	三面平、直、垂直 20~30 清除干净

步　骤	说　　　明	附　　　图
4.装　配	将两板水平放置,对齐,留1~2 mm间隙	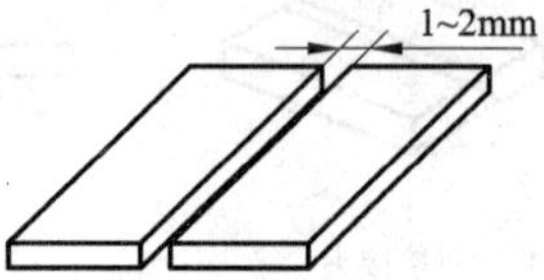
5.点　固	用焊条点固,固定两工件的相对位置,点固后除渣。如工件较长,可每隔300 mm左右点固一次	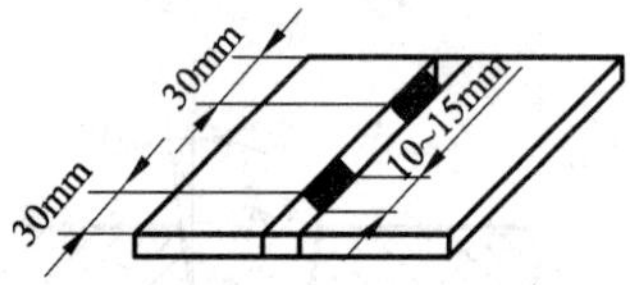
6.焊　接	1)选择合适的工艺参数; 2)先焊点固面的反面,使熔深大于板厚的一半,焊后除渣; 3)翻转工件,焊另一面	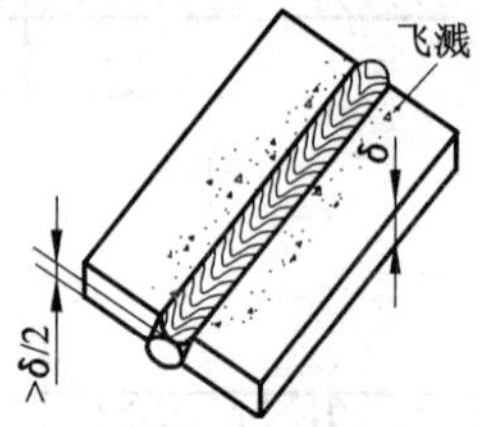
7.焊后清理	用钢丝刷等工具把焊件表面的飞溅等清理干净	
8.检　验	用外观方法检查焊缝质量,若有缺陷,应尽可能补焊	

练 习 题

1. 焊条电弧焊机有些什么要求? 常用的焊条电弧焊设备有哪几种,如何选用?
2. 焊条由哪几部分组成,各部分有何作用?
3. 如何选择焊条直径和焊接电流?
4. 引弧的方法有几种? 引弧时粘条怎么办?
5. 解释下列名词:酸性焊条　碱性焊条　正接法　反接法　坡口　钝边

6.2.2　埋弧自动焊

1.焊接过程

埋弧焊(submerged arc welding)是电弧在焊剂层下燃烧,并利用机械自动控制焊丝送进和电弧移动的一种电弧焊方法。

埋弧焊焊缝形成过程如图6.19所示。焊丝末端与焊件之间产生的电弧之后,电弧热量使焊丝、焊件和焊剂熔化,有一部分甚至蒸发,金属和焊剂的蒸发气体将电弧周围已熔化的焊剂排开,形成一个封闭的空间,将电弧和熔池与外界空气隔绝。随着电弧向前移动,电弧不断熔化前方的焊件、焊丝和焊剂,而熔池后部边缘开始冷却凝固形成焊缝。与此同时,质量较轻的熔渣浮在熔池表面,冷却后形成渣壳。

埋弧焊自动焊如图6.20所示。焊接过程中,引燃电弧、送进焊丝、保持弧长一定和电弧在焊接方向的移动等全部是由焊机自动进行的。焊接时，可以利用控制箱选择焊接电流、电弧电压和焊接速度，还可以调节焊丝上下位置，也可以在焊接过程中调节焊接参数，调节之后能自动保持焊接参数不变。

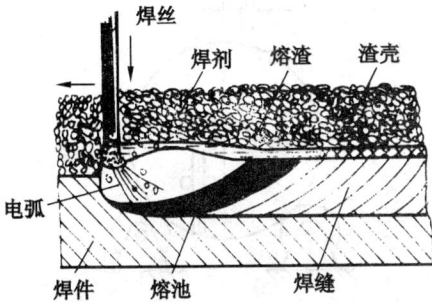

图 6.19　埋弧焊焊缝形成过程

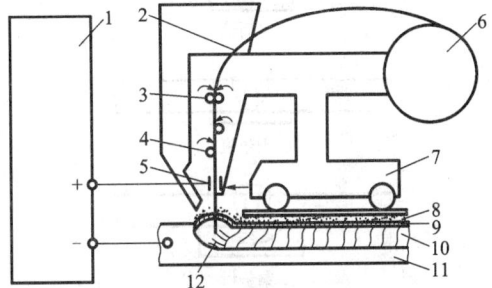

图 6.20　埋弧自动焊示意图

1—焊接电源；2—焊丝；3—送丝轮；4—校正轮；
5—导电轮；6—送丝盘；7—小车；8—焊剂；
9—渣壳；10—焊逢金属；11—工件；12—电弧

2. 埋弧焊的特点

（1）生产率高　埋弧焊的电流常用到 1000 A 以上，比焊条电弧焊高 6 ~ 8 倍，同时节省了更换焊条的时间，所以埋弧焊比焊条电弧焊提高生产率 5 ~ 10 倍。

（2）焊接质量高而且稳定　埋弧焊剂供给充足，电弧区保护严密，熔池保持液态时间较长，冶金过程进行得较为完善，气体与杂质易于浮出，同时焊接参数能自动控制调整。因此，焊接质量高而且稳定，焊缝成形美观。

（3）节省金属材料　埋弧焊热量集中，熔深大，20 ~ 25 mm 以下的工件可不开坡口进行焊接，而且没有焊条的浪费，飞溅很少，所以能节省大量金属材料。

（4）改善了劳动条件　埋弧焊看不到弧光，焊接烟雾少。

埋弧焊可以焊接长的直线焊缝和较大直径的环形焊缝。当工件厚度增加和批量生产时，其优点更为显著。但应用埋弧焊时，设备费用较贵，工艺装备复杂，对接头加工与装配要求严格，只适用于批量生产长的直线焊缝与圆筒形工件的纵、环焊缝。对狭窄位置的焊缝以及薄板的焊接，埋弧焊受到一定限制。

3. 埋弧焊工艺

埋弧焊要求更仔细地下料，并准备好焊接坡口，焊接时，应将焊缝两侧 50 ~ 60 mm 内的一切污垢与铁锈清除掉，以免产生气孔。

埋弧焊一般在平焊位置焊接。对焊接厚 20 mm 以下工件时，可以采用单面焊。如果设计上有要求（如锅炉或容器）也可双面焊接。当厚度超过 20 mm 时，可进行双面焊接，或采用开坡口单面焊接。由于引弧处和断弧处质量不易保证，焊前应在接缝

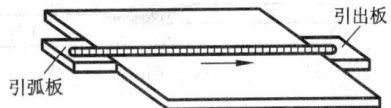

图 6.21　埋弧焊引弧板与引出板

两端焊上引弧板与引出板（图 6.21）焊后再去掉。为了保持焊缝成形和防止烧穿，生产中常采用各种类型的焊接垫板（图 6.22），或者先用焊条电弧焊封底。

焊接筒体对接焊缝时（图 6.23），工件以一定的焊接速度旋转，焊丝位置不动。为防止熔

池金属流失,焊丝位置应逆旋转方向偏离焊件中心线一定距离 a,其大小视筒体直径与焊接速度等而定。

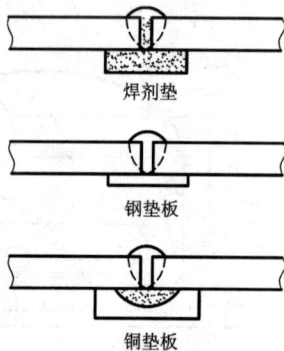

图 6.22　埋弧焊垫板,焊剂垫板

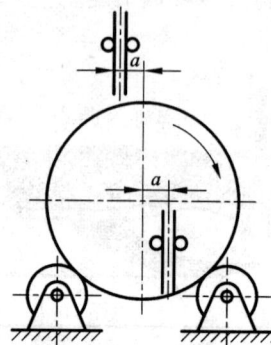

图 6.23　筒体对接埋弧焊

练习题

1. 埋弧焊的特点是什么?
2. 埋弧焊的要求有哪些?

6.2.3　气体保护焊

利用氩气、二氧化碳等气体保护电弧和熔池的焊接方法称为气体保护焊(gas metal are welding)。

1. 氩弧焊

氩弧焊(argon shielded arc welding)以氩气作为保护气体,按照所用电极的差异,可以分为熔化极(以焊丝为电极)氩弧焊[图 6.24(a)]和非熔化极(钨极)氩弧焊[图 6.24(b)]。

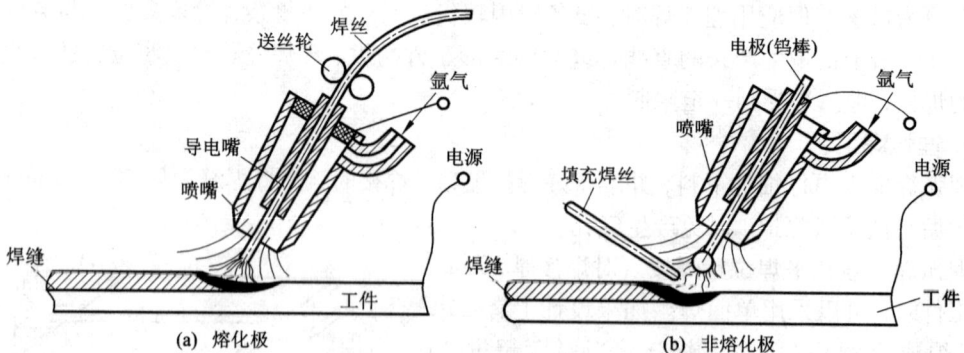

图 6.24　氩弧焊示意图

氩弧焊焊接过程中,从喷嘴射出的氩气在电弧及熔池周围形成连续封闭的气流,保护电极和熔池不被氧化,避免了空气的侵袭。氩弧一经引燃就很稳定,而且热量集中。氩气是一种惰性气体,它不与金属发生化学反应,也不溶解于金属。因此,氩弧焊是一种高质量的焊接方法。

　　氩弧焊设备由焊接电源、焊枪、供气和供水系统组成。图6.25是手工钨极（非熔化极）氩弧焊机结构示意图。

　　氩弧焊设备较复杂，且氩气价格很高，目前主要应用于焊接不锈钢、耐热钢和有色金属等要求高质量焊件。

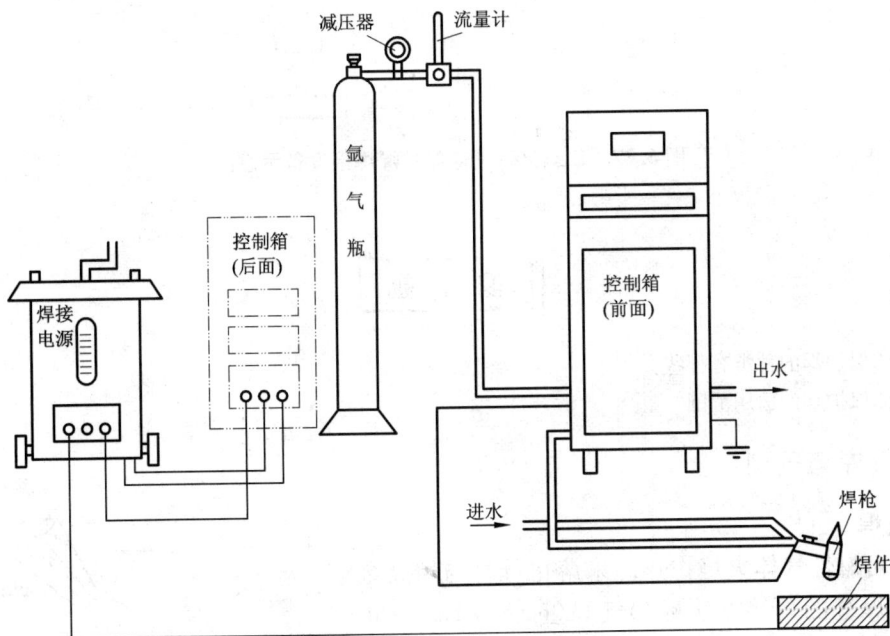

图6.25　手工钨极氩弧焊机构示意图

2. 二氧化碳气体保护焊

　　二氧化碳气体保护焊（CO_2 shielded arc welding)是利用CO_2作为保护气体的一种电弧焊，简称CO_2焊（如图6.26所示）。

　　CO_2气体保护熔池的效果好，焊接变形小，焊接质量较好，又不需清渣，生产率高，且CO_2气体价格低。不过，CO_2在高温下可分解出氧原子，使电弧气体具有强烈的氧化性，碳、硅、锰等元素容易烧损，焊接过程中飞溅比较厉害。为此，必须采用含锰、硅等脱氧元素较多的焊丝并采用直流电源。

　　CO_2焊的设备如图6.27所示。

　　CO_2焊适用于低碳钢、低合金钢的焊接，不宜用于焊接有色金属和高合金钢。

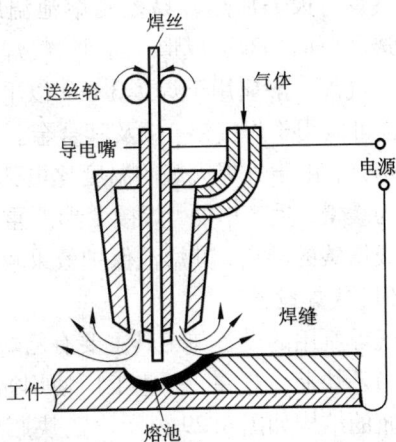

图6.26　二氧化碳气体保护焊原理

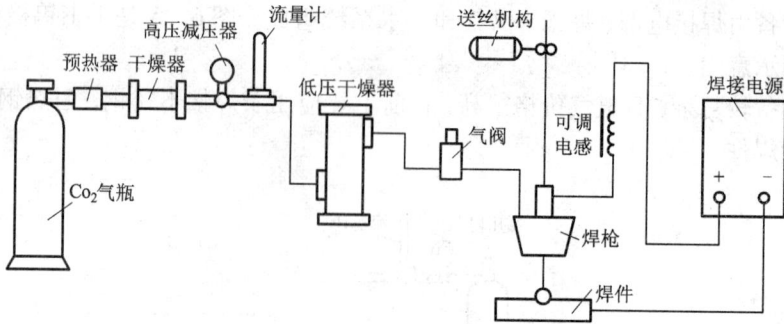

图6.27　二氧化碳气体保护焊焊接设备示意图

练习题

1. 气体保护焊的种类有哪些?
2. 气体保护焊的适用范围?

6.2.4　气焊与气割

1. 气焊

利用可燃性气体火焰作热源来熔化母材与填充金属并形成焊缝的焊接方法称为气焊(oxyfuel gas welding)(图6.28)。气焊中常用的是氧–乙炔。氧–乙炔焊中氧气与乙炔混合燃烧形成的火焰称为氧–乙炔焰,其温度可达3150℃左右。

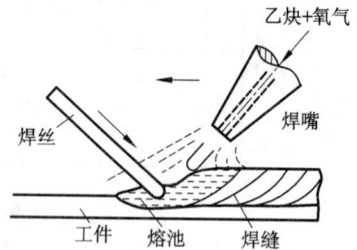

图6.28　气焊示意图

气焊时火焰加热容易控制熔池温度,易于实现均匀焊透和单面焊双面成形;而且,气焊不需要电源,适用于室外作业。气焊一般应用于焊接3 mm以下的低碳钢板、铸铁管等焊件,也可以用于焊接铝、铜及其合金。

但是,由于气焊火焰的温度比电弧温度低,热量分散,故加热较为缓慢,生产率低,焊接变形严重;气焊火焰有使熔融金属氧化或增碳的缺点,其熔池保护效果较差,焊缝质量不高。

(1)气焊设备

气焊所用的设备与工具主要有乙炔瓶、氧气瓶与焊炬等。

1)乙炔瓶　现在,一些工厂使用瓶装乙炔代替乙炔发生器,乙炔瓶的结构如图6.29所示。乙炔瓶外面用漆涂成白色,用红漆写上"乙炔"和"火不可近"字样。

乙炔瓶内装多孔性填料(如活性炭、木屑、硅藻土等),同时注入丙酮,以溶解乙炔,灌注乙炔的压力一般为1.5 MPa,此时丙酮的溶解度可达400以上。

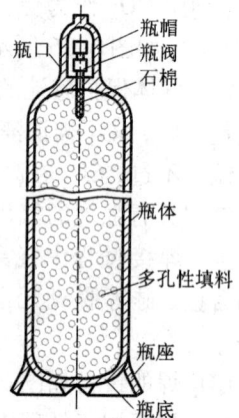

图6.29　乙炔瓶

使用时，溶解在丙酮内的乙炔分解出来，通过乙炔瓶阀流出，阀下面的长孔内放着石棉，其作用是帮助乙炔从多孔填料中分解出来。

乙炔气通过减压器（图6.30）后供气焊使用。当气体耗尽之后，剩下丙酮，可供再次灌气时使用。

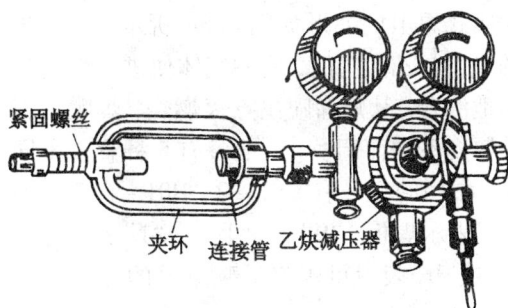

图6.30 带夹环的乙炔减压器

乙炔瓶使用时不得靠近气焊工作场地，也不能与高温热源（如火炉等）接近。瓶体温度必须在40℃以下，乙炔瓶只能直立，不能卧放，不得遭受剧烈震动和撞击，瓶体上严禁沾染油脂。

2）氧气瓶 氧气瓶是储存和运输氧气的高压容器（图6.31）。其工作压力为15 MPa，容积为40 L。氧气瓶的外表面规定涂上天蓝色漆，并用黑漆写上"氧气"二字。使用氧气瓶时必须防爆炸事故。氧气瓶不能与其他气瓶混放在一起，不得靠近气焊工作场地，不得接近火炉等热源，夏天要防止曝晒，氧气瓶在冬季冻结时只能用热水解冻，不能用火烤，氧气瓶上严禁沾污油脂。

3）减压器（gas regulator） 减压器的作用是将高压气体降为低压气体，供气焊使用，如气焊时氧气压力只需0.2～0.3 MPa，乙炔压力必须小于0.15 MPa。

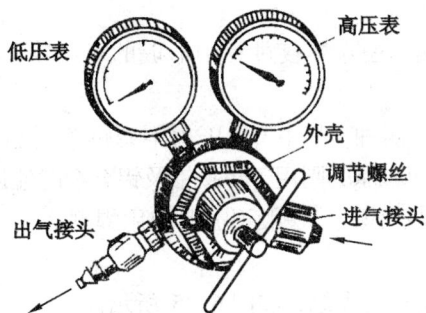

图6.31 氧气瓶

图6.32是一种常用的氧气减压器，图6.33为工作原理图。调节螺丝松开时，活门弹簧将活门关闭，氧气瓶中的高压氧气停留在高压室，高压表指示出氧气瓶内高压气体的压力。

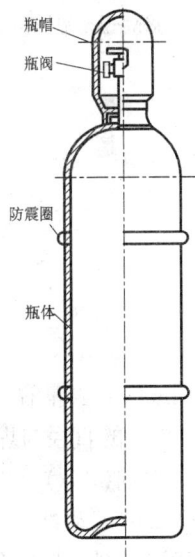

图6.32 氧气减压器外形

拧紧调压螺丝，使调压弹簧受压，活门被顶开，高压气体进入低压室，由于气体体积膨胀，压力降低，低压表指示出低压气体压力，随着气体压力增加，压迫薄膜及调压弹簧，使活门的开启度逐渐减小，当低压室内气体压力达到一定值时，会将活门关闭。控制调压螺丝拧入的程度，可以改变低压室内气体压力，获得所需要的工作压力。

气焊时，低压氧气从出气口通往焊炬，低压室内压力降低，这时薄膜上鼓，使活门重新开启，高压气体进入低压室，以供气体输出。当输出的气体增大或减小时，活门的开启度也会相应地增大或减小，以自动维护输出的气体压力稳定。

4）焊炬（oxyfuel gas welding torch） 焊炬的作用是使氧气与乙炔均匀混合，并能调节其混合比例,以形成适合焊接要求的火焰。

谢吸式焊炬的外形如图 6.34 所示,打开焊炬上的氧气与乙炔阀门,两种气体便进入混合室内均匀地混合,从焊嘴喷出点火燃烧,焊嘴可根据工件厚度不同而调换,一般备有 5 种直径不同的焊嘴,常用的型号有 H01 – 2、H01 – 6 等。型号中"H"表示焊柜,"0"表示手工,"1"表示射吸式,"2"或"6"表示可焊接低碳钢件的最大厚度为 2 mm 或 6 mm。

(2)焊丝与焊剂

1)焊丝(welding wire) 焊丝是气焊的填充金属,焊接低碳钢时,常用 H08A 焊丝,重要焊接件可用 H08MnA;焊接有色金属时,选用与该合金成

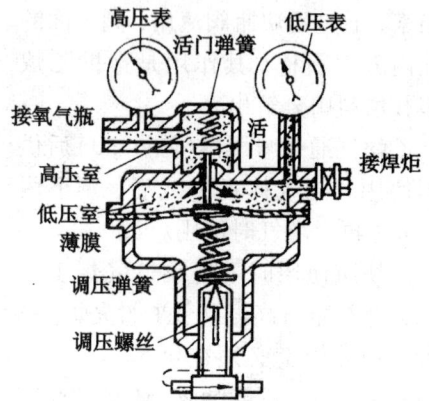

图 6.33　氧气减压器构造和工作示意图

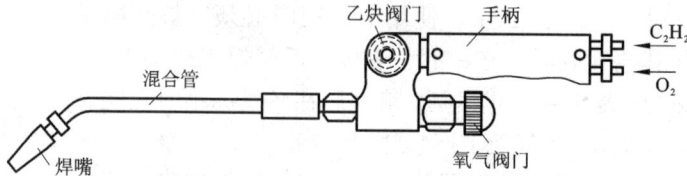

图 6.34　射吸式焊炬

分相同或含有少量脱氧元素的合金焊丝。焊丝的直径一般为 2 ~ 6 mm,气焊时根据焊件厚度来选择,焊丝的直径与焊件厚度相差不宜太大。

2)焊剂(flux) 焊剂的作用是保护气焊熔池金属,去除焊接过程中形成的氧化物,增加熔融金属的流动性。

我国焊剂的牌号有 CJ101、CJ201、CJ301 和 CJ401 四种,其中 CJ101 为不锈钢和耐热钢焊剂,CJ201 用于焊接铸铁,CJ301 为铜及铜合金焊剂,而 CJ401 则用于焊接铝及铝合金时使用。

低碳钢在气焊时,因火焰本身对熔池有较好的保护作用,一般不需要使用焊剂。

(3)氧 – 乙炔焰

改变氧气和乙炔的混合比例,可获得三种不同性质的火焰,如图 6.35 所示。

1)中性焰(neutral flame)

氧气和乙炔的混合体积比为 1.0 ~ 1.2 时,燃烧区内形成既无过量氧又无游离碳的火焰称为中性焰,又称为正常焰。它由焰心、内焰和外焰三部分组成。焰心成尖锥状,色白明亮、轮廓清楚;内焰颜色发暗,轮廓不清楚,与外焰无明显界限;外焰由里向外逐渐为淡紫色变为橙黄色。中性焰在距离焰心前面 2 ~ 4 mm 处温度最高,可达 3150℃左右。中性焰的温度分布如图 6.36 所示。

中性焰适用于焊接低碳钢、中碳钢、低合金钢、不锈紫铜、铝及铝合金等金属材料。

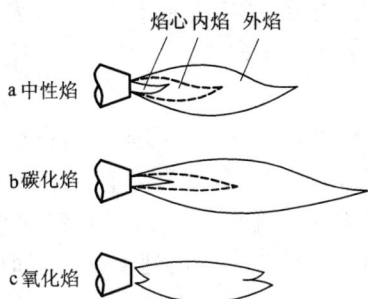

图6.35 氧-乙炔焰

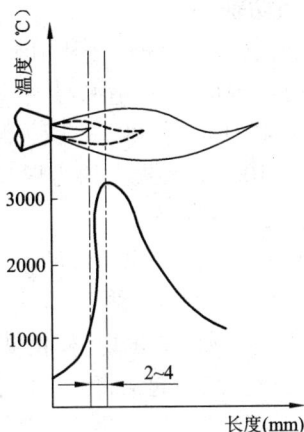

图6.36 中性焰的温度分布

2)碳化焰(carburizing flame)

碳化焰是指氧与乙炔的混合体积比小于1.1时燃烧所形成的火焰。由于氧气不足,燃烧不完全,过量的乙炔分解为碳和氢,火焰中含有游离碳,故碳会渗到熔池中造成焊缝增碳。碳化焰比中性焰长,其结构也分为焰心、内焰和外焰三部分。焰心呈白色,内焰呈淡白色,外焰呈橙黄色。乙炔量多时还会带黑烟。碳化焰的最高温度约为2700~3000℃。

碳化焰适用于焊接高碳钢、铸铁、硬质合金和高速钢等材料。

3)氧化焰(oxidixing flame)

氧和乙炔的混合体积比大于1.2时燃烧所形成的火焰称为氧化焰。整个火焰比中性焰短,分为焰心和外焰两部分。由于火焰中有过量的氧,故对熔池金属有强烈的氧化作用,一般气焊时不宜采用。只有在气焊黄铜时才采用轻微氧化焰,以利用其氧化性,在熔池表面形成一层氧化物薄膜,减少低沸点的锌的蒸发。氧化焰的最高温度约为3100~3300℃。

(4)气焊基本操作技术

1)点火、调节火焰与灭火 点火时,先微开氧气阀门,再打开乙炔阀门,随后点燃火焰。这时的火焰是碳化焰。然后,逐渐开大氧气阀门,将碳化焰调整成为中性焰。

灭火时,应先关乙炔阀门,后关氧气阀门。

2)堆平焊波 气焊时,一般用左手拿焊丝,右手拿焊炬,两手的动作要协调,沿焊缝向左或向右焊接。

焊嘴轴线的投影应与焊缝重合,同时要注意掌握好焊炬与工件的夹角 α(图6.37)。工件愈厚,α 愈大。在焊接开始时为了较快地加热工件

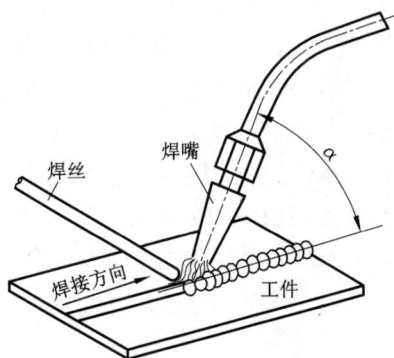

图6.37 焊炬角度示意图

和迅速形成熔池,α 应大些。正常焊接时,一般保持 α 在30°~50°范围内。当焊接结束时,α 应适当减小,以便更好地填满熔池和避免焊穿。焊炬向前移动的速度应能保证焊件熔化并保持熔池具有一定的大小。工件熔化形成熔池后,再将焊丝适量地点入熔池内熔化。

2. 氧气切割

氧气切割(简称气割)是利用某些金属在纯氧中燃烧的原理来实现金属切割的方法。

气割时用割炬代替焊炬,其余设备与气焊相同。割炬的外形如图 6.38 所示。常用的割炬有 G01 – 30、G01 – 100 等几种型号。型号中"G"表示割炬,"0"表示手工,"1"表示射吸式,"30"、"100"表示最大的切割低碳钢厚度为 30 mm 和 100 mm。

(1)氧气切割过程

氧气切割(oxygen cutting)的过程如图 6.39 所示。开始时,用氧 – 乙炔火焰将切口始端附近的金属预热到燃点(约 1300 ℃,呈黄白色)。然后打开切割氧阀门,氧气射流使高温金属立即燃烧,生成的氧化物(氧化铁,呈熔融状态)同时被氧气流吹走。金属燃烧时产生的热量和氧 – 乙炔火焰一起又将邻近的金属预热到燃点,沿切割线以一定的速度移动割炬,即可形成切口。

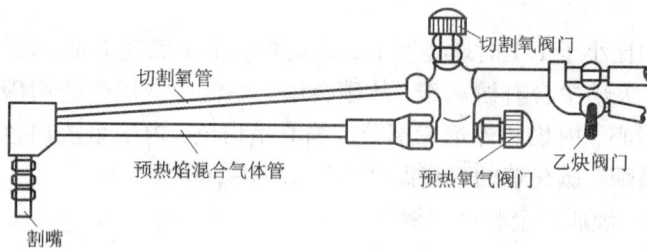

图 6.38　割炬

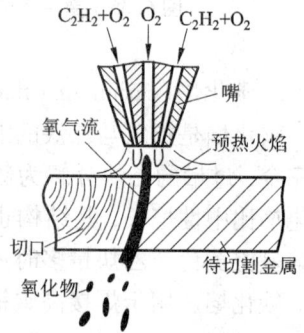

图 6.39　气割过程

(2)金属氧气切割的条件

金属材料只有满足下列条件才能采用氧气切割:

1)金属材料的燃点必须低于其熔点。这是保证切割在燃烧过程中进行的基本条件。否则,切割时金属先熔化变为熔割过程,使切口过宽,而且不整齐。

2)燃烧生成的金属氧化物的熔点。应低于金属本身的熔点,同时流动性要好。否则,就会在切口表面形成固态氧化物,阻碍氧气流与下层金属的接触,使切割过程不能正常进行。

3)金属燃烧时能放出大量的热。而且金属本身的导热性要低。这是为了保证下层金属有足够的预热温度,使切割过程能连续进行。

满足上述条件的金属材料有纯铁、低碳钢、中碳钢和低合金结构钢。而高碳钢、铸铁、高合金钢及铜、铝等有色金属及其合金,均难以进行氧气切割。

练 习 题

1. 何谓气焊? 氧 – 乙炔焊有哪些优点和缺点,应用范围如何?
2. 三种氧 – 乙炔焰的名称是什么,各用于焊接哪些金属?
3. 氧气切割的金属材料应具备哪几个条件? 哪些金属宜于气割、哪些不宜气割?

6.2.5 压焊

常用的压焊(pressure welding)有电阻焊与摩擦焊等。

1. 电阻焊

电阻焊(resistance welding)又称接触焊,是利用电流通过焊件接头的接触面及邻近

区域产生的电阻热,把焊件加热到塑性状态或局部熔化状态,再在压力作用下形成牢固接头的一种压力焊方法。

电阻焊有点焊(resistance spot welding)、缝焊(seam welding)和对焊(butt welding)三种,如图6.40所示。

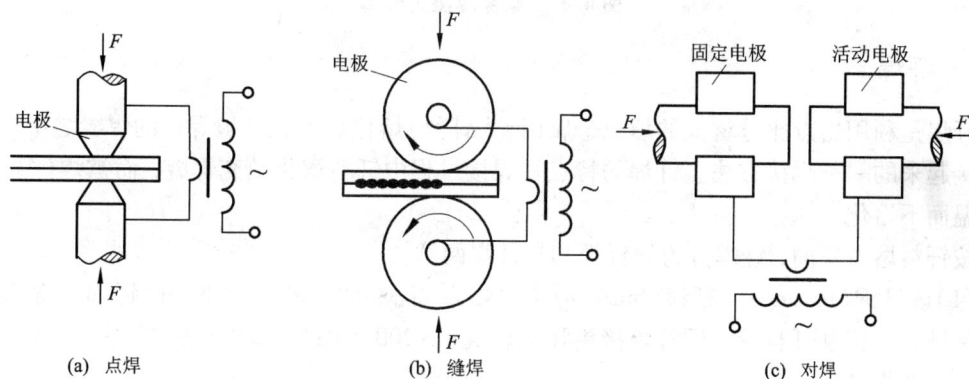

(a) 点焊　　　　　　　(b) 缝焊　　　　　　　(c) 对焊

图 6.40 电阻焊的基本形式

电阻焊的生产率高,不需要填充金属,焊接变形小。其操作简单,易于实现机械化和自动化。电阻焊时,焊接电压很低(几伏至十几伏),但焊接电流很大(几千安至几万安),故要求电源功率大。电阻焊通常适用于成批大量生产。

点焊主要适用于薄板壳体和钢筋构件;缝焊主要用于有密封性要求的薄壁容器;对焊广泛用于焊接杆状零件,如刀具、钢筋、钢轨等。

2. 摩擦焊

摩擦焊(friction welding)是利用工件接触面摩擦所产生的热量作为热源,把工件加热到半熔化状态,然后在压力作用下进行焊接的一种方法。

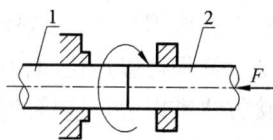

图 6.41 摩擦焊示意图
1—焊件;2—焊件

图6.41是摩擦焊过程示意图。焊接时,先将焊件的两部分夹在焊机上,施加一定压力,使之紧密接触,然后使焊件的一端作高速旋转,焊件接触面相对摩擦产生热量,待工作端面加热到高温塑性状态时,焊件1停止旋转,并使焊件2的一端增加压力,从而使接触部分产生塑性变形而焊接成一整体。

摩擦焊操作简单,生产率高,可进行同种材料焊接,也可焊接异种材料,而且,可对不同形状焊件施焊。所以,应用较为广泛。图6.42是摩擦焊的几种接头形式。

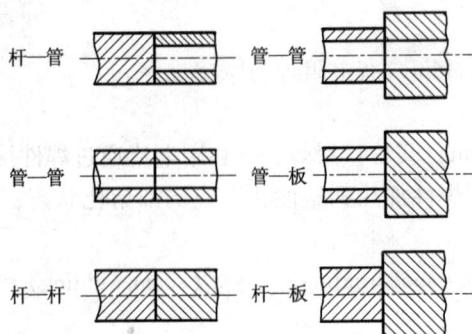

图 6.42　摩擦焊接头形式

6.2.6　钎焊

钎焊是利用熔点比母材低的填充金属(称为钎料)熔化后填充到被焊件的焊缝之中,并使之连接起来的一种焊接方法。钎焊的特点是焊接过程中钎料熔化填充焊缝,而被焊件只加热到高温而不熔化。

按钎料熔点不同,钎焊分为硬钎焊和软件焊两类。

(1)硬钎焊(btazing)　钎料(brazing alloy)熔点高于 450 ℃ 的钎焊称为硬钎焊。常用钎料有铜基钎料和银基钎料等。硬钎焊接头强度较高(>200 MPa),适用于钎焊受力较大、工作温度较高的焊件。

(2)软钎焊(solder)　钎料熔点在 450 ℃ 以下的钎焊称为软钎焊。常用钎料是锡铅钎料。软钎焊接头强度低(<70 MPa),主要用于钎焊受力不大或工作温度较低的焊件。

钎焊时,一般要用钎剂(brazing flux)。钎剂能去除钎料和母材表面的氧化物,保护母材连接表面和钎料在钎焊过程中不被氧化,并改善钎料的润湿性(钎焊时液态钎料对母材浸润和附着的能力)。硬钎焊时,常用钎剂有硼砂、硼砂和硼酸的混合物等;软钎焊时,常用钎剂是松香、氯化锌溶液等。

按钎焊过程中加热方式不同,钎焊可分为:烙铁钎焊、火焰钎焊、电阻钎焊、感应钎焊和炉中钎焊等。

钎焊和熔焊相比,加热温度低,接头的金属组织和性能变化小,变形也小,焊件尺寸容易保证。钎焊可以连接同种或异种金属,也可以连接金属和非金属。钎焊还可以连接一些其他焊接方法难以进行连接的复杂结构,且生产率高。但钎焊接头强度较低,耐热能力较差,焊前准备工作要求较高。钎焊主要用于电子工业、仪表制造工业、航天航空和机电制造工业等。

练习题

1. 压焊与钎焊有何特点? 应用范围如何?
2. 硬钎焊与软钎焊的区别是什么? 如何选用?

6.3　焊接质量及其控制

焊接质量的优劣直接影响到焊接结构的安全使用。因此,在焊接生产中应该高度重视焊接质量,并且要做好焊件质量的检验工作,采取措施防止出现焊接缺陷,切实保证焊接件达到使用性能要求,避免发生质量事故。

6.3.1　焊接应力与变形

1.焊接应力与变形产生的原因

焊接过程中,由于焊件局部加热温度高,加热速度快,且高温停留时间短、冷却速度快,是一种不均匀的加热过程,使得焊缝及其附近区域的组织和性能发生很大的变化,由此引起不均匀的膨胀与收缩,使焊件不可避免地产生应力,导致其形状与尺寸改变,甚至产生焊接裂纹。

2.防止和减少焊接变形的措施

防止和减少焊接变形,主要从两个方面采取措施,一是合理设计焊接结构,二是采用合理的焊接工艺。焊接结构的设计将在下一节讨论,表6.3列出一些常用的防止焊接应力与变形的工艺措施,可供参考。

表6.3　减少焊接应力与变形的工艺措施

名　称	图　　　例	说　　明
合理选择焊接顺序	先焊横缝1、2 后焊纵缝3	应使焊件能自由的膨胀和收缩,而不受约束
对称焊、跳焊	对称焊　　　跳焊	长焊缝变为短焊缝,使变形量限制到最低值,但焊接应力较大
反变形	焊前　　　焊后	用相反方向的变形来抵消焊后变形
刚性固定		用强制方法来减少焊接变形,但应力较大
焊后锤击		使焊缝延伸,以补偿其缩短,从而减少变形和应力

续表 6.3

名　称	图　　例	说　明
对称焊	(a)　　　(b)	(a)两位焊工同时从两面施焊; (b)一名焊工施焊,可使产生的变形相互抵消
选择能使裂纹张开的加热区	裂纹　加热区	使焊接区和加热区同时受热和冷却以减少焊接应力

对于已经产生了焊接变形的焊件可以采用机械矫正(图 6.43)或火焰加热矫正(图 6.44)等方法来矫正变形。为了防止重要的焊件产生变形和焊接裂纹,可以用退火的方法消除焊接应力,避免发生质量事故。

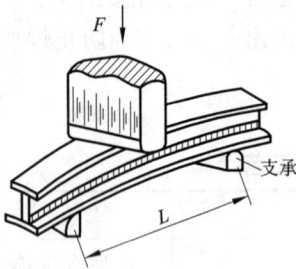

图 6.43　用机械力矫正变形

图 6.44　用火焰加热矫正变形

6.3.2　焊接缺陷及质量检验

1. 焊缝缺陷的产生及原因分析

焊缝缺陷常见的有外形尺寸不合格、焊瘤、夹渣、咬边、焊接裂纹、气孔、未焊透等。其中焊接裂纹、未焊透等缺陷的危害最严重。表 6.4 列出了焊缝缺陷及其原因分析。

表 6.4　焊缝缺陷及其产生原因

缺陷名称	图　例	说　明	产　生　原　因
未焊透	未焊透	焊接时接头根部未完全焊透的现象	装配间隙太小、坡口太小或钝边太大;焊接速度太快;电流过小;焊条未对准焊缝中心;电弧过长。
焊瘤	焊瘤	焊接过程中,熔化金属流淌到焊缝之外未熔化的母材上所形式的金属瘤	焊条熔化太快;电弧过长;运条不正确;焊速太慢。

缺陷名称	图　例	说　明	产　生　原　因
咬边		沿焊趾的母材部位产生的沟槽或凹陷	电流太大;焊条角度不对;运条方法不正确;电弧过长;焊速太快。
凹坑		焊后在焊缝表面或焊缝背面形成的低于母材表面的局部低洼部分。	坡口尺寸不当;装配不良;电流与焊接速度选择不当;运条不正确。
气孔		焊接时,溶池中的气泡在凝固时未能逸出而残留下来所形成的空穴。	焊件不洁;焊条潮湿;电弧过长;焊速太快,电流过小;焊件含碳、硅量高。
裂纹		在焊接应力及其他致脆因素共同作用下,焊接接头中局部地区区的金属原子结合力遭到破坏而形成的新界面产生的缝隙。	焊件含碳、硫、磷高;焊缝冷速太快,焊接程序不正确,焊接应力达大。
夹渣		焊后残留在得缝中的溶渣。	焊件不洁;电流过小;焊缝冷却太快,多层焊进各层熔渣未除干净。

2. 焊缝质量检验

对焊接接头进行检验是保证焊接质量的重要措施,尤其是锅炉、化工设备、压力容器以及重要的机器零件等焊接结构,必须根据产品的技术要求,按照相应的国家标准严格进行检验,以保证产品的力学性能与使用性能符合要求。

焊缝质量检验的方法常有以下几种:

(1)外观检查(visual examination)　外观检查是用肉眼或借助放大镜观察焊缝表面,检查可见的缺陷。用卡尺测量焊缝形状和尺寸是否符合有关标准以及图纸要求;

(2)致密性检查　为了保证受压容器和管道不渗漏,需对焊缝进行致密性检查。常用的方法有水压试验、气压试验和煤油试验;

(3)射线探伤(radiographic inspection)　射线探伤是用穿透能力很强的X射线或r射线,通过被检查的焊缝,有缺陷的焊缝比无缺陷的焊缝能量被吸收的少,因此使胶片受到不同程度的感光,显示焊缝中的缺陷;

(4)超声波探伤(ultrasonic inspection)　超声波能在金属内进行传播,遇到不同介质的界面时会产生反射。当有缺陷的焊缝通入超声波后,根据反射波在示波器荧光屏上的反映,即可确定缺陷的大小、性质和位置。超声波适用于厚大工件的近探伤,厚度几乎不受限制;

(5)磁粉探伤(magnetic particle inspection)　磁粉探伤是用于探测铁磁性材料的表面和近表面缺陷的一种无损探伤方法。探测时,先将工件磁化,如果工件中没有缺陷,则磁力线分布均匀。若工件有缺陷,则缺陷中大都是空气和夹渣,其导磁率远小于工件金属的导磁率。由于缺陷的磁阻大,产生漏磁场吸附磁粉,使缺陷显示出来。

除上述检验方法之外，对于某些重要的焊件，还要进行化学成分、金相组织、力学性能等方面的取样检验。

<!-- 练习题 -->

1. 产生焊接应力的原因是什么？它有什么危害？防止变形的措施有哪些？
2. 常见的焊接缺陷有哪些？减少和防止这引起焊接缺陷有哪些措施？
3. 焊缝质量检验的方法有哪些？

6.4　焊接结构设计

合理地设计焊接结构，是保证焊接质量和获得优质焊接件的基本条件之一。设计焊接结构包括正确选择焊接件的材料、焊接方法及结构工艺性等。

6.4.1　焊接件材料的选择

在设计焊接结构时，首先要考虑材料的焊接性。金属材料的焊接性是材料焊接加工的适应性，是指金属材料在一定焊接工艺条件下，能否获得优质焊接接头的难易程度和该焊接接头能否在使用条件下可靠运行。

这里所说的工艺条件，包括焊接方法、焊接材料、焊接参数、焊前预热及焊后热处理等影响焊接质量因素。随着焊接技术的发展，大多数金属材料都可以通过选择恰当的焊接方法进行焊接。

焊接性可分为工艺焊接性和使用焊接性。工艺焊接性是指能否获得优质致密、无缺陷焊接接头的能力。使用焊接性是指焊接接头或整体结构满足技术条件所规定的各种使用性能的程度。其中包括常规的力学性能、低温韧性、抗脆断性能、高温蠕变、疲劳性能、持久强度以及抗腐蚀性、耐磨性能等。

材料、设计、工艺及服役环境等四类因素影响焊接性。材料因素有金属材料的化学成分、冶炼轧制状态、热处理、组织状态和力学性能等。设计因素是指焊接结构的安全性，它不但受到材料的影响，而且在很大程度上还受到结构形式的影响。工艺因素包括施工时所采用的焊接方法（如手工电弧焊、埋弧焊、气体保护焊、电子束焊、等离子焊等），焊接工艺规程（如焊接线能量、焊接材料、预热、后热、焊接顺序等）和焊后热处理等。服役环境因素是指焊接结构的工作温度，负荷条件（动载、静载、冲击等）和工作环境（化工区、沿海及腐蚀介质等）。

对于钢材，碳及合金元素的含量直接影响其焊接性。含碳量少于 0.25% 的低碳钢及低合金结构钢具有优良的焊接性，在焊接过程中不必采取特殊工艺措施即可获得优质接头。随着钢中含碳量的增加和合金元素的增多，焊接性随之变差，容易出现焊接裂纹。中碳钢的焊接性即明显比低碳钢差，必须采取严格的工艺措施才能顺利进行焊接。而含碳量大于 0.6% 的钢材，由于焊接性差，一般不用作焊接结构。

选择焊接结构材料时，在满足力学性能要求的前提下，应该选用焊接性好的材料来制造焊接件。低碳钢和低合金结构钢由于焊接性优良，应该优先采用。两种不同的金属材料进行焊接时，必须注意其焊接性是否接近，如果焊接性相差较大，则难于得到合格焊缝，应该选择合适的焊接方法或采取合理的工艺措施才能进行焊接。

此外，在设计焊接结构时，应尽量采用工字钢、槽钢、角钢和钢管等成形材料进行焊接，以减少焊缝数量，简化焊接工艺，并且可以增加结构件的强度和钢性。

6.4.2 焊接结构工艺性

在设计焊接结构时，确保良好的工艺性是十分重要的问题，工艺性不好的结构不仅制造困难，使焊件成本增加，而且影响焊件质量。表6.5是设计焊接结构时的一些结构工艺性准则，可以参考。

表 6.5 焊接结构的工艺性

设计准则	工 艺 性 不 合 理	工 艺 性 合 理
焊条电弧焊要留出操作空间		
点焊和缝焊的电极应伸入方便		
尽量减少焊缝数量		
焊接接头要逐渐过渡		
焊缝端部应尽量使角度变缓		
焊缝尽可能分散		

续表 **6.5**

设计准则	工 艺 性 不 合 理	工 艺 性 合 理
焊缝尽可能对称	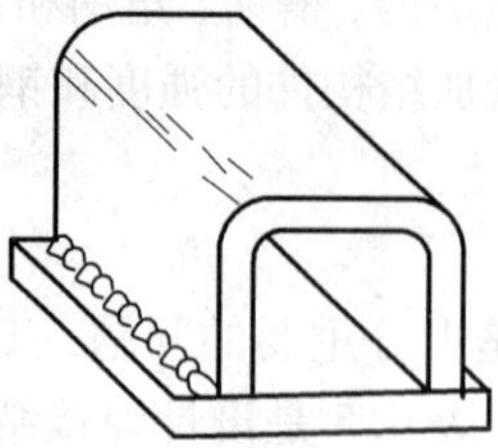	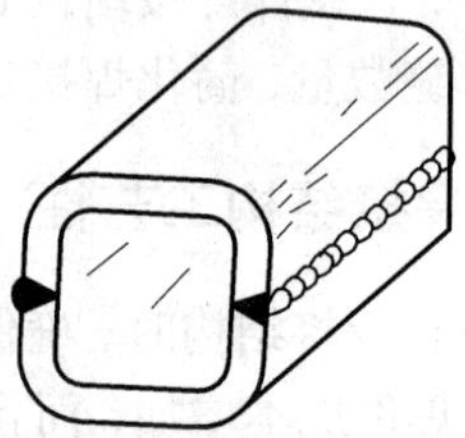
焊缝布置应考虑受力情况。应避开最大应力或应力集中部位	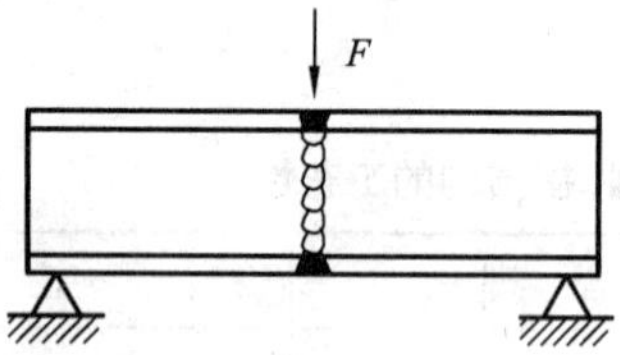	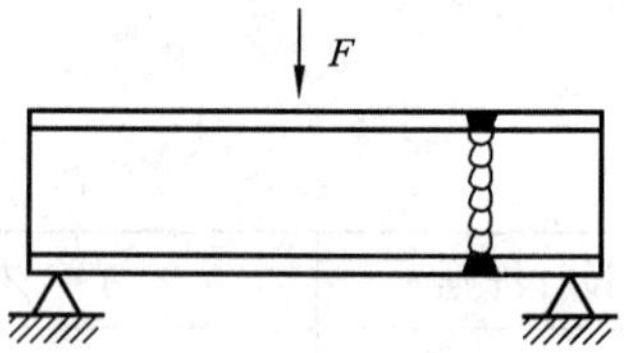

练 习 题

1. 什么叫焊接材料的焊接性? 它与哪些因素有关?
2. 选择焊接件的材料要考虑哪些基本问题?
3. 钢材的焊接性与钢材的化学成分有什么关系?
4. 为了减少焊接应力与防止变形, 在焊接结构设计时可采取些什么措施?

7 金属粉末制品与工程塑料的成形

工业制造工程中，除了前几章讨论的成形方法之外，还有一些其他的成形方法。本章介绍粉末冶金成形工艺与塑料的成形工艺方法。

7.1 粉末冶金工艺

粉末冶金(powder metallurgy)技术是一门重要的材料生产技术，用粉末冶金方法生产的各种粉末合金材料、粉末合金零件和工具在许多工业部门得到广泛的应用。本节讨论粉末冶金生产的一般过程及其特点。

7.1.1 粉末冶金基本工艺过程

粉末冶金材料与零件(工具)的种类很多，不同的粉末材料其生产工艺方法各不相同。图7.1 为粉末冶金机械零件的生产工艺流程。

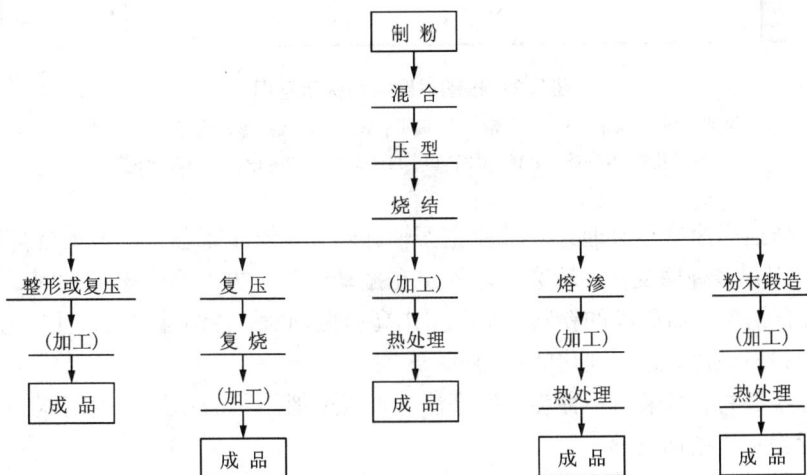

图 7.1 粉末冶金机械零件生产工艺流程

在粉末冶金生产中，制粉、压型、烧结是最主要的工序。

1. 制粉

要获得优质的粉末冶金制品，首先要制取合格的粉末(powder)，因为粉末的性质直接影响其成形与烧结性能。粉末的性质包括纯度、粒度、密度、硬度、加工硬化性、塑性变形能力及其他工艺性能。工业上使用的金属粉末粒度通常在 $0.1 \sim 400\ \mu m$ 范围。

制取金属粉末的方法很多,这些方法可以归纳为机械法与物理化学法两大类。

(1)机械法制粉　机械法制取粉末主要有破碎法与液态雾化法。

破碎法制粉中最常用的是球磨法。该法适合于制备一些脆性金属粉末(如铁粉),或者经过脆化处理的金属粉末(如经氢化处理变脆的钛粉)。

图7.2为振动球磨机示意图,振动台架的下方通过轴承安装有主振轴,主振轴上又安装

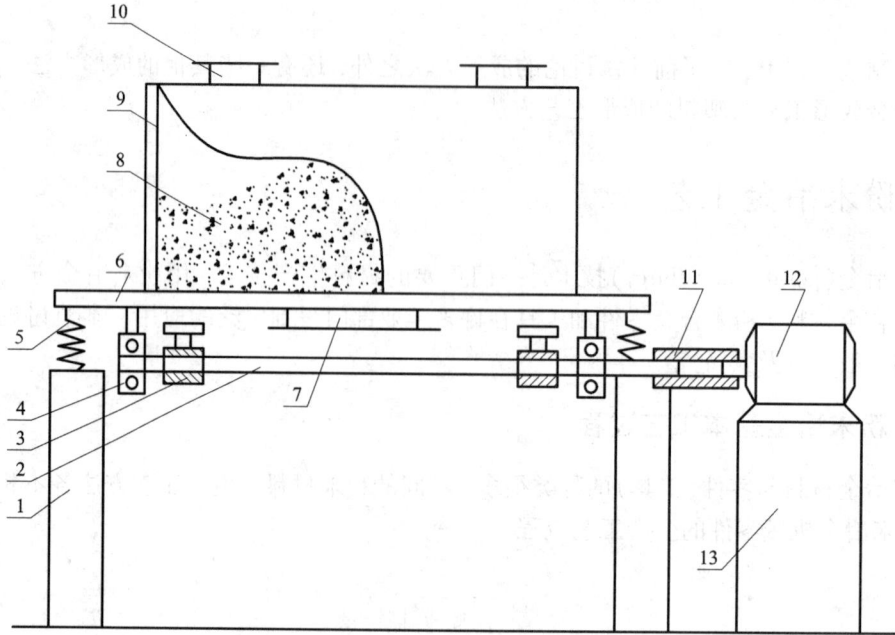

图7.2　振动球磨机结构示意图

1—机架;2—主振轴;3—偏心轮;4—轴承;5—弹簧;6—振动台架;7—下料口;
8—钢球及粉;9—筒体;10—加料口;11—软轴;12—电机;13—水泥支架

有偏心轮,在马达高速旋转时通过软轴使主振轴旋转,并依靠离心力使振动台高速振动。振动台架的周围用很多弹簧支承,球磨筒体固定在振动台架上方。当台架振动时,筒体一起振动,筒体内装有钢球及需破碎的粉料,在筒体作高速振动时,各钢球之间产生高速冲击动作,迫使钢球间的粉料破碎,达到细化的目的。

对于软态金属粉,可采用一种旋转研磨法,即通过螺旋桨的作用产生旋涡高速气流,使金属颗粒自行相互撞击而磨碎。

雾化法也是目前用得比较多的一种制粉方法。雾化法如图7.3所示,将熔化的金属液体通过小孔缓慢下流,用高压气体(如压缩空气)或液体(如水)喷射,由于机械力的作用和激冷效果使金属熔液雾化,从而获得颗粒大小不同的金属粉末。此法常用来制取铝粉、合金钢粉等。

(2)物理化学法制粉　常用的物理方法制粉有气相与液相沉积法。如将锌、铅等金属气化,然后将其气体冷凝而获得低熔点金属粉末。

化学法包括还原法、电解法与化学置换法,其中还原法是最常用的方法。例如铁粉的生产,可将轧钢车间的铁鳞或铁矿石粉经过清洗、干燥、磁选、破碎、过筛等工序去掉杂质,获

得比较纯的氧化铁粉。把氧化铁粉与煤粉或焦炭粉以一定比例装入耐热罐，放入炉中升温至 900～1200℃加热。这样就得到海绵铁，再经过破碎而成铁粉。

2. 压型

将金属粉末压制成形时，应先将各种金属粉末按一定比例配料并加入成形剂（如石蜡、橡胶等），并混合均匀，混粉要使用混料机。

粉末压型通常采用冷压法。图 7.4 是机械式自动压机成形作业的示意图。粉末由装料器落入阴模内[图7.4(a)]；上冲头将粉末连同阴模一起压下，此时下冲头保持不动，形成由下向上的单向压制[图7.4(b)]；上冲头移开，阴模被弹簧顶起，随后凸轮的最高点将下冲头顶起，压坯从阴模中顶出[图7.4(c)]；当压坯的最低平面与阴模上平面达到同一平面时，由装料器前端的橡皮将压坯推离阴模，与此同时，装粉器的粉末又对准阴模空腔，重复压型工作[图7.4(d)]。

压坯的强度是压型时一个重要的质量指标。压制过程中，随着压力增大，粉粒之间结合力增大，这是因为粉末之间接触表面的塑性变形导致原子间作用力增大以及由于粉粒表面凹凸不平而产生机械啮合力，所以压坯的强度随之提高。

压坯的强度高、密度大，便于生产过程中的运输与

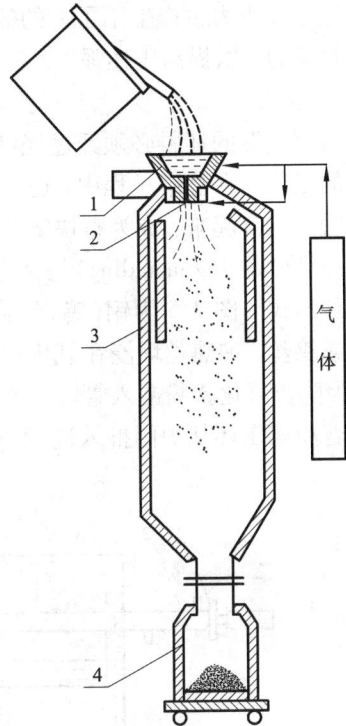

图7.3 气体雾化法示意图
1—金属熔液容器；2—喷气嘴；
3—雾化塔；4—盛粉桶

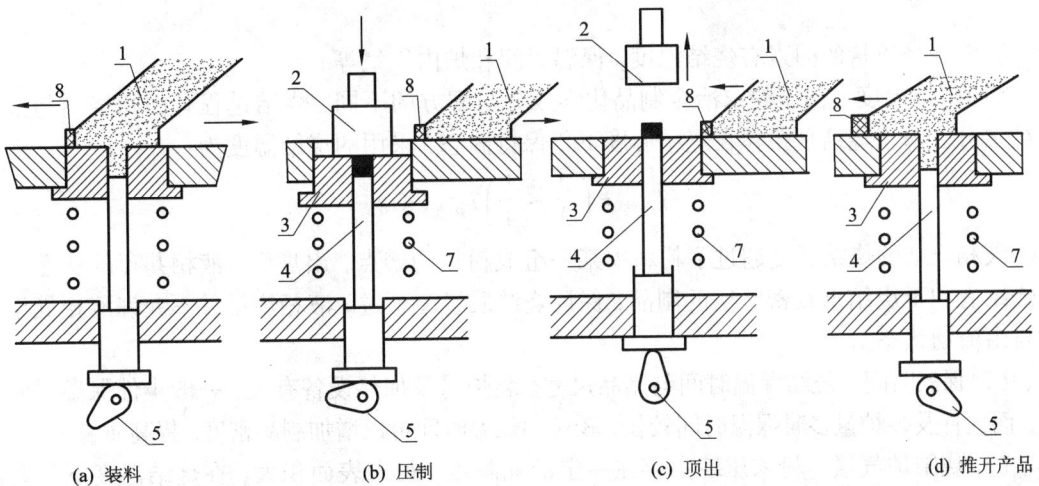

(a) 装料　　(b) 压制　　(c) 顶出　　(d) 推开产品

图7.4 粉末制品压型时的作业动作示意图
1—装粉器；2—上冲头；3—阴模；4—下冲头；5—凸轮；6—压坯；7—弹簧；8—橡皮

半成品加工。对于某些硬质粉末(如硬质合金中的 WC 粉),因为塑性变形能力差,压制过程中即使增大压力也产生不了大的效果,往往要向其中加入石蜡、橡胶粉末来增加压制时粉末间的粘结力,以提高压坯强度。

3. 烧结

压制成形的坯料必须经过烧结才能成为具有实用价值的粉末冶金制品,故烧结是一项关键性的工艺。在烧结过程中,通过高温加热,粉粒之间发生原子扩散等过程,使压坯中粉粒的接触面结合起来,成为整块坚实的合金结晶体。

烧结(burning moulding)是在专用烧结炉中进行的。常用的烧结炉有管式炉、真空烧结炉等多种形式。图 7.5 为钼(钨)丝管式烧结炉结构示意图。其中炉管为高纯刚玉管,加热丝为钼丝或钨丝,加热丝埋浸在氧化铝粉中,形成绝热层。图 7.5 中的炉管为三根刚玉管对接而成,为防止氧化铝粉漏入管内,接头处用异形砖密封。烧结操作时用钼、钨或石墨做成的小舟载着粉末压坯从炉门推入进行烧结。

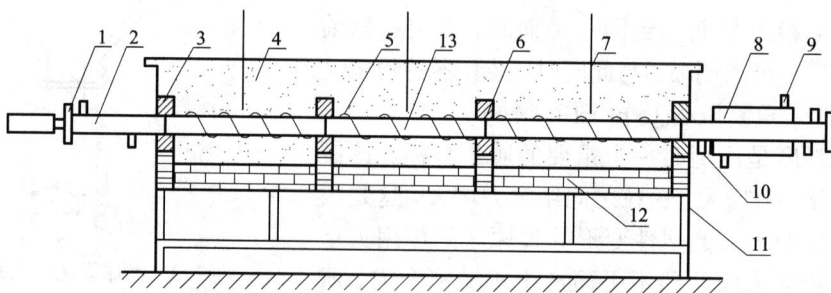

图 7.5　钼(钨)丝烧结炉结构示意图

1—炉门;2—炉头延伸管;3—炉盖;4—氧化铝粉;5—钼(钨)丝;6—异形砖;
7—热电偶;8—水冷套;9—水管;10—进氢管;11—炉架;12—炉底砖;13—刚玉管

影响烧结质量的因素有烧结温度,保温时间和炉内气氛等。

(1)烧结温度　由于粉末冶金制品化学成分与配方的不同,烧结过程有固相烧结与液相烧结之分。固相烧结是粉粒在烧结温度下仍保持固态,采用的烧结温度为:

$$T_{烧结} = \left(\frac{2}{3} \sim \frac{3}{4} \right) T_{熔点}(℃)$$

液相烧结的烧结温度超过了粉料中某一组成粉粒的熔点,出现固、液相共存的状态。液相烧结有利于烧结出致密坚实的制品,保证烧结质量。不过,液相烧结并不允许液相处于完全自由流动状态。

(2)保温时间　烧结保温时间与制品尺寸、装炉量及加热设备有关,一般小件保温时间较短,而大件及装炉量多时保温时间较长,较长的保温时间可以增加制品密度,提高质量。

(3)烧结炉气氛　粉末压坯中存在一定的孔隙度,粉末表面积大,在烧结温度下长时间加热,粉粒表面容易发生氧化,甚至造成废品。为防止氧化废品,粉末压坯必须在真空或保护气氛中烧结。常用的保护性气体有氢气、分解氨、氮、氩等还原性气体或惰性气体。烧结时将保护性气体通入炉中,保护压坯免受氧化,保证烧结过程顺利进行。

4. 后处理工序

粉末冶金制品在烧结之后，往往还要进行后处理工序。一些尺寸精度高或密度要求高的制品，常在烧结后再进行锻造或冲压整形；粉末含油轴承则烧结后应进行浸油处理；铁粉制品烧结之后也可以进行渗碳、氮化等表面处理或进行退火与切削加工、淬火与回火等工序，以制取符合使用要求的粉末合金产品。

7.1.2 粉末冶金的特点与应用

粉末冶金技术在现代工业生产中占有十分重要的位置，并且以很快的速度在迅速发展。这主要是它作为一种先进的工艺方法在材料生产和零件(工具)制造中表现出许多独特的优点：

(1)生产高熔点金属合金，如钼、钨以及某些金属化合物(如 WC 等)的熔点在 2000℃以上，难以用熔铸工艺获得合格的合金材料，采用粉末烧结的办法可以解决这一困难，生产出高熔点合金材料；

(2)生产复合材料，如含有难熔化合物的金属陶瓷材料、金属与非金属的复合材料，均是采用粉末烧结方法来制取；

(3)生产假合金材料。有些元素在液态下完全不能相溶，不能用熔铸的方法制成合金，可以用粉末混合烧结法来制备所谓假合金材料。如铜－石墨电触头合金就是一种粉末假合金；

(4)生产特殊结构材料，如含油轴承、多孔材料等；

(5)在机械制造中，粉末冶金零件生产是一种少、无切削加工的工艺，可以减少切削加工量，节约工时，提高劳动生产率。

由上可知，粉末冶金技术是一种具有旺盛生命力的生产方法，它将在现代工业中发挥越来越重要的作用。

练习题

1. 粉末冶金生产有些什么基本工序？
2. 影响粉末合金烧结质量的因素有哪些？
3. 粉末冶金的特点有哪些？

7.2 塑料成形工艺

塑料的成形加工是将粉末状、颗粒状或液体状的塑料原料制造成为具有实用价值的塑料制品。各种不同的塑料需要采用不同的成形加工方法，本节介绍几种常用的塑料成形工艺方法。

7.2.1 压制成形

压制成形(compression molding)工艺主要适用于热固性工程塑料。模压成形和层压成形是广泛应用的方法。

1. 模压成形

模压成形(extrusion moulding)是将粉状或粒状等形式的塑料原料装入阴模中，合上阳模，随后升高到一定温度使之熔化，并施加适当的压力使物料充满模腔，形成与模腔形状一致的塑料制品(图7.6)。

模压成形过程中，塑料不但发生物理变化，还发生复杂的化学交联反应，温度、压力和模压时间是影响模压成形的三个基本因素。

模压时，随着温度不断升高，塑料从固体粉末逐渐熔融、粘度增大并发生交联反应。所以，在装料闭模之后应迅速增大成形压力，使物料在温度不太高时充满模腔。随后温度升高，交联反应速度增大，物料在模腔中迅速固化形成制件。

作用于模具上的压力主要是使物料在模腔中加速流动，增加物料的密实程度，并使模具闭合紧密，防止制件在冷却时变形。压力的大小取决于塑料的成分组成，也与模温、制件形状及工艺条件有关。

物料在模具中从开始升温、加压到固化完全的时间长短不仅与塑料种类、制件形状等有关，，而且还与模具结构及工艺条件有关。模压温度升高和压力增大，有利于缩短时间，加快模压周期。

2. 层压成形

层压成形(overlapping moulding)过程主要包括填料浸胶、浸胶材料干燥、压制等步骤。

填料浸胶是将片状或纤维状填料(如布、纸等)浸入树脂液体之中或用刮胶法、铺展法等让填料浸足胶液，然后经挤压以控制填料中的含胶量。

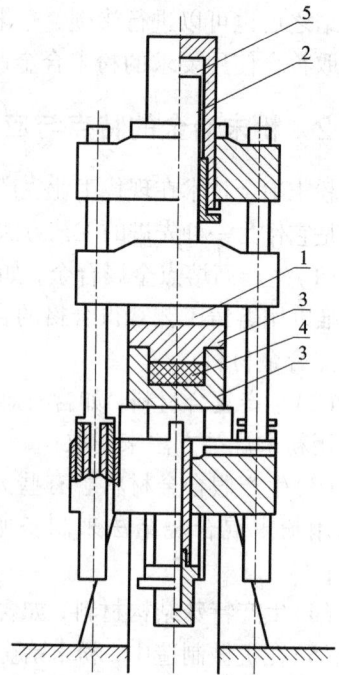

图7.6　模压成形示意图

1—垫板；2—活塞；3—模具；
4—塑料制品；5—油缸

浸胶填料经过干燥成为含胶材料。然后将其重叠，置于层压机上加热加压。由于树脂具有反应能力，在热能或固化剂的作用下形成交联结构，从而获得层压材料。

层压成形方法可以生产板状、管状、棒状等形式的制品。

7.2.2　注射成形

注射成形(injection molding)是将颗粒状物料在注射成形机的料筒内加热熔融，使之成为流动状态，在柱塞或螺杆的压力作用下向前移动并通过料筒前端的喷嘴，以很快的速度注入温度较低的闭合模具内，然后经过一定时间的冷却定型，开启模具即可获得制品(图7.7)。

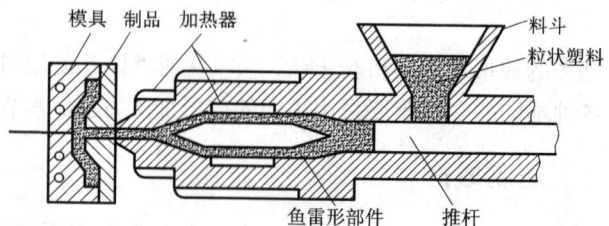

图7.7　注射成形示意图

注射成形方法是一种间歇式操作，其工艺过程包括加料、物料熔融、注射、冷却和脱模等五个基本工序,成形工艺条件主要有料筒温度与喷嘴温度、注射压力与注射速度、推杆速度、加料量及模具温度等。当工艺条件确定后,注射机可以采用集成电路或数字程序控制实现自动操作。

7.2.3 挤压成形

挤压成形(extrusion molding)是借助螺杆或柱塞的挤压作用,使受热熔化的物料在压力推动下,强行经过模孔而成为具有恒定截面型材的一种成形方法。在图 7.8 中,粉状或颗粒状物料从料斗中进入挤压机的料筒中,由旋转的螺杆将原料送到预热区并受到压缩,迫使原料通过已加热的模孔,即获得所需制品。随后,制品落到输送器的传送带上,用水或空气喷射冷却而变硬定形。

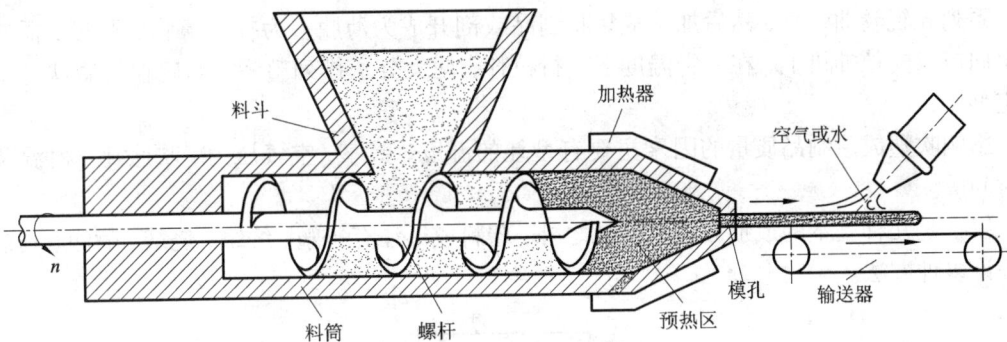

图 7.8   挤压成形示意图

挤压成形工艺过程主要包括原料干燥、挤出成形、制品定形与冷却、制品牵引及后处理五个工序。

挤压成形的塑料原料需要经过干燥处理,使水分含量控制在 0.5% 以下,防止制品产生气泡缺陷,保证制品性能。

挤压过程中要注意调整料筒的温度和挤压力。料筒中料温升高时粘度降低,有利于塑化,且熔体流量增大,出料加快;但机头和模孔温度过高,挤出物形状稳定性差,制品收缩率增加。若料温降低时,则熔体粘度增大,机头压力增加,挤出制品密实度增加,形状稳定性好;但离模膨胀较严重,且固塑化较差和粘度过大而使功率消耗增大。

制品在离开机头模口之后,应及时进行冷却定形,以防制品在自身重力作用下发生变形,影响质量。

制品出模之后以稍大于挤出速度的牵引速度拉伸,可以消除离模膨胀引起的尺寸变化,并产生一定程度取向,保证制品的尺寸稳定。

此外,某些制品需在挤出之后进行必要的后处理,以提高制品质量。

7.2.4 吹塑成形

吹塑成形(blow moulding)适用于热塑性工程塑料的二次成形,即在一定条件下将一次成形制得的片、板、管、棒等通过再次加工成形成为制品。

图 7.9 是制造中空制品的吹塑成形示意图。将从挤压机预先挤出的管状坯料置于两半组合模具中加热软化，并使两端封闭，将压缩空气吹进管芯，使坯料胀大到紧贴模壁，冷却脱模后即可得到中空制品(如瓶、桶、圆球等)。

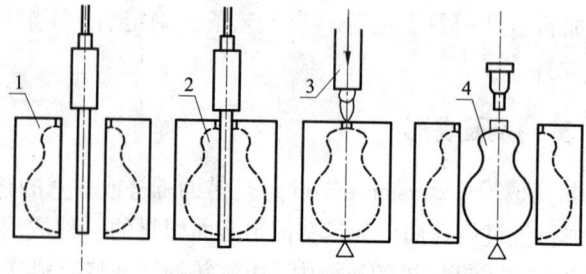

图 7.9　吹塑成形示意图

1—模具；2—型坯；3—压缩空气；4—塑料制品

吹塑薄膜可以看做是管材挤出成形的继续。将连续挤压机挤出的管状坯料，在机头引入压缩空气使管子扩大成为极薄的圆筒，经过一系列导辊卷曲装置，然后加工成袋状制品或剖开成为薄膜。为提高薄膜的强度，需要再在单向或双向拉伸机上，在一定温度下进行拉伸，使大分子排列整齐，然后在拉紧状态下冷却定型。

影响吹塑成形制品质量的因素主要有型坯的温度、壁厚、空气压力、吹胀比、模温和冷却时间等。

以上是几种基本的成形方法。除此之外，塑料成形还有铸塑、缠绕、烧结、喷涂、真空蒸发等许多种方法。

练 习 题

1. 塑料成形常用哪几种工艺方法? 说明它们的工艺特点和应用范围。

8 快速原形制造技术

8.1 概 述

8.1.1 快速原形制造的基本概念

随着经济的全球化，市场竞争日趋激烈，产品更新换代加快，产品越来越向多品种、小批量、高精度、低成本的方向发展，制造业为了保持产品的市场竞争力，要求设计者尽量缩短产品的开发和制造周期，以实现对市场变化、新技术开发的快速反应能力，达到快速产品开发的目的。在机械设计领域，如何能使设计者对作品全方位鉴赏、分析已成为一种迫切需要。因此，20世纪80年代末，一种快速制造零件原型的新技术——快速成形（或"快速原形"）制造技术（Rapid prototyping manufacturing，简称RPM）首先诞生于美国，迅速扩展到欧洲和日本，并于90年代初期引进我国。快速原形制造技术是CAD、数控技术、激光技术以及材料科学与工程的技术集成，它可以自动、快速地将设计思想转化为具有一定结构和功能的原形或直接制造零部件（parts）。

原形（prototype）是产品在一维或多维空间的一种表示。产品开发人员认为有意义的产品在某个方面的表示，都可以看作是原形，包括从概念设计到具有完整功能制品的有形和无形的表示。产品的有形实体表示称之为物理原形，产品的无形表示称之为分析原形。物理原形可以进行检测和试验，在视觉和触觉上类似于产品。分析原形是以仿真、视觉图像、方程或分析结果表示的。在大多数情况下，原形是指物理原形，即物体在三维空间的实物表示。本章所指的原形均为物理原形。

原形可以由两种方法产生。一种是利用已有的知识和技术，按目的要求进行设计、加工，或由设计者利用CAD/CAM系统，通过构想在计算机上建立原形的三维电子模型并加工成实物。另一种方法是由用户提供一个实物样品，原封不动或经过修改后得到这个样品的复制品或仿制品。

快速原形制造技术是一种借助计算机辅助设计（computer-aided design，CAD），或通过实物样品得到有关原形或零件的几何形状、结构和材料的组合信息，从而获得目标原形的概念并以此建立数字化描述模型，之后将这些信息输出到计算机控制的机电集成制造系统，通过逐点、逐面进行材料的"三维堆砌"成形，再经过必要的处理，使其在外观和性能等方面达到设计要求，达到快速、准确地制造原形或实际零件的现代制造方法。

8.1.2 快速原形制造技术的基本原理

传统的零件加工过程是先制造毛坯，然后经切削加工，从毛坯上去除多余材料，从而达到设计要求的形状、尺寸和公差,这种方法统称为材料去除制造。快速原形制造技术彻底摆脱了传统的去除加工方法,而基于"材料逐层堆积"的制造理念,采用了分层累加法,即用CAD造型、生成数据交换STL文件(stereo lithography file)、分层切片等步骤进行数据处理,借助计算机控制的成形机完成材料的形体制造。快速原形制造技术的一般步骤是:①建立三维数据模型;②寻找可加工、应用的材料,如流体、粉末、丝线、板材或块体;③使用不同物理原理的高度集成化设备;④原形或零件的堆砌制造;⑤原形或零件的后处理。

快速原形制造的工艺方法很多,但其基本原理都是一致的。在成形概念上,以材料添加法为基本思想,目标是将计算机三维CAD模型转变为具体物质构成的三维实体原形。其过程可分为离散和堆积两个阶段。首先在CAD造型系统中获得一个三维CAD模型,或通过测量仪器测取实体的形状尺寸,转化为CAD模型,再对模型数据进行处理,沿某一轴进行平面"分层"离散化。然后通过专用的CAM系统将成形材料一层层加工,并堆积成原形。其过程如图8.1所示。

(1)建立产品的CAD模型。应用三维CAD软件(如Solidworks,CAX,UG,Pro/E)等根据产品要求设计出零件的三维实体模型,或采用逆向工程技术获取产品的三维模型。这些软件系统能将零件的曲面或实体模型自动转换成易于切片处理的表

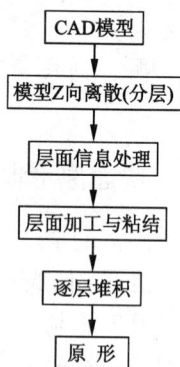

图8.1　快速原形制造过程

面三角形模型。美国3D系统公司开发的CAD模型的STL格式,是快速原形制造系统中普遍采用的文件格式。它是由一系列的空间小平面(三角形面)来代表物体表面,每个三角形都用1个法向和3个顶点来描述。这样的三角形的顶点以及它们的法向数据汇集在一起,形成描绘三维实体的STL格式。

(2)模型的Z向离散(分层)。模型Z向离散(切片)是一个分层(delamination)过程,它将STL格式的CAD模型,根据有利于零件堆积制造而优选的特殊方位,横截成一系列具有一定厚度的薄层,得到每一切层的内外轮廓的几何信息,层厚通常为0.05~0.4 mm。若每层的厚度有变化时,可采用实时切片方式。

(3)层面信息处理。层面信息处理就是根据层面的几何信息,通过层面内外轮廓识别及补偿、废料区的特性判断等,生成数控机工作的数控代码,用以控制成形机的加工运动,以便成形机的激光头或喷口对每一层面进行精加工。

(4)层面加工与粘结。层面加工与粘结就是根据生成的数控指令,对当前层面进行加工,并将加工出的当前层与已加工好的零件部分粘合。

(5)逐层堆积。当每一层制造结束并和上一层粘结后,零件下降一个层面,铺上新的材料,再加工新的一层。如此反复进行直到加工完成,清理掉嵌在加工件中不需要的废料,即得到完整的制件。

(6)后处理。制件制成后,需进行必要的处理,如深度固化、修磨、着色、表面喷镀等,使之达到原形或零件性能的要求。

8.1.3　快速原形制造技术的分类

快速原形制造技术可以按照制造工艺原理进行分类,也可以按原形产品或制造工艺所使

用材料的状态、性能特征并结合制造工艺特点分类。按照工艺原理可分为如下几类：

1. 立体印刷成形

立体印刷成形(stereo lithography apparatus，SLA)也称为光敏液相固化、立体光刻、立体造型等，它是以光敏树脂为原料，采用计算机控制下的紫外激光束以原形各分层截面轮廓为轨迹点扫描，使被扫描区内的树脂薄层产生光聚合反应后固化，从而形成制件的一个固态薄层截面。然后向上(或下)移动工作台，在薄层截面上覆盖一层液态树脂，以便进行第二次扫描、固化。新固化的一层树脂牢固地粘结在前一层上，如此重复制出整个原形。

1988 年美国 3D System 公司推出世界上第一台商品化快速原形制造设备 SLA－250。立体印刷成形工艺除了美国 3D System 公司的 SLA 系列成形机外，还有日本 CMET 公司的 SOUP 系列、D－MEC(JSR/Sony)公司的 SCS 系列和采用杜邦公司技术的 Teijin Seiki 公司的 Soliform。在欧洲有德国 EOS 公司的 STEREOS、Fockele & Schwarze 公司的 LMS 以及法国的 Laser 3D 公司的 Stereo Photo Lithography(SPL)。

我国从事 SLA 工艺研究的单位主要有西安交通大学、上海联泰科技有限公司等。西安交通大学在 SLA 工艺的成型技术、设备、材料等方面进行了大量的研究工作，推出了自行研制与开发的 SPS、LPS、CPS 三种机型。上海联泰科技有限公司开发的 SLA 设备主要有 RS－350H、RS－350S、RS－600H、RS－600S5 等机型。

2. 层合实体制造

层合实体制造(laminated object manufacturing，LOM)也称为叠层实体制造或分层实体制造等，是采用激光器和加热辊，按照 CAD/CAM 分层模型所获得的数据，采用激光束将单面涂有热熔胶的纸片、塑料带、金属带或其他材料的箔带切割成欲制样品的内外轮廓，再通过加热使刚刚切好的一层和下面已切割层粘结在一起。通过逐层反复的切割、粘合，最终叠加成整个原形。Michael Feygin 于 1985 年在美国加州托兰斯组建 Helisys 公司，1990 年 Helisys 公司开发了世界上第一台商业机型 LOM－1015。由于该工艺大多以纸为原料(故有些书籍上称之为纸片叠层法)，材料成本低，而且激光只需切割每一层片的轮廓，成形效率高，在制作较大原形件时有较大优势，因此近年来发展迅速。

类似于 LOM 工艺的快速原形制造工艺有日本 Kira 公司的 SC(Solid Center)、瑞典 Sparx 公司的 Sparx、新加坡 Kinergy 精技私人有限公司的 ZIPPY、清华大学的 SSM(Sliced Solid Manufacturing)、华中理工大学的 RPS(Rapid Prototyping System)等。

3. 选域激光烧结

选域激光烧结(selected laser sintering，SLS)也称为选择性激光烧结，是按照计算机输出的原形或零件的分层轮廓，采用激光束按指定路径上在选择区域内扫描并熔融工作台上很薄(100~200 μm)且均匀铺层的材料粉末。处于扫描区内的粉末颗粒被激光束熔融后，彼此连接在一起。当一层扫描完毕后，向上(或下)移动工作台，控制完成新的一层烧结。全部烧结完成后去掉多余的粉末，再进行打磨、烘干等处理便获得原形或零件。

选域激光烧结工艺方法由美国得克萨斯大学奥汀分校的 C. R. Dechard 于 1989 年研制成功。它利用粉末状材料(金属粉末或非金属粉末，目前主要有塑料粉、蜡粉、金属粉、表面附有粘接剂的覆膜陶瓷粉、覆膜金属粉及覆膜沙等)在激光照射下烧结的原理，在计算机控制下层层堆积成型。选域激光烧结工艺造型速度快，一般制品仅需 1~2 天即可完成。SLS 的原理与 SLA 十分相像，主要区别在于所使用的材料及其状态。SLA 使用液态光敏树脂，而 SLS

则使用各种粉末状材料。

研究 SLS 工艺的有美国的 DTM 公司、3D Systems 公司、德国的 EOS 公司以及我国的北京隆源自动成型系统有限公司和华中科技大学等。

4. 熔融沉积制模

熔融沉积制模(fused deposition modeling，FDM)又称为熔融沉积造型、熔化堆积法和熔融挤出成模等，是采用热熔喷头，使半流动状态的材料流体按 CAD/CAM 分层数据控制的路径挤压出来并在指定的位置沉积、凝固成形，逐层沉积、凝固后形成整个原形。

美国 Stratasys 公司于 1993 年开发出第一台 FDM1650 机型后，又先后推出了 FDM - 2000、FDM - 3000 和 FDM - 8000 机型。近年来，美国 3D Systems 公司在 FDM 技术的基础上开发了多喷头(Multi-Jet Manufacture，MJM)技术，即使用多个喷头同时造型，从而提高了造型速度。清华大学开发了与其工艺原理相近的熔融挤出成模 MEM 工艺及系列产品。

FDM 工艺不用激光器件，因此使用、维护简单，成本较低。用蜡成型的零件可以直接用于失蜡铸造。该技术已被广泛应用于汽车、机械、航空航天、家电、通信、电子、建筑、医学、玩具等产品的设计开发过程。

5. 其他技术

除了前面几种常用的快速原形制造技术外，还有许多其他技术已经实用化，下面简单介绍几种其他快速原形制造技术。

(1)三维喷涂粘接。三维喷涂粘接是一种不依赖于激光的成形技术，这种工艺使用粉末材料和粘接剂，按原形或零件分层截面轮廓，喷头在每一层铺好的材料粉末层上有选择地喷射粘接剂，喷过粘接剂的路径材料被粘接在一起，其他地方仍为松散粉末。层层粘接后就得到一个三维空间实体，去除粉末并进行后烧结就得到所要求的原形或零件，又称三维打印(Three-dimensional Printing，3DP)、多层打印(Multi-layer Printing)、陶瓷壳法(DSPC)。

(2)焊接成形技术。焊接成型技术是指用焊接设备及工艺方法，制成全由焊缝金属组成的零件，也称熔化成形、全焊缝金属零件制造技术。这种方法的本质，就是采用现有的各种成熟的焊接技术用逐层堆焊的方法制造零件，这种技术，起源于德国 Thyssen 公司。在焊接成形技术中，所采用的焊丝多是市场供应的实心焊丝或药心焊丝。然而，在焊接成形中为了降低大量消耗的焊丝的成本，特别是对于难以拉拔成形制造的焊丝材料，可以直接利用铸造的带状焊材，或用连铸连轧的方法制成的焊材。

(3)掩膜光刻。掩膜光刻(SGC)技术是立体印刷成形技术的扩展。它摒弃了立体印刷成形技术中以激光束直接在树脂液面扫描成形的方法，而是使激光束或 X 射线通过一个可编程的光掩膜，照射树脂成形。光掩膜上的图形是掩膜机在模型片层参数的控制下，利用电传照相技术在平板玻璃上调色或静电喷涂制成的原形零件截面图形。掩膜表面可透过激光或 X 射线。SGC 法采用 2000W 高能紫外激光器，成型速度快，可以省去支撑结构。

(4)数控加工。利用数控设备，通过材料去除法，实现从设计到原形或零件的快速制造过程。即先通过 CAD 中的三维实体建模设计原形或零件，然后直接输出为数控加工设备所接收的 G 代码(G - Code)，用数控设备加工出原形或零件来。这种方法适用于大批量、形状规则的原形或零件制造，但对于不规则外形并带内部复杂结构的原形或零件，加工起来就很困难，甚至不可能。此时，用数控加工机器人实现材料的高效率去除，同样可以实现快速原形或零件制造。

表 8.1　几种常用的快速原形制造技术的特点及常用材料

成 型 方 法	成形速度	原形精度	制　件	使 用 材 料
立体印刷成形	较快	较高	中、小件	热固性光敏树脂
层合实体制造	快	低	中、大件	纸、金属薄带、塑料膜
选域激光烧结	较慢	较低	中、小件	石蜡、塑料、金属、陶瓷粉末
熔融沉积造型	较慢	较低	中、小件	石蜡、塑料、低熔点金属

练习题

1. 什么是原形?
2. 原形产生的方法有哪几种?
3. 快速原形制造技术的基本原理是什么?
4. 原形的制造过程包括哪几个阶段?
5. STL 格式中如何表示物体表面信息?
6. 简述快速原形制造技术的一般步骤。
7. 快速原形制造过程包括哪几个工艺流程?
8. 按照工艺原理,快速原形制造技术主要可分为哪几类?

8.2　快速原形制造技术的工艺方法

8.2.1　立体印刷成形

1. 工艺原理

立体印刷成形工艺是基于液态光敏树脂的光聚合原理工作的。该技术以光敏树脂(如丙烯基树脂)为原料,这种液态材料在一定波长($\lambda = 325$ nm)和功率($P = 30$ mW)的紫外光照射下能迅速发生光聚合反应,相对分子质量急剧增大,材料就从液态转变成固态。在制造过程中,计算机控制下的紫外激光以预定原形各分层截面的轮廓为轨迹逐点扫描,使被扫描区的树脂固化后,向上(或下)移动工作台,在刚刚固化的树脂表面布放一层新的液态树脂,再进行新的一层扫描、固化。新固化的一层牢固地粘结在前一层上,多次重复直至整个原形制造完毕。其工艺原理如图 8.2 所示。

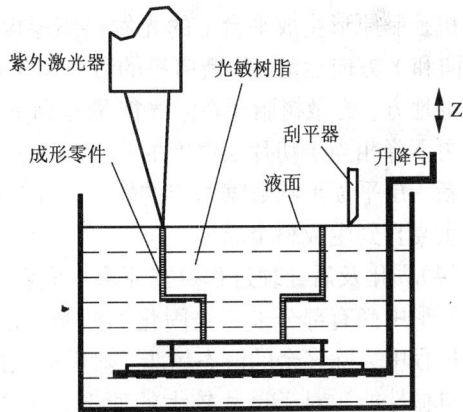

图 8.2　立体印刷成形的工艺原理

液槽中盛满液态光敏树脂,紫外激光束在偏转镜作用下,在液体表面上进行扫描,扫描的轨迹及激光的有无均按零件的各分层截面信息由计算机控制,光点扫描到的地方,液体就固化。成形开始时,工作平台在液面下一个确定的深度,聚焦后的光斑在液面上按计算机的指令逐点扫描,即逐点固化。当一层扫描完成后,未被照射的地方仍是液态树脂。然后升降台带动工作台沿 Z 轴下降一层的高度(约 0.1 mm)已成形的层面上又布满一层液态树脂,再进行下一层的扫描,新固化的一层牢固地粘在前一层上,如此重复直到整个零件制造完毕,得到一个三维实体原形。

2. 工艺过程

立体印刷成形工艺步骤包括模型设计、分层处理、原形制造和固化及后处理等。在实际操作中,无论哪一步发现问题,都应终止操作,返回上一步骤重新进行。具体工艺如下:

(1)模型设计。立体印刷成表工艺第一步是在三维 CAD 造型系统中完成原形设计。所构造的三维 CAD 图形既可以是实体模型,也可以是表面模型。

模型设计是应用三维 CAD 软件进行几何建模,并输出为 STL 格式文件。由于原形上往往有一些不规则的自由曲面,因此必须对其进行近似处理。常用的近似处理方法是:用一系列的小三角平面来逼近自由曲面。每一个小三角形由三个顶点和一个法矢量来表示,三角形的大小可以选择,从而得到不同的曲面近似精度,经过上述近似处理的三维模型文件称为 STL 文件。STL 文件记载了组成 STL 实体模型的所有三角形面。CAD 系统一般都有 STL 文件输出的数据接口,可以很方便地将 CAD 系统构造的三维模型转换成 STL 格式文件,并在屏幕上显示转换后的 STL 模型,是由一系列小三角形组成的三维模型。

(2)分层处理。当原形设计完成后,CAD 模型被转换成 STL 格式的文件传送到立体光照系统的数据处理计算机中。利用分层软件并选择参数,将模型分层,得到每一薄片层的平面图形及有关网格矢量数据,用以控制激光束的扫描轨迹。这一过程还包括切片层厚度的选择、建造模式、固化深度、网格间距、线宽补偿值和收缩补偿因子的选择。分层参数的选择对造型时间和模型精度影响较大。

(3)原形制造。建造三维实体是光敏树脂开始聚合(polymerization)、固化(curing)到一个原形完成的生成过程。将一个可以上下移动的平台置于容器内液态光敏树脂的液面下,通过计算机控制原形生成平台上的光敏树脂厚度(此厚度相当于切片层的厚度)。使激光束沿着 X 方向和 Y 方向运动,不断启停的激光束焦点有选择地扫描第一层光敏树脂。凡是激光焦点扫过的地方,光敏树脂便在激光能量作用下迅速固化,形成制件的底层并粘附在基底层上。平台再下降相当于切片层厚度的高度,液态光敏树脂迅速覆盖在刚刚固化的层片上,激光束按照新一层平面形状数据给定的轨迹,再扫描、固化第二层树脂,同时与第一层粘结在一起。依次重复直到生成整个原形。

(4)固化及后处理过程。当原形生成后,取出模型并进行清洗,然后进行检验和后处理。此时原形中尚有部分未完全固化的树脂,必须再用强紫外光照射,使之完全硬化(setting)。清洗过程中去除多余的液态树脂,然后放入后固化装置的转盘上进行完全固化,以满足所要求的机械性能。对于尺寸较大的原形,这是快速固化的有效手段。另外,原形是逐层硬化的,层与层之间不可避免会出现台阶,必须去除。在造型结束后,原形的支撑也必须除去并进行修整,有时还需进行修补、打磨、表面强化处理等,对要求较高的原形还需进行喷砂处理(blasting treatment)。

8.2.2　层合实体制造工艺

层合实体制造又称分层实体制造(slicing solid manufacturing, SSM)、叠层物体制造等。

这种工艺采用激光器按照 CAD 分层模型所获得的数据,用激光束将单面涂有热熔胶的薄层材料或其他材料的箔带切割成欲制原形在该平面内的内外轮廓,再通过加热辊加热,使刚刚切好的一层与下面已切割层粘结在一起。通过逐层切割、粘合,最后将不需要的材料剥离,得到要制造的原形。

层合实体制造工艺与立体印刷成形工艺的主要区别在于将立体印刷成形中的光敏树脂固化的扫描运动改变为激光切割薄膜运动。这种工艺使用低能 CO_2 激光器,成形的制件无内应力、无变形,因而精度高。层合实体制造中激光束只需按照分层信息提供的截面轮廓线逐层切割而无需对整个截面进行扫描,且不需要考虑支撑。所以这种方法比其他快速原形制造技术制作速度快、效率高、成本低。该技术常用的材料是纸、金属箔、塑料膜、陶瓷等。

层合实体制造工艺原理见图 8.3。首先将要制造产品的 CAD 模型输入到成形系统中,再用系统中的切片软件对模型进行切片处理,从而获得产品在高度上的一系列横截面轮廓线。由系统控制微机指令步进电机带动主动辊芯转动,使纸卷转动并在切割台面上移动预定距离。同时工作台上升到切割位置。之后热压装置中的热压辊滚动,对工作台上方的纸及涂于纸下表面的热熔胶加热、加压,使纸贴于基底上,激光切割头根据分层截面轮廓线切割纸。工作台连同被切出的轮廓层下降至一定高度

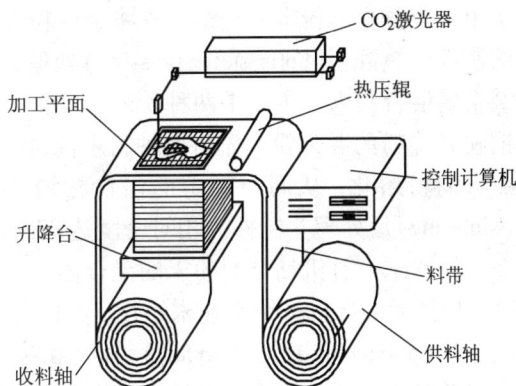

图 8.3　层合实体制造的工艺原理

后,再重复下一个工作循环,直至最后一层轮廓切割和层合。从工作台上取下被边框所包围的长方体,去除大部分由小网络构成的小立方块,得到三维原形制品。

8.2.3　选域激光烧结工艺

选域激光烧结,借助精确引导的激光束使材料粉末烧结或熔融后凝固形成三维原形或制件。成形机按照计算机输出的原形分层轮廓,采用激光束在指定的路径上有选择性的扫描并熔融工作台上很薄(100～200 μm)且均匀铺层的材料粉末。由分层图形所选择的扫描区内的粉末被激光束熔融并连接在一起,而未在扫描区域内的粉末仍然是松散的。当一层扫描完毕,向上(或下)移动工作台,控制完成新的一层烧结。全部烧结后去掉多余的粉末,再进行打磨、烘干等处理便获得原形或零件。

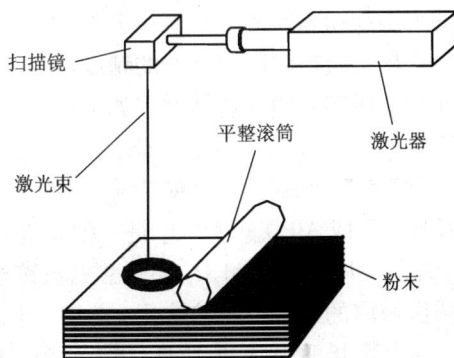

图 8.4　选域激光烧结成形的工艺原理

1. 工艺原理

选域激光烧结工艺原理见图 8.4。其工

艺过程是用红外线板将粉末材料加热至恰好低于烧结点的某一温度，然后用计算机控制激光束，按原形或零件的截面形状扫描平台上的粉末材料，使其受热熔化或烧结。然后平台下降一个层厚的高度，用热辊将粉末材料均匀地分布在前一个烧结层上，再用激光烧结。如此反复，逐层烧结成形。这种工艺与立体印刷成形基本相同，只是将立体印刷成形中的液态树脂换成在激光照射下可以烧结的粉末材料，并由一个温度控制单元优化的棍子铺平材料可以保证粉末的流动性，同时控制工作腔热量使粉末牢固粘结。

2. 工艺过程

选域激光烧结的原材料一般为粉末，可以用金属粉（metallic powder）、陶瓷粉（ceramic powder）和塑料粉等分别制出相应材料的原形或零件。

(1)金属粉末的烧结。当材料为金属粉末时，直接烧结成金属原形零件。烧结方法如下。

①单一成分金属粉末的烧结。先将金属粉预热到一定温度，再用激光束扫描、烧结。烧结好的制件经热静压（hotisostatic pressing）处理，可使零件的相对密度达到99.9%。

②金属混合粉末。主要是两种粉末，其中一种粉末熔点较低，另一种粉末熔点较高。例如青铜粉和镍粉的混合粉。先将两种粉末混合后预热到某一温度，再用激光束进行扫描，使低熔点青铜粉熔化，从而与难熔的镍粉粘结在一起。烧结好的制件再经液相烧结（liguid phese sintering）后处理。制件的相对密度达82%。

③金属粉末与有机粘结剂粉末的混合体。金属粉末与有机粘结剂粉末按一定比例均匀混合，激光扫描后使有机粘结剂粉末熔化，熔化的有机粘结剂将金属粉末粘结在一起，如铜粉和有机玻璃（polymethy kemetharylate）粉。烧结好的制件再经高温后续处理，一方面去除制件中的有机粘结剂，另一方面提高制件的受力强度和耐热强度，并提高制件内部组织和性能的均匀性。

(2)陶瓷粉末的烧结。陶瓷材料的烧结需要在材料中加入粘结剂。目前所用的纯陶瓷粉末原料主要有 Al_2O_3 和 SiC，而粘结剂有无机粘结剂、有机粘结剂和金属粘结剂等三种。例如，用于选域激光烧结的 Al_2O_3 陶瓷粉末有：Al_2O_3 陶瓷粉加无机粘结剂磷酸二氢铵粉；Al_2O_3 陶瓷粉加有机粘结剂甲基丙烯酸甲酯；Al_2O_3 陶瓷粉加金属粘结剂 Al 粉等。

可以用陶瓷粉末直接烧结铸造用壳型来生产各类铸件，甚至是复杂的零件。陶瓷粉末烧结的制件精度由激光烧结时的精度和后续处理精度决定。在激光烧结过程中，粉末烧结收缩率、烧结时间、强度、扫描点间距和扫描线行间距对陶瓷制件坯料的精度有很大影响。另外，光斑的大小和粉末粒的直径直接影响制件的精度和表面粗糙度。后续处理（焙烧）时产生的收缩和变形也会影响陶瓷制件的精度。

几种常用陶瓷粉末烧结过程如下：

①磷酸二氢铵助 Al_2O_3 的烧结。常温下磷酸二氢铵是固态粉末晶体，熔点为190℃，Al_2O_3 的熔点为2050℃。磷酸二氢铵在熔点以上温度时会发生分解，分解出的 P_2O_5 和 Al_2O_3 发生反应，生成 $AlPO_4$。$AlPO_4$ 是一种无机粘结剂，可用于粘结 Al_2O_3 陶瓷。采用磷酸二氢铵助 Al_2O_3 烧结时，先将 Al_2O_3 和磷酸二氢铵按一定比例混合均匀，再控制好激光参数，使激光束扫描区域内的磷酸二氢铵熔化、分解，生成 $AlPO_4$，并粘结 Al_2O_3 粉末。

②甲基丙烯酸甲脂助 Al_2O_3 烧结。将 Al_2O_3 粉末和有机粘结剂甲基丙烯酸甲脂粉末按一定比例均匀混合，控制好激光参数，使激光束扫描到的区域内的甲基丙烯酸甲脂熔化，将 Al_2O_3 粉末粘结在一起。然后，对激光烧结的制件进行后续处理除去甲基丙烯酸甲脂。

③金属粘结剂铝助 Al_2O_3 的烧结。将 Al_2O_3 粉末和金属粘结剂铝粉末按某一比例均匀混合。控制好激光参数，使激光束扫描到的区域内的金属粘结剂铝粉末熔化，熔化的铝粉将 Al_2O_3 粘结在一起。也有一部分金属铝在激光烧结过程中氧化成 Al_2O_3，同时释放出大量的热量，促进 Al_2O_3 熔融、粘结。

（3）塑料粉末的烧结

塑料粉末的烧结均为直接激光烧结，烧结好的制件一般不必进行后续处理。采用一次烧结成形，将粉末预热至稍低于熔点，然后控制激光束来加热粉末，使其达到烧结温度，从而将粉末材料烧结在一起，其他步骤和陶瓷粉末的烧结相同。

8.2.4　熔融沉积成形（FDM）工艺

1. 工艺原理

图 8.5 为熔融沉积成形工艺原理，利用热塑性材料（如塑料、尼龙、蜡等）的热熔性、粘结性，采用热熔喷头，使流动状态的材料在计算机控制下挤出来并在指定的位置凝固成形，逐层堆积形成整体原形。

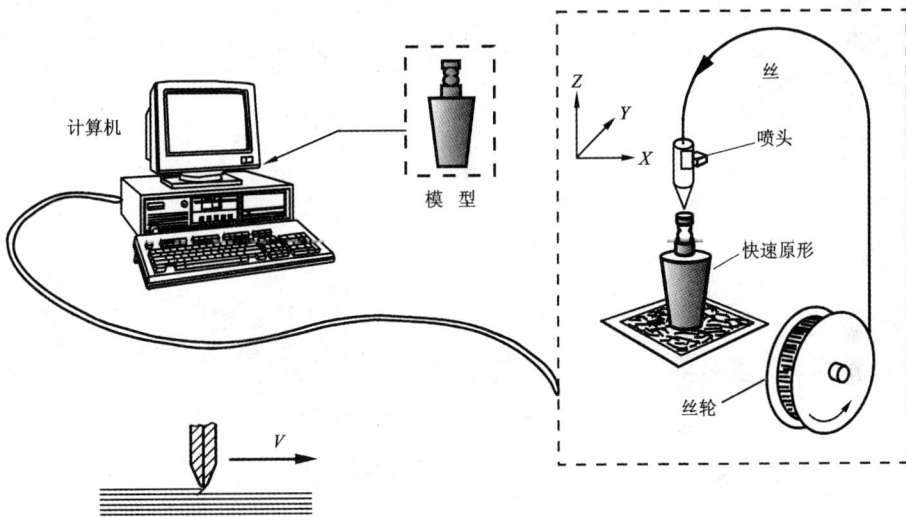

图 8.5　熔融沉积成形的工作原理

2. 工艺过程

熔融沉积成形的工艺过程是先将材料抽成丝状，通过送丝机构送进喷头，在喷头内被加热熔化，喷头沿零件截面轮廓和填充轨迹运动，同时将熔化的材料挤出，材料迅速固化，并与周围的材料粘结，层层堆积成形。

练 习 题

1. 常用的快速原形制造技术的工艺方法有哪些？
2. 层合实体制造工艺与立体印刷成形工艺的主要区别是什么？
3. 试比较几种常用的快速原形制造工艺的优缺点。

第三篇
切削加工工艺

9　机械加工
10　钳　工

9 机械加工

9.1 机械加工基础知识

9.1.1 切削加工与机械加工

材料的切削加工(cutting)是利用切削刀具从工件上切除多余材料，获得尺寸、形状、位置和表面粗糙度等都符合图纸要求的机械零件。切削加工分机械加工和钳工两大类。

机械加工(machining)是利用机械力对工件进行切削加工，主要用于制造机械零件。常见的机械加工有车削、钻削、镗削、刨削、铣削和磨削等。

钳工一般是通过工人手持工具进行切削加工，其主要工作有锯切、锉削、攻丝、套扣、刮削和研磨等。工件的划线和机器的装配也属钳工范围。

9.1.2 机械加工质量

为了保证机器装配后的精度要求，保证各零件之间的配合关系和互换性要求，设计时应提出加工质量的要求。加工质量用尺寸精度、形状精度、位置精度和表面粗糙度来衡量。

1. 尺寸精度

零件的尺寸要加工得绝对准确是不可能的，也是不必要的。所以，在保证零件使用要求的情况下，总是要给予一定的加工误差范围，这个规定的误差范围就叫公差。尺寸精度(size precision)的高低用公差等级表示。为了满足对尺寸精度不同的要求，国家标准规定了20个公差等级，即IT01、1TO、IT1～ITl8，其精度依次降低，如：IT01最高，ITl8最低。其中IT5～ITl3为常用配合尺寸的公差等级。

2. 形状精度

形状精度(form precision)是指零件上实际要素(线或面)的形状与其理想形状相符合的程度。形状精度用形状公差来衡量。为了保证不同表面的形状精度要求，国家标准规定了六项形状公差。其名称和符号见表9.1。

表9.1 形状公差的项目及符号

项　目	直线度	平面度	圆　度	圆柱度	线轮廓度	面轮廓度
符　号	—	▱	○	⌭	⌒	⌓

形状公差在图纸上采用代号标注。代号由框格和带箭头的指引线构成。箭头引向有形状公差要求的几何要素。框格分成二格,前一格标注项目符号,后一格填写公差数值。图9.1表示上平面的平面度公差为0.02 mm,即零件加工后,其上平面的平面度误差不得大于0.02 mm。

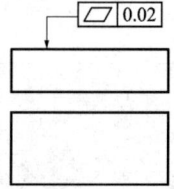

图9.1　平面度

3. 位置精度

位置精度(position precision)是指零件上实际要素(点、线、面)相对于基准之间位置的准确度。位置精度由位置公差来衡量。为了满足零件不同位置精度的要求,国家标准规定了八项位置公差。其名称和符号见表9.2。

位置公差在图样上也采用代号标注。但框格应分成三格、四格或五格,从第三格起用于填写基准字母。同时在基准要素处标注基准代号。图9.2表示上平面对底面(基准A)的平行度公差为0.05 mm。图9.3表示 ϕd 轴线对公共基准轴线 A—B 的同轴度公差为0.1 mm。

表9.2　位置公差的项目及符号

项　目	平行度	垂直度	倾斜度	同轴度	对称度	位置度	圆跳动	全跳动
符号	//	⊥	∠	◎	=	⊕	↗	⨋

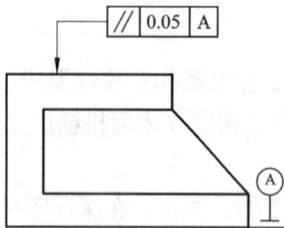

图9.2　平行度

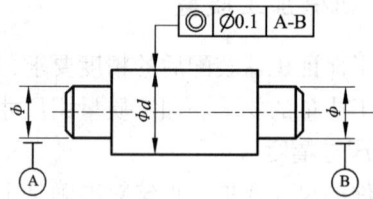

图9.3　同轴度

4. 表面粗糙度

零件在切削加工中,由于刀痕、塑性变形、振动和摩擦等原因,会使已加工表面产生微小的峰谷。这些微小峰谷的高低程度和间距状况称为表面粗糙度(roughness of surface)。表面粗糙度直接影响零件的疲劳强度、耐磨性、抗腐蚀性和配合特性等。设计时,应根据零件表面的功用提出合适的表面粗糙度要求。

机械加工中常用于评定表面粗糙度的指标是轮廓算术平均偏差 Ra。轮廓算术平均偏差 Ra 是在取样长度 l 内,被测轮廓上各点至中线的偏距绝对值的算术平均值(图9.4)。

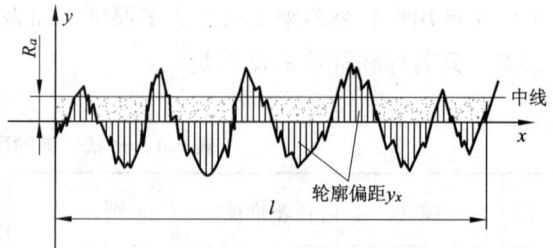

图9.4　轮廓算术平均偏差 Ra

$$Ra = \frac{1}{l}\int_0^l \mid y(x) \mid \mathrm{d}x \quad (\mu m)$$

机械加工中,一般能达到的表面粗糙度 Ra 值及其表面特征见表9.3。

表 9.3 常见加工方法的 Ra 值及表面特征

加工方法		$Ra(\mu m)$	表面特征
粗车、粗镗、 粗铣、粗刨、 钻孔		50	可见明显刀痕
		25	可见刀痕
		12.5	微见刀痕
精铣 精刨	半精车	6.3	可见加工痕迹
		3.2	微见加工痕迹
	精车	1.6	看不清加工痕迹
粗磨		0.8	可辩加工痕迹方向
精磨		0.4	微辩加工痕迹方向
精密加工		0.1~0.012	按表面光泽辨识

轮廓算术平均偏差 Ra 值的标注方式:例如 $\overset{3.2}{\bigvee}$ 表示用去除材料方法获得的表面,Ra 的最大允许值为 3.2 μm。

9.1.3 切削运动与切削用量

1. 切削运动

各种机器零件的表面均可看成是由外圆面、内圆面(孔)、平面及成形面等基本表面组成的。这些表面可以用一定的运动组合来形成。因此,要完成零件表面的切削加工,刀具和工件应具备形成表面的基本运动,即切削运动。常见机械加工方法的切削运动如图9.5所示。由图可见,不同切削运动的组合形成了不同的加工方式,也决定着该种加工方式的基本加工表面。切削运动分为主运动和进给运动两类。

(1)主运动(primary motion) 切下切屑最基本的运动(图9.5中 v)。其特点是速度最高、消耗功率最多。通常每种切削加工只具有一个主运动,如车削时工件的旋转运动,磨削外圆时砂轮的旋转运动等。

(2)进给运动(feed motion) 使金属层不断投入切削,以配合主运动形成完整表面的运动(图9.5中的 f)。其特点是速度较低、消耗功率较少。根据表面形成的需要,进给运动可以是一个或多个。如车削时车刀的纵向与横向移动,磨削外圆时砂轮的横向移动、工件的旋转运动和纵向进给的往复运动(纵磨法)等。

2. 切削用量

在图9.6中,工件在切削过程中形成了三个不断变化的表面。即经过切削的已加工表面(machined surface),正在被切削的过渡表面(transient surface)和将被切除的待加工表面(work surface)。

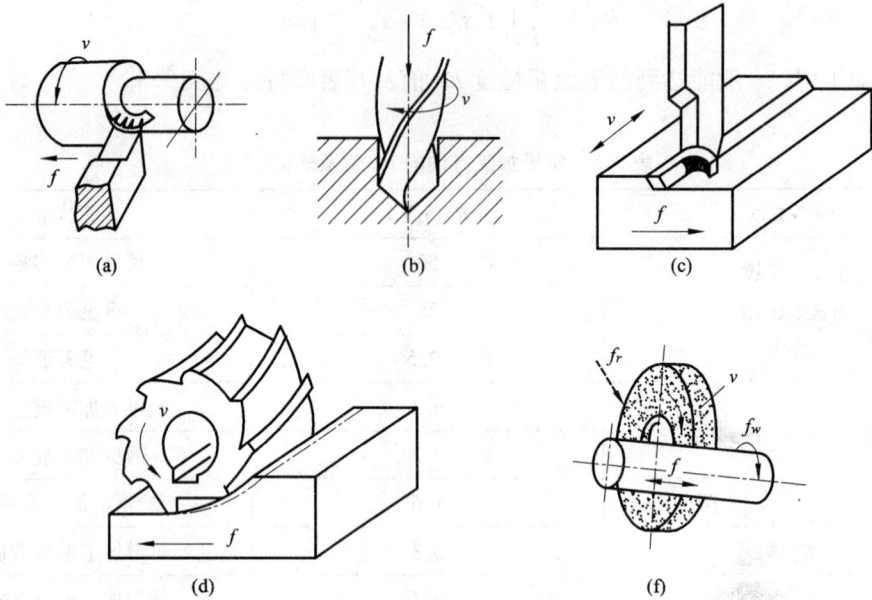

图9.5　常见切削加工方法的切削运动

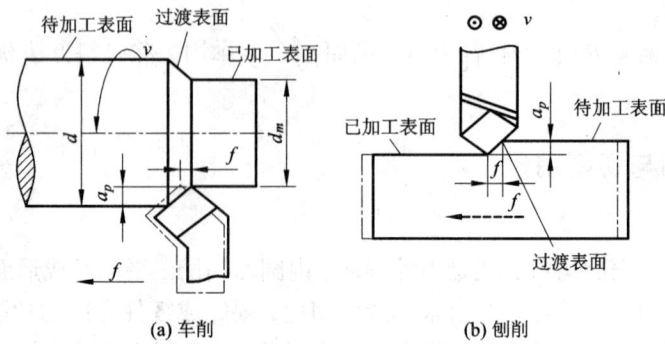

图9.6　切削用量

　　切削用量包括切削速度 v、进给量 f 和背吃刀量 a_p 三个量值。这些量值分别表示切削时各运动参数的量值。车削和刨削的切削用量见图9.6。

　　（1）切削速度（cutting speed）v　刀具切削刃选定点相对于加工件的主运动的瞬时速度。单位为 m/s。

　　当主运动为旋转运动时，其计算式为：

$$v = \frac{\pi dn}{1000 \times 60} \quad (\text{m/s})$$

式中：d——工件待加工表面直径或刀具的最大直径（mm）；

　　　　n——工件或刀具每分钟转速（r/min）。

　　当主运动为往复直线运动时，其计算式为：

$$v = \frac{2Ln_r}{1000 \times 60} \quad (\text{m/s})$$

式中：L——往复运动的行程长度（mm）；

　　n_r——主运动每分钟的往复次数（str/min）。

（2）进给量（feed）f　在主运动的一个循环内，刀具沿进给方向相对于工件的位移量。例如，车削时为工件每转一转刀具沿进给方向的移动量，单位为 mm/r；在牛头刨床上刨削时为刀具每往复一次，工件在进给方向的移动量，单位为 mm/str。

（3）背吃刀量（back engagement of the cutting edge）a_p　一般指工件已加工表面和待加工表面间的垂直距离，单位为 mm。车外圆时，背吃刀量 a_p 计算式为：

$$a_p = \frac{d - d_m}{2}$$

式中：d、d_m——分别为待加工表面和已加工表面的直径（mm）。

在切削加工中，切削用量对于加工质量、效率和加工成本有重要的影响，应根据加工要求正确地选择。

9.1.4　切削刀具与材料的切削加工性

刀具（tool）是切削加工中的重要工具，也是切削加工中影响生产率、加工质量和成本的最活跃的因素。刀具由切削部分和刀体两部分组成。前者用来直接参加切削工作，后者用来将刀具正确夹持在机床上。刀具切削性能的优劣主要决定于切削部分的材料和几何形状。

1．刀具材料

（1）刀具材料必须具备的性能

金属切削过程中，刀具是在较大的切削抗力、高的切削温度以及剧烈的摩擦条件下工作的。同时，在切削余量不均或断续表面时，刀具会受到很大的冲击和振动。因此，刀具材料必须具备下列基本性能：

①高硬度　硬度必须高于工件材料的硬度。通常，硬度应在 HRC60 以上；

②足够的强度和韧性　以承受切削力和冲击；

③高耐磨性　以承受切削过程中的摩擦，减小磨损，提高刀具耐用度；

④高的热硬性　是指在高温下保持高硬度的性能。热硬性愈高，刀具允许的切削速度愈高，它是衡量刀具材料性能的主要指标。

⑤良好的工艺性与经济性　例如，应有良好的热处理工艺性、可磨削加工性以及价格低廉等。

（2）常用刀具材料

常用刀具材料有碳素工具钢、合金工具钢、高速钢、硬质合金及陶瓷材料等。它们的主要性能和用途列于表 9.4。其中碳素工具钢和合金工具钢的热硬性较差，主要用于制造手工工具和低速刀具。机械制造中应用最广的是高速钢和硬质合金。

高速钢是一种含有较多钨（W）、铬（Cr）、钒（V）等合金元素的工具钢。其综合性能较好，热硬性达 600～700℃，允许的切削速度为 0.5～0.83 m/s。常用高速钢牌号有 W18Cr4V 和 W6Mo5Cr4V2。

硬质合金是由高热硬性的金属碳化物（WC、TiC 等）和粘结剂（Co、Mo、Ni 等）用粉末冶金（powder metallurgy）方法制成的。它具有很高的热硬性，允许切削速度为高速钢的数倍。但硬质合金抗弯强度较低，承受冲击能力差，刀口不如高速钢锋利。

表9.4　各类刀具材料主要性能及用途

种类	硬度 HRC（HRA）	抗弯强度 σ_{bb}（GPa）	热硬性（℃）	工艺性能	用　途
碳素工具钢	60～65（81.2～84）	2.16	200～250	可冷热加工成形，刃磨性能好	用于手动工具，如锯条，锉刀等
合金工具钢	60～65（81.2～84）	2.35	300～400	可冷热加工成形，热处理变形小，刃磨性能好	用于低速成形刀具，如丝锥、板牙、铰刀等
高速钢	63～70（83～86.6）	1.96～4.41	600～700	同上	用于中速及形状较复杂的刀具，如钻头、铣刀、齿轮刀具等
硬质合金	74～82（89～93）	1.08～2.16	800～1000	压制烧结成形，多镶片使用，性较脆	车刀、刨刀、铣刀等，可用于高速切削
陶瓷材料	（91～95）	0.44～0.88	1100～1200	同上	车刀，适用于连续切削的精加工

常用于切削加工的硬质合金有两类：一类是由 WC 和 Co 组成的钨钴类（YG）；另一类是由 WC、TiC 和 Co 组成的钨钛钴类（YT）。

硬质合金一般都是制成各种形状的小刀片，用焊接或机械夹紧的方法安装在刀体的切削部位上，刀体则由普通碳素结构钢制造。近年来，为了适应自动机床、数控机床和自动线的需要，发展了一种机夹可转位刀。图9.7所示为可转位刀片式车刀，它是将压制有一定几何形状的多边形刀片，用机械夹固的方法，装夹在标准刀杆上。使用时刀片的一个切削刃磨钝后，只需将夹紧机构（图中的螺钉—楔块）松开，将刀片转位，换成另一个新的切削刃便又可切削，大大节省了辅助时间，有较好的经济效益，是当前刀具的发展方向。

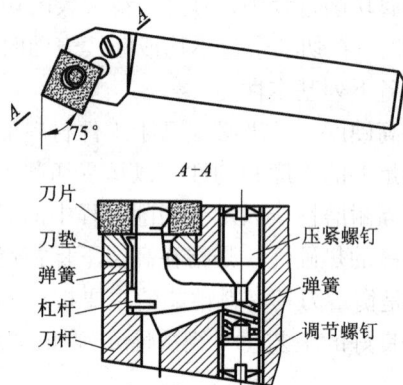

图9.7　杠杆式可转位车刀

新的刀具材料不断被采用，如陶瓷材料、人造金刚石和立方氮化硼等，它们的硬度及耐磨性都比上述各种材料高，分别适用于高硬度金属材料（如淬火钢、冷硬铸铁等）的精加工，高强度和高温合金的精加工、半精加工，以及有色金属的低粗糙度加工等。但这些刀具材料脆性较大，抗弯强度低，且成本通常较高，故目前在一般场合不多使用。

2. 车刀的几何形状

在切削加工中，不同的切削机床使用不同的刀具，各种刀具有不同的几何形状。其中车刀是最基本的一种刀具，而其他刀具皆可视为由车刀演变而成。如钻头可视为由两把车刀组成；铣刀的每个刀齿可看成是一把车刀，它们在几何形状上有许多共同点。因此，正确理解车刀的几何形状，是认识其他刀具的基础。

（1）车刀切削部分的构成

车刀的切削部分一般由三面二刃一尖组成（见图9.8）。

前刀面（face）A_r——切屑流出时经过的刀面；

后刀面（major flank）A_a——与过渡表面相对的刀面；

副后刀面（minor flank）A_a'——与已加工表面相对的刀面。

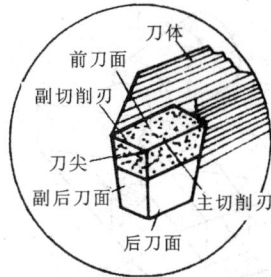

图 9.8　车刀切削部分的构成

主切削刃（tool major cutting edge）S——前刀面与后刀面相交的部位，它担任主要切削工作。

副切削刃（tool minor cutting edge）S'——前刀面与副后刀面相交的部位，它协同主切削刃完成金属的切除工作，以最终形成工件的已加工表面。

刀尖（corner）——主、副切削刃连接处的一小段切削刃。它可以是直线段或圆弧。

（2）车刀的标注角度

车刀的标注角度是确定切削部分几何形状与切削性能的重要参数，它是由刀面、切削刃与参考系坐标平面间的夹角构成的。在确定标注角度时多采用正交平面参考系。

①正交平面参考系　如图9.9所示，正交平面参考系由以下三个平面组成：

①基面（tool reference plane）P_y——通过切削刃上选定点，垂直于该点切削速度的平面。对车刀，为平行于底平面的平面。基面是刀具制造、刃磨和测量时的基准面。

②切削平面（tool major cutting plane）P_S——通过切削刃上选定点，与切削刃相切，且垂直于基面的平面。

③正交平面（tool orthogonal plane）P_0——通过切削刃上选定点，并垂直于基面和切削平面的平面。

车刀的主要角度　影响车刀切削性能的主要标注角度有下述五个（图9.10）

④前角（tool orthogonal rake）r_o—— 在正交平面中测量的前刀面与基面间的夹角。前角可以是正值、负值或零。其正、负值规定如下：在正交平面中，前刀面与切削平面的夹角小于90°时为正，大于90°时为负。前刀面与基面平行时，前角为零。

前角的作用是使刀刃锋利，便于切削。因此它对刀具的切削性能影响很大。较大的前角使切屑变形减小，从而减小切削力，降低切削温度，减小刀具的磨损。但前角过大，将导致切削刃强度降低，导热体积减小，易磨损，甚至崩口，反而降低刀具的耐用度。

前角的大小与工件材料、刀具材料和加工要求有关。工件材料的强度、硬度愈高，前角应愈小，当加工特硬材料（如淬火钢）时甚至取负前角。加工塑性材料时，切屑多呈带状，切削力集中在离刀刃较远的部位上，刀刃不易崩坏，可取较大的前角；加工脆性材料时，切屑成碎片状，使刀刃附近集中一个冲击力，容易使刀刃崩坏，应取较小的前角。刀具材料不同，加工同样工件采用的前角也不同。硬质合金性脆，韧性和抗弯强度比高速钢低，故应取较小的前角。硬质合金车刀的前角一般取 $-5° \sim +25°$。加工要求也影响前角的大小，粗加工时，金属切除量大，刀具承受较大的切削力，前角应小些，以提高刀刃的强度；精加工时，应取较大的前角，以使刀刃锋利。

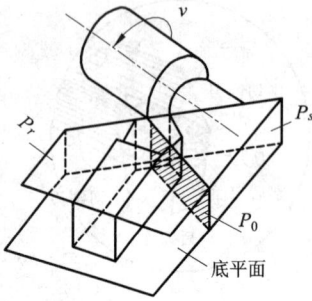

图 9.9　正交平面参考坐标系

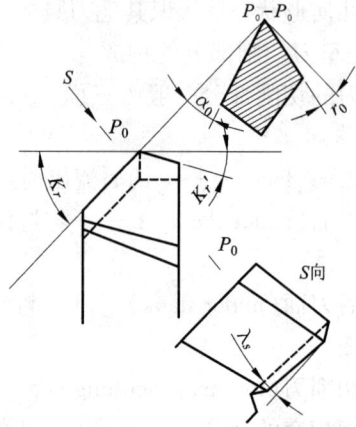

图 9.10　车刀的主要角度

后角(tool orthogonal clearance)α_0——在正交平面中测量的后刀面与切削平面间的夹角。后角的主要功用是减小后刀面与工件之间的摩擦,同时影响刀头的强度,一般在 3°~12°之间选取。粗加工时,为保证刀头的强度,取较小值;精加工时,切削厚度小,切削力小,为减轻刀具磨损并有锋利的刀刃,取较大值。

主偏角(tool cutting edge angle)K_r——在基面中测量的主切削刃投影与进给方向间的夹角。主偏角大小主要影响刀具的耐用度和切削力的分配。如图 9.11(a)所示,在背吃刀量(a_p)和进给量(f)一定的条件下,减小主偏角可增加切削刃参加切削的长度,使切削层变得宽而薄,减小切削刃单位长度上的负荷,改善散热条件、有利于提高刀具耐用度。但主偏角减小会使刀具作用于工件上的径向力 F_y 增大,使工件弹性变形增加,振动加剧,不利于提高加工精度和降低表面粗糙度[图 9.11(b)]。

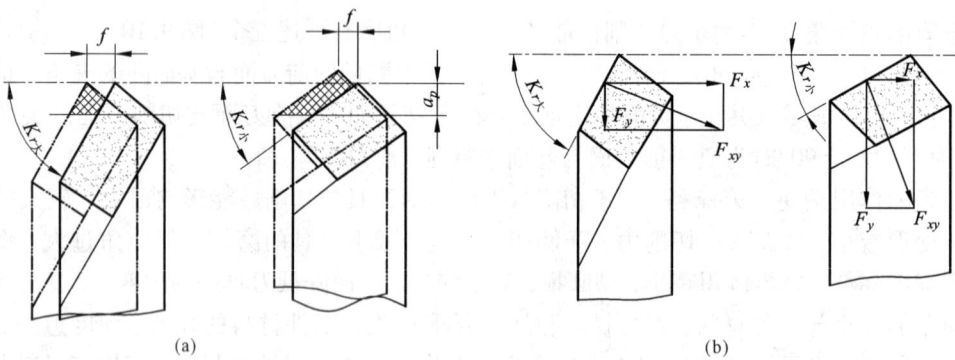

图 9.11　主偏角的影响

车刀主偏角一般在 45°~90°之间选取。工件刚度好时,取小值,以提高刀具耐用度;刚度差时,取大值,以减小径向力。单件小批生产时,希望能用一二把车刀加工出所有表面,此时常采用 45°车刀和 90°偏刀。

副偏角(tool minor cutting edge angle)K_r'——在基面中测量的副切削刃投影与进给反方向

之间的夹角。副偏角的主要作用是减少副切削刃与已加工面的摩擦，同时控制残留面积的大小，以降低表面粗糙度。如图9.12所示，在同样背吃刀量、进给量和主偏角的情况下，减小副偏角，可以减小车削后的残留面积，降低表面粗糙度。副偏角一般取5°~15°。粗加工时，取较大值；精加工时，取较小值。

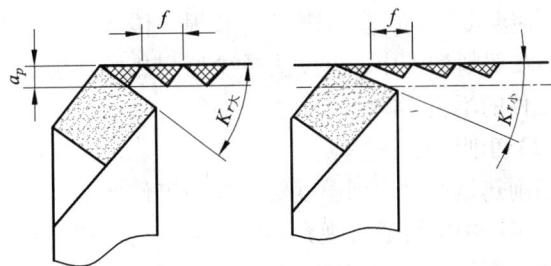

图9.12 副偏角对表面粗糙度的影响

刃倾角 λ_s——主切削刃与基面间的夹角。它可以是正值、负值或零。当刀尖处于切削刃上最高点时为正；处于最低点时为负；切削刃平行于基面时为零(图9.13)。

刃倾角主要影响切屑流向和刀头强度。当刃倾角为正时，切屑流向待加工表面，但刀尖易受冲击，刀头强度较低；刃倾角为负值时，切屑流向已加工表面，但可使远离刀尖的切削刃先接触工件，有利于提高刀头的强度。

刃倾角一般在 -5°~ +10°之间选取。粗加工时，为

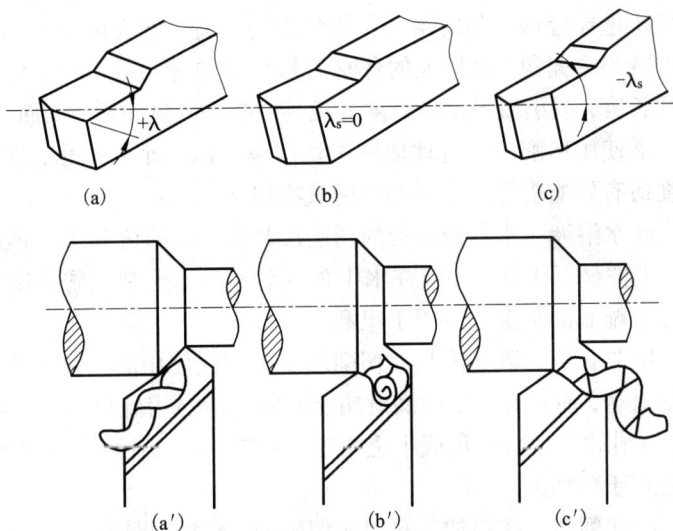

图9.13 刃倾角对切屑流向的影响

了增强刀头强度，常取负值；精加工时，为了避免切屑划伤已加工表面，通常取正值。

应该注意到，刀具各个角度是相互关联的，而不是孤立的。因此，刀具几何角度的选择，应根据具体加工条件综合分析考虑，以充分发挥刀具的切削性能。

3. 切削热

(1)切削热的产生、传出及其影响

切削热是切削过程中由于被切削材料层的变形、分离以及刀具与被切削材料间的摩擦而产生的热量。切削热的主要来源有：

①弹、塑性变形产生的热；
②切屑与前刀面摩擦形成的热；
③工件与后刀面摩擦形成的热。

切削热产生以后，由切屑、工件、刀具及周围介质传出，各部分热的多少不相同，有人曾经用高速钢车刀切钢件时，测量出切削热的传出比例，其中约有50%~86%的切削热由切屑带走；40%~10%传入车刀；9%~3%传入工件；1%左右的热传入空气。

传入切屑和空气中的热对加工无直接影响。传入刀具的热虽不多，但由于刀头部分的体

积小，使温度较高，会加剧刀具磨损。传入工件的热，可使工件变形，从而增加加工误差。因此，在切削加工中，应设法减少切削热的产生，或改善散热条件，以尽量减小切削热对刀具和工件的不良影响。

（2）切削温度

切削热是通过切削温度对刀具与工件产生作用的。切削温度是指切削过程中切削区域的温度。生产中常可通过观察切屑的颜色估计切削温度的高低。切屑碳钢时，银白色或淡黄色的切屑温度约 $300 \sim 400℃$；紫色的切屑温度约为 $500 \sim 600℃$。

（3）降低切削温度的措施

为了减少切削温度对切削加工的影响，切削加工过程中通常从两个方面采取措施来降低切削温度：一是尽量减少切削热的产生；二是改善散热条件。

①选择合理的几何角度和切削用量　适当增大前角 γ_0 以减少切削变形，减少切削热的产生。减小主偏角，选用大的背吃刀量和小的进给量，使在切削面积相同的条件下增加刀刃的切削长度，减小刀刃单位长度的负荷，增加散热面积，从而达到降温的效果。

②使用切削液　合理地使用切削液可以减小摩擦热，显著改善散热条件，这是降低切削温度最有效的措施。常用的切削液有以下三类：

a. 水溶液　水是最廉价的切削冷却液，水的比热大，导热性能好，但水对金属有腐蚀作用，工件易于生锈，故应在水中加入防锈剂，配制成防锈冷却水溶液，例如在水中加入适量的苏打配制的水溶液可用于粗磨。

b. 乳化液　乳化液是在切削加工中广泛使用的一种切削液，乳化液的流动性能好，冷却作用显著，而且有一定的润滑功能。乳化液是用乳化油加水配制而成的，加水量可达 $70\% \sim 98\%$，乳化液呈乳白色或半透明色，低浓度的乳化液主要用于粗加工和磨削，高浓度的乳化液适宜于精加工。

c. 切削油　矿物油是常用的切削油，矿物油具有良好的润滑性能，能有效地降低表面粗糙度，但矿物油的比热小，流动性较差，一般用于精加工和成形面的加工。常用的矿物油为机油、轻质柴油以及煤油。

切削液是降低切削温度、减少刀具磨损以及减小工件加工应力的有效措施，但在切削加工中是否使用切削液，要根据工件材料、加工方法和刀具材料等因素来确定，以下两种情况一般不使用切削液：第一，铸铁件切削时不用切削液。因为铸铁本身含有大量的石墨，能起润滑作用。同时，使用切削液会将崩碎切屑冲入导轨，增加磨损，对机床的清理和维护都不利；第二，采用硬质合金刀具时，不使用切削液，因为它能耐较高的温度，如使用时，则必须大量连续地注射，以免造成硬质合金忽冷忽热，产生裂纹而致刀具破裂。

4. 材料的切削加工性

材料切削加工的难易程度称为切削加工性。加工某一种材料时，若刀具耐用度高，工件表面质量易保证，断屑问题容易解决，则表明该材料的切削加工性好。

材料的切削加工性与材料的力学性能密切相关。一般地说，材料的强度、硬度愈高，切削力愈大，切削温度愈高，刀具易磨损，故切削加工性差。塑性和韧性愈大的材料，切削时变形和摩擦大，切削力也愈大，刀具容易磨损，断屑困难，切削加工性也不好。例如，高碳钢的强度和硬度较高，低碳钢的塑性和韧性大，切削加工性都不好。中碳钢的强度、硬度、塑性适中，故切削加工性较好。灰口铸铁，因其强度、硬度较低，性质较脆，同时石墨还有一定的润滑作用,所以灰口铸铁的切削加工性较好。

生产中为了提高切削效率和减少刀具磨损,在材料切削之前采用热处理方法来改善材料的切削加工性。例如。对高碳钢进行球化退火,降低其硬度,从而改善其切削加工性。对低碳钢可通过正火,提高其硬度来改善切削加工性。

9.1.5 量具(material measure)

加工出的零件是否符合图纸要求(包括尺寸精度、形状精度、位置精度和表面粗糙度),就要用相应的测量工具进行测量。这些测量工具简称量具。由于零件有各种不同形状,它们的精度也不一样,因此我们就要用不同的量具去测量。量具的种类很多,本节仅介绍几种常用量具。

1. 卡钳

卡钳是一种间接量具。使用时必须与钢尺或其他刻线量具合用。

图 9.14 是用外卡钳测量轴径的方法。图 9.15 是用内卡钳测量孔径的方法。

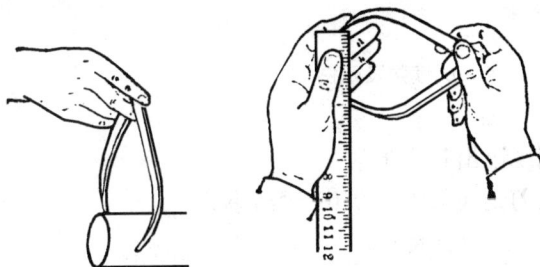

图 9.14　用外卡钳测量的方法　　　　图 9.15　用内卡钳测量的方法

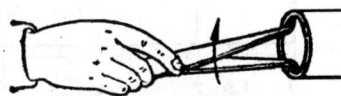

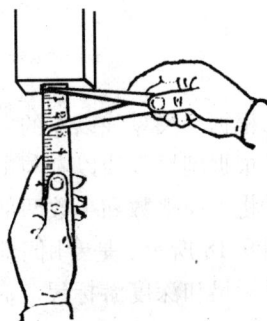

2. 游标卡尺

游标卡尺(见图 9.16)是一种比较精密的量具,它可以直接量出工件的内径、外径、宽度、深度等。按照读数的准确度,游标卡尺(vernier callipers)可分为 1/10、1/20 和 1/50 三种,它们的读数准确度分别是 0.1 mm、0.05 mm 和 0.02 mm。游标卡尺的测量范围有 0 ~ 125、0 ~ 200、0 ~ 300 mm 等数种规格。测量大件时,还有更大测量范围的游标卡尺。

图 9.17 是以 1/50 的游标卡尺为例,说明它的刻线原理和读数方法。

刻线原理:当主副两尺的卡脚贴合时,副尺(游标)上的零线对准主尺的零线[见图 9.17 (a)],主尺每一小格为 1 mm,取主尺 49 mm 长度在副尺上等分为 50 格,即主尺上 49 mm 刚好等于副尺上 50 格。

副尺每格长度 = $\frac{49}{50}$ mm = 0.98 mm。主尺与副尺每格之差 = 1 mm - 0.98 mm = 0.02 mm。

读数方法可分三个步骤[见图 9.17(b)]:

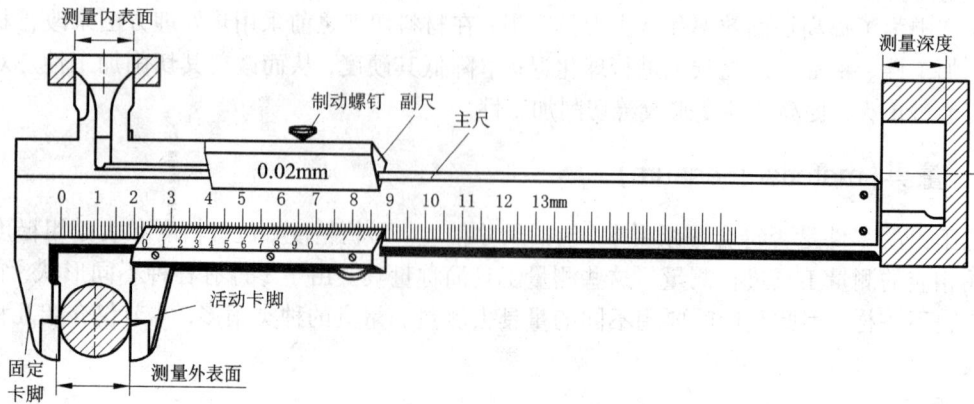

图 9.16　游标卡尺

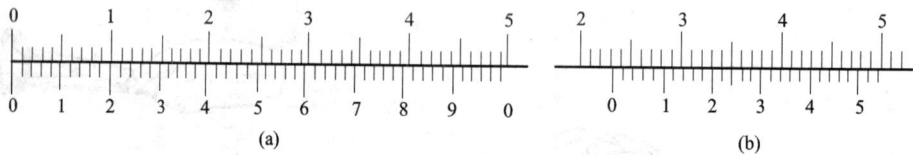

(a)　　　　　　　　　　　　　　　　　　(b)

图 9.17　1/50 游标卡尺的读数及示例

①根据副尺零线以左的主尺上的最近刻度读出整毫米数；

②根据副尺零线以右与主尺上刻线对准的刻线数乘上 0.02 读出小数；

③将上面整数和小数两部分尺寸加起来，即为总尺寸。

图 9.18 所示，是专用于测量高度和深度的高度游标尺和深度游标尺。高度游标尺除用来测量工件的高度外，还可用来作精密划线用。

用游标卡尺测量工件时，应使卡脚逐渐与工件表面靠近，最后达到轻微接触。还要注意游标卡尺必须放正，切忌歪斜，以免测量不准。

使用游标卡尺还应注意以下几点：

（1）校对零点。先擦净卡脚，然后将两卡脚贴合，检查主、副尺零线是否重合。若不重合，则在测量后应根据原始误差修正读数。

（2）测量时，卡脚不得用力紧压工件，以免卡脚变形或磨损，降低测量的准确度。

（3）游标卡尺用于测量加工过的光滑表面。表面粗糙的工件和正在运动的工件都不宜用它测量，以免卡脚过快磨损。

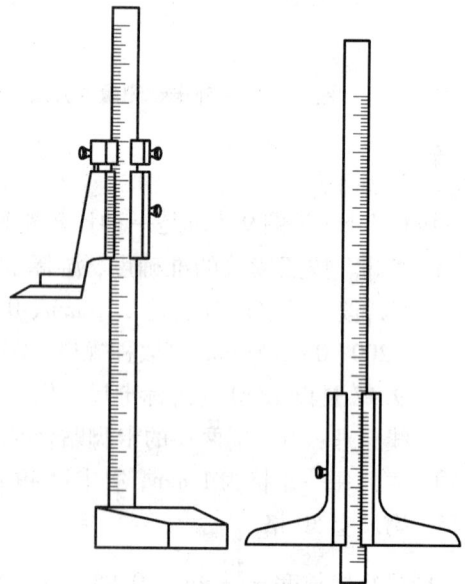

图 9.18　高度、深度游标尺

3. 百分尺

百分尺(micrometer screw gauge)也可称为千分尺，百分尺是比游标卡尺更为精确的测量工具，其测量准确度为 0.01 mm。有外径百分尺、内径百分尺和深度百分尺几种。外径百分尺按它的测量范围有 O ~ 25、25 ~ 50、50 ~ 75、75 ~ 100、100 ~ 125 mm 等多种规格。图 9.19 是测量

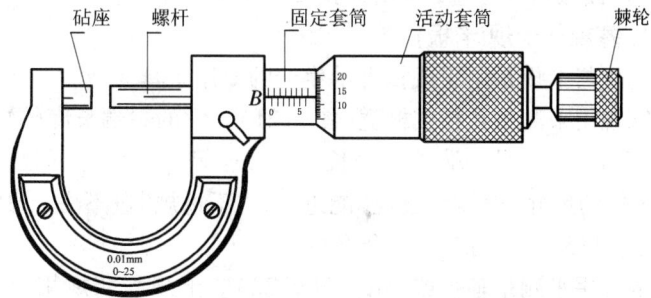

图 9.19 外径百分尺

范围为 0 ~ 25 mm 的外径百分尺，其螺杆是和活动套筒连在一起的，当转动活动套筒时，螺杆和活动套筒一起向左或向右移动。百分尺的刻线原理和读数示例如图 9.20 所示。

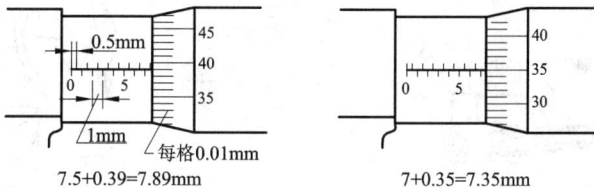

图 9.20 百分尺的读数示例

刻线原理：百分尺的读数机构由固定套筒和活动套筒组成(相当于游标卡尺的主尺和副尺)。固定套筒在轴线方向上刻有一条中线，中线的上、下方各刻一排刻线，刻线每小格间距均为 1 mm，上、下两排刻线相互错开 0.5 mm；在活动套筒左端圆周上有 50 等分的刻度线。因测量螺杆的螺距为 0.5 mm，即螺杆每转一周，同时轴向移动 0.5 mm，故活动套筒上每一小格的读数值为 $\frac{0.5}{50}=0.01$ mm。当百分尺的螺杆左端与砧座表面接触时，活动套筒左端的边线与轴向刻度线的零线重合；同时圆周上的零线应与中线对准。

用百分尺测量工件时，读数方法可分三步：

①读出距边线最近的轴向刻度数(应为 0.5 mm 的整倍数)；

②读出与轴向刻度中线重合的圆周刻度数；

③将上两部分读数加起来即为总尺寸。

使用百分尺应注意以下几点：

(1)校对零点：将砧座与螺杆接触(先擦干净)看圆周刻度零线是否与中线零点对齐，如有误差，应记住此数值。在测量时根据原始误差修正读数。

(2)当测量螺杆快要接触工件时，必须使用端部棘轮(此时严禁使用活动套筒，以防用力过度测量不准)，当棘轮发生'嘎嘎'打滑声时，表示压力合适，停止拧动。

(3)工件测量表面应擦干净，并准确放在百分尺测量面间，不得偏斜。

(4)测量时不能先锁紧螺杆，后用力卡过工件，否则将导致螺杆弯曲或测量面磨损，从

而降低测量准确度。

（5）读数时要注意，提防读错 0.5 mm。

4. 塞规与卡规(卡板)

塞规与卡规是用于成批大量生产的专用量具。

塞规用来测量孔径或槽宽(图 9.21)。它的一端长度较短，其直径等于工件的上限尺寸，叫做"不过规"；另一端长度较长，其直径等于工件的下限尺寸，叫做"过规"。用塞规测量时，工件的尺寸只有当"过规"能进去，"不过规"进不去，说明工件的实际尺寸在公差范围之内，是合格品。否则就是不合格品。

卡规用来测量轴径或厚度(图 9.22)。卡规与塞规相似，也有"过规"和"不过规"两端。卡规的使用方法也和塞规相同。

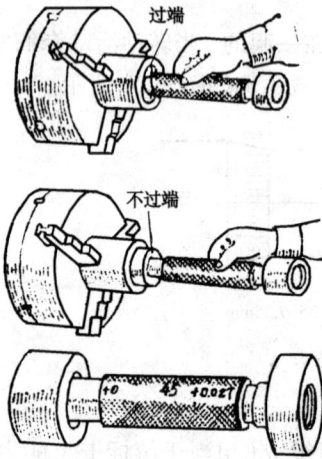

图 9.21　塞规及其使用

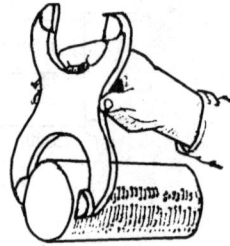

图 9.22　卡规及其使用

5. 厚薄尺 (塞尺)

厚薄尺(clearance gauge)(图 9.23)用来检查两贴合面之间的缝隙大小。它由一组薄钢片组成，其厚度为 0.03 ~ 0.3 mm。测量时用厚薄尺直接塞间隙，当一片或数片能塞进两贴台面之间，则一片或数片的厚度(可由每片上的标记读出)，即为两贴合面的间隙值。

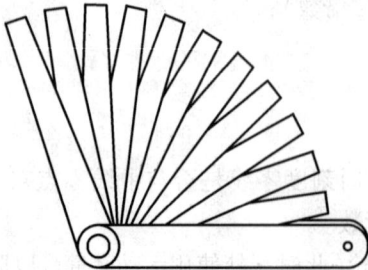

图 9.23　厚薄尺

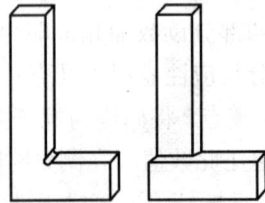

图 9.24　直角尺

使用厚薄尺必须先擦净尺面和工件，测量时不能使劲硬塞，以免尺片弯曲和折断。

6. 直角尺

直角尺(right angle gauge)(图9.24)的两边成准确的90°，用来检查工件的垂直度。当直角尺的一边与工件一面贴紧，工件的另一面与直角尺的另一边之间露出缝隙，用厚薄尺即可量出垂直度的误差值。

7. 百分表

百分表(dial gauge)是一种精度较高的比较量具，它只能测出相对的数值，不能测出绝对数值。主要用来检查工件的形状和位置误差(如圆度、平面度、垂直度、跳动等)，也常用于工件的精密找正。

百分表的结构如图9.25所示，当测量杆向上或向下移动1 mm时，通过齿轮传动系统带动大指针转一圈，小指针转一格。刻度盘在圆周上有100等分的刻度线，其每格的读数值为0.01 mm；小指针每格读数值为1 mm。测量时大、小指针所示读数之和即为尺寸变化量。小指针处的刻度范围即为百分表的测量范围。刻度盘可以转动，供测量时调整大指针对零位刻线用。百分表使用时常装在专用百分表架上，如图9.26所示。

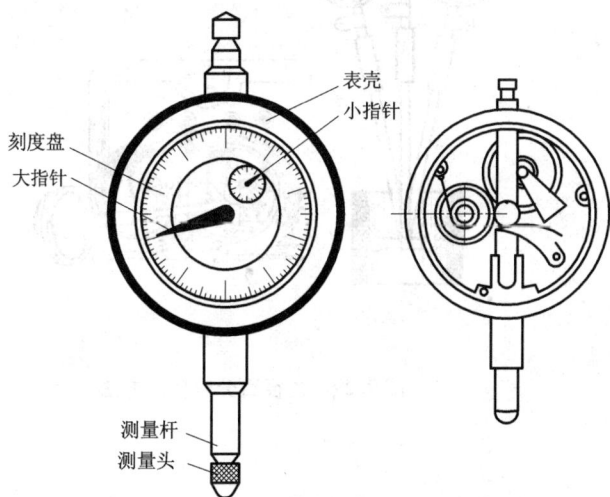

图9.25 百分表

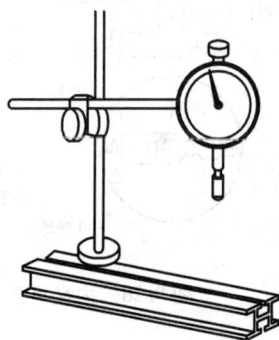

图9.26 百分表架

百分表应用举例如图9.27所示。其中：图(a)检查外圆对孔的圆跳动；端面对孔的圆跳动。图(b)检查工件两面的平行度。图(c)内圆磨上四爪卡盘安装工件时找正外圆。

8. 内径百分表

内径百分表是用来测量孔径及其形状精度的一种精密比较量具。图9.28是内径百分表的结构。它附有成套的可换插头，其读数准确度为0.01 mm，测量范围有6～10, 10～18, 18～35, 35～50, 50～100, 100～160 mm等多种。

内径百分表是测量公差等级IT7以上精度的孔的常用量具。使用内径百分表的方法如图9.29所示。

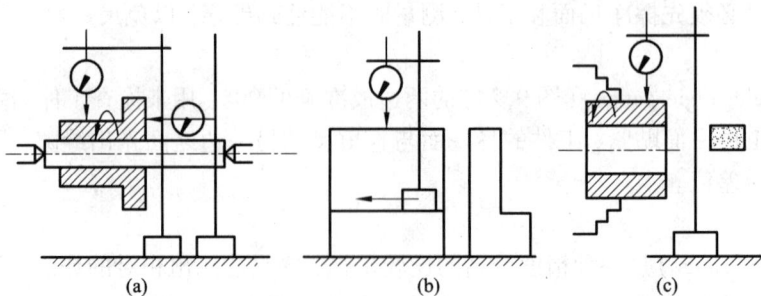

图 9.27　百分表应用举例

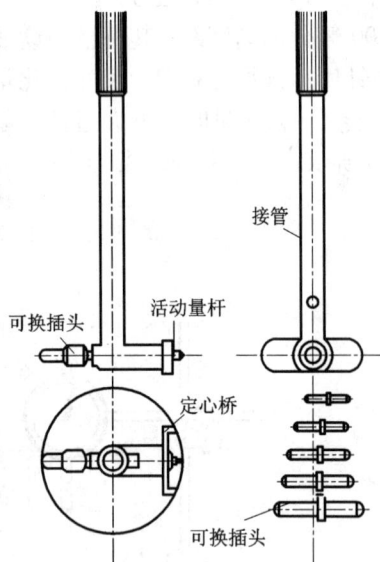

图 9.28　内径百分表

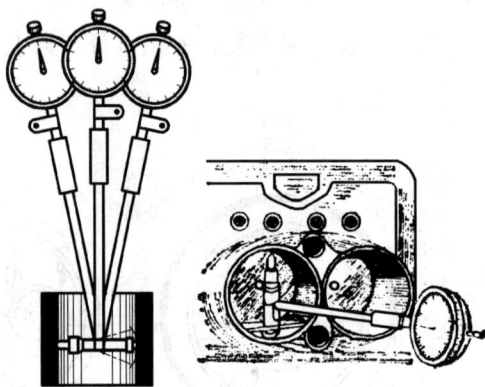

图 9.29　内径百分表使用方法

9. 万能角度尺

万能角度尺(universal vernier protractor)用来测量零件或样板的内、外角度,它的结构如图 9.30 所示。

万能角度尺的读数机构是根据游标原理制成的。主尺刻线每格为 $1°$。游标的刻线是取主尺的 $29°$ 等分为 30 格。因此,游标划线每格为 $\frac{29°}{30}$,即主尺 1 格与游标 1 格的差值为 $1° - \frac{29°}{30} = \frac{1°}{30} = 2'$,也就是万能角度尺读数准确度为 $2'$。它的读数方法与游标卡尺完全相同。

测量时应先校对零位,万能角度尺的零位,是当角尺与直尺均装上,直角尺的底边及基尺均与直尺无间隙接触,此时主尺与游标的"0"线对准。调整好零位后,通过改变基尺、角尺、直尺的相互位置可测量 $0° \sim 320°$ 范围内的任意角度。用万能角度尺测量工件时,应根据所测角度范围组合量尺,如图 9.31 所示。

10. 量具的保养

前面介绍的九种常用量具,除卡钳外,均是较精密的量具,我们必须精心保养。量具保

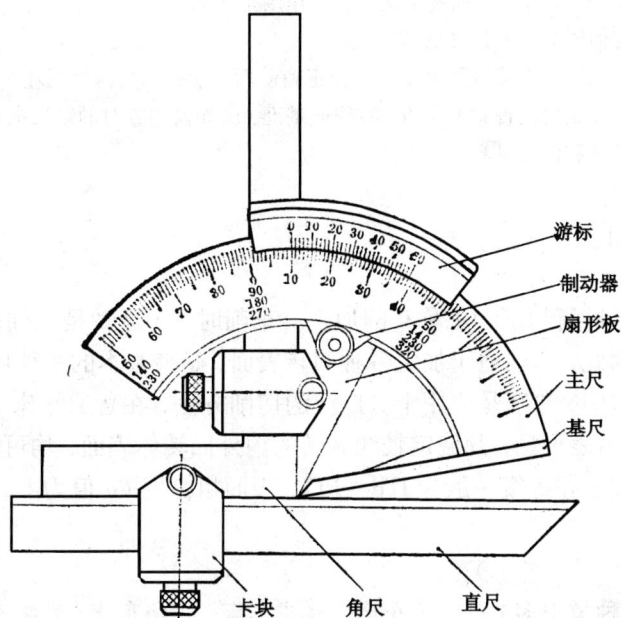

图 9.30　万能角度尺

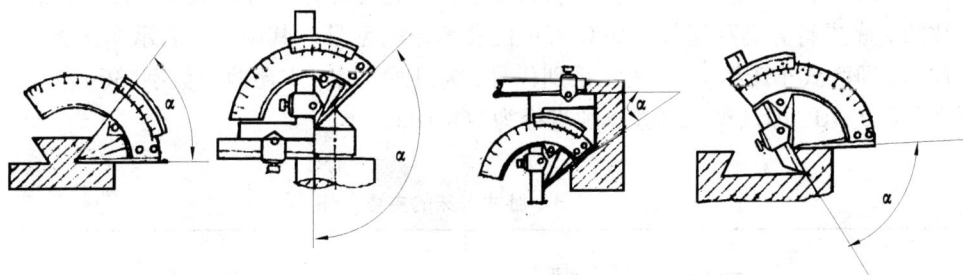

图 9.31　万能角度尺应用实例

养得好坏，直接影响到它的使用寿命和测量精度。因此，我们必须做到下列几点：

(1)量具在使用前后必须用绒布擦拭干净。

(2)不能用精密量具去测量毛坯或运动着的工件，也不能测量温度过高的工件。

(3)测量时不能用力过大，以免损坏量具。

(4)量具用完后，擦洗干净、涂油并放入专用的量具盒内，妥善保管，不能乱扔、乱放。

练习题

1. 机械加工质量通常用哪些指标来衡量？

2. 切削加工时，切削运动与加工表面的形状有何关系？

3. 切削用量指的是什么？车削时的切削用量如何表示？

4. 对刀具材料有哪些基本要求？

5. 外圆车刀有哪几个主要角度，如何定义？主要作用是什么？

6. 切削热对加工有何影响？如何降低切削温度？

7. 游标卡尺和百分尺测量准确度是多少？怎样正确使用？能否测量铸件毛坯？

8. 在使用量具前为什么要检查它的零点、零线或基准，应如何用查对的结果来修正测得的读数？

9. 怎样正确使用量具和保养量具？

9.2　车削加工

在车床上用刀具进行切削加工称车削加工。车削时，主运动是工件的旋转运动，进给运动是刀具的移动。因此，车削适于加工各种回转表面，是最基本的一种切削加工方法。

在各种切削方法中，车削是应用十分广泛的切削方法，在普通车床上可以完成的主要工作如表 10.5 所示。由表可见，凡绕定轴线旋转的内外回转体表面，均可采用车削加工。

车削加工的尺寸公差等级一般为 ITll～1T7，表面粗糙度 Ra 值为 $12.5～0.8\ \mu m$。

9.2.1　车床

车床(lathes)的种类很多，有卧式车床、立式车床、六角车床、数控车床及其他专用车床等。其中卧式车床通用性好，应用最为广泛。

1. 车床的组成及其作用

（1）车床的型号　我国各种类型的机床均采用汉语拼音字母和数字，按类、组、型和基本参数的顺序进行分类和编号。如 C6136 代表车床的型号。其中"C"表示车床类，"6"表示组别代号，即卧式车床组，"1"表示系列代号，为卧式车床，末尾两位数字"36"表示工件最大车削直径的 1/10，即该车床最大车削直径为 360 mm。

表 9.5　卧式车床的主要工作

镗 孔		铰 孔	
车锥体		滚 花	

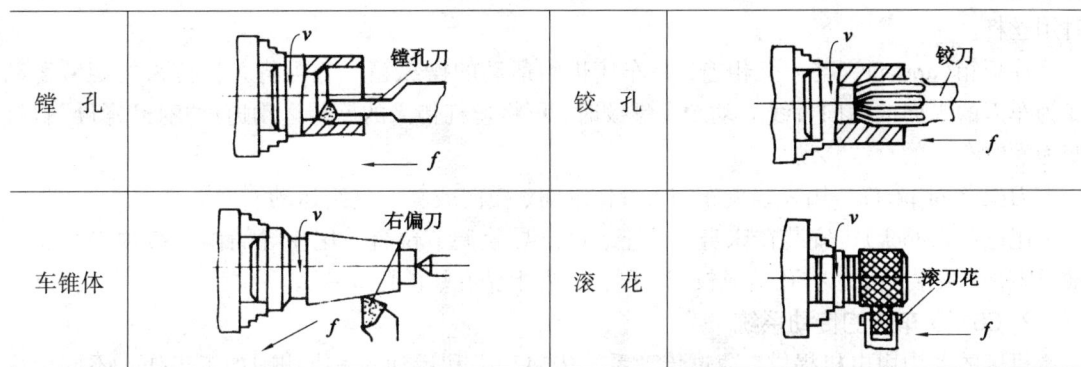

（2）卧式车床的组成及作用　C6136 车床的主要组成部分有床身、主轴箱、进给箱、光杠、丝杠、溜板箱、刀架、尾座等，如图 9.32 所示。

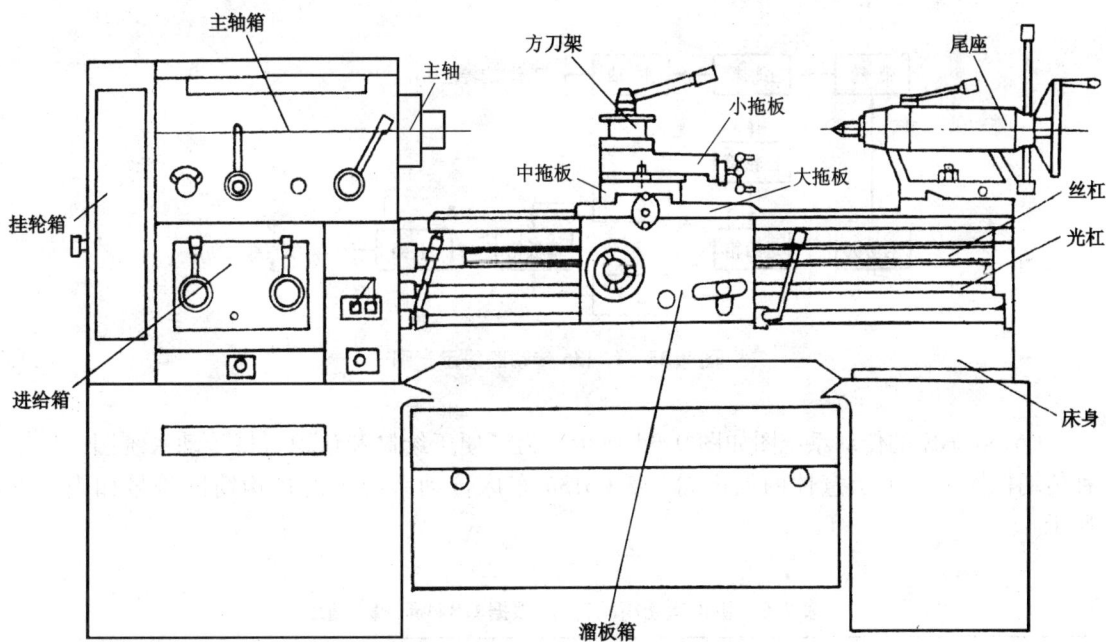

图 9.32　C6136 卧式车床外形图

床身（bed）　床身是车床的主体，用来安装机床各部件并保证各部件之间有正确的相对位置。

主轴箱（spindle head）　主轴箱内安装有主轴及主轴变速机构，以使主轴获得不同的转速。同时通过挂轮箱中的齿轮，将运动传给进给箱。

进给箱（feed box）　内装进给运动的齿轮变速机构，通过改变进给箱上的手柄位置，可调整进给量和螺距。并将运动传至光杠和丝杠，使光杠和丝杠获得不同的转速。

光杠(feed rod)和丝杠　通过光杠和丝杠将运动传给溜板箱。自动走刀用光杠,车螺纹时用丝杠。

溜板箱(apron)　与刀架相连,是车床进给运动的操纵箱。它可将光杠传来的旋转运动变为车刀的纵向或横向直线运动。车螺纹时,可将丝杠传来的旋转运动通过"对开螺母"直接变为螺纹车刀的直线移动。

刀架(tool post)　用来装夹车刀,可作纵向、横向或斜向进给运动。

尾座(tailstock)　安装在床身导轨上,可沿导轨调节位置。尾座导筒内安装顶尖可支承轴类零件;安装钻头、扩孔钻或铰刀,可在工件上钻孔、扩孔或铰孔。

2. C6136 车床的传动系统

机床的动力由电机提供,通过传动系统传递动力和运动,完成切削加工工作。不同机床的主运动和进给运动要求不同的运动形式和运动速度。因此,机床需采用相应的传动方式。目前,车床上常采用机械传动方式,它主要有带传动、齿轮传动、齿轮齿条传动、蜗杆蜗轮传动和丝杠螺母传动等。

C6136 车床传动路线示意图如图 9.33 所示。

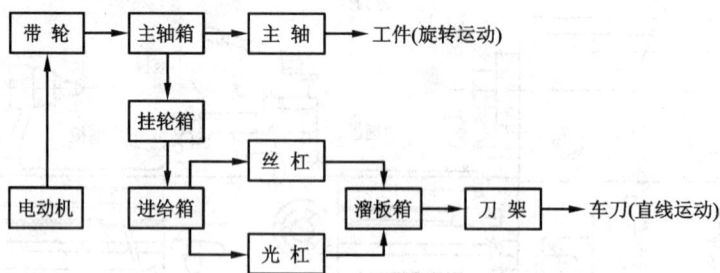

图 9.33　C6136 传动路线示意图

C6136 车床的传动系统图如图 9.34 所示。为了便于绘制和认识机械传动系统图,对各种传动机构规定了示意性的简图符号。C6136 车床传动系统中的机构简图符号如表 9.6 所示。

表 9.6　机构运动简图符号(根据 GB4460 – 84 摘编)

简图符号	说　明	简图符号	说　明
——————	轴		齿轮与齿条啮合
	轴、滑动轴承		齿轮与齿轮啮合且齿轮均与轴固定连接
	轴、滚动轴承		

简图符号	说 明	简图符号	说 明
	轴与齿轮有键固定连接		带传动一般符号,不指明皮带类型
			螺杆与整体螺母传动
	轴与齿轮有滑动键连接,齿轮可沿轴向移动		螺杆与开合螺母传动
	齿轮空套在轴上		双向啮合式离合器
	蜗轮与圆柱蜗杆		压缩弹簧

(1)主运动传动 主运动通过双速电动机至主轴之间的传动系统来实现。其传动路线可用传动链表示如下(见图 9.34):

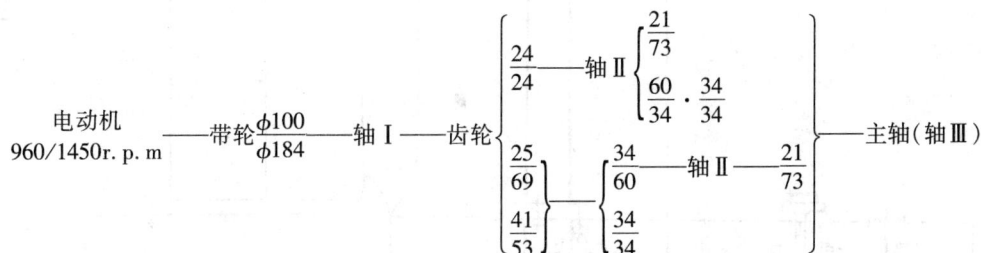

$$\text{电动机} \atop 960/1450 \text{r. p. m} \quad \text{——带轮} {\phi 100 \over \phi 184} \text{——轴 I ——齿轮} \begin{cases} {24 \over 24} \text{——轴 II} \begin{cases} {21 \over 73} \\ {60 \over 34} \cdot {34 \over 34} \end{cases} \\[3em] {25 \over 69} \\ {41 \over 53} \end{cases} \begin{cases} {34 \over 60} \text{——轴 II —} {21 \over 73} \\ {34 \over 34} \end{cases} \Bigg\} \text{主轴(轴 III)}$$

从电动机到主轴的传动路线中,通过主轴变速手柄变换齿轮的搭配,可得到 6 种不同的传动路线。每一传动路线都对应着一种转速,即电动机每一转速都可变换成 6 种不同的主轴转速,即主轴可获得 12 种不同的转速。

(2)进给运动的传动 进给运动是由主轴至刀架之间的传动系统来实现的。

车削的进给量以主轴每转一转,刀具移动的距离来计算。所以,其传动链是从主轴开始,通过一系列传动到刀架为止。传动路线可按分析主运动传动的方法进行分析。

通过操纵手柄可以调整主轴转速和进给量,从机床上有关标牌中,查出操纵手柄应在的位置即可实现。

9.2.2 车削操作

1. 车刀的安装

为了使车刀正常工作和保证加工质量,必须正确安装车刀。安装车刀的基本要求如下:

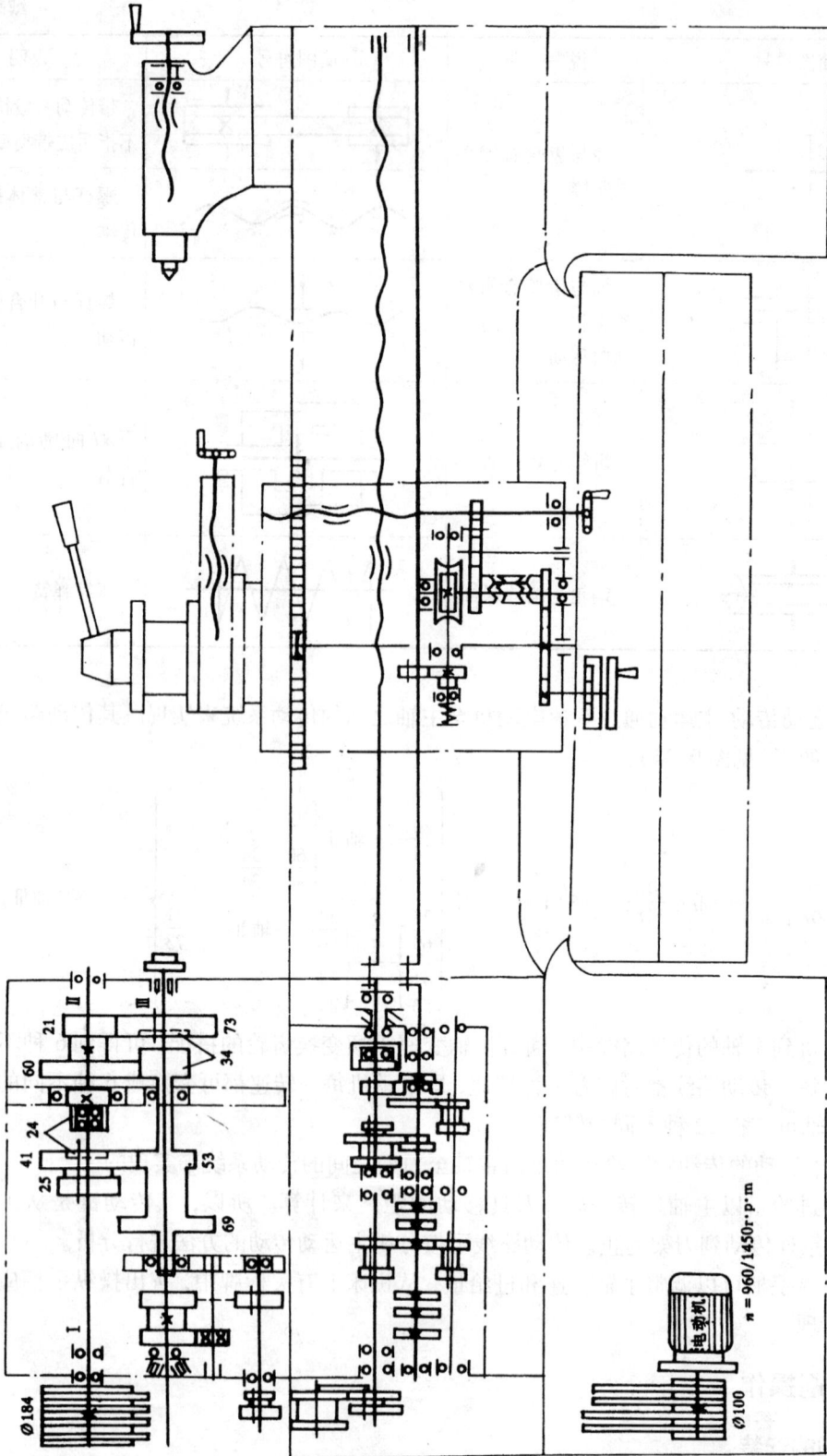

图9.34 C6136卧式车床传动系统

Ø184

n = 960/1450r·p·m

Ø100

电动机

21 73

60 34

41 24

25 53

69

Ⅱ Ⅲ

Ⅰ

（1）车刀刀尖应与车床主轴轴线等高。可根据尾座顶尖的高度进行调整。

（2 车刀刀杆应与主轴轴线垂直。

（3 车刀的伸出长度不宜太大。伸出方刀架的长度一般不超过刀杆高度的 2 倍。

（4）刀杆下面的垫片要平整，尽可能用厚的垫片，以减少垫片数目，垫片应与刀架对齐。

（5）车刀位置装正后，应拧紧刀架螺钉。一般用两个螺钉，并交替拧紧。

2. 工件的安装

车床上安装工件(setting-up workpiece)常用三爪卡盘、四爪卡盘、顶尖、心轴和花盘等。安装工件的主要要求是工件位置准确，装夹可靠。

（1）三爪卡盘的安装

三爪卡盘是安装一般工件的通用夹具，适合于安装短棒料或盘类工件。它的构造如图 9.35 所示。当旋转小锥齿轮时，大锥齿轮随着转动，它背面的平面螺纹就使三个卡爪同时向中心靠近或退出。三爪卡盘安装工件的优点是操作方便，能自动定心，但定位精度不高（对中准确度约为 0.05 ~ 0.15 mm）。用三爪卡盘安装工件步骤如下：

①把工件放正在卡爪间，轻轻夹紧。工件夹持长度一般不小于 10 mm。

②开动机床，使主轴低速旋转，检查工件有无偏摆。若有偏摆应停车，用小锤轻敲校正后，将工件固紧。固紧后，必须随即取下扳手，以防止开车时飞出，砸伤人与机床。

③移动刀架使车刀行至车削行程的左端，然后用手转动卡盘，检查刀架等是否与卡盘或工件碰撞。

（2）四瓜卡盘的安装

四爪卡盘的结构如图[9.36(a)]所示。每个卡爪后面有半瓣内螺纹，转动螺杆时，卡爪就可沿槽移动。由于四个卡爪是用扳手分别调整的，因此，可用来夹持方形、椭圆或不规则形状的工件。同时四爪卡盘的夹紧力大，也用来安装尺寸较大的圆形工件。

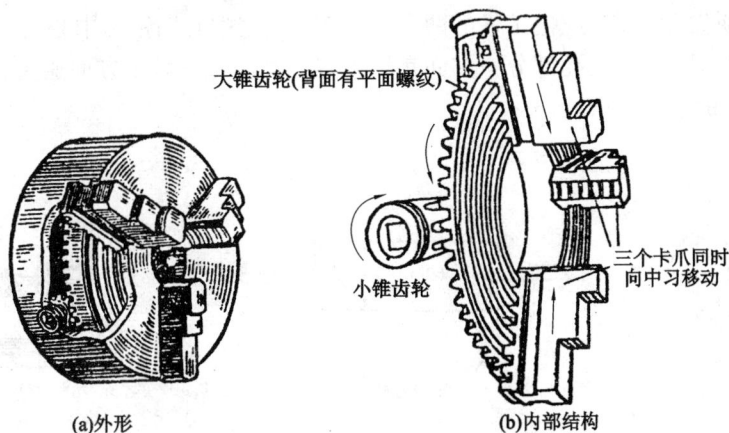

(a)外形　　　　　　　(b)内部结构

图 9.35　三爪卡盘

用四爪卡盘安装工件时，必须进行细致的找正。找正的精度取决于找正的工具。用划针盘按预先划出的加工线找正[图 9.36(b)]，其定位精度较低，为 0.2 ~ 0.5 mm。用百分表按工件精加工表面找正，其定位精度可达 0.02 ~ 0.01 mm。

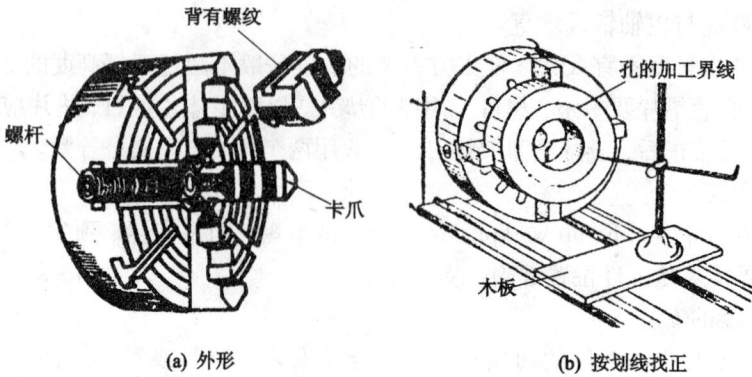

(a) 外形　　　　　　　　　　　　　(b) 按划线找正

图 9.36　四爪卡盘

按划线找正工件的方法如下[图 9.36(b)]：

①使划针靠近工件上划出的加工线。

②慢慢转动卡盘，先校正端面。在离针尖最近的工件端面上用小锤轻轻敲击，至各处距离相等。

③转动卡盘，校正中心。将离开针尖最远处的一个卡爪松开，拧紧其对面的一个卡爪，反复调整，直至校正为止。

（3）顶尖安装

用顶尖安装工件如图 9.37 所示。前后顶尖用来确定工件位置，拨盘和卡箍则用来带动

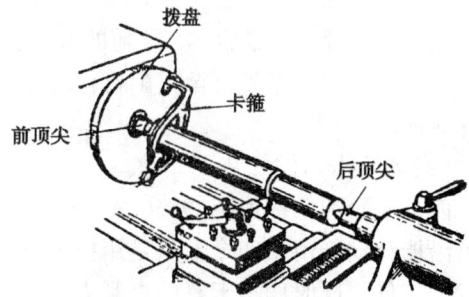

图 9.37　用顶尖安装工件

工件旋转。用顶尖安装前，应把工件的两个端面车平，用中心钻钻出中心孔(图9.38)。其圆锥孔部分和顶尖配合，圆柱孔部分一方面是用来容纳润滑油，另一方面避免顶尖尖端接触工件，以保证锥面的正确配合。

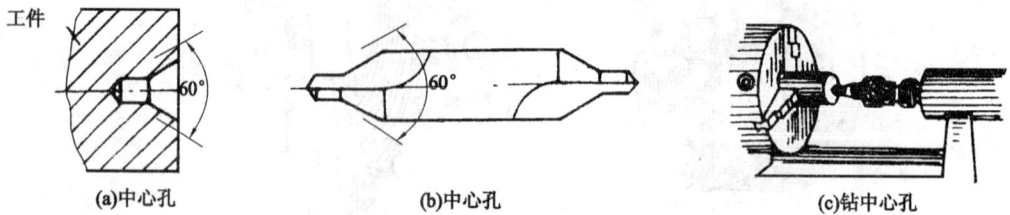

(a)中心孔　　　　　　　　　(b)中心孔　　　　　　　　　(c)钻中心孔

图 9.38　用中心钻钻中心孔

用顶尖安装的步骤如下(见图9.39)：

①在工件的一端安装卡箍，先用手稍微拧紧卡箍螺钉。在工件另一端中心孔里涂上润滑油。

②将工件置于顶尖间，根据工件长短调整尾座位置。保证能让刀架移至车削行程最右端，同时又要尽量使尾座套筒伸出最短，然后将尾座固定。

③转动尾座手轮，调节工件在顶尖间的松紧。使之既能自由旋转，但又不会轴向松动。最后紧固尾座套筒。

④将刀架移至车削行程最左端。用手转动拨盘及卡箍，检查是否会与刀架等相碰。

⑤拧紧卡箍螺钉。

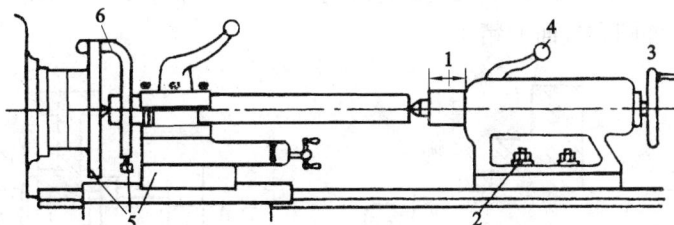

图 9.39　在顶尖上安装工件

1—调整套筒伸出长度；2—将尾架固定；3—调节工件与顶尖松紧；4—锁紧套筒；

5—刀架移至车削行程左端，用手转动拨盘，检查是否会碰撞；6—拧紧卡箍

顶尖安装适用于长径比较大($l/d>4$)或加工工序较多的轴类工件。有些工件为了增加其装夹刚度，可以用卡盘代替拨盘。夹住工件一端很短的一段，另一端仍用顶尖支承，即"一夹一顶"安装。

(4)中心架(center rest)与跟刀架(follow rest)

当车削 $l/d>10$ 的细长轴时，由于工件刚度差，在切削力和重力的作用下，工件会产生弯曲变形，严重影响工件的精度。这时应采用附加辅助支承，即中心架或跟刀架。

中心架固定在床身导轨上，它有三个可调节的支承，以支承工件[图9.40(a)]。跟刀架则装在横溜板上，车削时与刀架一起移动，它有两个可调节的支承，以支承工件[图9.40(b)]。

用中心架或跟刀架时，工件被支承部位应为加工过的外圆面，并需加机油润滑。

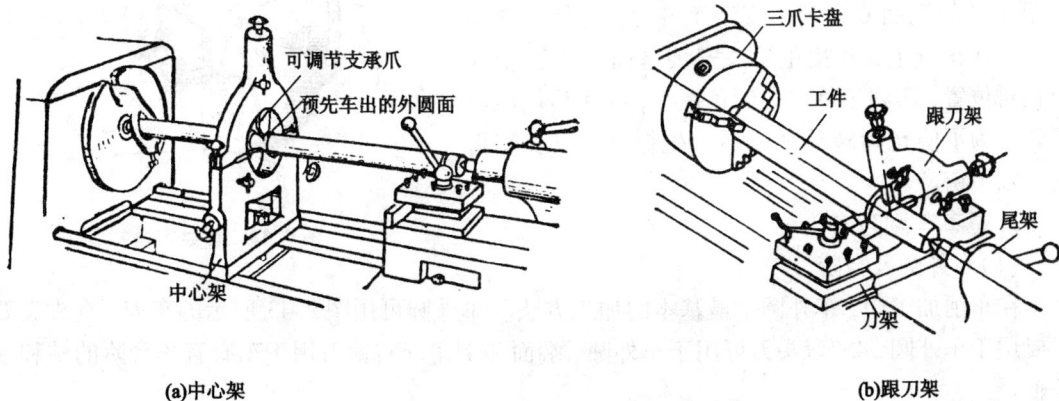

(a)中心架　　　　　　　(b)跟刀架

图 9.40　中心架与跟刀架的应用

（5）心轴安装

当盘套类工件的内外圆同轴度和端面对轴线垂直度要求较高时，可采用心轴安装。心轴安装适用于内孔已加工的工件，利用内孔定位安装在心轴上，然后再把心轴安装在前后顶尖之间。根据工件形状尺寸、精度要求和加工数量的不同，应采用不同的心轴。常用的心轴有锥度心轴和圆柱心轴。

当工件长度大于工件孔径时，可采用略带锥度（1∶1000～2000）的心轴[图9.41（a）]。工件压入后，靠摩擦力与心轴固紧。锥度心轴对中准确，装卸方便，但不能承受过大的扭矩。多用于盘套类零件外圆和端面的精车。

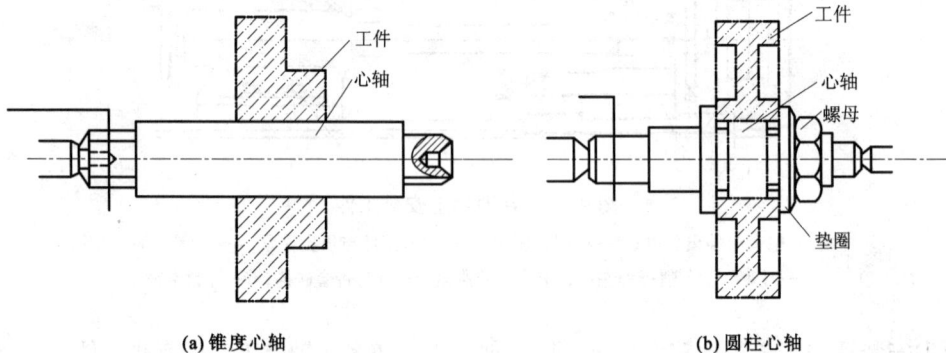

(a) 锥度心轴　　　　　　　　(b) 圆柱心轴

图9.41　心轴上安装工件

当工件长度比孔径小时，则应做成带螺母压紧的圆柱心轴[图9.41b)]。工件左端紧靠心轴台肩，由螺母及垫圈压紧在心轴上。其夹紧力较大，多用于较大直径盘类零件外圆的半精车和精车。

（6）花盘安装

花盘是一个直径较大的铸铁圆盘，花盘面上有很多长槽，用来穿放压紧螺栓，以夹紧工件。花盘适用于形状不规则的工件安装。花盘安装如图9.42所示，图中所示工件需要加工外圆面 A 及端面 B，并要求端面 B 与端面 C 垂直。安装工件时，先将角铁用螺栓装在花盘上，并找正角铁安装基面与主轴轴线的相对位置，再将工件安装到角铁上，找正后用压板压紧。为了使花盘转动平稳不产生振动，应装配重块予以平衡。

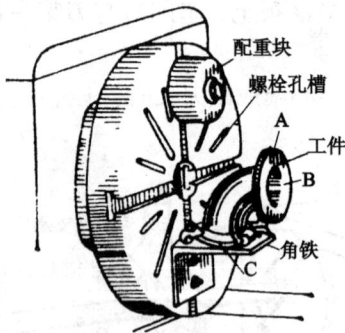

图9.42　花盘安装

3. 基本车削方法

（1）车外圆及台阶

在车削加工中，车外圆是最基本的加工方法。车外圆可用图9.43所示的车刀，直头尖刀主要用于车外圆，45°弯头刀可用于车外圆、端面和倒角。右偏刀用于车有直角台阶的轴和细长轴。

车削加工中，零件的加工一般分为粗车和精车两个阶段。

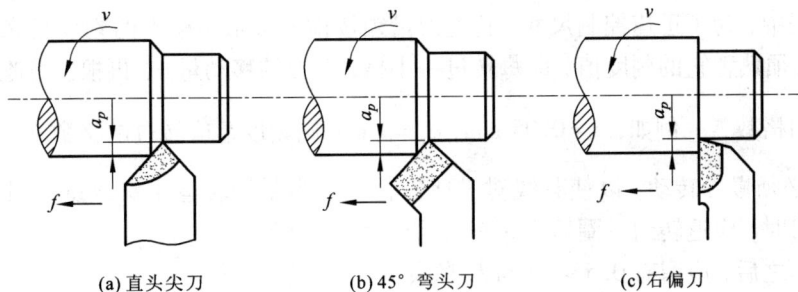

(a) 直头尖刀   (b) 45°弯头刀   (c) 右偏刀

图 9.43　常用的外圆车刀

①粗车(rough turning)　粗车是采用较大的背吃刀量和进给量,尽快地从毛坯上切去大部分加工余量,以提高生产率。切削用量的选择应根据刀具和工件材料等因素,在机床动力及工件、夹具、刀具和机床刚度足够的条件下,首先取较大的背吃刀量,尽量把粗加工余量一次切去,其次取较大的进给量,最后根据已选定的背吃刀量和进给量决定切削速度。在初学车削时,为了保证操作安全,宜取较低的切削用量:背吃刀量 0.8 ~ 1.5 mm;进给量 0.1 ~ 0.3 mm/r;用高速钢车刀,切削速度为 0.3 ~ 0.8m/s;用硬质合金车刀时,切削速度为 0.6 ~ 1 m/s。

根据切削速度,可按下式计算主轴转速 n:

$$n = \frac{60 \times 1000v}{\pi d} \quad (\text{r/min})$$

式中:v——切削速度(m/s)

　　d——工件待加工面直径(mm)。

算出 n 后,再按具体车床转速表,选用最接近的转速。

粗车开始时,应试切 1 ~ 3 mm 长度,以确定背吃刀量,然后用自动进给进行切削。试切法(machining by trail cuts)如图 9.44 所示。

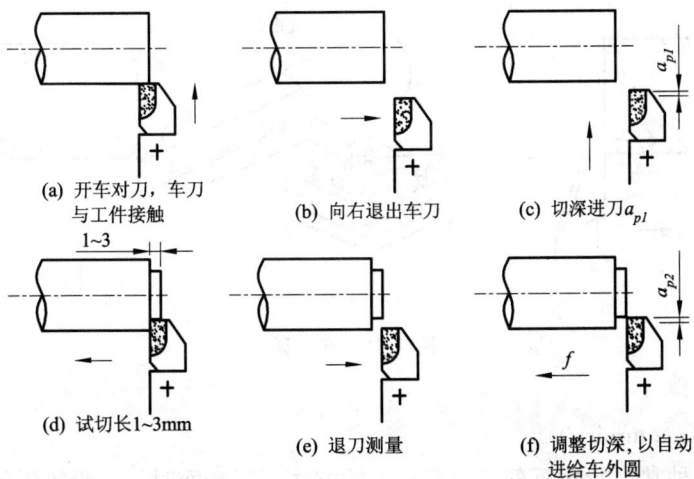

(a) 开车对刀,车刀
与工件接触   (b) 向右退出车刀   (c) 切深进刀 a_{p1}

(d) 试切长 1~3mm   (e) 退刀测量   (f) 调整切深,以自动
进给车外圆

图 9.44　试切方法

　　试切过程中,为了迅速控制尺寸,背吃刀量须按横向进给手柄上的刻度盘来调整。使用刻度盘时,必须熟悉它的刻度值,即每转过一小格,车刀的移动量 a,再根据背吃刀量 a_p,计算所需转过的格数 N。例如,$a=0.05$ mm,$a_p=1$ mm 则刻度盘应转过的格数 $N=\dfrac{a_p}{a}=\dfrac{1}{0.05}=$ 20 格。手柄必须慢慢转动,以使刻线对准所需位置。当手柄转运了头或试切时发现尺寸太小须退回车刀时,应返转约一圈后再转至所需刻度上(图9.45)。

　　零件粗车之后,应留有 0.5 ~ 2 mm 精车余量。

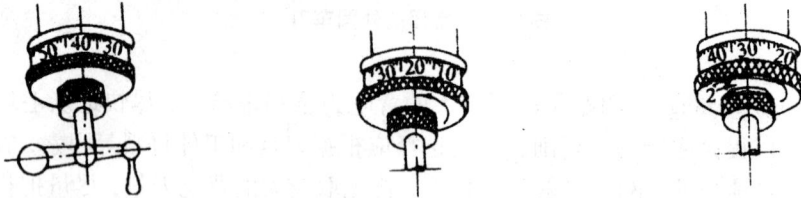

(a)要求手柄转至20,但摇过头成40　(b)错误:直接退至20　(c)正确:反转约一圈后再转至所需位置(20)

图9.45　手柄摇过了头后的纠正方法

　　②精车(finish turning)　为了保证零件的加工精度和表面粗糙度要求,粗车之后应该进行精车。

　　精车的背吃刀量较小,一般取 $a_p=0.1 \sim 0.3$ mm。进给量依所需的表面粗糙度确定,表面粗糙度 Ra 值小时,进给量也应小,一般为 0.05 ~ 0.2 mm/r。切削速度可为低速($v<0.1$m/s)或高速($v>1.6$m/s),视具体情况而定。初学车削时宜采用低速。

　　轴上台阶可在车外圆时同时车出。车刀一般采用90(右偏刀,装刀时要用角尺对准,以保证车刀的主切削刃垂直于工件轴线[图9.46(a)],而得到直角台阶。为了保证台阶的轴向长度,可先按钢尺所量长度轻轻车出刻痕线[图9.46(b)],以此作为加工界限。

　　台阶较高(>5 mm)时,应分层进行切削,如[图9.46(c)]所示。

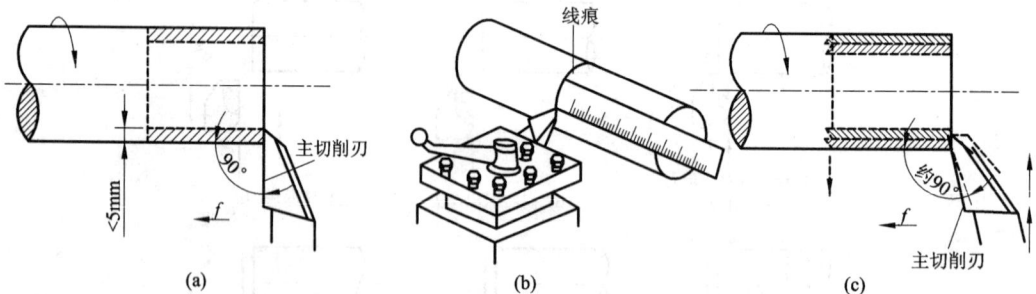

(a)　　　　　　　　　(b)　　　　　　　　　(c)

图9.46　车台阶

　　(2)车端面(face turning)

　　图9.47是几种常用的端面车刀和车端面的方法。车端面时,一般使用偏刀或弯头车刀。车刀安装时,刀尖应对准工件中心,以免车出的端面中心留有凸台。车端面时,车刀可由外往里切削。为了降低端面的粗糙度,最后一刀可由中心向外切削[图9.47(c)]。

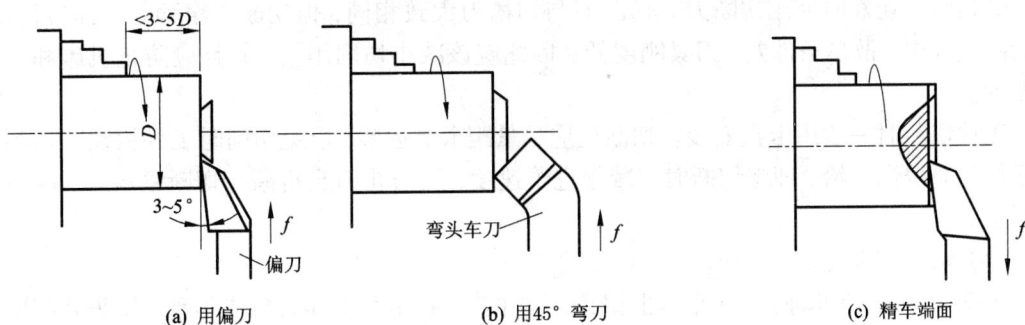

(a) 用偏刀　　　　　　　(b) 用45°弯刀　　　　　　(c) 精车端面

图 9.47　车端面

(3) 切槽(grooving)和切断(cutting off)

① 切槽　切槽应使用切槽刀[图 9.48(a)]，并按[图 9.48(b)]所示的位置安装。

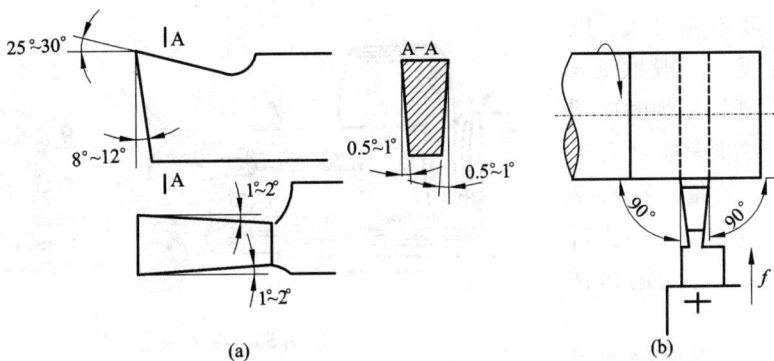

(a)　　　　　　　　　　　　　　　　(b)

主切削刃平行于工件轴线，两副偏角
相等，刀尖与工作轴同一高度

图 9.48　切槽刀及其安装

切削 5 mm 以下窄槽时，主切削刃宽度可与槽等宽，在横向进给中一次切出。
切削宽槽时，可按图 9.49 所示的方法切削。

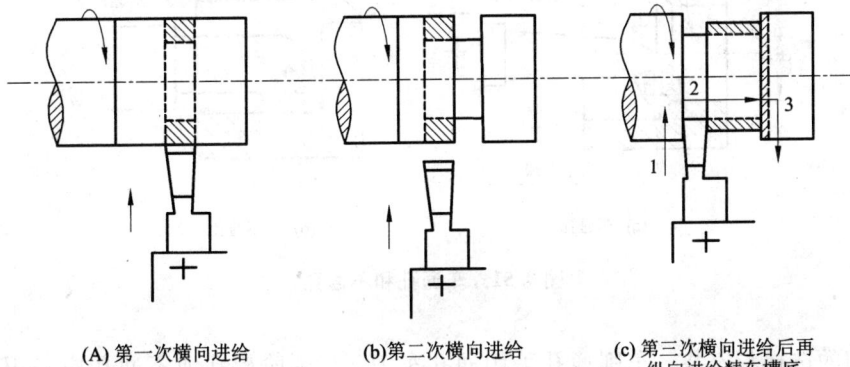

(A) 第一次横向进给　　　　(b) 第二次横向进给　　　(c) 第三次横向进给后再
　　　　　　　　　　　　　　　　　　　　　　　　　　　纵向进给精车槽底

图 9.49　切宽槽

②切断　切断时使用切断刀。切断刀与切槽刀大致相同，但切断刀窄而长，容易折断。在切断过程中，散热条件差，刀具刚度低。因此应该减小切削用量，并且应防止机床和工件的振动。

工件切断时一般用卡盘安装。切断处应尽量距卡盘近些，以免切削时工件振动。切削时用手均匀而缓慢进给，即将切断时应减慢进给速度，以防止刀头折断。切断钢料时，应使用切削液。

（4）钻孔和车孔

①钻孔（hole drilling）　在车床上钻孔，工件装夹在卡盘上作旋转主运动，钻头装在尾座套筒上作进给运动。为了防止钻偏，必须先将工件端面车平，有时还在端面中心先车一小坑。

装钻头前，应擦净钻头的锥柄和尾座套筒的锥孔。钻头装入后，要调整尾架位置，使钻头能进给到所需钻削深度，同时使套筒伸出最短，以防钻头振动。调整完后将尾座固紧。

钻削操作如图 9.50 所示，钻削时切削速度不应过大，以免钻头剧烈磨损，一般取 $v = 0.3 \sim 0.6\text{m/s}$。开始钻削时应缓慢进给，当钻头准确地钻入工件后，可加大进给量。孔将钻通时，须减低进给速度，防止折断钻头。孔钻通后，先退出钻头，然后停车。

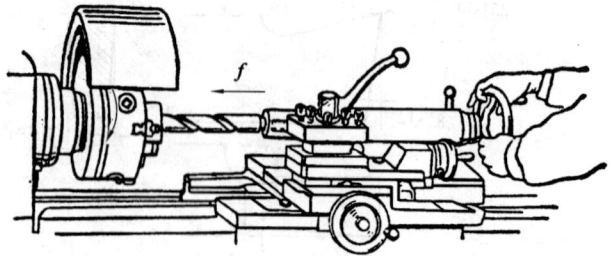

图 9.50　在车床上钻孔

钻削过程中，需要经常退出钻头排屑。钻削钢料时，应使用切削液。

②车孔（hole turning）　钻出、铸出或锻出的孔，若需进一步加工时，可进行车孔（图 9.51）。车孔时用车孔刀。车孔刀有通孔车刀和不通孔车刀。为便于伸入工件孔内，车孔刀的特点是刀杆细长，刀头较小。车孔的方法如下：

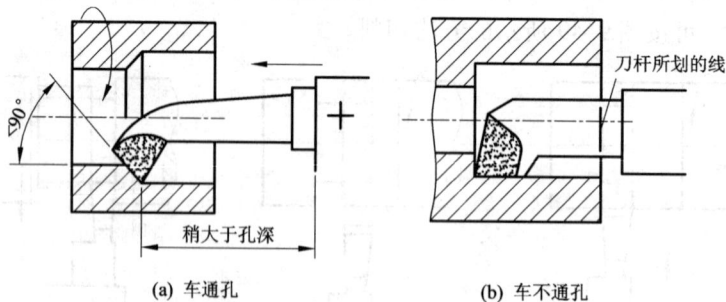

(a) 车通孔　　　　　　　(b) 车不通孔

图 9.51　车通孔和不通孔

a. 车刀的选择与安装　车削通孔采用通孔车刀，车削阶梯孔或不通孔应采用不通孔车刀。车孔刀杆应尽可能粗些，伸出刀架的长度应尽量小些，以免颤振。刀尖与孔轴线等高或略高。刀杆中心线应大致平行于纵进给方向。

b.切削用量选择　车孔时由于刀杆刚度差、刀头散热体积小，且不加切削液。所以切削用量应比车外圆时小些。

c.粗车孔　孔在粗车时应先试切，调整背吃刀量后用自动进给进行切削。调整背吃刀量时，一定要注意到背吃刀量进刀方向与车外圆时相反。试切方法与车外圆时类似。

d.精车孔　孔在精车时，背吃刀量和进给量应更小。当孔径接近图纸尺寸时，应以很小的背吃刀量重复几次，以利于提高孔的圆柱度。

（5）车锥面（taper turning）

在工业制造过程中，除了采用圆柱体与圆柱孔作为配合表面外，还广泛地采用了圆锥体与圆锥孔作为配合表面。锥面配合紧密，拆卸方便，多次装拆仍能保持准确的对中性。因此，锥面用于要求定位准确，能传递一定扭矩和经常拆卸的配合上。常见的有车床主轴锥孔与顶尖的配合，钻头锥柄与车床尾座套筒的配合等。

圆锥面的尺寸和参数如图9.52所示。

圆锥角 α，斜角（锥角之半）为 $\alpha/2$，

$$\text{tg}\frac{\alpha}{2}=\frac{D-d}{2l}$$

锥度　$C=\frac{D-d}{l}=2\text{tg}\frac{\alpha}{2}$

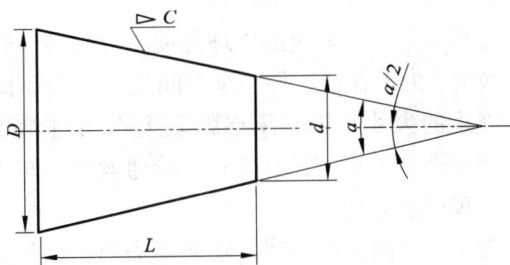

图9.52　圆锥的基本几何参数

车锥面常用的方法有以下两种：

①转动小刀架法　如图9.53所示。操作时先松开固定小刀架的螺母，使小刀架绕转盘转一个被切锥面的斜角 $\alpha/2$。然后把螺母固紧。均匀转动小刀架手柄，车刀即沿锥面的母线移动，即可车出所需的锥面。

转动小刀架法能加工锥角较大的外、内锥面，操作方便，能保证一定的加工精度。但因受小刀架行程的限制，不能加工较长的锥面，也不能自动进给。

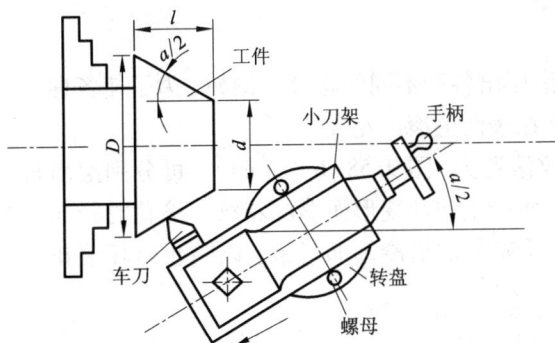

图9.53　转动小刀架法

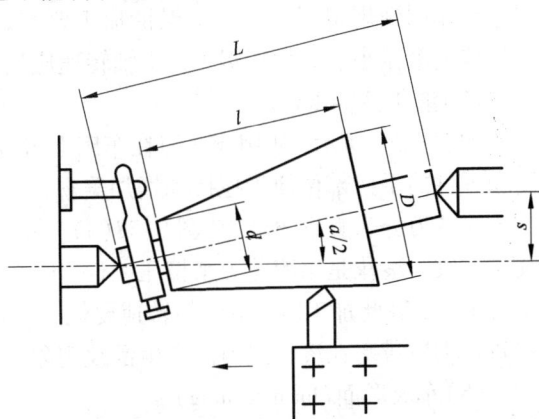

图9.54　偏移尾座法

②偏移尾座法　如图9.54所示。工件安装在前后顶尖之间，将后顶尖向前（或向后）偏移一个距离 S，使锥面的母线平行于车刀的纵向进给方向，利用车刀纵向进给，则可加工出

所需的锥面。尾座的偏移量 S 计算如下：

$$S = L \cdot \sin \frac{\alpha}{2}$$

当 $\frac{\alpha}{2}$ 较小时，　　　　　　　　　$\sin \frac{\alpha}{2} \approx \text{tg} \frac{\alpha}{2}$

故　　　　　　　　　　　$S \approx L \cdot \text{tg} \frac{\alpha}{2} = L \cdot \frac{C}{2}$

式中：L——工件总长；

　　　$\alpha/2$——锥面斜角；

　　　C——锥度。

偏移尾座法可以加工较长的锥面，且能自动进给。但只能加工斜角很小（$\alpha/2 < 8°$）的外锥面。这是因为两顶尖不同轴，接触不良，磨损不均匀。斜角越大，情况越严重，加工精度越低。

（6）车螺纹（screw cutting）

在车床上车削螺纹的原理是使工件每转一转的同时，螺纹车刀准确地移动一个螺距。车削螺纹时，为了保证工件与车刀间的严格传动比关系，溜板箱必须由丝杠带动。操作时，要根据螺距的大小，从车床铭牌表上查出进给手柄的位置。调整进给手柄，脱开光杠，接通丝杠，车刀由丝杠带动实现进给运动。

为了车削出正确的螺纹轴向剖面形状（牙型），螺纹车刀的刀尖角应与螺纹的牙型角相等。车刀切削部分的形状应与螺纹牙型一致。装刀时，车刀刀尖必须与工件轴线等高，并用对刀样板对刀（图9.55），使刀尖角等分线垂直于工件轴线。

图9.56所示为车削螺纹的方法。车螺纹需多次走刀才能车削到规定深度。为了保证加工要求，每次背吃刀量应逐渐减小。为便于退刀，主轴转速应选低些。

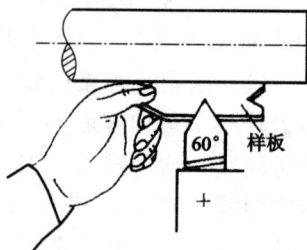

图9.55　用样板对刀

（7）滚花（knurling）

如图9.57所示，使用滚花刀在车床上可以滚压出各种不同的花纹。例如，为了使各种工具和零件的手持部位便于握持和增加美观，常常在表面上滚出花纹。

滚花刀分为直纹滚花刀［图9.58（a）］和网纹滚花刀［图9.58（b）、（c）］，可分别滚出直纹或花纹。滚花是用滚花刀来挤压工件，使其表面产生塑性变形而形成花纹。滚花时径向挤压力很大，因此加工时，工件的转速要低些。需要充分供给冷却润滑液，以防止研坏滚花刀和防止细屑滞塞在滚花刀内而产生乱纹现象。

（8）车成形面（form turning）

人们习惯上将不平直的曲面组成的表面称为成形面，如手柄、手轮、圆球等，它们的表面就是成形面（也叫特形面）。下面介绍三种车削成形面的方法。

①用普通车刀车削成形面

图9.59是用普通车刀车削成形面的方法。开始时，用外圆车刀1把工件粗车出几个台

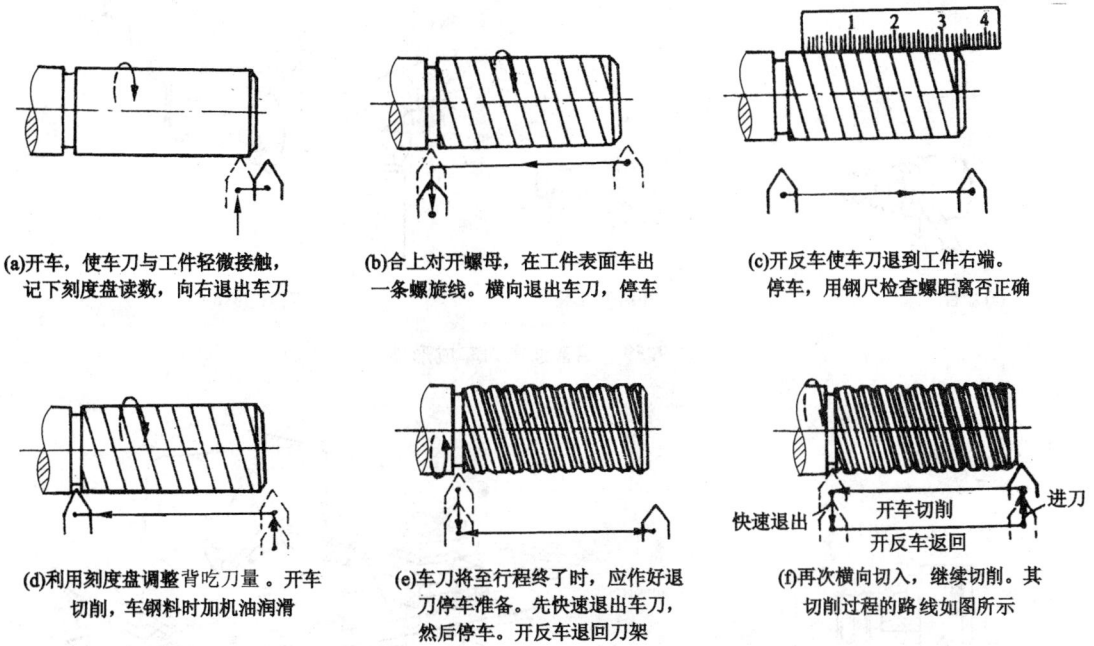

(a)开车，使车刀与工件轻微接触，记下刻度盘读数，向右退出车刀

(b)合上对开螺母，在工件表面车出一条螺旋线。横向退出车刀，停车

(c)开反车使车刀退到工件右端。停车，用钢尺检查螺距离否正确

(d)利用刻度盘调整背吃刀量。开车切削，车钢料时加机油润滑

(e)车刀将至行程终了时，应作好退刀停车准备。先快速退出车刀，然后停车。开反车退回刀架

(f)再次横向切入，继续切削。其切削过程的路线如图所示

图 9.56　螺纹车削方法

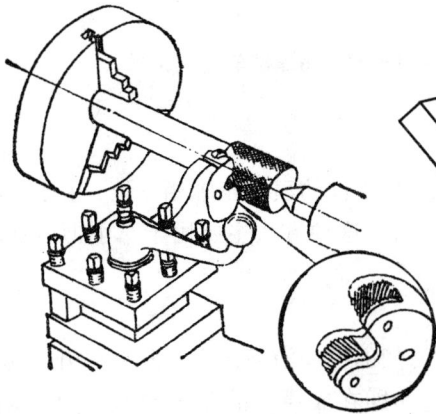

图 9.57　滚花

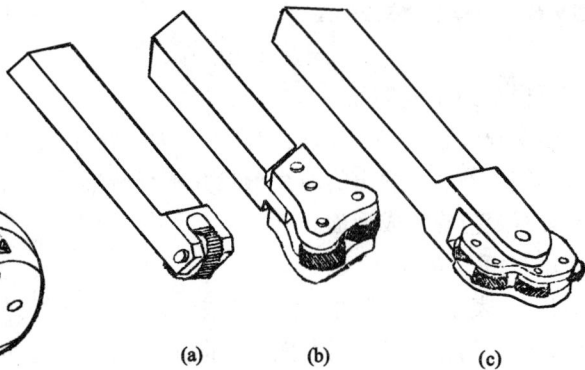

图 9.58　滚花刀

阶［图 9.59(a)］，然后双手控制车刀 2 依纵向和横向的综合进给车掉台阶的峰部，得到大致的成形轮廓，再用精车刀 3 按同样的方法作成形面的精加工［图 9.59(b)］，再用样板检验成形面是否合格［图 9.59(c)］。一般需经多次反复度量修整，才能得到所需的精度及表面粗糙度。这种方法操作技术要求较高，但由于不要特殊的设备，在单件、小批量生产中被普遍采用。

(a) 粗台阶　　　　　　(b)车成形轮廓　　　　　(c)用样板度量

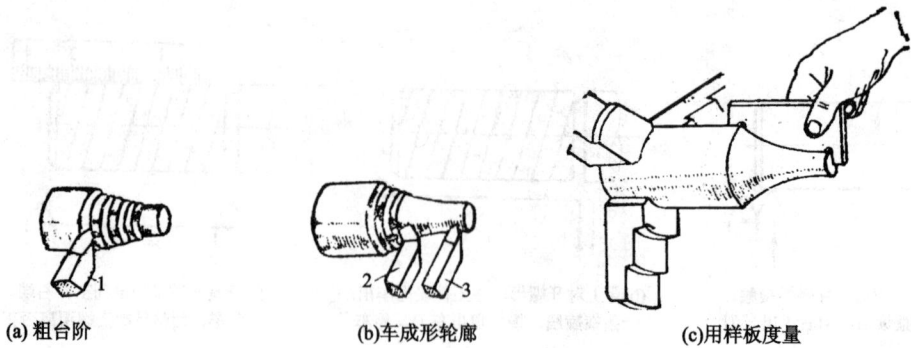

图 9.59　用普通车刀车成形面

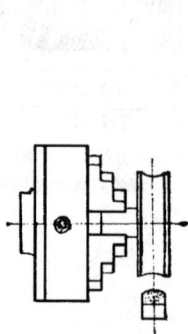

图 9.60　用样板刀车成形面　　　　　图 9.61　用靠模车成形面

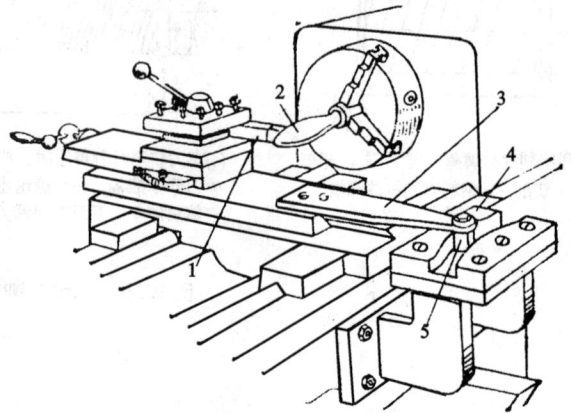

②用样板刀车成形面

如图 9.60 所示,车成形面的样板刀刀刃是曲线,与零件的表面轮廓相一致,由于样板刀的刀刃不能太宽,刃磨出的曲线形状并不十分准确,因此这种方法主要用于车削形状比较简单、形面不太精确的成形面。

③用靠模车成形面

图 9.61 表示用靠模加工手柄的成形面 2。此时刀架的横向滑板已经与丝杠脱开,其前端的拉杆 3 上装有滚柱 5。当大拖板纵向走刀时,滚柱 5 即在靠模 4 的曲线槽内移动,从而使车刀刀尖,也随着作曲线移动,同时用小刀架控制背吃刀量,即可车出手柄的成形面。靠模法加工成形面的特点是操作简单,生产率较高,常用于批量生产中。当靠模 4 的槽为直槽时,将靠模 4 扳转一定角度,即可用于车削锥度。

9.2.3　车削工艺示例

需要车削的各种零件通常是由外圆面、孔、端面和螺纹等回转体表面组成,车削时不可能把这些表面同时加工出来,而是要按照一定的工艺顺序进行加工,以便保证加工质量和提高加工效率。

如图 9.62 所示为齿轮坯零件图，其主要由外圆、孔及端面组成。除尺寸精度和表面粗糙度要求外，还有外圆对孔轴线的径向圆跳动和端面对孔轴线的端面圆跳动以及两端面的平行度要求。在车削过程中，通常应分为粗车、精车。粗车时，可选取较大的背吃刀量和进给量，尽量把大部分加工余量切去；精车时，尽可能把有位置要求的表面在一次安装中加工。或先加工孔，然后用心轴安装加工端面和外圆，以保证位置精度的要求。

齿轮坯的车削工艺过程见表 9.7

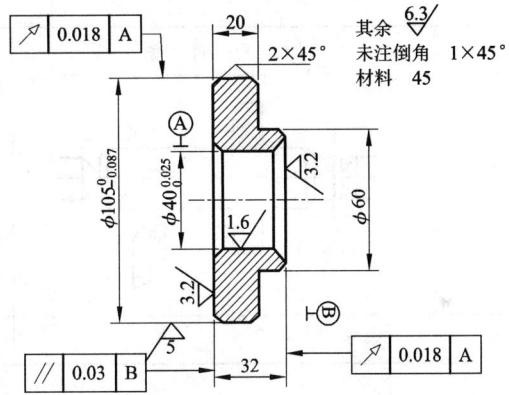

图 9.62　齿轮坯零件图

表 9.7　齿轮坯车削工艺过程

加工顺序	加 工 简 图	加 工 内 容	装卡方法	备 注
1		下料 $\phi110 \times 36$		
2		夹 $\phi110$ 外圆长 20 车端面见平 车外圆 $\phi63 \times 10$	三爪 卡盘	
3		夹 $\phi63$ 外圆 粗车端面见平，外圆至 $\phi106_{-0.22}^{0}$ 钻孔 $\phi36$ 粗精镗孔 $\phi40_{0}^{+0.025}$ 至尺寸 精车端面、保证总长 33 倒内角 $1 \times 45°$；外角 $2 \times 45°$	三爪 卡盘	
4		夹 $\phi106$ 外圆、找正 精车台肩面保证长度 20 车小端面、总长 $32.3^{+0.2}$ 精车外圆、台阶面 $\phi60$ 至尺寸，保证长度 20 倒内角 $1 \times 45°$；外角 $2 \times 45°$	三爪 卡盘	

加工顺序	加 工 简 图	加 工 内 容	装卡方法	备注
5		精车小端面 保证总长 32 精车外圆 $\phi 105^{0}_{-0.087}$ 至尺寸	顶尖卡箍, 维度心轴	
6		检　　验		

9.2.4　车削加工的特点

车削加工具有以下特点:

(1)易于保证轴、套、盘类零件的相互位置精度。因为这些类型的零件各加工面具有同一旋转轴线,可以在一次安装中加工出各外圆面、孔及端面,定位基准统一,有利于保证同轴度及端面对轴线的垂直度。

(2)刀具简单,制造、刃磨和安装方便,便于适应工件的不同材料与加工要求,选用合理的几何形状和角度,有利于提高加工质量和生产率。

(3)适用范围广。几乎所有绕定轴线旋转的内外回转体表面及端面,均可采用车削加工。

(4)适于韧性大的有色金属的精加工。有色金属零件精加工时,因磨削这类金属的砂轮易被磨屑堵塞,难于达到小的表面粗糙度值和高的生产率。因此,常采用金刚石车刀细车代替磨削。细车的精度可达 IT6 ~ IT5,表面粗糙度 Ra 值为 $0.8 ~ 0.2~\mu m$。

练习题

1. 试从车削运动特点分析车削能加工哪些表面?
2. 车床由哪些主要部件组成? 各有何功用?
3. 车削时,工件有哪些安装方式?
4. 车削通常分几个加工阶段? 各加工阶段的主要目的是什么?
5. 车螺纹时,能否用光杠走刀? 为什么?
6. 车削加工的特点是什么?

9.3　钻削与镗削加工

9.3.1　钻削加工

钻削加工包括钻孔、扩孔、铰孔等,零件上直径较小、精度要求不很高的孔,都可以在钻床(drilling machines)上钻削加工。

1. 钻床

生产中常用的钻床有台式钻床(bench - type drilling machines)、立式钻床(vertical drilling machines)和摇臂钻床(radial drilling machines)。

(1)台式钻床

台式钻床是一种小型钻床,通常安装在台桌上,用来钻削 φ12 mm 以下的孔。

台式钻床由底座、立柱(column)、主轴架及主轴(spindle)等部分组成(图9.63)。底座对其他各部分起支持作用;立柱支持主轴架,主轴架可在立柱上滑动,用以调节主轴架的高度;主轴与电机之间用三角胶带传动,改变三角胶带在带轮上的位置,便能改变主轴的转速;主轴下端有锥孔,用于安装钻卡头(图9.64),主轴的进给由进给手柄操纵。

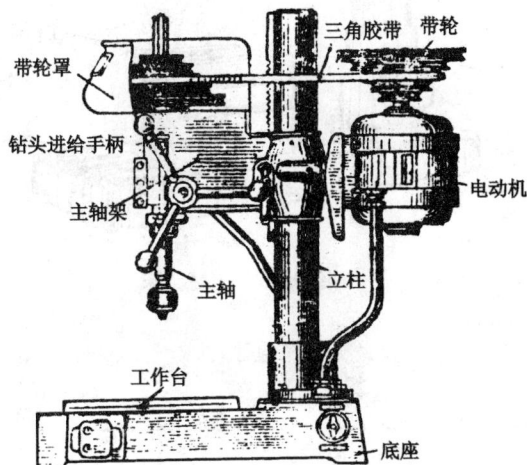

图 9.63 台式钻床

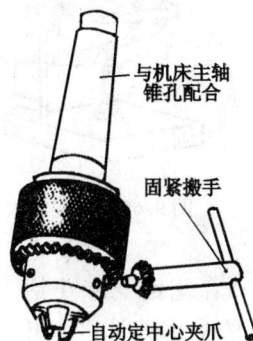

图 9.64 钻夹头

(2)立式钻床

立式钻床可钻直径较大的孔。其最大钻孔直径有 φ25 mm、φ35 mm、φ40 mm、φ50 mm 等几种。图9.65为常用的立式钻床。立式钻床由主轴、主轴变速箱、进给箱、立柱、工作台和机座组成。电动机经主轴变速箱把动力传给主轴,使主轴带动钻头旋转。同时也把动力传给进给箱,使主轴自动作轴向进给运动。利用手柄,也可实现手动轴向进给。进给箱和工作台可沿立柱导轨上下移动,以便于根据工件的尺寸调整高度进行钻削加工。立式钻床多用锥柄钻头。钻头可直接装夹在钻床主轴锥孔内。钻孔时,靠移动工件来找正孔位。立式钻床适于加工中小型工件。

(3)摇臂钻床

摇臂钻床及其组成如图9.66所示。在摇臂钻床上钻孔时,工件安装在机座上或机座上面的工作台上。由于主轴箱能沿摇臂上的导轨移动,而摇臂又能绕立柱回转和沿立柱上下移动。因此,可将主轴调整到钻床加工范围内的任何位置上。摇臂钻床适于加工大型工件及多孔工件的钻孔、扩孔、铰孔、锪平面和攻丝等。

2. 钻孔

钻孔(hole drilling)是用麻花钻在材料实体部位进行孔加工。钻孔时,工件固定不动,钻头旋转(主运动)并作轴向移动(进给运动)。由于麻花钻结构上存在一些缺点,切削条件差,故钻孔精度低,尺寸公差等级一般为ITl3~ITll,表面粗糙度 Ra 值为 50~12 μm。

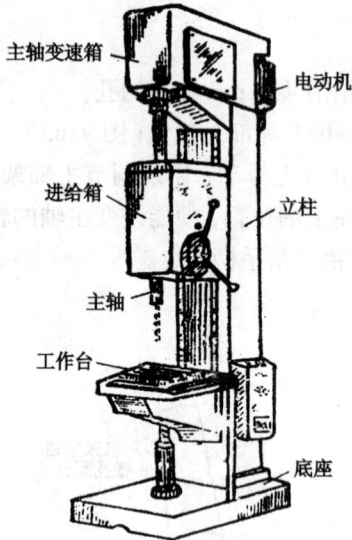

图 9.65　立式钻床

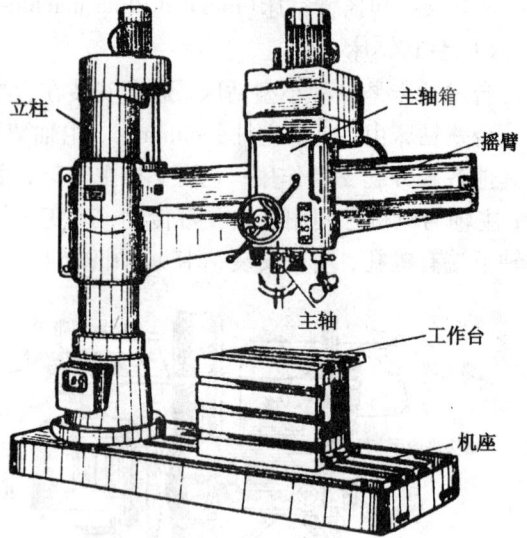

图 9.66　摇臂钻床

（1）麻花钻　麻花钻是钻孔的常用刀具，其组成如图 9.67 所示。直径小于 $\phi 12$ mm 时一般为直柄钻尾，大于 $\phi 12$ mm 时为锥柄钻尾。

麻花钻的工作部分包括切削部分和导向部分。麻花钻前端为切削部分，切削部分有两条对称的主切削刃，两刃之间的夹角称为顶角，其值为 $2\phi =$

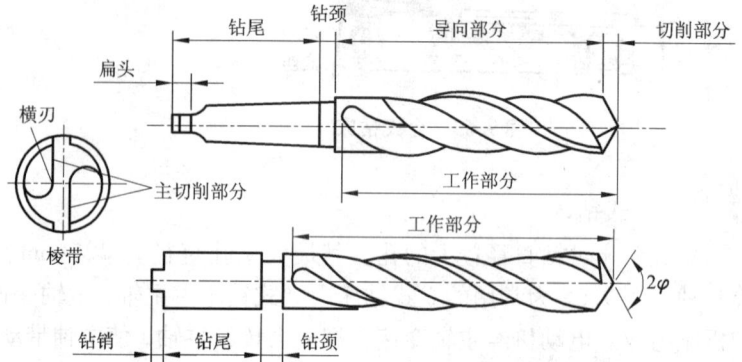

图 9.67　麻花钻的组成

$116° \sim 118°$。两主切削刃交汇处为横刃。导向部分有两条棱带和螺旋槽。棱带的作用是引导钻头和修光孔壁。螺旋槽的作用是形成切削刃，且作输送切削液和排屑之用。

（2）钻孔方法

①划线　为了使孔位钻正，钻孔前要在工件上划线，以确定孔的中心。并用样冲在中心冲一凹坑，以便钻头对准中心。

②选择和安装钻头　根据孔径大小选取合适的钻头。锥柄钻头可直接装夹在主轴锥孔内。安装直柄钻头，采用钻夹头（drill chuck），装夹时，先轻轻夹紧，开车检查是否摆动，若摆动，则停车纠正，最后用力夹紧。

③选择钻床转速　根据钻头直径选择主轴转速。大钻头，主轴转速应低；小钻头，转速较高，但进给量较小，以免拆断钻头。

④安装工件　小工件常用机用虎钳装夹［图 9.68（a）］。装夹时，应使钻孔表面垂直于钻

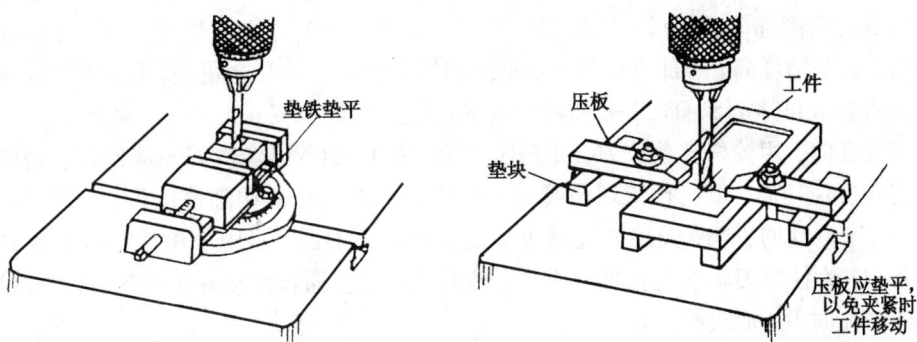

图9.68　钻孔时工件的安装

头轴线。大工件用压板螺栓装夹[图9.68(b)]。拧紧螺栓时，应先将每个螺栓轻拧一遍，然后用力拧紧，以免工件产生位移或变形。

　　⑤钻孔操作　钻孔时一般应先试钻一浅坑，检查孔位是否准确。如不准确，应校正后再钻。在钢材等塑性材料上钻孔时，应加切削液。工件材料较硬或钻深孔时，应适时将钻头抽出孔外，排除切屑，防止钻头过热。孔快要钻通时，应降低进给速度，以免钻头折断。切屑要用毛刷清理，不要用手拭或用嘴吹。

3. 扩孔

　　扩孔(counlerboring)是用扩孔钻对已经钻出(或铸出、锻出)的孔进行扩大和提高精度的加工[图9.69(a)]。扩孔钻如图9.69(b)所示。其结构与麻花钻相似，但切削刃有3~4个，前端是平的，无横刃，螺旋槽较浅，钻体刚度好。扩孔余量小，切削比较平稳，所以扩孔精度比钻孔高。其尺寸公差等级可达IT1O~IT9，表面粗糙度 Ra 值可达6.3~3.2 μm。扩孔可作为终加工，也可作为铰孔前的预加工。

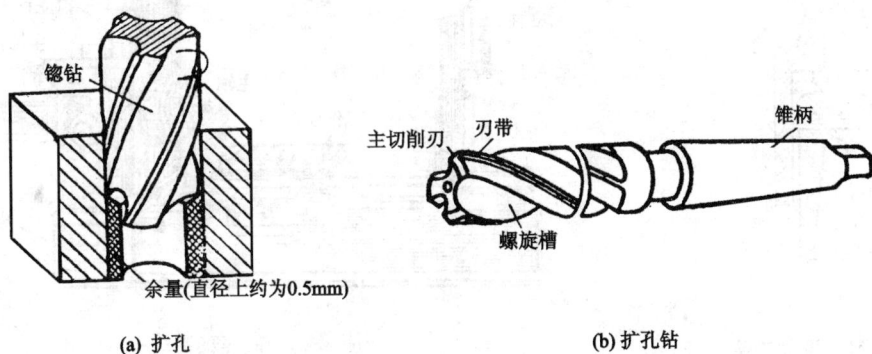

(a) 扩孔

(b) 扩孔钻

图9.69　扩孔和扩孔钻

4. 铰孔

用铰刀对孔进行精加工的操作称为铰孔(reaming)。

铰刀(reamer)有手用铰刀和机用铰刀两种[图9.70(a)]。手用铰刀为直柄，工作部分较长。机用铰刀多为锥柄,可装在钻床、车床或镗床上铰孔。铰刀的工作部分由切削部分和修光部分组成。切削部分呈锥形,担负切削工作。修光部分起导向和修光作用。铰刀有 6 ~ 12个切削刃,制造精度高,心部直径较大,刚度和导向性好。铰孔余量小,切削平稳。因此,铰孔尺寸公差等级可达 IT8 ~ IT6,表面粗糙度 Ra 值达 $1.6 \sim 0.4 \ \mu m$。

手工铰孔时,用铰杆转动铰刀,并轻压进给[图 9.70(b)]。铰刀不能倒转,否则铰刀与孔壁之间易挤住切屑,造成孔壁划伤或刀刃崩裂。手工铰孔的切削速度低,切削力小,热量少,不受机床振动的影响,铰出的孔精度较高,但生产率低,多用于单件小批量生产。在钻床上铰孔时,为使铰刀轴线与孔轴线重合,铰刀与主轴应通过浮动夹头连接(图 9.71)。切削速度应较钻孔时低,而进给量较大。

切削液对铰孔质量影响较大。碳钢铰孔可用乳化液,铸铁可使用煤油。

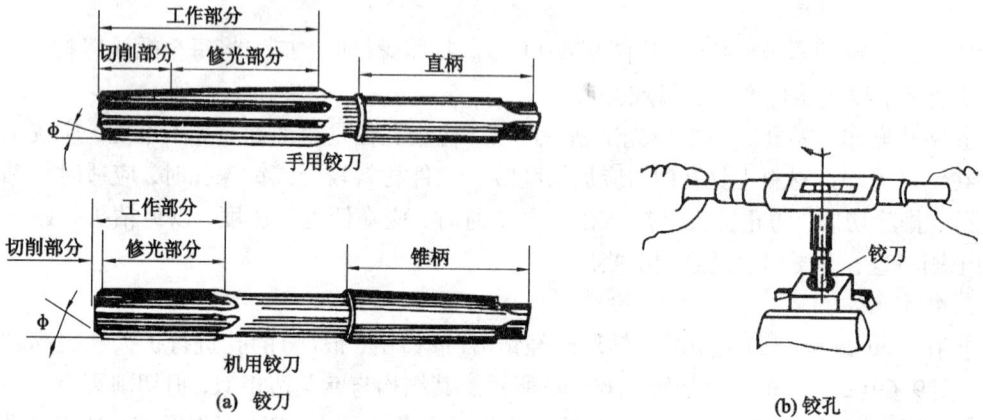

图 9.70　铰刀和铰孔

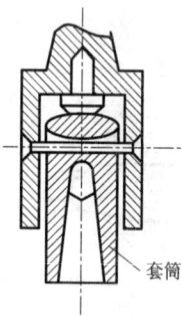

图 9.71　浮动夹头

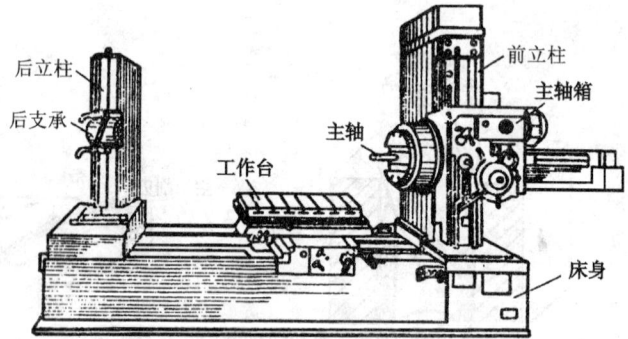

图 9.72　卧式镗床

9.3.2 镗削加工

在镗床上进行的切削加工称为镗削。图 9.72 为常用的卧式镗床。由床身、前立柱、主轴箱、后立柱和工作台等部分组成。镗床的主轴能作旋转主运动和轴向进给运动。安装工件的工作台可以实现纵向、横向进给运动，并可回转一定的角度。主轴箱可沿前立柱导轨作上下运动。后立柱可沿床身导轨水平移动，其上的镗杆支承也可与主轴箱同时上下运动。

镗刀有单刃镗刀、多刃镗刀等几种，常用的单刃镗刀如图 9.73 所示。刀头装在镗刀杆上，其径向位置可根据镗孔尺寸进行调整。

镗床（boring machines）主要用于大型工件或形状复杂工件上的孔和孔系的加工。图 9.74 为镗床上镗孔的示意图。镗短孔时，镗刀杆插在主轴锥孔内作旋转运动，工作台带动工件作轴向进给运动[图 9.74（a）]；镗削轴向距离较大的同轴孔系时，为提高镗杆刚度，应采用后立柱支承镗杆进行加工

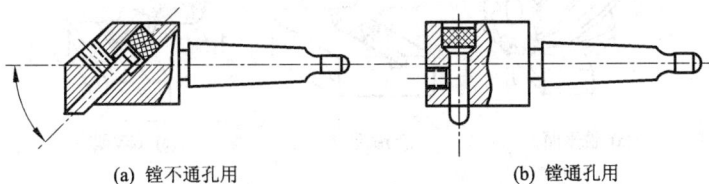

(a) 镗不通孔用　　　　(b) 镗通孔用

图 9.73　单刃镗刀

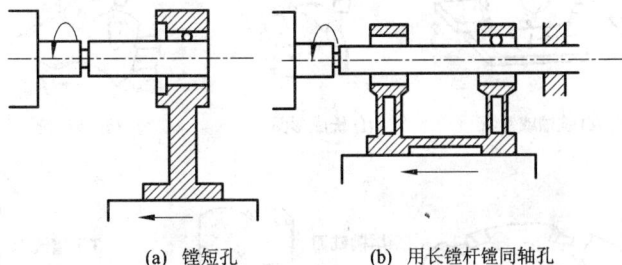

(a) 镗短孔　　　　(b) 用长镗杆镗同轴孔

图 9.74　镗床上镗孔

[图 9.74（b）]。镗孔尺寸公差等级可达 IT8～IT7，表面粗糙度值一般为 1.6～0.8 μm。此外，镗床上还可钻孔、扩孔、铰孔和加工端面、螺纹等。

练习题

1. 试述钻孔、扩孔和铰孔的工艺特点。
2. 为什么用直径较大的钻头钻孔选较低的转速，而小直径钻头钻孔，选较高的转速？
3. 卧式镗床上可以镗什么样的孔，它和车床上镗孔有何区别？

9.4　铣削加工

铣削（milling）是在铣床上用铣刀进行切削加工。铣削主要用来加工各类平面、沟槽和成形面，也可进行钻孔、铰孔和镗孔。常见的铣削加工如图 9.75 所示。铣削加工的尺寸公差等级一般为 IT9～IT8，表面粗糙度 Ra 值为 6.3～1.6 μm。

如图 9.76 所示。铣削时，铣刀（milling cutter）作旋转的主运动，工件一般作直线进给运动。

铣削用量包括铣削速度、进给量、背吃刀量和侧吃刀量。铣削速度 v 是指铣刀最大直径处的圆周速度（m/s）；进给量 f 为工作台每分钟移动的距离（mm/min）；背吃刀量 a_p 为沿铣刀轴线方向测量的切削层尺寸（mm）；侧吃刀量 a_e 为垂直于铣刀轴线方向上测量的切削层尺寸（如图 9.76）。

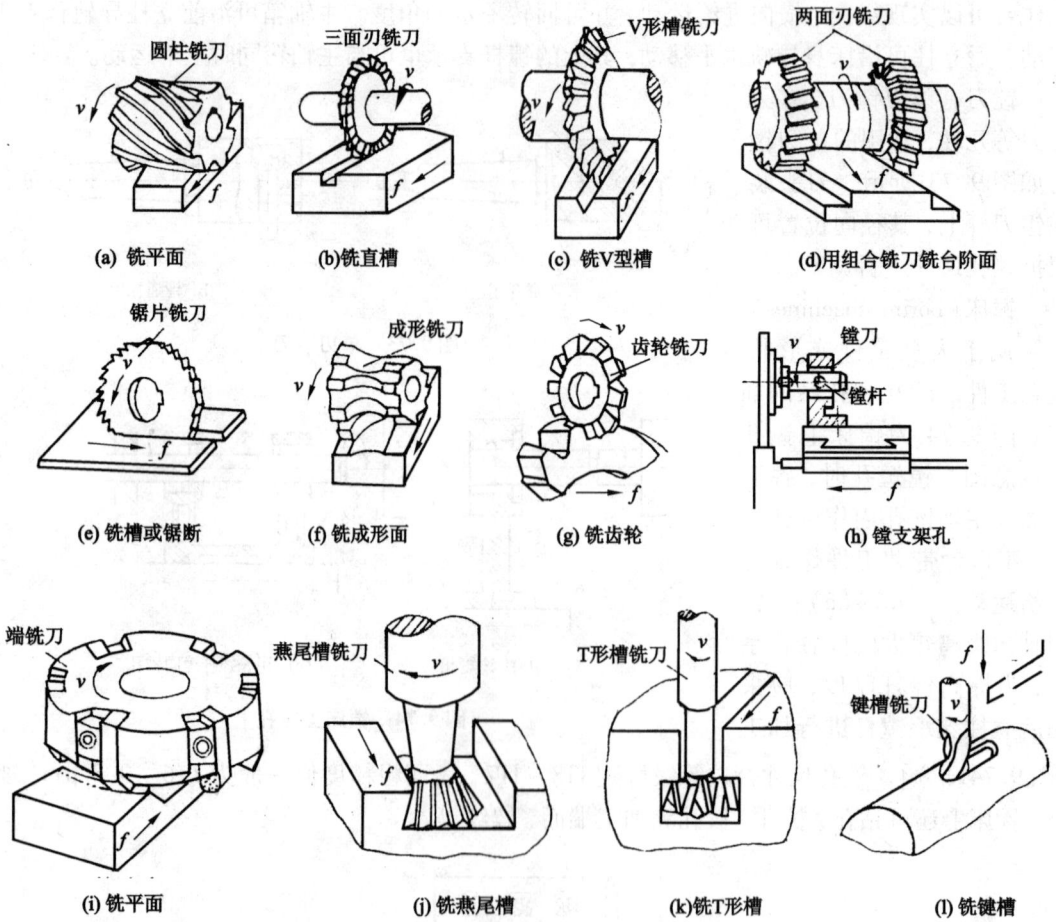

(a) 铣平面　　　(b)铣直槽　　　(c) 铣V型槽　　　(d)用组合铣刀铣台阶面

(e) 铣槽或锯断　　(f) 铣成形面　　(g) 铣齿轮　　　(h) 镗支架孔

(i) 铣平面　　　(j) 铣燕尾槽　　(k)铣T形槽　　　(l) 铣键槽

图 9.75　铣削主要加工范围

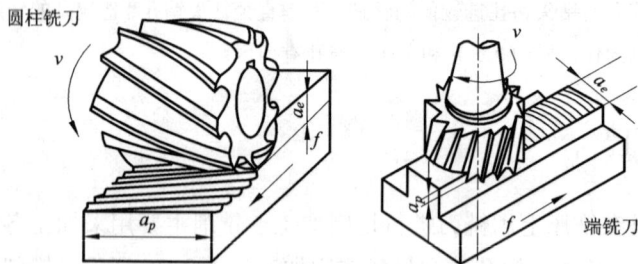

图 9.76　铣削运动和铣削用量

9.4.1　铣床

铣削加工中常用的铣床(miller)有卧式铣床和立式铣床两种。

1. 卧式万能铣床

卧式铣床的特点是主轴和工作台面平行。在卧式铣床中,卧式万能铣床用得最多。图 9.77 为 X6132 卧式万能铣床(X—铣床; 61—卧式万能升降台; 32—工作台宽度的 1/10, 即

工作台宽度为 320 mm)。其主要组成部分如下:

(1)床身　用来支承和连接机床其他部件。顶面上有供横梁移动用的水平导轨。前壁有燕尾形的垂直导轨,供升降台上下移动用。床身后部装有电动机,内部装有主轴变速箱,通过操纵变速手轮可改变主轴的转速。

(2)横梁(rail)　横梁上装有吊架,用以支承刀杆外伸的一端,以提高刀杆的刚度,减少振动。

(3)主轴(spindle)　用来安装刀杆并带动其旋转。主轴是空心的,前端有锥孔,刀杆的锥柄可与它紧密配合。刀杆锥柄有内螺纹,用于与主轴后端穿入的拉杆螺栓联接,以固紧刀杆。

(4)升降台(knee)　可沿床身的导轨上下移动,以调整工作台面到铣刀的距离或垂直进给。升降台内部装有进给电动机和进给变速系统。操纵进给变速手轮可改变进给速度。

(5)工作台　用来安装工件、夹具或分度头等。工作台下部分有一传动丝杠,通过它使工作台带动工件作纵向进给运动。

(6)横向溜板　位于升降台上面,可带动工作台作横向运动。横向溜板上装有转台,可使工作台在水平面内旋转一定的角度(最大为 ±45°)。

工作台纵向、横向移动和升降可手动、也可由进给电动机带动作自动进给运动。

2. 立式铣床

图 9.78 为立式铣床,立式铣床与卧式铣床的主要区别在于主轴与工作台台面垂直。有的立式铣床的主轴头还能转动一定的角度,从而扩大了加工范围。

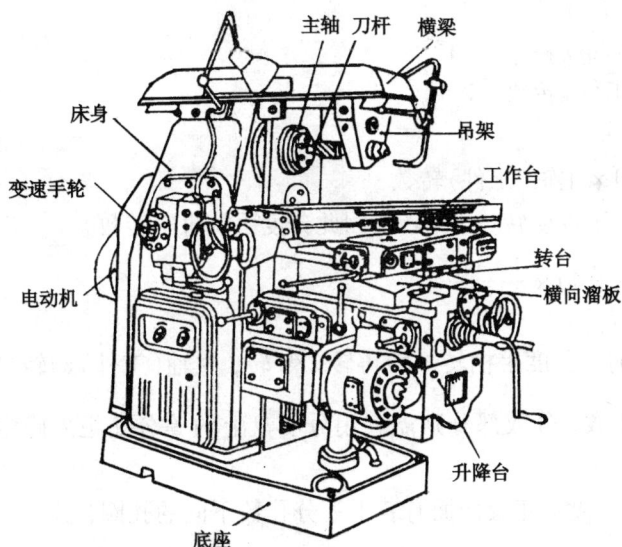

图 9.77　卧式万能铣床

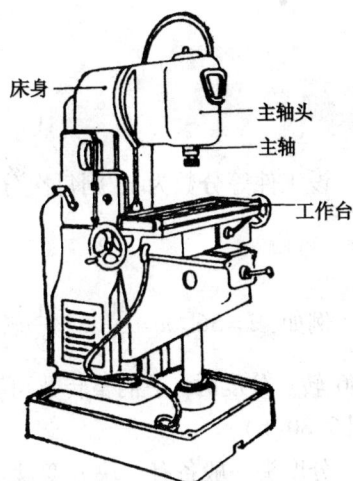

图 9.78　立式铣床

9.4.2　铣刀

铣刀是一种多刃刀具,加工不同的工件,选用不同类型的铣刀。从铣刀的结构分类,可分为带孔铣刀和带柄铣刀。其中带孔铣刀一般用于卧式铣床,带柄铣刀用于立式铣床。

9.4.3　分度头

在铣削六方、齿轮、花键和刻线等加工过程中,工件每铣过一个面(或一个齿)之后,需要转过一定的角度,再铣第二个面(或第二个齿),这种工作叫做分度。分度头(dividing head)就是根据加工需要,对工件在水平、垂直和倾斜位置进行分度的附件。

1. 分度头的组成

图9.79所示为常见的万能分度头。它由底座、转动体、主轴和分度盘等组成。工作时,它的底座用螺栓紧固在工作台上,并利用定向键与工作台中间的一条T形槽配合,使分度头主轴方向平行于工作台的纵向。分度头的主轴头部结构与车床主轴相似,其上可安装顶尖、拨盘或三爪卡盘等零部件来夹持工件。分度头转动体可使主轴转至一定的角度(转角范围为 +90° ~ -6°)。

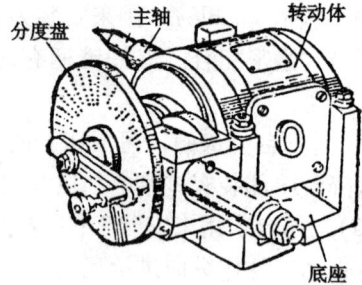

图9.79　分度头

2. 分度原理和分度方法

图9.80(a)为分度头的传动系统图。主轴上固定有齿数为40的蜗轮,它与单头蜗杆相啮合。当拔出定位销,摇动分度手柄时,通过一对传动比为1:1的齿轮传动,使蜗杆带动蜗轮(主轴)转动而分度。手柄转动与主轴转动之间有如下关系:当分度手柄转一转的同时,主轴(工件)转动了1/40转。

即

$$\frac{\text{分度手柄转数 } n}{\text{主轴(工件)转数}} = \frac{1}{1/40} = 40$$

或

$$n = 40 \times \text{主轴(工件)转数}$$

设工件等分数为 z,则每次分度时,工件应转过 $1/z$ 转。因此分度手柄每次转数

$$n = 40 \times \frac{1}{z} = \frac{40}{z}$$

例如: $z = 36$, $n = \frac{40}{36} = 1\frac{1}{9}$ 转。此时,分度手柄转1转再转1/9转,主轴(工件)即转过1/36转。分度时,手柄整转数可直接计数,分数部分则需利用分度盘上的等分孔距来确定[图9.80(b)]。

分度头一般备有二块分度盘。每块分度盘正反两面有若干等分孔数不同的孔圈,其各圈孔数如下:

第一块正面:24、25、28、30、34、37;

反面:38、39、41、42、43。

第二块正面:46、47、49、51、53、54;

反面:57、58、59、62、66。

当 $n = 1\frac{1}{9}$ 转时,则可用分度盘上孔数为54的孔圈(或孔数可被分母9除尽的其他孔

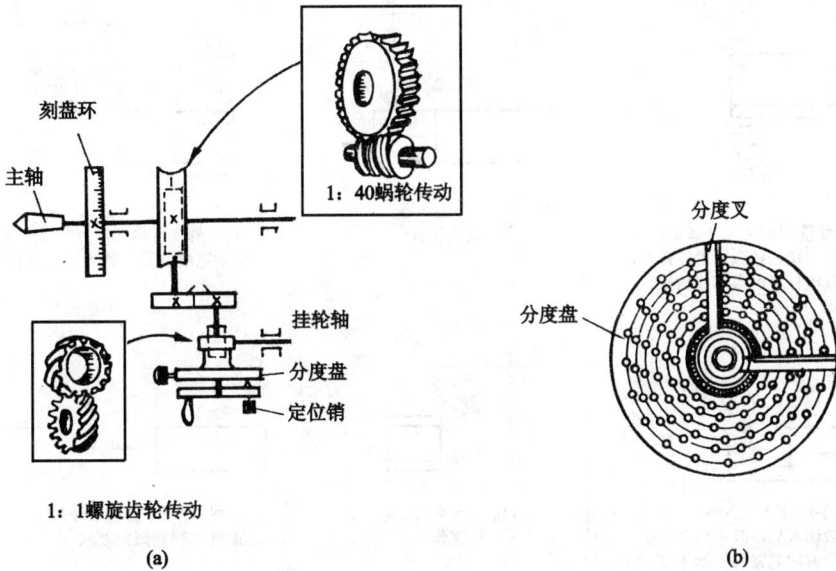

图9.80 分度头传动系统及分度方法

圈)，使分度手柄转 $1\frac{6}{54}$ 转。即将定位销调整至分度盘上54的孔圈上，转1转后再转过6个孔距(第7个孔)。这样，主轴(工件)每次就可准确地转1/36转。

为了避免分度时数孔的麻烦和引起差错，可利用分度盘上的一对分度叉[见图9.80(b)]。调整两叉之间的夹角，使其为所需要的孔距数，这样分度时可迅速无误。

9.4.4 铣削基本工作

1. 铣平面

在卧式铣床或立式铣床上都可以铣削平面。铣平面时，工件可夹紧在机用虎钳上，也可用压板螺栓直接压紧在工作台上。

(1)卧式铣床上铣平面 在卧式铣床上铣平面，通常采用螺旋齿圆柱铣刀，又称周铣(peripheral milling)。铣削时，刀齿沿螺旋方向逐渐切入工件，切削过程比较平稳(图9.81)。周铣平面的步骤如图9.82所示。

图9.81 在卧式铣床上铣平面

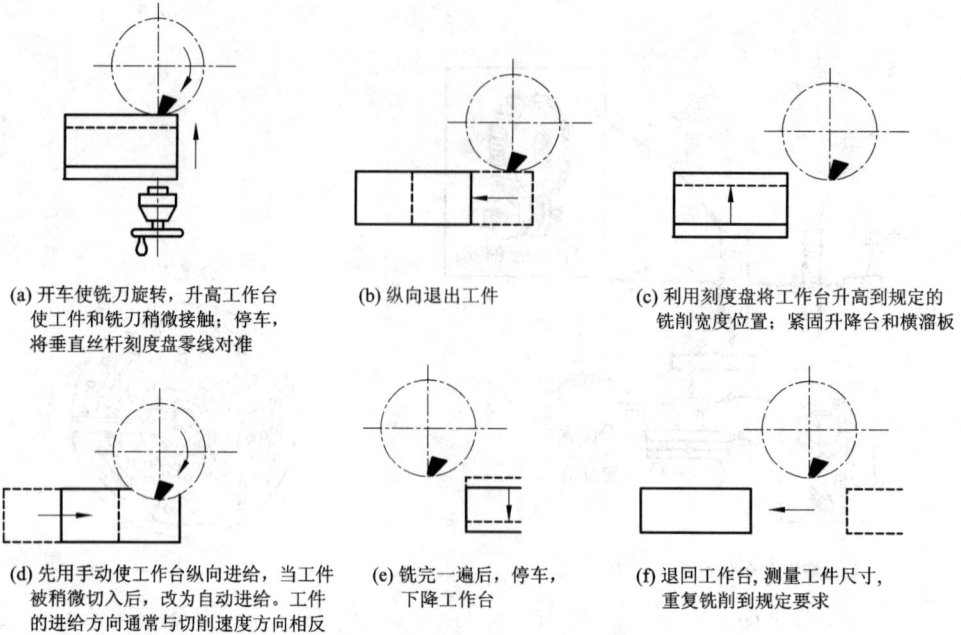

(a) 开车使铣刀旋转,升高工作台
使工件和铣刀稍微接触;停车,
将垂直丝杆刻度盘零线对准

(b) 纵向退出工件

(c) 利用刻度盘将工作台升高到规定的
铣削宽度位置;紧固升降台和横溜板

(d) 先用手动使工作台纵向进给,当工件
被稍微切入后,改为自动进给。工件
的进给方向通常与切削速度方向相反

(e) 铣完一遍后,停车,
下降工作台

(f) 退回工作台,测量工件尺寸,
重复铣削到规定要求

图 9.82　周铣平面的步骤

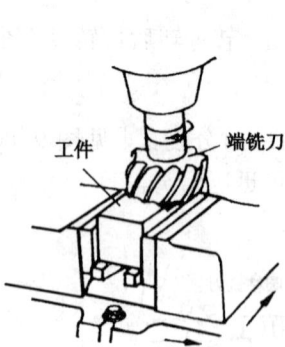

图 9.83　在立式铣床上铣平面

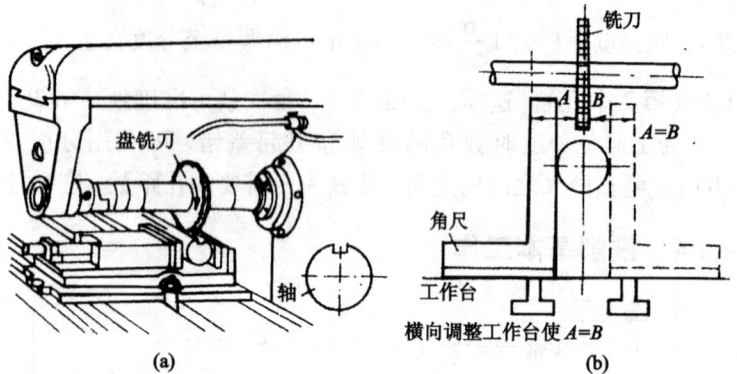

图 9.84　铣开口键槽

　　(2)立式铣床上铣平面　在立式铣床上用端铣刀铣平面,称为端铣(face milling)(图 9.83)。端铣时,由于同时参加的切削刀齿较多,切削力较平稳。端铣刀装夹在刚度好的主轴上,可采用较大的铣削用量。因此,在一般情况下,端铣的生产率和表面质量较周铣高,生产中应用较多。

　　2. 铣槽

　　在铣床上可以铣削各种沟槽。铣槽时,首先要根据所铣沟槽形状,选择相应的铣刀。

　　(1)铣轴上键槽　铣轴上键槽时,工件可用机用虎钳、V 形块或在分度头上安装。

　　开口式键槽可在卧式铣床上用三面刃盘铣刀铣削[图 9.84(a)]。铣刀的宽度应根据铣槽宽度而定。安装时,铣刀的中心平面应和轴线对准。对刀方法如图 9.84(b)所示。铣刀对准后,将铣床横向溜板固紧。铣削时,应先试铣,检验槽宽,合格后再铣出键槽的全长。

封闭式键槽是在立式铣床上用键槽铣刀进行铣削(图9.85)。

(2)铣T形槽　T形槽应用广泛。例如铣床和刨床的工作台上均有T形槽,以便安放紧固螺栓压紧工件。加工T形槽的步骤如图9.86所示,首先用立铣刀或三面刃铣刀铣出直角槽,然后在立铣上用T形槽铣刀铣削T形槽。

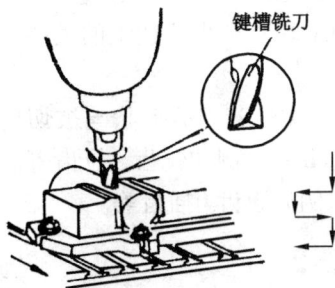

键槽铣刀

图9.85　铣封闭键槽

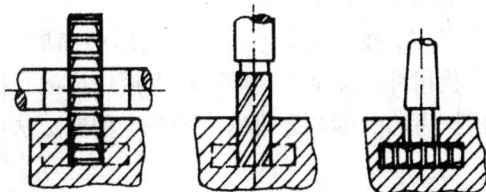

图9.86　铣T形槽

练习题

1. 铣削的主运动是什么? 进给运动是什么?

2. 铣床上能加工哪些表面? 能达到的经济精度和表面粗糙度值为多少?

3. 铣轴上封闭式键槽,应选用何种铣床和铣刀?

4. 铣一齿数 $z = 26$ 的直齿圆柱齿轮,试计算其每铣完一齿后,分度头手柄应转多少圈? 分度时,分度销应插哪一孔圈? (已知分度盘各圈孔数为: 38,39,41,42,43)

5. 试述铣T形槽的方法? 采用何种铣床和铣刀?

9.5　齿形齿面的切削加工

9.5.1　渐开线齿轮概述

齿轮是机械传动机构中非常重要的零件,广泛应用于现代机械和各种仪表中,其主要作用是传递动力和传递并改变运动的速度和方向。齿轮的结构形式很多,常见的有圆柱齿轮、圆锥齿轮及蜗杆蜗轮等。圆柱齿轮中,齿向平行于轴线的称直齿轮;齿向呈螺旋线形状的称斜齿轮(或称螺旋齿轮)。其齿廓曲线通常采用渐开线。

齿轮传动(gear transmission)质量对机械产品的工作性能、承载能力及寿命有很大的影响。为了保证齿轮的传动质量,对齿轮加工提出下列要求:

(1)传动运动的准确性　为保证齿轮传动速比的准确性,应要求齿轮一转内转角误差不超过允许值。所以,在齿轮加工中,分齿应均匀。

(2)传动的平稳性　传动平稳即齿轮传动冲击和振动小、噪音低。因此,应限制局部齿形的制造误差,以限制瞬时速比的变动量。

(3)载荷分布的均匀性　为减少齿面应力集中,局部磨损,影响使用寿命,应要求齿轮啮合时,齿面接触良好,承载均匀。

（4）齿侧间隙　指齿轮副在工作状态下，非工作齿面间应有一定的间隙，以补偿齿轮的加工和安装误差，补偿热变形，保证齿轮能自由回转和贮存润滑油。齿侧间隙是由工作条件确定的。制造时，通过控制齿轮齿厚来获得。

为了适应机械产品不同的需要，我国将渐开线圆柱齿轮分为 12 个精度等级（GBl0095—88），精度由高至低依次为 1～12 级。在一般机械中，以 7、8 级的齿轮应用最广。

齿轮加工分为齿坯加工、齿面加工两个阶段，而齿面加工是整个齿轮加工的关键。下面着重介绍渐开线齿面的切削加工。

齿面加工按其加工原理分为成形法和展成法（滚切法）两类。若刀刃形状与被切齿轮齿槽的形状相符，齿面由成形刀具直接切出时，称成形法（forming），例如铣齿、拉齿等。若齿面是根据齿轮的啮合原理来形成的，称展成法（generating），例如滚齿、插齿等。

9.5.2　铣齿

1. 铣齿加工方法及铣刀

（1）用成形法铣直齿轮　一般在卧式万能铣床上进行（图 9.87）。齿坯安装在铣床的分度头上，铣刀旋转作主运动，工作台带动齿坯作直线进给运动。每铣完一个齿槽后，应使工件退回，进行分度，再铣下一个齿槽。重复进行上述过程，直至铣出全部齿面为止。

（2）用成形法铣斜齿轮　铣斜齿轮时，应使齿坯随工作台作直线运动的同时，通过分度头附加一确定的旋转运动，以形成所需要的斜齿轮螺旋角。为使铣出的齿槽与铣刀的刃形相吻合，工作台还应旋转一个斜齿轮的螺旋角 β。

（3）齿轮选刀及其选用　齿轮铣刀有两种结构形式。一种是盘状齿轮铣刀［图 9.88（a）］，它适于在卧式铣床上加工模数 $m < 8$ 的齿轮；一种是指状模数铣刀［图 9.88（b）］，它适用于在立式铣床或滚齿机等机床上加工模数 $m \geq 8$ 的齿轮。

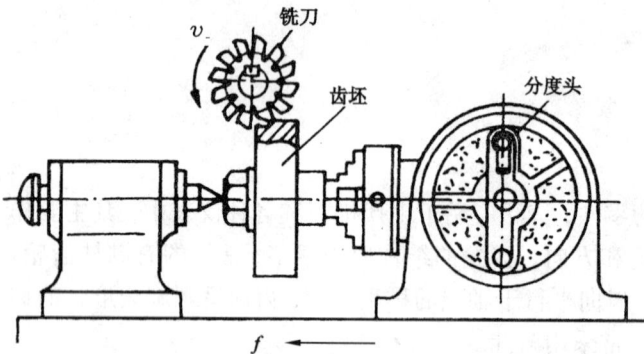

图 9.87　铣直齿轮

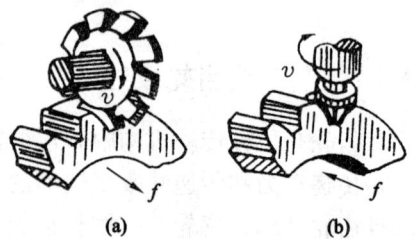

图 9.88　齿轮铣刀

从理论上讲，齿轮铣刀的齿廓形状与被加工齿形应完全相同。由于模数和齿数不同的齿轮，其渐开线齿形也不相同。因此，要获得准确的齿形，每一种模数和每一种齿数的齿轮需要相应地用一把铣刀。显然，制造和使用这样多的铣刀是极不经济的，在实际生产中，某一模数的铣刀一般做成 8 把，分成 8 个刀号（见表 9.8），分别铣削齿形相近的一定齿数范围的齿轮。

表9.8 齿轮铣刀刀号及其加工齿数范围

刀　号	1	2	3	4	5	6	7	8
加工齿数范围	12~13	14~16	17~20	21~25	26~34	35~54	55~134	135以上
齿　形								

　　为了保证铣出的齿轮在啮合传动中不被卡住，每号齿轮铣刀的齿形按所铣齿数范围内最小齿数的齿形制造(图9.89)。因此，除了最小齿数外，其他齿数的齿轮都只能获得近似的齿形。

　　铣直齿轮时，在模数确定后，即可根据齿轮齿数选取刀号。而在铣斜齿轮时，则必须按其当量齿数来选取，当量齿数 Z_e 的计算公式如下：

$$Z_e = \frac{Z}{\cos^3\beta}$$

式中：Z——斜齿轮的实际齿数；

　　　　β——斜齿轮的螺旋角。

图9.89 6号齿轮铣刀的刀齿齿形

2. 铣齿加工的特点

　　(1)生产成本低　铣齿加工不需要专用的齿轮加工机床，在普通铣床上即能加工；齿轮铣刀结构比较简单，容易制造。所以，加工成本低。

　　(2)加工精度低　铣齿加工时，齿形的准确性取决于齿轮铣刀，而一个刀号的铣刀要加工一定范围齿数的齿形，致使齿形误差较大。此外，在铣床上采用分度头分齿，分齿误差也较大。其精度一般为11~9级。

　　(3)生产率低　齿形铣削过程中，每铣一齿都要重复耗费切入、切出、退刀和分度的时间，同时安装调整也较费时。

　　根据上述特点，铣齿主要适合于单件小批生产，也常用于机修工作中加工精度低于9级(包括9级)、齿面粗糙度 Ra 为 6.3~3.2 μm 的齿轮。重型机械中一些要求较高的齿轮，也可用高精度的指状模数铣刀和精密分度夹具进行铣削加工。

9.5.3 滚齿和插齿

1. 滚齿

　　(1)滚齿加工原理滚齿加工在滚齿机上进行，图9.90为展成法滚削加工齿面的原理，滚刀形状类似蜗杆，其加工过程

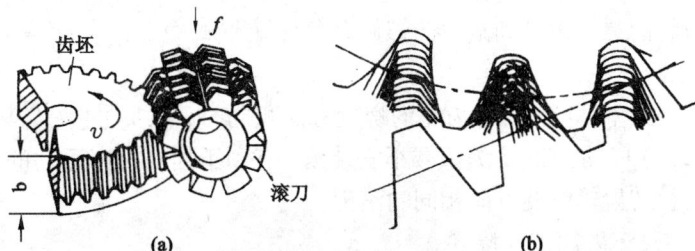

图9.90 滚齿加工原理

与蜗杆蜗轮的啮合过程相似。为了形成切削刃和容屑槽，滚刀在垂直螺旋线方向等分地开出

若干刀槽,刃形近似于齿条齿形。滚齿时,每个齿形都是由滚刀在旋转中依次对齿坯切削的若干条切削刃包络而成的[图9.90(b)]。当滚刀与齿坯进行强制啮合运动时,就在齿坯上切出了渐开线齿形。

(2)滚齿运动及滚刀的安装

①滚齿加工的基本运动　如图9.91所示,在滚齿机(gear hobbing machines)上加工直齿轮时,需要如下基本运动:

主运动　即滚刀的旋转运动,其转速 $n_刀$ (r/min)可根据选定的切削速度 v(m/s)及滚刀直径 $D_刀$(mm)按下式计算:

$$n_刀 = \frac{60 \times 1000v}{\pi D_刀} \quad (\text{r/min})$$

$n_刀$ 可通过变速挂轮 u_v 进行调整。

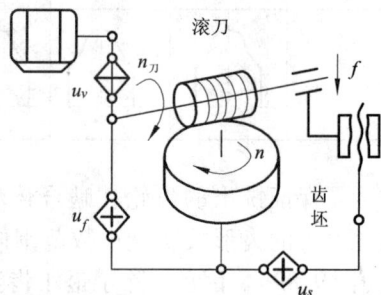

图9.91　滚直齿轮时传动原理图

展成运动　即滚刀与齿坯之间的啮合运动,两者应准确地保持齿轮啮合传动比关系。设滚刃的头数为 K(通常 $K=1$),被加工齿轮的齿数为 Z,则滚刀每转一转,齿坯应沿啮合运动方向转 K 个齿,即转 K/Z 转。两者的速比可通过分齿挂轮 u_f 进行调整。

垂直进给运动　为了切出整个齿宽上的齿形,滚刀须沿齿坯轴线方向作连续进给运动。以工件每转滚刀移动的距离表示,单位为 mm/r。其进给量可通过垂直进给运动变速挂轮 u_s 进行调整。

在滚齿机上也可以加工斜齿轮,滚削加工斜齿轮时,由于滚刀只能作垂直进给运动,为了使滚刀刀齿沿斜齿螺旋线方向作进给运动,就必须使齿坯在滚刀垂直进给的同时,附加一个旋转运动,使它们的合成运动正好形成斜齿轮的螺旋线。这个附加的转动,是通过机床的差动机构来实现的。

②滚刀的安装　为了使滚刀刀齿的运动方向和齿轮的齿向一致,滚刀轴线应斜置一个安装角 δ。当加工直齿轮时,δ 等于滚刀的螺旋升角([图9.92(a)];当加工斜齿轮时;δ

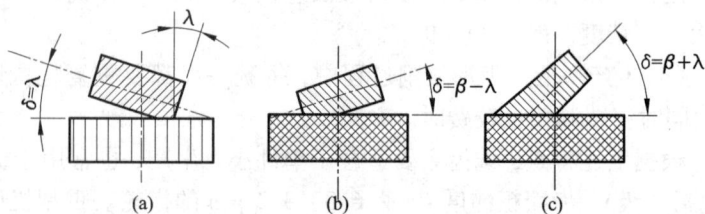

图9.92　滚刀的安装角

由齿轮的螺旋角 β 和滚刀的螺旋升角 λ 按下式确定:

$$\delta = \beta \mp \lambda$$

上式中,当滚刀与齿轮的螺旋方向相同时,取负号[图9.92(b)];相反时,取正号[(图9.92(c)]。加工时,为了减小安装角,有利于提高机床运动的平稳性和加工精度,应尽量采用与被切齿轮螺旋方向相同的滚刀。

(3)滚齿加工的特点

①加工精度较高　齿形按展成法形成,机床分度精度高,所以能获得8~7级精度。

②滚刀数量较少　某一模数的滚刀,可加工相同模数而齿数不同的齿轮,可大大减少刀具的数量。

③生产率较高 滚齿加工是一种连续切削过程，故生产率高。

④加工范围较广 滚齿可加工直齿轮、斜齿轮和蜗轮，既适合于单件小批生产，也适合于成批和大量生产。但滚齿难于加工内齿轮和相距很近的多联齿轮。

2.插齿

(1)插齿原理 插齿加工在插齿机上进行，它是利用一对齿轮的啮合原理来加工齿面，图9.93(a)，插齿刀实质上是一个端面磨有前角，齿顶和齿侧均铲磨有后角的高精度变位齿轮。插齿刀与齿坯之间严格按照一对齿轮的啮合关系强制转动，同时插齿刀一边转动，一边上下往复运动，刀具每往复一次切出齿形的一小部分，刀齿侧面运动轨迹所形成的包络线，即为渐开线齿形[图9.93(b)]。

(2)插齿运动 插齿需要具备五种运动：

①主运动 主运动是插齿刀沿其轴向的直线往复运动。在立式插齿机上，插齿刀向下为工作行程，向上为回程。若切削速度 v(m/s)及行程长度 l(mm)已确定，其每分钟的往复行程数 n_r 按下式计算：

$$n_r = \frac{60 \times 1000v}{2l} \quad (\text{str/min})$$

图9.93 插齿原理

②分齿运动 分齿运动是插齿刀和齿坯之间严格保持一对齿轮的啮合速比关系的运动，即

$$\frac{n}{n_{刀}} = \frac{Z_{刀}}{Z}$$

式中：n、$n_{刀}$——分别为齿坯和插齿刀的转速；

Z、$Z_{刀}$——分别为被切齿轮和插齿刀的齿数。

③圆周进给运动 指插齿刀的转动。圆周进给量是插齿刀每往复一次时，在分度圆上转过的弧长，单位为 mm/str。插齿刀转速的快慢影响加工精度和生产率。降低圆周进给可增加形成齿形的刀刃的切削次数，有利于提高齿形加工精度，但将会降低生产率。

④径向进给运动 插齿刀逐渐向齿坯中心移动的运动，以切出全齿深。径向进给量是插齿刀每往复一次在径向移动的距离，单位为 mm/str。

⑤让刀运动 为了避免插齿刀在回程时与齿坯已加工面摩擦而擦伤已加工表面和减少刀具磨损，要求刀具回程时，齿坯应让开插齿刀，当工作行程开始时，又要求齿坯恢复原来的位置。齿坯所作的这种往复运动称为让刀运动。

3.插齿加工的特点

(1)齿面质量较好 插齿时，插齿刀沿全齿宽连续切削，不像滚齿由滚刀多次断续切出，且形成齿形的刀刃切削次数一般比滚齿多，因而齿面粗糙度 Ra 值小，可达1.6 μm。

(2)齿形精度较高而分齿精度较低 插齿刀的制造、刃磨、检测较滚刀方便，易于制造得精确，所以齿形精度较滚齿高。但插齿机分齿传动链较复杂，传动误差较大，故其分齿精

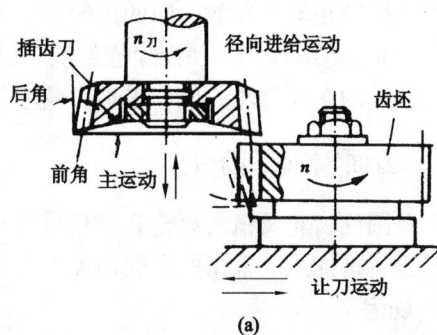

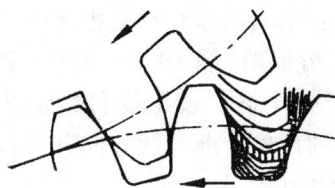

度比滚齿低。插齿精度一般为 8~7 级。

（3）生产率较低　插齿刀作往复直线运动，切削速度受到限制，且回程是空程。所以，插齿生产率一般较滚齿低。

（4）同一模数的插齿刀可加工相同模数不同齿数的齿轮　与滚齿一样，某一模数的插齿刀可加工模数相同而齿数不同的齿轮。

（5）加工范围较广　插齿除能加工一般圆柱直齿轮外，还能加工滚齿难于加工的内齿轮和相距很近的多联齿轮。但加工斜齿轮不如滚齿方便。

9.5.4　齿面精加工简介

某些圆柱齿轮及精密齿轮要求精度高，表面粗糙度低，在滚齿、插齿或铣齿之后，需要进一步进行精加工。常用的齿面精加工方法有剃齿、珩齿和磨齿。

1. 剃齿

（1）剃齿原理和运动　剃齿在剃齿机上进行，它是利用一对螺旋齿轮啮合原理来加工齿形的［图 10.94（a）］。剃齿刀相当于一个高精度的变位螺旋齿轮，每个齿的齿侧沿渐开线方向开出许多小槽以形成切削刃。

直齿轮的剃削如图 9.94（b）所示。齿轮安装在心轴上，由剃齿刀带动作旋转运动。为了使剃齿刀和齿轮的齿向一致，剃齿刀轴线应与工件轴线相交一个角度 β，其数值等于剃齿刀螺旋角 $\beta_{刀}$ 与齿轮螺旋角 $\beta_{工}$ 之代数和（对直齿轮 $\beta_{工}=0°$，故 $\beta=\beta_{刀}$）。当剃齿刀旋转时，其啮合点 A 的圆

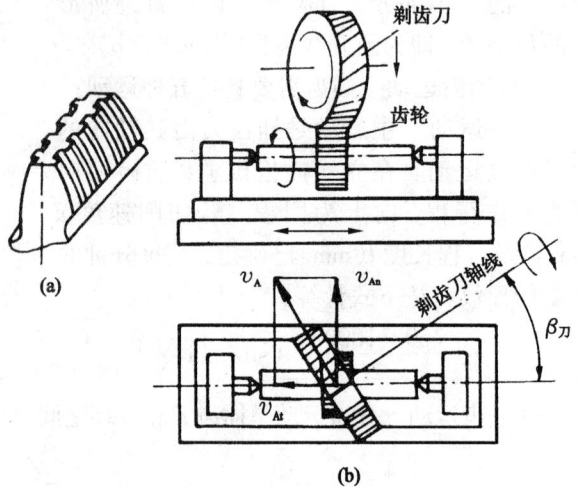

图 9.94　剃齿刀与剃齿原理

周速度 v_A 可分解为两个分速度：一个是沿工件圆周切线方向的 v_{An}，它使工件作旋转运动；一个是沿齿向的滑动速度 v_{At}，剃齿正是利用这种相对滑移从齿面上切下微细的切屑。为了剃出全齿宽，工作台需带动工件作纵向往复运动。在工作台每往复行程终了时，剃齿刀需作径向进给运动，以便进行多次剃削直至达到规定尺寸。其进给量一般为 0.02~0.04 mm/str。

（2）剃齿加工的特点

①可提高加工精度，但不能修正分齿误差　剃齿主要是提高齿形精度和齿向精度，减小齿面粗糙度。但剃齿是"自由啮合"，不能修正分齿误差；由于滚齿的分齿精度比插齿好，故剃齿的齿形多用滚齿加工。剃齿精度一般达 7~6 级，齿面粗糙度 Ra 为 0.8~0.4 μm。

②生产率高　剃齿是多刀多刃连续切削，剃削余量一般只有 0.08~0.2 mm，故生产率高。但若剃削余量过大，则生产率明显降低。

③机床结构简单　剃齿的展成运动是由剃齿刀带动工件"自由啮合"的，无须用内部分齿传动链联，故剃齿机结构较为简单。

④剃齿适宜于大批量生产　剃齿刀制造成本高，所以剃齿适宜于大批量的齿轮精加工，主要用于大批量未淬硬齿轮（软齿面）的精加工。

2. 珩齿

珩齿也是齿轮精加工的一种方法，它是用珩磨轮在珩齿机上对淬硬齿轮的硬齿面进行精加工。珩齿与剃齿的原理相同，珩齿机与剃齿机的区别也不大，只是珩磨轮的转速高得多（1.6~3.3r/s）。珩磨轮是具有较高齿形精度的螺旋齿轮，用磨料和环氧树脂等材料浇铸或热压而成。在珩磨轮的齿面上密布着很多的磨粒，结构和砂轮相似。但珩齿速度远低于磨削，加之粒度较细，结合剂弹性较大，因而珩齿过程具有剃、磨、抛光等精加工的综合功能，能有效地提高表面质量，表面粗糙度 Ra 值可达 0.4~0.2 μm。

珩齿的主要作用是降低淬火后齿面的粗糙度，而对齿形精度改善作用不大。一般用于加工 7~6 级精度的齿轮。珩齿余量一般为 0.01~0.02 mm。

3. 磨齿

磨齿是现有齿轮加工方法中加工精度最高的一种方法。磨齿精度可达 3 级，表面粗糙度 Ra 值可达 0.2 μm。磨齿对磨前齿轮误差或热处理变形具有较强的修正能力，故多用于硬齿面的高精度齿轮、插齿刀和剃齿刀的精加工。

磨齿可分为成形法和展成法。成形法是一种用成形砂轮磨齿的方法，目前生产中应用较少。展成法主要是利用齿轮与齿条啮合原理来进行加工的方法。展成法磨齿应用较多的是锥形砂轮和碟形砂轮磨齿两种。

（1）锥形砂轮磨齿 如图 9.95 所示，该法所用的锥形砂轮，其截面修整成齿条齿形。

磨齿时，砂轮一面高速旋转，一面沿齿轮轴向作往复运动，这就构成了假想齿条的一个齿。

与此同时，齿轮边转动，边移动，其转动和直线移动应严格保持齿轮齿条的啮合关系。在齿轮的一个往复运动中，先后磨出齿槽的两个侧面。磨完一个齿槽后，砂轮快速退离，齿轮自动进行分度，再磨削下一个齿槽。如此重复进行，直至把全部齿槽磨完为止。

锥形砂轮磨齿，砂轮刚性较好，可采用较大的切削用量，故生产率较高。但因砂轮直径小，磨损快且不均匀，因而加工精度较低，一般为 6~5 级。生产中多用来磨削 6 级精度的淬硬齿轮。

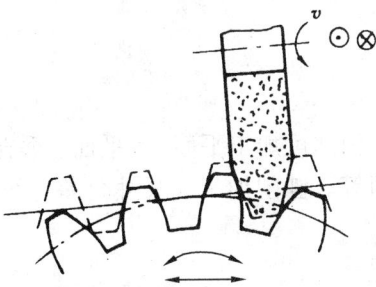

图 9.95 锥形砂轮磨齿

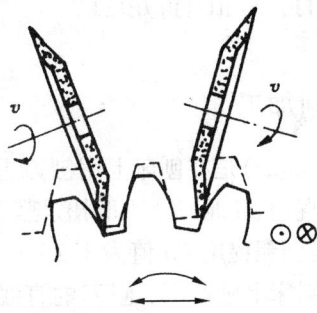

图 9.96 双碟形砂轮磨齿

（2）双碟形砂轮磨齿 这种方法的磨齿原理与锥形砂轮磨齿相同。如图 9.96 所示，两片碟形砂轮倾斜一定的角度，以构成假想齿条的两个齿面。磨齿时，砂轮作快速旋转运动，齿轮边转动，边作直线移动，完成展成运动。为了磨削全齿宽，齿轮还要沿齿向作往复运动。

碟形砂轮磨齿，由于实现展成运动的传动环节少，传动误差小。同时砂轮修整精度高，磨损后又可通过自动补偿装置进行补偿。故加工精度高，可达 4 级。但碟形砂轮刚性较差，切削用量较小，生产率低。因此，该法适用于单件、小批生产中磨削高精度的齿轮。

9.5.5　齿面加工方案的选择

齿面加工方案的选择主要取决于齿轮的精度等级、热处理状态和生产批量等因素。表9.9列出的加工方案可供选择时参考。

表 9.9　齿面加工方案

齿轮精度等级	表面粗糙度 $Ra(\mu m)$	热处理	齿面加工方案	生产批量
9 级以下	6.3 ~ 3.2	不淬火	铣齿	单件小批及维修
8 ~ 7 级	3.2 ~ 1.6	不淬火	滚齿或插齿	各种批量
		齿面淬火	滚(插)齿—淬火—珩齿	
7 级或 7 ~ 6 级	0.8 ~ 0.4	不淬火	滚齿—剃齿	各种批量
		齿面淬火	滚(插)齿—淬火—磨齿	单件小批生产
		齿面淬火	滚齿—剃齿—淬火—珩齿	大批量生产
6 ~ 3 级	0.4 ~ 0.2	不淬火	滚(插)齿—磨齿	各种批量
		齿面淬火	滚(插)齿—淬火—磨齿	

练 习 题

1. 试比较铣齿、插齿和滚齿的工艺特点。
2. 齿面精加工的方法有哪些？各有何特点？

9.6　刨削和插削加工

9.6.1　刨削加工

刨削（planing）是在刨床上用刨刀进行切削加工。刨削可加工平面（水平面、垂直面、斜面）、沟槽（直槽、T 形槽、V 形槽、燕尾槽）及成形面等。刨削加工的尺寸公差等级一般可IT9 ~ IT8，表面粗糙度 Ra 值为 3.2 ~ 1.6 μm。

在牛头刨床上刨削时，刨刀的直线往复运动是主运动，工件在刨刀返回行程将结束时作横向进给运动（图 9.97）。在龙门刨床上加工时，工件的直线往复运动是主运动，而刀具在工件返回行程将结束时作横向进给运动。

1. 刨床

常用刨床（lanning machines）有牛头刨床和龙门刨床两种。

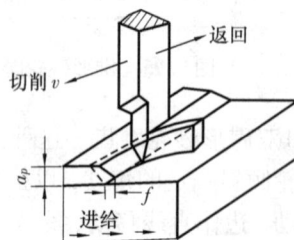

图 9.97　牛头刨时的切削运动

(1)牛头刨床(shaping machines)

①牛头刨床的组成　如图9.98所示为B6063牛头刨床(B—刨床;60—牛头刨床;63—最大刨削长度为1/10,即最大刨削长度为630 mm)。其主要组成部分及其功能如下:

②床身(bed)　床身用来支承和连接刨床各部件。床身顶面的燕尾导轨供滑枕作往复运动用,垂直面导轨供工作台升降用。床身内部装有传动机构。

③滑枕(ram)　滑枕主要用于带动刨刀作直线往复运动。其前面有刀架。

④刀架(tool post)　刀架用来夹持刨刀(图9.99)。转动刀架手柄时,滑板便可沿转盘上的导轨带动刨刀上下移动。松开转盘上的螺母,将转盘扳转一定的角度后,就可使刀架斜向进给。滑板上还装有可偏转的刀座,用来改变刨刀的切进角度。抬刀板可以绕刀座上 A 轴向上转动,使安装在刀夹上的刨刀,在返回行程时自由上抬,以减少刨刀与工件的摩擦,防止刮伤已加工表面。

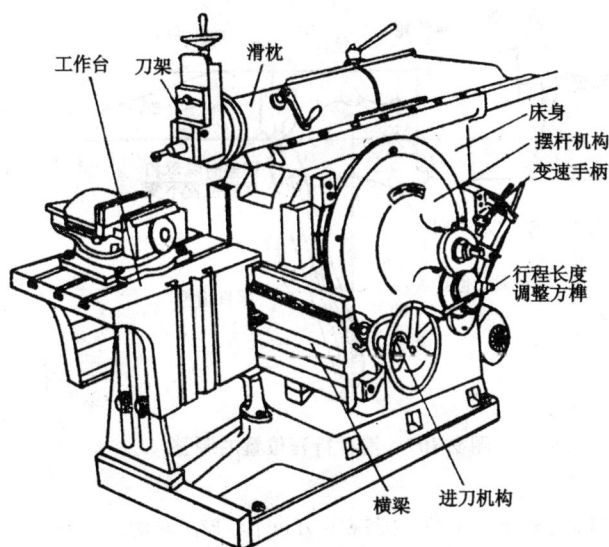

图 9.98　牛头刨床

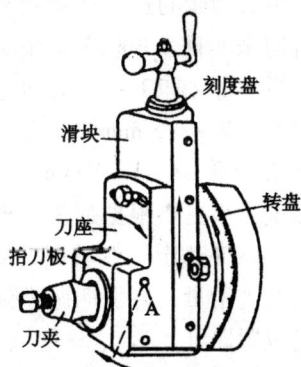

图 9.99　刀架

工作台(table)　工作台用来安装工件。它可沿横梁作水平方向的移动或进给运动。并可随横梁作上下调整,以适应加工不同工件的需要。

②摆杆机构及滑枕行程的调整　摆杆机构装在床身的内部。它的作用是把电动机传来的旋转运动变成滑枕的往复直线运动。

摆杆机构由摆杆齿轮和摆杆等组成(图9.100)。摆杆的下端与支架相连,上端与滑枕螺母相联。当摆杆齿轮由小齿轮带动旋转时,偏心滑块就带动摆杆绕支架中心左右摆动,从而使滑枕作往复直线运动。当摆杆齿轮逆时针匀速旋转时,滑枕走完工作行程,滑块需转过 α 角;而返回行程时,只需转过 β 角。由于 $\alpha > \beta$,则返回行程的平均速度较工作行程的平均速度快。这种运动特性有利于减少辅助时间,提高生产率。

滑枕的行程应略大于刨削表面的长度,所以,刨削前应调节滑枕行程的长度。调节的方法是改变摆杆齿轮上滑块的偏心位置。转动行程长度调整方头(参见图9.98),便可改变滑块的偏心距。偏心距愈大，则滑枕行程愈大。

③滑枕行程位置的调整
为了使刨刀有一个合适的切入和切出位置，刨削前，应根据工件的位置来调整滑枕行程的位置，调整的方法是先使滑枕停留在极右位置（图9.101）。松开锁紧手柄，用扳手转动方头轴，通过一对圆锥齿轮，使丝杠转动。由于螺母不动，从而使丝杠带动滑枕移到合适的位置。

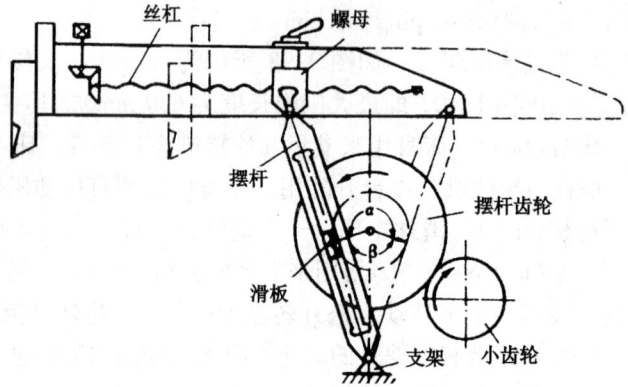

图 9.100　摆杆机构

④进给量及进给方向的调整　牛头刨床的进给运动由棘轮机构来实现。B6063 型牛头刨床进给量有 12 级。横向进给量为 $0.2 \sim 2.5$ mm/str，垂直进给量为 $0.08 \sim 1.0$ mm/str。进给量大小主要根据加工要求和加工条件选定。调整时，按选定的进给量，将手柄调整到规定位置即可。

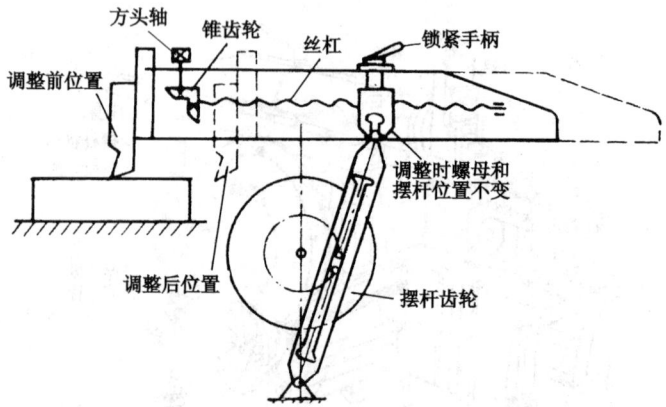

图 9.101　滑枕行程位置的调整

调整进给方向，只需按规定方向扳动进给方向调节手柄，即可实现工作台（工件）按规定方向作进给运动。

（2）龙门刨床（double columnplaning machines）

龙门刨床如图9.102 所示。主要由床身、立柱、横梁、工作台、垂直刀架和侧刀架等组成。加工时，工件装在工作台上，龙门刨床的主运动是工作台带动工件沿床身导轨作直线往复运动。横梁上的垂直刀架和立柱上的侧刀架都可作水平或垂直进给运动。刨削斜面时，可以将垂直刀架转动一定角度。当刨削高度不同的工件时，可调整横梁在立柱上的高低位置。

龙门刨床主要用于加工大型零件上的水平面、垂直面、沟槽等，也常用于中小型零件的加工。

2. 刨削基本方法

刨削主要用于各种平面、直线曲面以及沟槽的加工。刨削时一般先粗刨，后精刨。刨削加工的尺寸精度一般可达 IT9~IT8，表面粗糙度 R_a 值为 $6.3 \sim 1.6$ μm。

（1）刨刀（planer tool）及其安装

刨刀的几何形状与车刀相似。由于刨刀要承受较大的冲击力，所以一般刀杆截面比车刀大。如图9.103 所示，刨刀有直头和弯头两种。直头刨刀安装时伸出长度一般为刀杆的 1.5 ~2 倍，弯头刨刀在受到大的切削力作用时，刀尖绕 O 点向后划成圆弧，能使刨刀从已加工

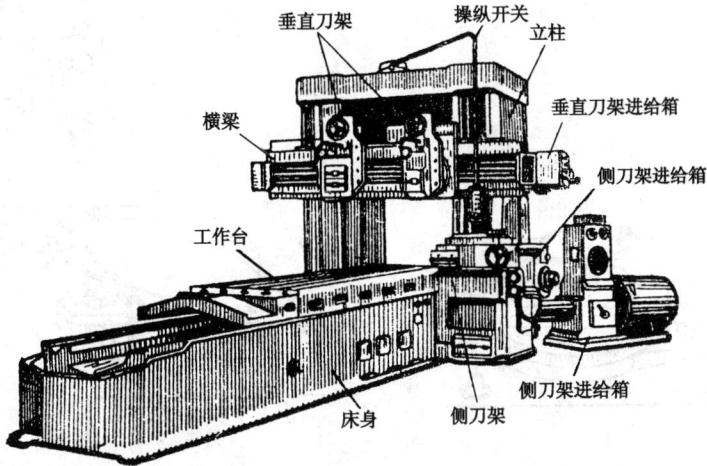

图 9.102 龙门刨床

面上提起来,可避免啃伤工件或崩刃。刨刀的安装如图 9.104 所示。刨削时,应根据加工要求选择粗、精刨刀。

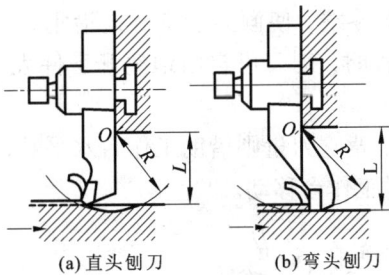

图 9.103 刨刀

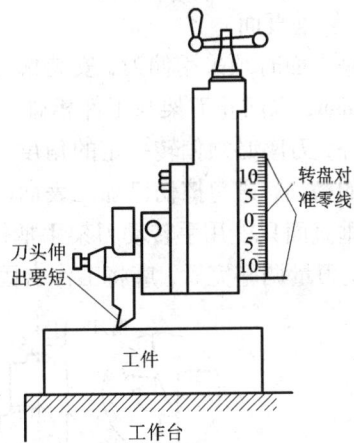

图 9.104 刨刀安装

(2)工件的安装

安装工件应根据工件的形状和大小,采用不同的安装方式。常用安装方法有下列几种:

①机用虎钳安装 虎钳上适合于安装小型工件和形状规则的工件(图 9.105)。虎钳底座上有刻度盘,能把虎钳转至任一角度。

②螺栓压板安装 用螺栓压板安装如图 9.106 所示。此时应分几次按一定的顺序拧紧各螺栓,以减少夹紧变形。为了使工件在刨削时不致被推动,须在工件前端加挡铁。

③专用夹具安装工件 专用夹具安装工件夹紧迅速,定位准确,无需找正。这种方法适合于批量零件的刨削加工。

工件装夹后应检查装夹是否正确可靠。此时,可用划针盘沿划线移动来判断安装的准确性(见图 9.105,图 9.106)。也可用滑枕移动来检查。

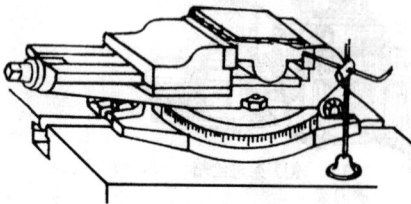

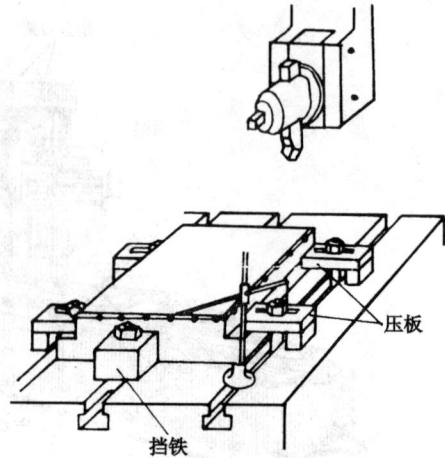

图 9.105　虎钳安装　　　　　　图 9.106　用螺栓压板安装

（3）刨水平面

粗刨水平面时，用普通平面刨刀。精刨时，可用圆头精刨刀。刨削时，先手动进给试切，停车测量尺寸。再利用刀架刻度盘调整好背吃刀量后，自动进给进行刨削。

（4）刨垂直面

刨垂直面时须采用偏刀，安装偏刀时，刨刀伸出的长度应大于垂直面的高度或台阶深度15～20 mm，以防止刀架与工件相碰。刀架转盘应对准零线，使刨刀能准确地沿垂直方向移动。此外，刀座必须偏转一定的角度，以便在返回行程时，刨刀可自由地离开工件表面，减少刀具的磨损，避免擦伤已加工表面（图 9.107）。

刨垂直面只能用手转动刀架手柄作垂直方向进给，背吃刀量则借助工作台水平移动来调整，背吃刀量调整完后，应将工作台固紧，以免刨削时工作台移动。

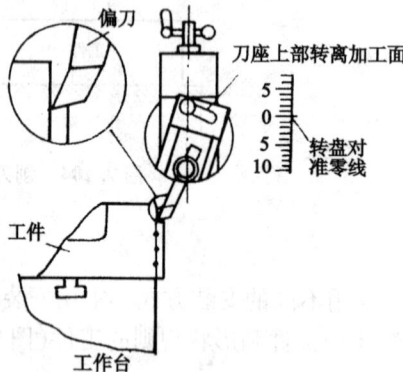

图 9.107　刨垂直面　　　　　　图 9.108　刨斜面

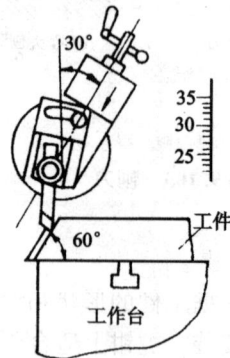

（5）刨斜面

与水平面成倾斜的平面叫做斜面。刨削斜面最常用的是正夹斜刨法（也叫倾斜刀架法），如图 9.108 所示。倾斜的角度等于工件待加工斜面与机床纵向铅垂面的夹角。使小刀架的手动进给方向与所加工的斜面平行，且刀座上端要向偏离加工表面的方向转动 10～15°，以减少回程时刀具和已加工表面之间的摩擦。

刨削时，因为刨刀返回行程时不切削；换向时产生很大的惯性力及切入时的冲击又限制了切削用量的提高。因此，刨削生产率低，多用于单件小批生产和维修中。

9.6.2 插削加工

在插床(slotting mavhines)上用插刀进行切削加工称插削(slotting)。图 9.109 为插床的外形图，其结构原理与牛头刨床类似，所以插床实际上是一种立式刨床。加工时，插刀安装在垂直滑枕的刀架上，由滑枕带动作上下往复直线主运动。工件安装在工作台上，可作纵向、横向和圆周进给运动。

插削主要用于加工工件的内、外表面。如方孔、多边形孔及孔内键槽等。插削孔内键槽如图 9.110 所示。

插削与刨削一样，生产效率低，主要适合于单件小批量生产。

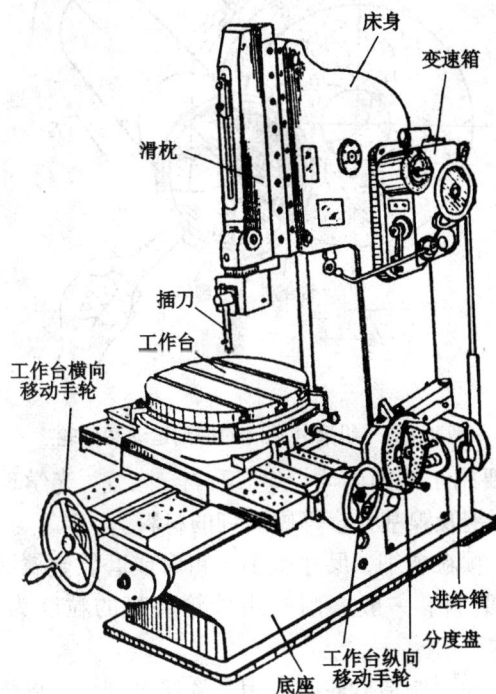

图 9.109 插床

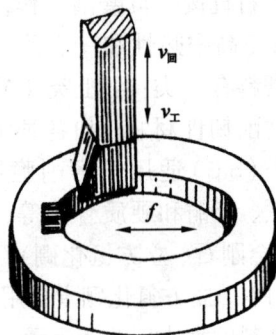

图 9.110 插孔内键槽

练习题

1. 与车削相比，刨削运动有何特点？
2. 刨削可加工哪些表面？它能达到的经济和表面粗糙度值为多少？
3. 在牛头刨床上怎样刨垂直面？采用什么刨刀？
4. 插削与刨削相比有何异同点？插削主要用于加工什么表面？

9.7 磨削加工

在磨床上用砂轮作为切削刀具对工件表面进行加工称为磨削加工。磨削加工是零件精加工的主要方法之一。磨削加工有粗磨与精磨之分，粗磨时采用较大的磨削背吃刀量和进给量，精磨时采用较小的磨削背吃刀量和进给量。磨削的尺寸公差等级可达 IT6 ~ IT5，表面粗糙度 Ra 值可达 $0.8 ~ 0.2~\mu m$。

磨削过程中，砂轮的高速转动是主运动，进给运动由工件和砂轮完成。纵磨外圆时，主运动和进给运动如图 9.111 所示。

9.7.1 砂轮

砂轮(grinding wheel)是磨削的切削刀具(图 9.111)。它由磨粒和结合剂按一定的比例混合，在模具中高压成形后，经烧结制成。它的特性取决于磨料、结合剂、粒度、硬度、组织、形状和尺寸等因素。

磨料直接担负磨削工作，应具有高硬度、高耐热性和一定的韧性。常用的磨料有三类：刚玉类（Al_2O_3）适用于磨削韧性材料，如各种钢料；碳化硅类（SiC）适用于磨削脆性林料，如铸铁、青铜和硬质合金等；超硬材

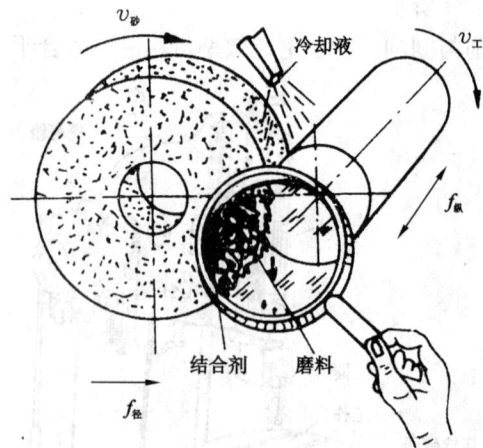

图 9.111 纵磨外圆时的切削运动和砂轮

料类(金刚石、立方氮化硼)，其中金刚石主要用于磨削硬质合金、石材、陶瓷、光学玻璃等脆性材料，立方氮化硼主要用于磨削淬火硬化钢及镍基合金等硬而韧的材料。

磨料的大小用粒度表示。粒度号数愈大，颗粒愈细，尺寸愈小。粗磨或磨软金属时，选用号数小的磨料；精磨时，选用号数较大的磨料。一般磨削常用砂轮磨料的粒度为 46 ~ 60 号。

结合剂使磨料粘结成一定形状和强度的砂轮。制造砂轮时常用陶瓷结合剂、树脂结合剂和橡胶结合剂等。陶瓷结合剂的化学性质稳定，耐热，耐酸，成本低，但较脆。大多数砂轮都用陶瓷结合剂。树脂和橡胶结合剂粘结强度高，弹性和韧性好，但耐热和耐腐蚀性差，主要用于薄片砂轮。

砂轮的硬度是指磨料在磨削力的作用下脱落的难易程度，它与磨料本身的硬度无关。磨料粘结愈牢，砂轮的硬度愈硬。磨硬金属时，磨料易磨钝，希望磨钝的磨料及时脱落，应选较软的砂轮；反之，磨软金属时，选用较硬的砂轮。一般磨削时，常用中软硬度的砂轮。

组织表示磨料、结合剂和空隙在体积上的比例关系，这三者的比例关系反映出砂轮结构的松紧程度。砂轮的组织号是用磨料所占砂轮体积的百分比来表示的。号数愈小，磨料所占的体积百分比愈大，组织愈紧密；反之，组织愈疏松。粗磨时，用组织疏松的砂轮；精磨时，用组织紧密的砂轮。常用的是 5 ~ 6 号中等的组织。

砂轮通常制成不同的形状和尺寸，并已标准化，以适应于不同形状和尺寸工件的磨削加工。常用砂轮的形状如图9.112所示。

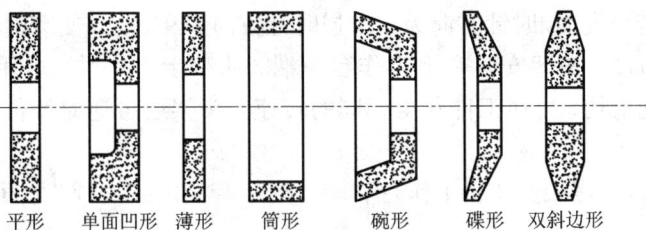

| 平形 | 单面凹形 | 薄形 | 筒形 | 碗形 | 碟形 | 双斜边形 |

图9.112 砂轮的形状

为了便于管理和选用砂轮。砂轮的特性按下列顺序表示：形状、尺寸、磨料、粒度、硬度、组织、结合剂、线速度，并印在砂轮的非工作表面上。例如：

P	400×50×203	WA	60	K	5	V	35
平形	外形×厚度×孔径	白刚玉	粒度号	硬度 （中软1）	组织号	陶瓷 结合剂	最高 线速度

9.7.2 万能外圆磨床及其磨削方法

磨床（grinders）种类很多。常用的磨床有：外圆磨床（cylindricalgrinders）、内圆磨床（internalgrinders）、平面磨床（surface grinders）和工具磨床（tool grinders machines）等。外圆磨床中的万能外圆磨床是最常用的。它既可磨外圆又可磨内圆面、内外锥面及端面等。

1. 万能外圆磨床的组成

万能外圆磨床（universal cylindrical grinders）由床身、工作台、头架、尾架和砂轮架等主要部件组成（图9.113为M1432A）。在编号M1432A中，M—磨床；14—万能外圆磨床；32—最大磨削直径的1/10，即最大磨削直径为320 mm；A—性能和结构上经过一次重大改进。

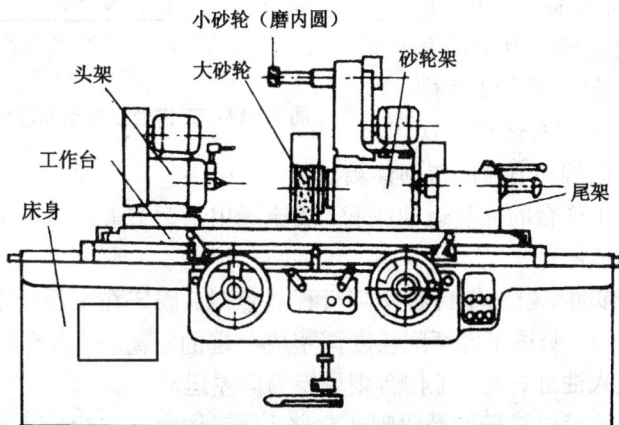

图9.113 M1432A万能外圆磨床外形图

床身　床身用来支承和连接各部件，其内部装有液压传动系统。床身上的纵向导轨供工作台移动用，横向导轨供砂轮架移动用。

工作台　工作台分上下两层。下工作台作纵向往复运动，上工作台可相对于下工作台在水平面上偏转一定角度（顺时针方向为3°，逆时针方向为9°），以便磨削锥面。

头架（workhead）　头架安装在上工作台左端。头架上有主轴，可用顶尖或卡盘安装工件。头架上的变速机构，可使工件获得不同的转速。头架还可逆时针偏转90°，以便磨削任意锥角的圆锥面。

尾架（tailstock）　尾架安装在工作台右端。尾架套筒内装有顶尖，可与主轴顶尖一起支承轴类零件。

砂轮架（wheelhead）　砂轮架用以安装砂轮。砂轮由单独的电动机经三角胶带带动旋转。砂轮架可沿床身后部的横向导轨前后移动，移动方式可作周期性的自动进给，也可手动进给，或快速引进和退出。

2. 工作台液压传动原理

在磨床传动中广泛采用液压传动，因为液压传动具有传动平稳、操作简便，能在较大范围内实现无级变速和易于实现自动化等优点。下面仅介绍工作台纵向往复运动的液压传动原理。

磨床液压传动系统主要由油泵、油缸、换向阀、溢流阀、节流阀和开停阀等组成（图9.114）。工作台的往复运动按下述循环进行：

（1）工作台向右移动（图示位置）

启动油泵，油液经拨油器吸入油泵。从油泵打出的高压油经开停阀、换向阀，流入油缸的左腔。由于活塞杆和工作台连结在一起，压力油便推动活塞连同工作台一起向右运动。这时油缸右腔的油经换向阀和节流阀流回油箱。

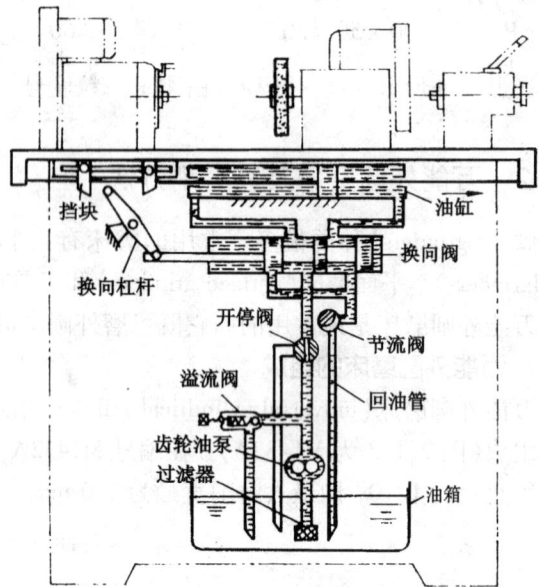

图9.114　工作台往复运动液压传动原理图

节流阀用来调节工作台的往复运动速度，溢流阀用来调节液压系统的压力，开停阀用于控制液压系统的启动或停止。

（2）工作台向左移动　当工作台右移到行程终点时，固定在工作台上的左挡块（工作台侧边槽内装有两个挡块，其按工件磨削长度调整成一定的距离）碰撞换向杠杆使换向阀芯向左移动。高压油则进入油缸右腔，工作台则更换为向左运动。

继而右挡块又碰撞换向杠杆使换向阀芯右移，使工作台向右运动。这样周而复始，实现工作台自动往复运动。

3. 外圆磨削方法

工件的外圆面一般在万能外圆磨床或外圆磨床上进行磨削，外圆磨削方法有纵磨法和横磨法,纵磨法应用较多。

纵磨法如图 9.115(a)所示。磨削时,工件与砂轮作同向旋转运动(周向进给运动),同时作纵向进给的往复运动。砂轮作高速旋转的主运动,并在工件每一纵向行程终了时进行一次横向进给。为了消除受力变形引起的形状误差,提高加工精度,当磨削到尺寸时,可采用几次无横向进给的光磨行程,直到磨削火花消失为止。

纵磨法具有很大的方便性,可用同一砂轮磨削长度不同的工件,且磨削力较小,散热条件好,磨削温度较低。因而可获得较好的加工质量,应用广泛,尤其是在单件小批生产和精磨时多采用这种方法。但纵磨法每次的横向进给量小,生产率较低。

横磨法如图 9.115(b)所示。磨削时,工件无纵向进给运动。砂轮在作高速旋转主运动的同时,以缓慢的速度连续或断续地作横向进给运动,直到符合图纸要求为止。

横磨法的特点是生产率较高。但工件与砂轮接触面大,切削力大,磨削温度高,因而磨削精度低,磨削后表面质量较差,一般用于大批量生产中磨削粗短轴的外圆面。

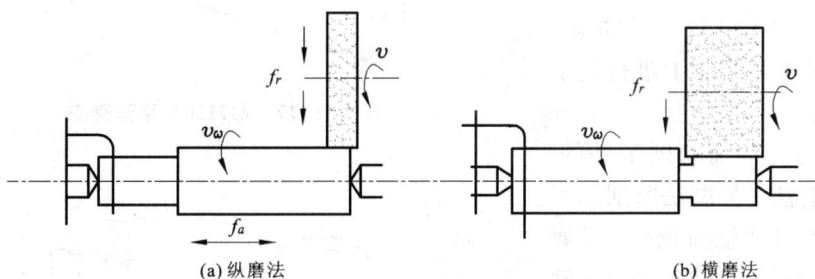

(a)纵磨法　　　　　　　　　　　　(b)横磨法

图 9.115　万能外圆磨床上磨外圆

在万能外圆磨床上,可以偏转工作台磨削锥度不大的外锥面[图 9.116(a)];偏转砂轮架磨削大锥度的圆锥面[图 9.116(b)];偏转头架可磨削外锥面和内锥面[图 9.116(c)]。

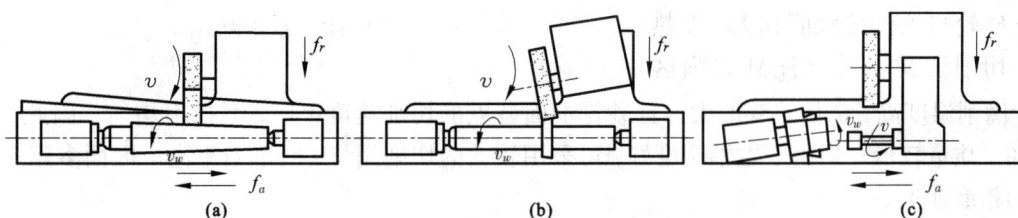

(a)　　　　　　　　　　(b)　　　　　　　　　　(c)

图 9.116　万能外圆磨床上磨锥面

9.7.3　平面磨床及其磨削工作

1. 平面磨床的组成

工件上平面的磨削在平面磨床上进行。图 9.117 为 M7120A 平面磨床,在 M7120A 这组编号中,M—磨床;71 —卧轴矩形台;20—工作台宽的 1/10,即工作台宽为 200 mm,A—表示在性能和结构上进行过一次重大改进。平面磨床主要由床身、工作台、拖板、磨头等部件组成。

　　长方形工作台装在床身的水平导轨上，由液压驱动作往复运动。其上装有电磁吸盘或其他夹具，用来装夹工件。砂轮由电动机直接驱动，磨头可沿拖板的水平导轨作横向进给运动。拖板可沿立柱的垂直导轨七下移动、以调整磨头的高低及提供垂直进给运动。

2. 平面磨削方法

　　磨削平面的方法有两种。一种是周磨法，在卧轴平面磨床上进行[（图 9.118（a）]；一种是端磨法，在立轴平面磨床上进行[图 9.118（b）]。

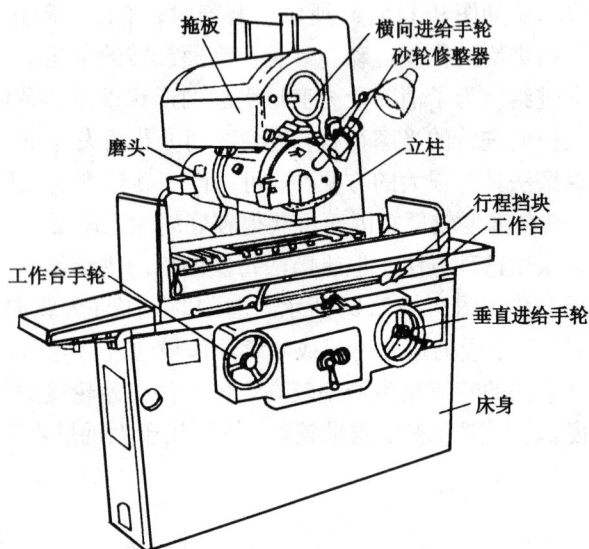

图 9.117　M7120A 平面磨床

　　用砂轮的圆周面磨削工件的平面称为周磨法。周磨法磨削加工中，砂轮与工件接触面积小，排屑和散热条件好，工件热变形小，砂轮周面磨损均匀。因此表面加工质量较好。但磨削生产率低，主要用于精磨。

　　用砂轮的端面磨削工件的平面称为端磨法。在端磨法磨削加工中，砂轮与工件接触面积大，发热大，切削液又不易浇注到磨削区

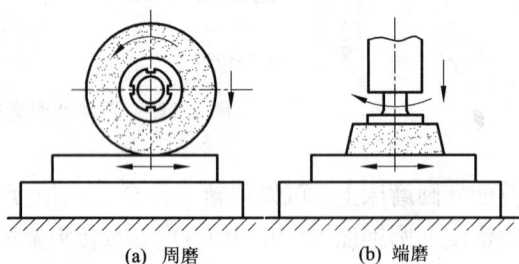

图 9.118　磨平面

内，磨削温度高，工件热变形大。且砂轮端面各点的切削速度不同，磨损不均匀。因此，端磨加工质量较低。但由于主轴刚度好，可采用较大的切削用量，磨削效率高。因而多用于平面的粗磨加工。

练 习 题

　　1. 磨削加工的特点是什么？
　　2. 纵磨外圆时，工件和砂轮须作哪些运动？
　　3. 何谓砂轮的硬度？为什么磨硬材料时应选较软的砂轮？
　　4. 在万能外圆磨床上可采用哪些方法磨锥面？各应用在何种场合？
　　5. 平面磨削方法有哪几种，各有何特点，如何选用？

9.8 零件表面的加工与机械加工工艺过程

在实际生产中，零件的制造往往不只是用一种方法就可加工完成，而是要根据零件的结构特点、尺寸大小、技术要求和生产批量等具体条件，采用不同的加工方案，按一定的工艺过程才能完成。所以，在零件的加工制造过程中，必须选择合适的加工方案，制定合理的加工工艺过程，以期获得最佳的加工质量。

9.8.1 零件表面加工方案的选择

零件的形状一般都比较复杂，但不外乎都是由外圆面、内圆面(孔)和平面等基本表面组合而成。因此，零件的制造加工就是利用刀具对零件进行切削加工，获得高质量的零件基本表面。

1. 外圆面加工方案的选择

外圆面是轴类、套类和盘类零件的主要表面。外圆面的基本加工方法是车削、磨削和光整加工。外圆面都有一定的精度和表面粗糙度要求，要使零件的外圆面加工达到设计技术要求，应根据零件所选择的材料及其热处理状态以及生产批量，制定合理的加工方案。

表9.10列出了不同精度和表面粗糙度的外圆面的加工方案，供选择时参考。

表 9.10 不同精度和表面粗糙度的外圆面的加工方案

公差等级	表面粗糙度 $Ra(\mu m)$	加 工 方 案	适 用 范 围
IT13~IT11	50~12.5	粗车	
IT10~IT8	6.3~3.2	粗车—半精车	适用于淬火钢外的各种金属
IT8~IT7	1.6~0.8	粗车—半精车—精车	
IT6~IT5	0.8~0.2	粗车—半精车—精车—精细车	主要用于要求高的有色金属
IT8~IT7	0.8~0.4	粗车—半精车—磨削	
IT7~IT6	0.4~0.1	粗车—半精车—粗磨—精磨	适用于除有色金属外的各种金属，特别是淬火钢
IT5~IT3	0.1~0.025	粗车—半精车—粗磨—精磨—超精磨	

2. 孔(内圆面)加工方案的选择

孔是盘、套类和箱体类零件的主要表面。孔加工的基本方法有钻孔、扩孔、铰孔、镗孔和磨孔等。孔的加工可根据设备条件和孔的精度要求与表面粗糙度要求来确定。

一般情况下，选择孔加工方案的因素与选择外圆面加工方案类似。但孔的加工还应该考虑孔径的大小和零件的结构特点。不同精度和表面粗糙度的孔加工方案可以参考表9.11。

表 9.11　不同精度和表面粗糙度的孔加工方案

公差等级	表面粗糙度 $Ra(\mu m)$	加 工 方 案	适 用 范 围
IT13 ~ IT11	50 ~ 12.5	钻	加工除淬火钢外各种金属实心毛坯上较小的孔
IT10 ~ IT9	6.3 ~ 3.2	钻—扩	
IT8 ~ IT7	1.6 ~ 3.2	钻—扩—机铰	
IT7 ~ IT6	0.4 ~ 0.2	钻—扩—机铰—手铰	
IT13 ~ IT10	12.5 ~ 6.3	粗镗	除淬火钢外各种金属,毛坯有铸出孔或锻出孔
IT9 ~ IT8	3.2 ~ 1.6	粗镗—精镗	
IT8 ~ IT7	1.6 ~ 0.8	粗镗—半精镗—精镗	
IT7 ~ IT6	0.8 ~ 0.4	粗镗—半精镗—精镗—精细镗	
IT7 ~ IT6	0.2 ~ 0.1	粗镗—半精镗—粗磨—精磨	主要用于淬火钢,但不宜用于有色金属

3. 平面加工方案的选择

平面是箱体、机体、工作台等类零件的主要表面。加工平面的基本方法有车削、铣削、刨削和磨削等。加工不同精度和表面粗糙度的平面,应制定不同的加工方案,才能达到所要求的加工质量。表 9.12 列出了平面加工的几种方案,可以参考。

表 9.12　不同精度和表面粗糙度的平面加工方案

公差等级	表面粗糙度 $Ra(\mu m)$	加 工 方 案	适 用 范 围
IT12 ~ IT10	25 ~ 12.5	粗车	轴、套、盘类等零件未淬火的端面
IT9 ~ IT7	6.3 ~ 0.8	粗车—半精车—精车	
IT10 ~ IT8	6.3 ~ 1.6	粗刨(铣)—精刨(铣)	用于不淬硬的平面
IT7 ~ IT6	0.8 ~ 0.1	粗刨(铣)—精刨(铣)—刮研	
IT7 ~ IT6	0.4 ~ 0.05	粗刨(铣)—精刨(铣)—粗磨—精磨	用于高精度低粗糙度的平面

零件加工方案的选择是一个涉及面广、比较灵活而复杂的问题,必须从满足加工质量、生产率和经济性等多方面的要求出发,进行综合分析,全面考虑,才能制定出符合实际生产条件的加工方案。

9.8.2　机械加工工艺过程

1. 机械加工工艺过程的基本概念

在机械产品的生产中,利用机械加工的方法,改变毛坯的形状、尺寸和表面质量等,使之成为零件的过程称为机械加工工艺过程。

机械加工工艺过程是由若干个顺序排列的工序组成的,毛坯依次经过这些工序而成为零件。因此，工序是组成工艺过程的基本单元。

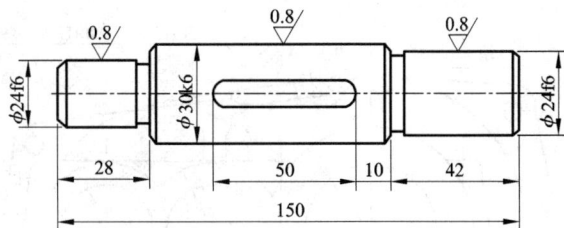

图9.119 传动轴

工序是指一个或一组工人，在一个工作地对同一个或同时几个工件所连续完成的那一部分工艺过程。例如，图9.119 所示传动轴，当加工数量较小时，其工艺过程如表9.13，由三道工序完成。

表9.13 传动轴工艺过程(单件小批生产)

工序号	工序名称	工 序 内 容	设备
1	车	车端面、钻中心孔、车外圆、切槽、倒角	车床
2	铣	划键槽加工线，铣键槽，去毛刺	铣床
3	磨	磨外圆	磨床

2. 机械加工工序的安排原则

在机械加工工艺过程中，加工工序顺序的安排应遵循以下几个原则：

(1)基面先行原则 零件加工前，工件在机床或夹具中处于某一正确位置称为定位。为了正确地安装工件，必须选择合适的表面作为定位基面。在第一道工序中，工件定位只能选择未经加工的毛坯表面作为定位基面，这种基面称为粗基面。在后续加工工序中，为了提高加工质量，应尽量采用已加工表面作为定位基面，这种定位基面称为精基面。在安排加工工序时，精基面应先加工。例如，轴类零件的加工多采用中心孔为精基面。因此，安排其加工工艺时，首先应安排车端面、钻中心孔工序。

(2)粗精分开，先粗后精的原则 每种零件的加工都有确定的质量要求，对于加工质量要求高、精度要求高的表面，应划分加工阶段。通常可分为粗加工、半精加工和精加工三个阶段，精加工应放在最后进行。这样，既有利于保证零件的加工质量，又有利于合理使用机床设备、便于安排热处理工序。

(3)先面后孔的原则 箱体、支架等零件往往需要进行孔、平面等多方位的加工，在安排加工工序时，应先加工平面后加工孔。这是因为平面的轮廓平整，在机床上安装定位稳定可靠。先完成平面加工，就能以平面定位再进行孔加工，保证平面和孔的位置精度。此外，先加工好平面，也便于加工平面上的孔。

综上所述，为了保证机械加工质量，合理使用机床设备和提高加工效率，一般机械加工的顺序应遵循的原则是：先加工精基面→粗加工主要面(精度要求高的表面)→精加工主要面。次要表面的加工适当穿插在各阶段之间进行。

3. 机械加工工艺过程实例

图9.120 为两级圆柱齿轮减速箱体的结构简图，为了便于制造和转配，减速箱体一般设计成分离式，即由底座和箱盖两部分组成。其主要加工面为对合面、底座底面和轴承孔。

箱体的毛坯为铸铁件，为了消除铸件的内应力，铸铁毛坯在机械加工前应进行去应力退

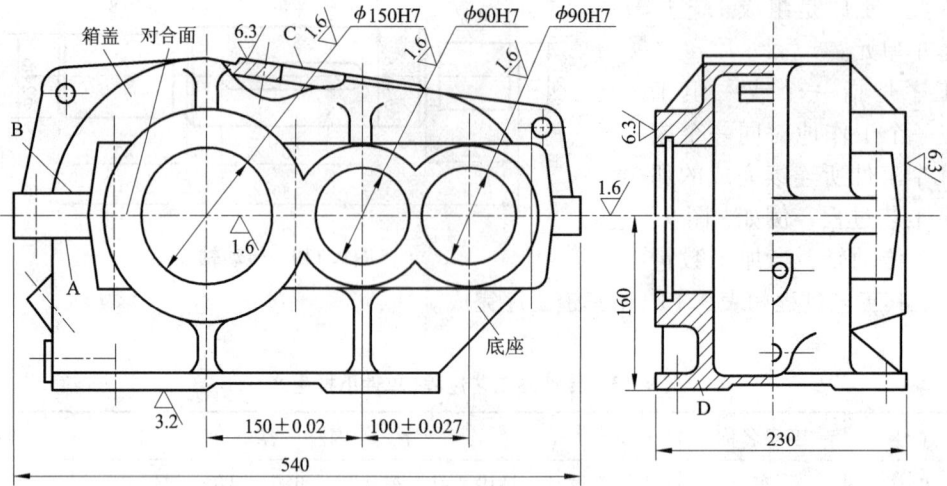

图 9.120　减速箱体结构简图

火处理(也叫人工时效处理)。

　　表9.14 为该箱体的加工工艺过程。从表可知,减速箱体的加工除了遵循上述原则外,由于分离式箱体的特点,整个加工过程可分为两个阶段。第一阶段分别加工好底座和箱盖的对合面、底面、顶面和联接孔;第二步进行合箱加工,完成轴承孔及其端面的加工。

表 9.14　减速箱箱体机械加工工艺过程

工序号	工序名称	工　序　内　容	加工设备
1	划线	底座:(1)根据凸缘面 A 划对合面加工线 　　　(2)划底面 D 加工线 　　　(3)划轴承孔两端面加工线 箱盖:(1)根据凸缘面 B 划对合面加工线 　　　(2)划顶部 C 面加工线 　　　(3)划轴承孔两端面加工线	划线平台
2	刨	底座:(1)粗精刨对合面 　　　(2)粗精刨底平面 D 箱盖:(1)粗精刨对合面 　　　(2)粗精刨顶部 C 面	牛头刨床或龙门刨床
3	划线	底座:划中心十字线,底面各连接孔、油塞孔、油标孔加工线 箱盖:划中心十字线,各连接孔、销钉孔、螺孔、吊装孔加工线	划线平台
4	钻	底座:按划线钻底面上各连接孔、油塞孔、油标孔,各孔端平将箱盖和底座合在一起,按箱盖对合面上已钻出的孔,钻底座对合面上的连接孔,并锪平 箱盖:按划线钻各连接孔,并锪平,钻各螺孔的底孔、吊装孔	摇臂钻床

工序号	工序名称	工 序 内 容	加工设备
5	钳	(1) 对底座、箱盖各螺孔攻丝；(2) 铲刮底座及箱盖对合面； (3) 底座与箱盖合箱；(4) 按箱盖上划线配钻二销孔，打入定位销	
6	铣	粗、精铣轴承孔端面	端面铣床
7	镗	粗、精镗轴承孔	改装车床或镗床
8	铣	采用专用铣沟槽工具铣轴承孔内环槽	立式铣床
9	钳	去毛刺、清洗、打标记	
10	检验		

练习题

1. 在单件小批生产条件下，加工下列表面如何选择加工方案与加工机床？

(1) 传动轴的轴颈，尺寸为 $\phi50k6$，表面粗糙度 Ra 为 $0.8~\mu m$，材料为 45 钢。

(2) 箱体上的孔系，孔径为 $\phi80H7$，表面粗糙度 Ra 为 $1.6~\mu m$，材料为 HT200。

(3) 机床床身导轨平面，长 × 宽为 1200×100，Ra 为 $0.8~\mu m$，材料为 HT300。

2. 安排零件机械加工顺序时，应遵循那些原则？

9.9　零件机械加工的结构工艺性

零件的机械加工是一个比较复杂的工艺过程，需要耗费工时并使用各种加工设备与刀具等。所以在设计时，应该特别注重零件机械加工的结构工艺性。

零件机械加工的结构工艺性是指在满足设计要求的前提下，机械加工的可行性和经济性。评定结构工艺性的优劣与生产类型和生产条件密切相关。表 9.15 通过典型实例说明单件小批生产中，机械加工对零件结构的要求，可供参考。

表 9.15　零件机械加工结构工艺性对比实例

设计准则	图　　例		说　　明
	不 合 理 结 构	合 理 结 构	
尽量减少机械加工量			设计凸台，底面设计成中凹形，以减少加工面积

设计准则	图　　　例		说　　明
	不合理结构	合理结构	
便于安装，减少安装次数			圆柱面定位可靠，便于安装
			一次安装可磨削全部表面，用于保证位置精度
便于加工	螺纹孔	工艺孔　　螺纹孔	便于刀具进入加工面
		$s>\dfrac{D}{2}+(2\sim5)$	
	M20	f	设计必要的退刀槽和越程槽，以便退刀和刀具越程，避免碰撞

设计准则	图　　例		说　明
	不合理结构	合理结构	
便于加工			设计必要的退刀槽,以便退刀,避免碰撞
			钻孔进出表面应与钻头轴线垂直,以便钻头正常进退刀
			加工表面形状应与标准刀具一致,以便采用标准刀具
			结构要素尺寸尽可能统一,以减少刀具数量
			尽量减少机床(或刀具)的调整次数。改进后的锥面和凸台,只要调整一次便可完成加工
便于测量			

练习题

1. 从机械加工考虑，零件的结构设计应遵循哪些准则？并举例加以说明。
2. 试改进下图所示轴承座零件的不合理结构，并说明理由？

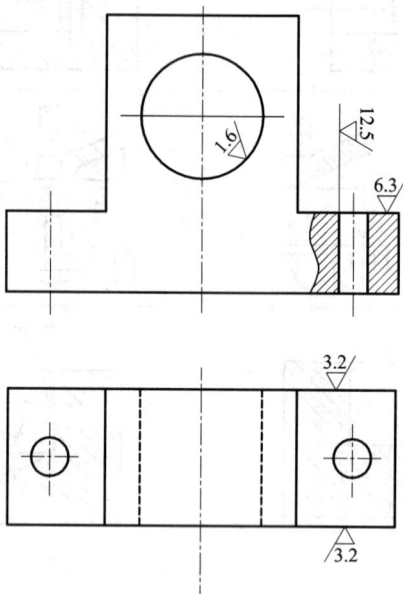

10 钳 工

10.1 概述

10.1.1 钳工及其主要工作

钳工(bench work)是以手工操作为主,用以完成零件的制造、装配和修理等工作。其基本操作有划线(laying out)、锯切(sawing)、锉削(filing)、钻孔(drilling)、扩孔(core drilling)、铰孔(bore with a reamer)、刮削(scraping)、攻丝(tapping)、套扣(thread die cutting)和装配(assemble)等。

钳工的劳动强度大,生产率低,对工人的技术要求也较高,但所用工具简单,操作灵活多样,可以完成用机械加工不便或难以完成的工作。因此,目前在机械制造和装配工作中,仍是不可缺少的重要工种。

10.1.2 钳工工作台和虎钳

1. 钳工工作台

钳工工作台一般是用木材制成,高度为 800 ~ 900 mm,要求坚实平稳。

2. 虎钳

虎钳(vice)是装在钳工工作台上用来夹持工件的工具,其构造如图 10.1 所示。虎钳的大小用钳口的宽度表示,常用的尺寸为 100 ~ 150 mm。

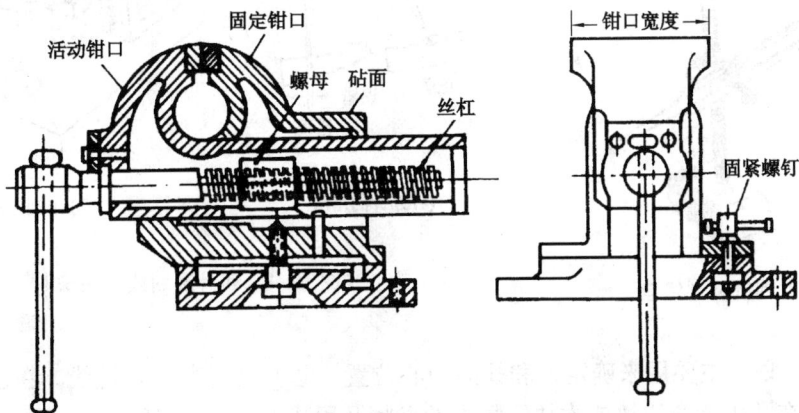

图 10.1 虎钳

使用虎钳时，应注意下列事项：

（1）工件应尽量夹在虎钳钳口中部；

（2）装夹工件时，不应在虎钳的手柄上加套管或用锤子敲击，以免损坏虎钳或工件。

10.2 划线

划线（laying out）是根据图纸的要求，在毛坯或半成品上划出加工界线的一种操作。

划线的作用是：

（1）划出加工界线作为加工工件或安装工件的依据；

（2）在单件和小批生产中，借划线来检查毛坯的形状和尺寸是否合格，并合理分配各加工面的余量。

10.2.1 划线工具

（1）划线平板 划线平板（图 10.2）是经过精细加工的铸铁件，它的上平面是划线的基准平面（datum plane），所以要求非常平直和光滑。

图 10.2 划线平板

划线平板各处要均匀使用，不准碰撞和敲击，用完后应涂防锈油并用木板护盖。

（2）划针及划线盘 划针及划线盘（图 10.3）是用来在工件表面划线和校正工件位置的工具。划针及划线盘的用法如图 10.4 所示。

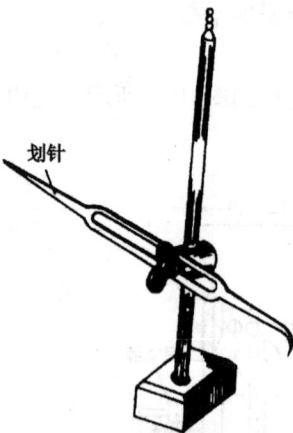

图 10.3 划针及划线盘

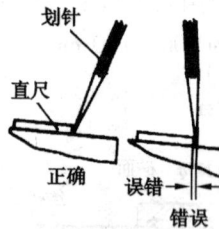

(a) 划针的用法

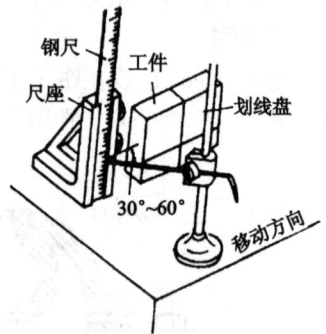

(b) 用划线盘划线

图 10.4 划针及划线盘用法

（3）划卡 划卡主要用来确定轴和孔的中心位置，也可以用来划平行线。在已有的孔上找中心时，要在孔中堵塞铅块或木块。划卡的形状及用法如图 10.5 所示。

（4）圆规 圆规（图 10.6）是用于画圆或圆弧的工具。

（5）样冲 样冲用来在工件已划好的线上打出样冲眼（center punching），以便所划的线模

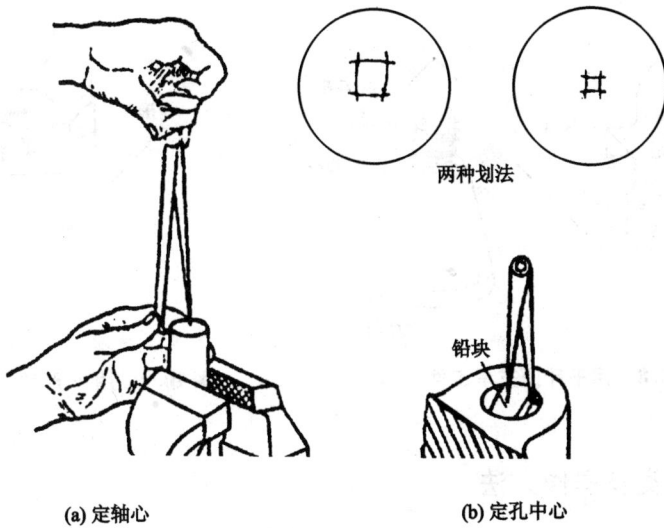

(a) 定轴心　　　　　　　　　　　　　　(b) 定孔中心

图10.5　用划卡定中心

图10.6　圆规

糊或消失后，在加工时仍能找到加工界线。样冲的形状及用法如图 10.7 所示。

（6）千斤顶（jack）和 V 形铁　千斤顶和 V 形铁都是用来在平板上支承工件的。被支承工件的面是平面时用千斤顶支承，其高度可以调整，以便找正工件位置，通常需用三个千斤顶一起使用（图 10.8）。工件的被支承面是圆柱面时用 V 形铁支承，能使工件轴线与平板平行（图 10.9）。

（7）量具　划线常用的量具有钢尺、高度游标尺（height vernier calipers）（图 10.10）及角尺等。高度游标尺用于较精密的划线，还可测量高度。其读数原理与游标卡尺相同。

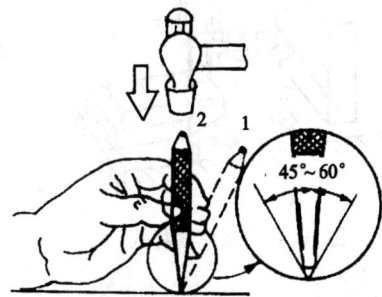

图10.7　样冲及其用法

1—对准位置；2—冲孔

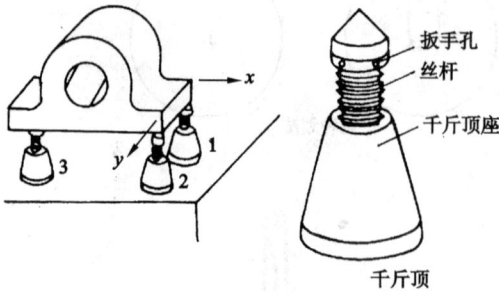

图10.8　用千斤顶支承工件

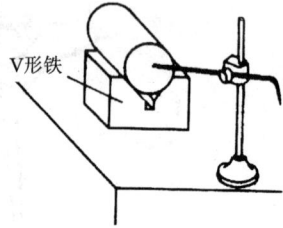

图10.9　用 V 形铁主承工件定中心

10.2.2　划线种类及操作方法

划线可分为平面划线[图 10.11(a)]和立体划线[图 10.11(b)]两种。平面划线是在工件的一个表面上划线;而立体划线是在工件的几个不同表面上划线。

平面划线与机械制图相似,所不同的是使用划线工具。

现以图 10.11(b)所示轴承座为例,说明立体划线的基本操作方法:

(1)对照图纸,检查毛坯是否合格;

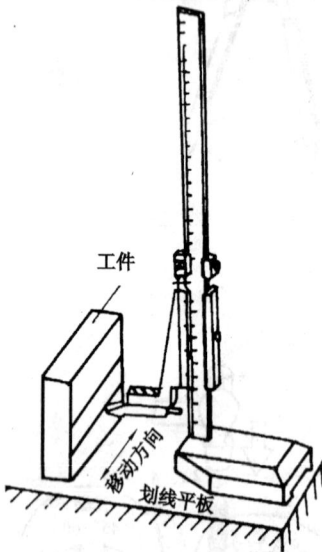

图 10.10　高度游标尺

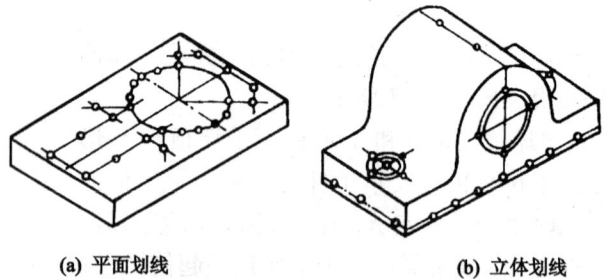

(a) 平面划线　　　　(b) 立体划线

图 10.11　平面划线和立体划线

(2)清理毛坯上的疤痕和毛刺等。在划线部分涂料(毛坯可涂石灰水和粉笔,已加工表面常用品紫)。用铅块或木块堵孔,以便确定孔的中心位置;

(3)支承并找正(aligning)工件[图 10.12(a)]。先划出划线基准,再划出其他水平线[图 10.12(b)];

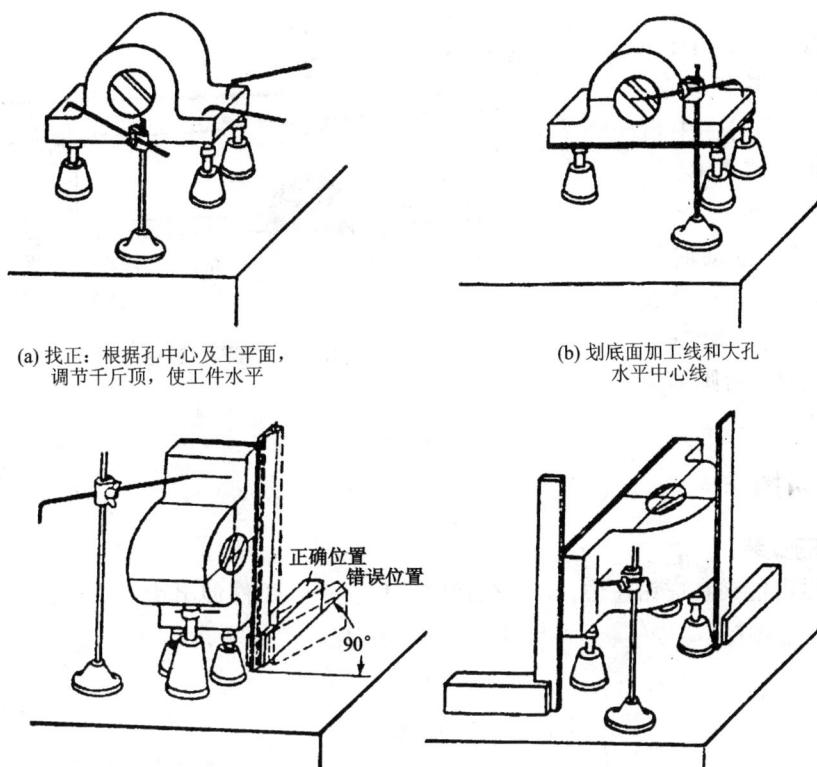

(a) 找正：根据孔中心及上平面，
调节千斤顶，使工件水平

(b) 划底面加工线和大孔
水平中心线

正确位置
错误位置
90°

图 10.12　立体划线示例

(4)翻转工件，找正，划出互相垂直的线[图 10.12(c),(d)]；

(5)检查划出的线是否正确，打出样冲眼。

练 习 题

1. 划线的作用是什么?

2. 利用划线法是否能得到高的精度? 为什么?

3. 什么叫划线基准? 如何选择划线基准?

10.3　锯切

锯切(sawing)是用手锯(handsaw)把工件锯断或锯出沟槽的操作。

10.3.1　手锯

手锯由锯弓和锯条两部分组成。锯弓是用来夹持和拉紧锯条的。锯弓分为固定式和可调式两种，图 10.13 为可调式锯弓的构造。

锯条(saw blade)一般由碳素工具钢制成。锯条按锯齿(saw tooth)的齿距 t 大小可分为：粗齿($t=1.6$ mm)，中齿($t=1.2$ mm)和细齿($t=0.8$ mm)三种。

粗齿锯条适用于锯切铜、铝等软金属及厚工件。细齿锯条适用于锯切硬钢、板料及薄壁管子等。中齿锯条多用于加工普通钢、铸铁及中等厚度工件。

手锯是向前推动时进行切削的，所以在锯弓上安装锯条时，锯齿必须向前。锯条松紧要合适，否则锯切时易折断锯条。

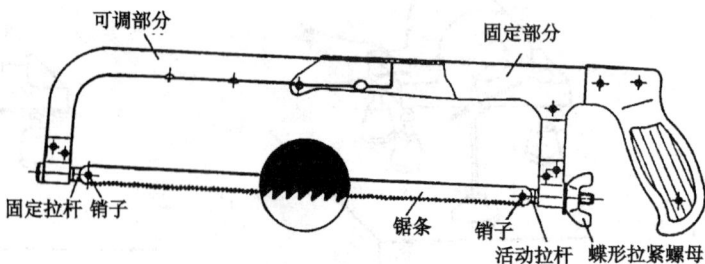

图 10.13　可调式锯弓

10.3.2　锯切操作

1. 工件的安装

工件应尽可能夹在虎钳左边，以免操作时碰伤左手。工件伸出错口要短，否则锯切时会产生振动。

(a)用拇指引导锯条切入

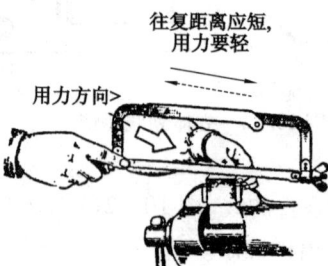

(b)起锯姿势

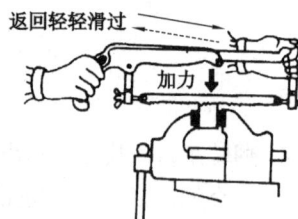

(c)锯成锯口后

图 10.14　锯切姿势和方法

2. 锯切方法

起锯时以左手拇指靠稳锯条侧面作引导［图 10.14(a)］，起锯角应小于 15°［图 10.14(b)］。锯弓行程应短，压力要轻，锯条要与工件表面垂直。锯成锯口后，逐渐将锯弓改成水平方向［图 10.14(c)］，将左手握在锯弓上。锯弓应直线往复，行程要长；前推时均匀加压，返回时从工件上轻轻滑过。锯削速度通常每分钟往复不宜超过 60 次。快锯断时，用力要轻，往程要短，以免碰伤手臂。在锯切钢等韧性材料时需加润滑油(lube)。

练 习 题

1. 锯切工件时怎样选择锯条？

2. 起锯时应如何操作？

3. 锯切过程中应怎样操作才能使锯缝不歪斜？

10.4 锉削

锉削(filing)是用锉刀(file)对工件表面进行加工的操作。它是钳工中主要的工序,应用广泛,可以加工平面、内孔、台阶面、沟槽等各种形状的表面。

10.4.1 锉刀

图 10.15 锉刀各部分名称

典型锉刀各部分名称如图 10.15 所示。锉刀用碳素工具钢制成,并经热处理淬硬。

锉刀以每 10 mm 长的锉面上挂齿齿数的多少,划分为粗锉刀、细锉刀和油光锉刀。粗锉刀(4～12 齿)齿间大,不易堵塞,适用于粗加工或加工铜和铝等软金属;细锉刀(13～24 齿)适用于加工钢和铸铁等金属;油光锉刀(30～60 齿)只用于最后修光表面。锉刀越细,生产率越低,但锉出的工件表面粗糙度越低。

根据截面形状不同,锉刀可分为:平锉、半圆锉、圆锉、方锉、三角锉等(图 10.16)。其中以平锉最常用。

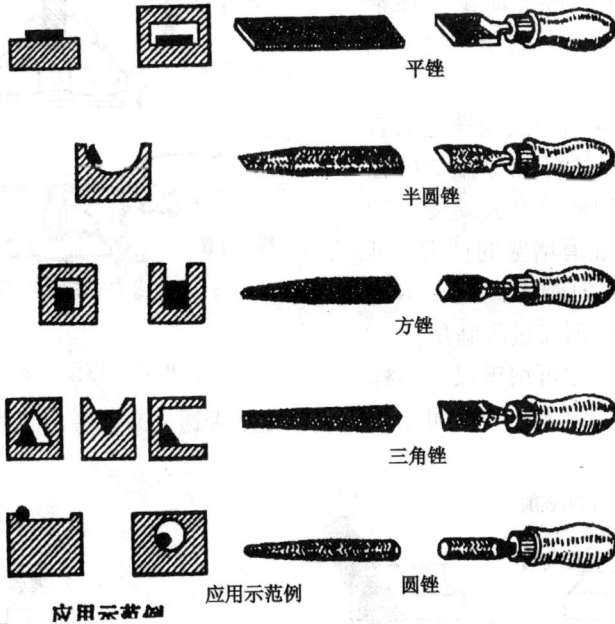

图 10.16 锉刀的种类

10.4.2 锉削操作

1. 锉刀的握法

锉刀的握法随锉刀的大小不同而异。使用大平锉时,其握法如图 10.17(a)所示;使用中型平锉时,其握法如图 10.17(b)所示;使用小锉刀时,其握法如图 10.17(c)所示。

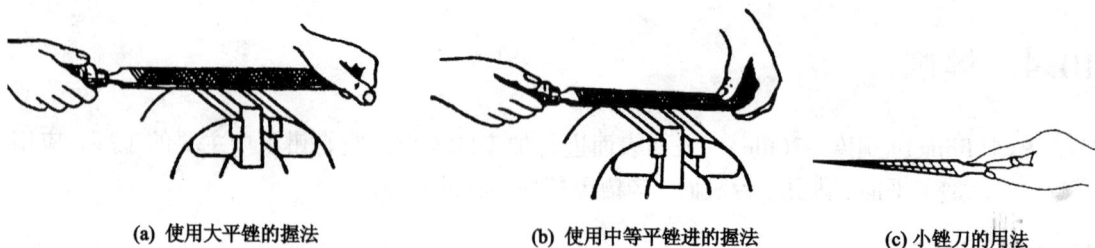

(a) 使用大平锉的握法　　　(b) 使用中等平锉进的握法　　　(c) 小锉刀的用法

图 10.17　锉刀的握法

2. 锉平面的方法

锉平面是锉削中最基本的操作。锉刀的运动必须保持水平，同时在锉削过程中逐渐调整两手的压力，才能锉出平直的平面，锉削时施力的变化如图 10.18 所示。粗锉时一般采用交叉锉法（图 10.19），这样不仅锉得快，而且可利用锉痕判断平面是否锉平。待平面基本锉平后，可用细锉或油光锉以推锉法修光，如图 10.20 所示。

锉削过程中，不要用手摸刚锉过的表面，以免再锉时打滑。对于有硬皮或砂粒的铸件、锻件，要先用砂轮磨去硬皮和砂粒，然后再锉削。被锉屑堵塞的锉刀，可用钢丝刷顺锉纹的方向刚去锉屑。不可用嘴去吹锉屑，以防锉屑飞进眼睛里。

锉削时，工件的尺寸可用钢尺或游标卡尺检查。工件的平直度及垂直度可用直角尺根据是否透光来检查，如图 10.21 所示。

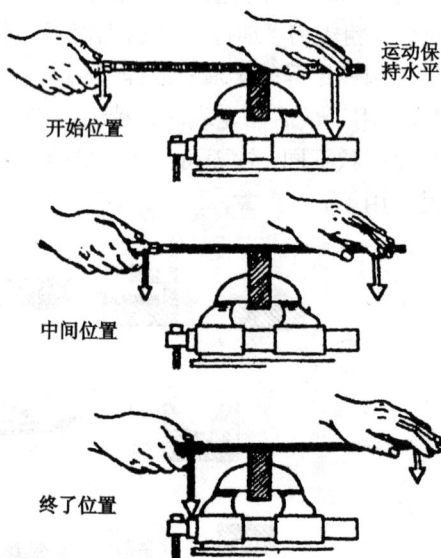

图 10.18　锉削时施力的变化

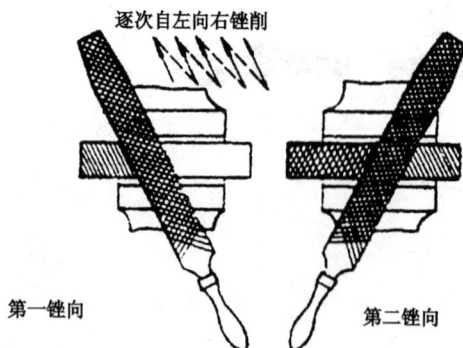

图 10.19　交叉锉法

图 10.20　推锉法

(a)检查平直   (b)检查直角

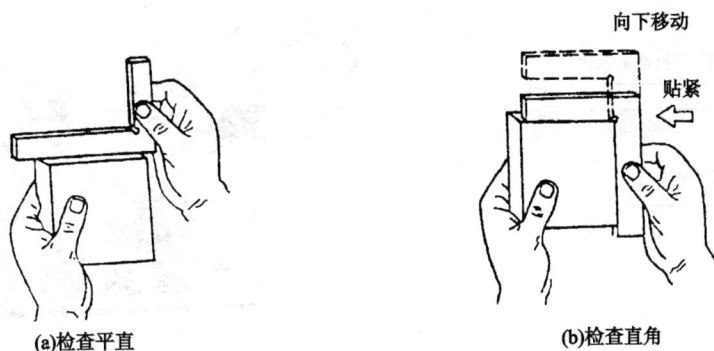

图 10.21   检查平直和直角

1. 锉削加工时如何选择锉刀?
2. 怎样操作才能锉出平直的平面?

10.5   刮削

刮削(scraping)是用刮刀(scraper)从工件表面上刮去一层很薄的金属的操作。刮削一般均在机械加工(车、铣、或刨)以后进行,刮后表面的粗糙度 Ra 值可达 $0.8 \sim 0.4 \ \mu m$,且表面平直,因此属于精密加工。刮削常用于零件上互相配合的重要滑动表面(如机床导轨、滑动轴承等),以便使两配合表面能均匀接触。

刮削生产率低,劳动强度较大,常用于某些不便用磨削的零件表面的加工。

10.5.1   刮刀

刮刀的材料一般用碳素工具钢制成。常用的刮刀有平面刮刀(图 10.22)和三角刮刀(图 10.24a)两种。

平面刮刀用来刮削平面或刮花纹。三角刮刀用来刮削滑动轴承的轴瓦等曲面,以得到良好的配合。

10.5.2   刮削的操作

平面刮刀的握法如图 10.23 所示右手握刀柄,推动刮刀;左手放在靠近端部的刀体上,引导刮刀刮削方向及加压。刮削时,用力要均匀,刮刀要拿稳。刮刀作前后直线运动,推出去是切削,收回为空行程。

三角刮刀刮削曲面时的操作方法如图 10.24 所示。

10.5.3   刮削质量的检验

刮削后的平面可用检验平板(图 10.25)以研点法来检验。

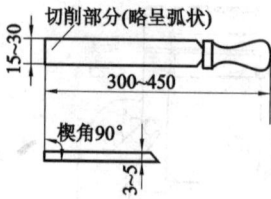

图 10.22　平面刮刀

图 10.23　用平面刮刀刮削平面

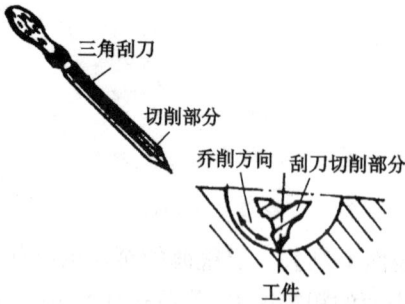

(a) 用三角刮刀倒轴瓦　　　　　　(b) 刮削姿势

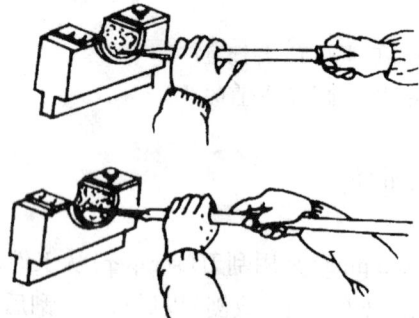

图 10.24　三角刮刀及其刮削方法

　　用检验平板检查工件的方法如下：将工件擦净，在工件表面均匀涂上一层很薄的红丹油（红丹粉与机油的混合剂），然后将工件表面放在擦净的检验平板表面上，并稍加压力配研［图 10.26(a)］。配研后，工件表面上的高点便因磨去红丹油而显示出亮点来［图 10.26(b)］。这种显示高点的方法常称研点法。

图 10.25　检验平板

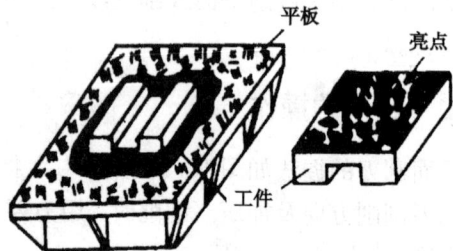

图 10.26　用平板研点检验

　　刮削表面的精度是以 25×25 mm^2 面积内，均匀分布的研点数来表示的。普通机床的导轨面要求 8～10 点，更精密的为 12～15 点。研点愈多表示工件表面的精度愈高。

　　检验滑动轴承的轴瓦刮削质量的方法是在轴瓦上涂色，然后与轴颈配研。

练习题

　　1. 刮削加工有何特点?

　　2. 刮削后的表面质量如何检验?

10.6　攻丝和套扣

10.6.1　攻丝

　　攻丝是用丝锥[图 10.27(a)]加工内螺纹的操作。丝锥的工作部分是一段开有轴向槽的外螺纹。丝锥的工作部分包括切削部分和定径部分。切削部分起主要的切削作用，定径部分则起修光螺纹和引导丝锥的作用。

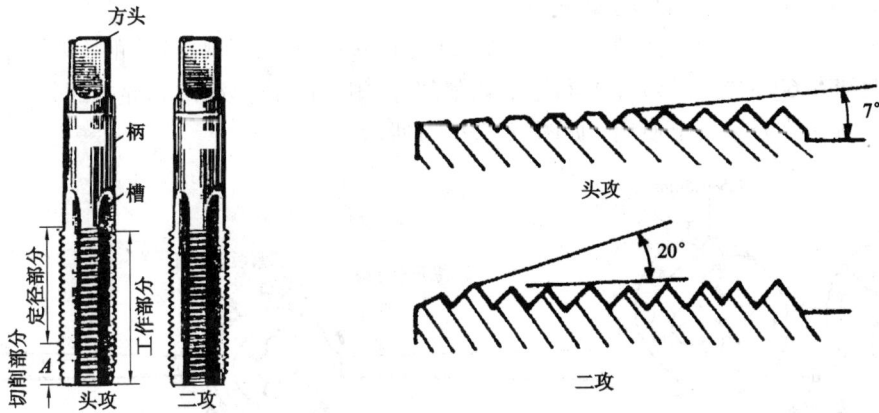

图 10.27　丝锥

　　手用丝锥一般由两支组成一套，分别称为头攻和二攻。两支丝锥的区别，在于其切削部分的锥角 Φ 不同[图 10.27(b)]。攻丝时先用头攻，再用二攻。机用丝锥一般只有一支。

　　攻丝前必须钻孔，孔的直径可根据下面的经验公式计算：

　　1. 加工脆性材料(铸铁、青铜等)时，钻头直径为：

$$D = d - 1.1p$$

　　2. 加工韧性材料(钢、铝等)时，钻头直径为：

$$D = d - p$$

式中：d——螺纹外径(mm)；

　　　　p——螺距(mm)。

攻不通孔(盲孔)的螺纹时,因丝锥不能攻到孔底,所以孔的深度要大于螺纹长度,其深度可按下式计算:

$$孔的深度 = 螺纹长度 + 0.7d$$

式中: d——螺纹外径(mm)。

手工攻丝时,需用铰杆夹住丝锥的方头部(图10.28),用双手转动铰杆即可攻丝。在钢料工件上攻螺纹时,应加油润滑,而在铸铁类工件上攻螺纹时,因铸铁中含大量石墨可起润滑作用,故不必加润滑油。

用头攻时,必须将丝锥垂直地放在工件孔内(可用直角尺在互相垂直的两个方向检查),

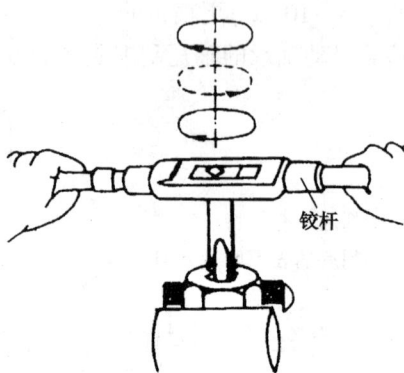

图 7.28　攻丝

然后用铰杆轻压旋入。当丝锥的切削部分已经切入工件后,即可只转动而不加压。每转一周应反转 1/4 周,以便断屑。

用二攻时,先把丝锥放入孔内,旋入几扣后,再用铰杆转动。旋转铰杆时不需加压。

10.6.2　套扣

套扣是用板牙加工外螺纹的操作。

板牙有固定的和开缝的两种。图10.29(a)为开缝式板牙,其螺纹孔的大小可作微量调节,孔的两端有 $60'$ 的锥度部分,是板牙的切削部分,中间一段是校准和导向部分。

板牙必须装在板牙架上使用,如图10.29(b)所示。

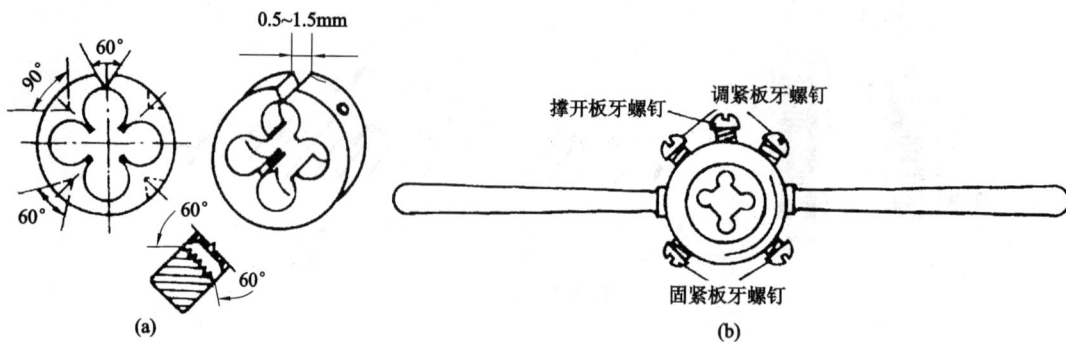

图 10.29　开缝式板牙及板牙架

套扣前应检查圆杆直径,太大难以套入,太小套出的螺纹不完整。圆杆的直径可按下面经验公式计算:

$$圆杆直径 = 螺纹外径 - 0.13p$$

式中: p——螺距(mm)。

要套扣的圆杆必须有倒角[图10.30(a)]。

套扣时,板牙端面必须与圆杆垂直[图10.30(b)]。开始转动板牙架时,要稍加压力,套入几扣后,即可只转而不加压。套扣过程中要时常反转断屑。工件是钢料时,应加机油润滑。

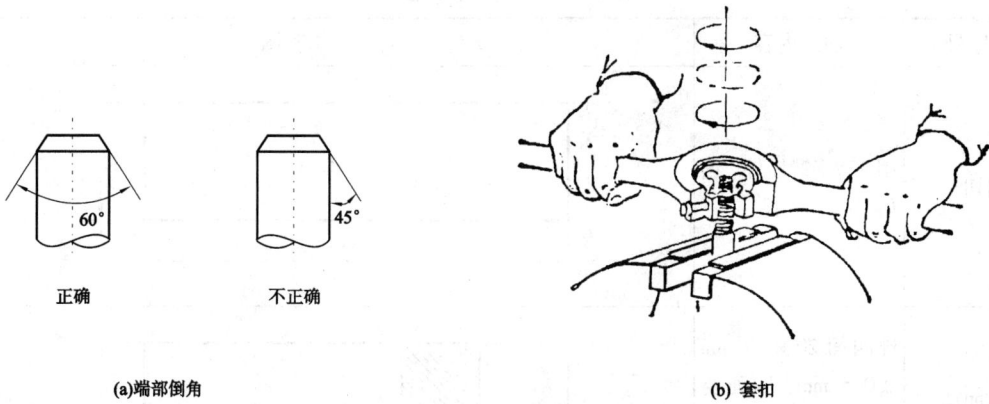

(a)端部倒角   (b) 套扣

图 10.30 套扣

练 习 题

1. 丝锥的头攻和二攻有何不同?
2. 对脆性和韧性材料,攻丝前钻孔直径有何不同?

10.7 操作示例

10.7.1 制作地质锤的操作步骤

图 10.31 为地质锤的零件图,其制作步骤如表 10.1 所示。

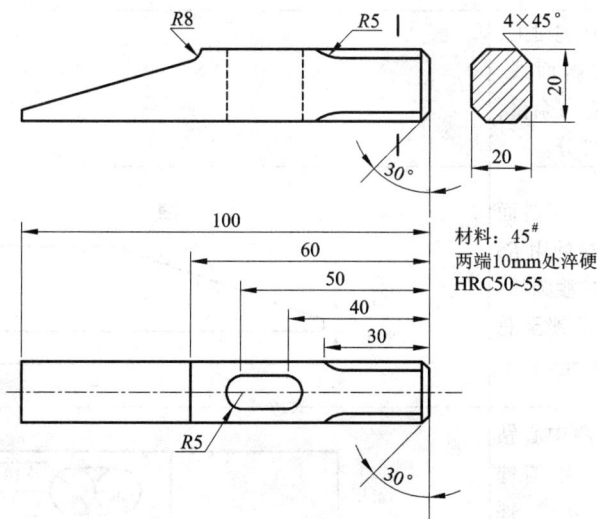

图 10.31 地质锤

表 10.1　地质锤制作步骤

操作序号	加工内容	简　　　图
1. 锯切	用 45# 钢锻坯件，锯 $L = 102$ mm 长	
2. 锉四面	锉四面 20×20 mm ± 0.5 mm，四面要求平直，相互垂直。用角尺检查	
3. 锉平端面	将一端面锉平，要求与相邻的平面垂直，用角尺检查	
4. 划线	在平台上，工件以纵向平面和锉平的端面定位，按图上尺寸划线，并打出样冲眼。	
5. 锯斜面	将工件夹在虎钳上，按所划的斜面线，留 1 mm 左右余量，锯下多余部分。	
6. 锉斜面	锉平斜面，在斜面与平面交接处用 $R8$ 圆锉锉出过渡圆弧，把斜面端部锉至总长尺寸 100 mm。	
7. 钻孔	按划线在两中心钻两孔 $\phi 10$，用圆锉锉通，用小平锉锉平。	

操作序号	加工内容	简　　　图
8. 锉长形孔	用小圆锉修整长形孔并倒角。	
9. 锉 2×30°和 4×45°倒角	锉 2×30° 倒角，倒角交接处用 R3 圆锉锉出过渡圆弧，锉 4×45° 倒角，交接处用 R5 圆锉锉出过渡圆弧。	
10. 修光	用细锉和砂布修光。	
11. 热处理	两端进行局部淬火。	

10.7.2　制作六角螺母的操作步骤

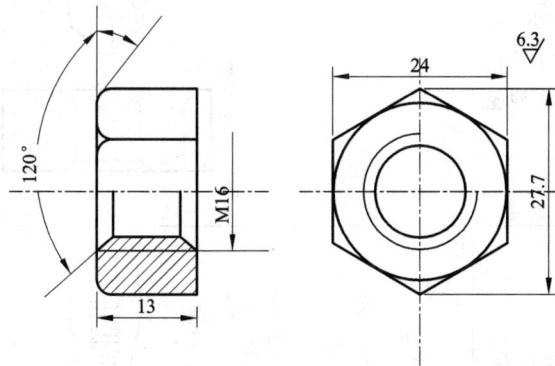

图 10.32　六角螺母

表 10.2

操作序号	加工内容	简　图
1. 下料	用 φ30 的 45 钢长棒料，锯下 15 mm 长的坯料	φ30　15
2. 锉两平行面	锉两端平面至厚度 $H=13$ mm，要求平直并两面平行	13
3. 划线	定出端面中心并划中心线，并按尺寸划出六边形边线和钻中心孔线，打出样冲眼。	27.7　φ14　24
4. 钻孔	用 φ14 mm 的钻头钻孔，并用 φ20 mm 的钻头对孔口倒角，用游标卡尺检查孔径。	
5. 攻丝	用 M16 丝锥攻丝，用螺纹塞规检查	

续表 10.2

操作序号	加工内容	简　图
6. 锉六面并倒角	先锉平一面，再锉其相平行的对面，然后锉平其余四面并倒角。在此过程中，既可参照划的线，还可用120″角尺检查相邻两平面的夹角，并用游标卡尺测量平面至孔的距离。六边形要对称，两对面要平行，用刀口尺检查平面度。用游标尺检查两对面的尺寸和平行度	

10.8　装配

任何一台机器都是由许多零件组成的，这些零件以一定的方式连接在一起。将零件按规定的技术要求组装起来，并经过调试、检验使之成为合格产品的过程称为装配(assemble)。

10.8.1　产品装配步骤

1. 装配前的准备
首先熟悉装配图的技术要求，了解产品的结构和各零件的作用及相互关系，再确定装配的方法、顺序和所需的工具。准备好零件并清洗干净。

2. 装配
装配又分为组件装配、部件装配和总装配三种。

(1)组件装配将若干零件组合而成的单元称组件。例如车床床头箱中的一根传动轴就是一组件。

(2)部件装配将若干零件和组件组合而构成部件。例如车床床头箱、进给箱等都是部件。

(3)总装配将若干零件、组件、部件连接组合而构成整台机器。例如车床。

3. 调试
对机器进行调试、调整。精度检验和试车，使产品达到质量要求。

4. 喷漆和装箱
将机器各非配合外表面喷上所要求的漆，然后装入包装箱。

10.8.2　某减速器低速轴组件的装配

某减速器低速轴组件的构造如图 10.33 所示。

1. 装配单元系统图

为了使装配工作能按顺序进行，产品的装配过程可用装配单元系统图来表示。如图 10.34 所示为减速器低速轴组件的装配单元系统图。

横线左端的小长方格，代表基准零件。长方格中注明了装配单元的编号、名称和数量。

横线自左至有表示装配的顺序。直接装入轴上的零件画在横线的上面，组件画

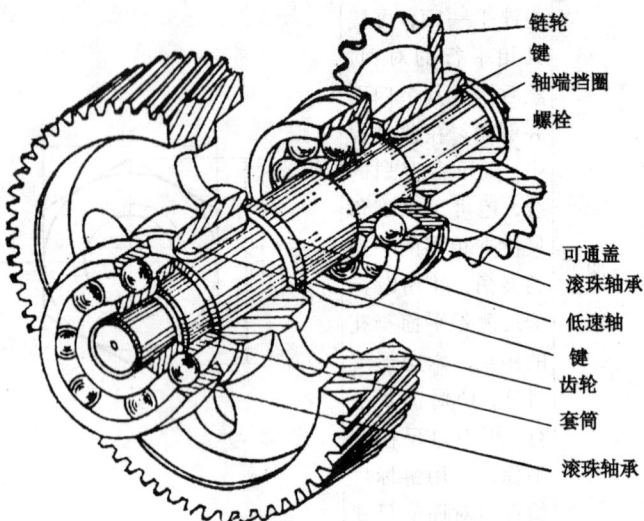

图 10.33　某减速器低速轴组件

（链轮、键、轴端挡圈、螺栓、可通盖、滚珠轴承、低速轴、键、齿轮、套筒、滚珠轴承）

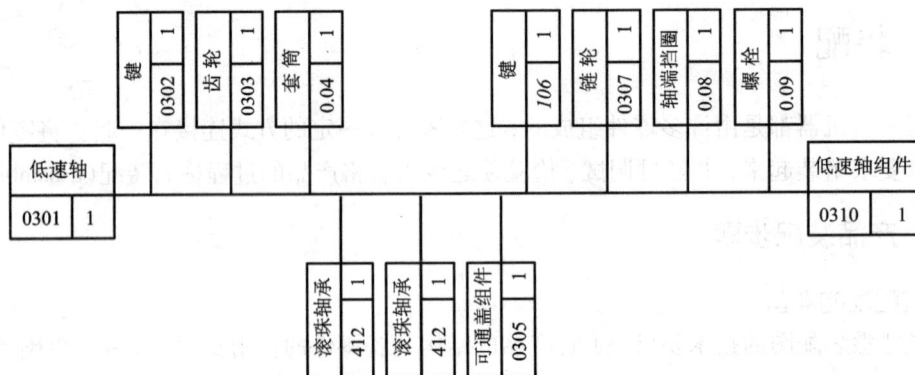

图 10.34　装配单元系统图

在横线的下面。

横线的最右端的长方格代表装配的成品。

由上图可以清楚地表示出成品的装配过程，装配所需零件的名称、编号和数量，并可根据它划分装配工序。它可以起到指导和组织装配工艺的作用。

2. 对装配的要求

装配时，首先应检查零件是否合格，各零件之间的相互位置关系是否合理，固定联接的零、部件不允许有间隙。活动零件应在正常的间隙下灵活均匀运动。各运动接触表面必须有足够的润滑。

10.8.3 滚动轴承的装配

滚动轴承(ball bearing)的配合多数为较小的过盈配合,常用手锤或压力机采用压入法装配,为了使轴承圈受力均匀,采用垫套加压。轴承压到轴颈上时应施力于内圈端[图 10.35 (a)];轴承压到座孔中时,要施力于外环端面上[图 10.35(b)];若同时压到轴颈和座孔中时,整套应能同时对轴承内外端面施力[图 10.35(c)]。

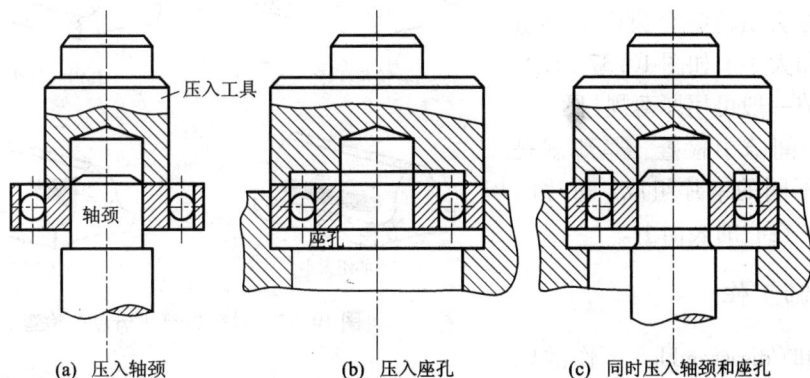

(a) 压入轴颈   (b) 压入座孔   (c) 同时压入轴颈和座孔

图 10.35 压入法装配滚珠轴承

当轴承的装配是较大的过盈配合时,应采用加热装配,即将轴承吊在 80～90℃ 的热油中加热,使轴承膨胀,然后趁热装入。注意轴承不能与油槽底接触,以防过热。如果是装入座孔的轴承则将座孔加热或将轴承冷却后装入。

轴承安装后要检查滚珠是否被咬住,是否有合理的间隙。

10.8.4 螺纹联接的装配

螺纹联接具有装拆简便、调整、更换方便,宜于多次拆装等优点。螺纹联接常用零件有:螺钉、螺母。双头螺栓及各种专用螺纹件等。

对于一般的螺纹联接,可用普通扳手拧紧,拧紧程度要适中。而对于有规定预紧力要求的螺纹联接,为了保证规定

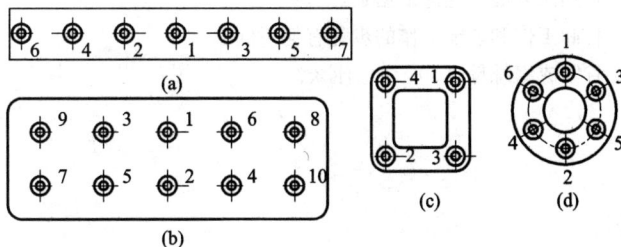

图 10.36 螺母的拧紧顺序

的预紧力,常用测力板手或其他限力扳手以控制扭矩。

当螺纹联接数量较多时,应按照一定的顺序来拧紧。图 10.36 所示为几种拧紧顺序的实例。按图中数字顺序拧紧,可避免被联接件的偏斜、翘曲和受力不均。此外对每个螺母应分两至三次拧紧。

10.8.5　齿轮的装配

齿轮(gear)装配的主要技术要求是保证齿轮传递运动的准确性、平稳性、轮齿表面接触斑点和齿侧间隙合乎要求等。

轮齿表面接触斑点可用涂色法检验。先在主动轮的工作齿面上涂上红丹粉，使相啮合的齿轮在轻微制动下运转，然后看从动轮啮合齿面上接触斑点的位置和大小。如图 10.37 所示。

齿侧间隙一般可用厚薄规(图 10.38)插入齿侧间隙中检查。厚薄规是由一套厚薄不同的钢片组成，每片的厚度值都标注在它的表面上。

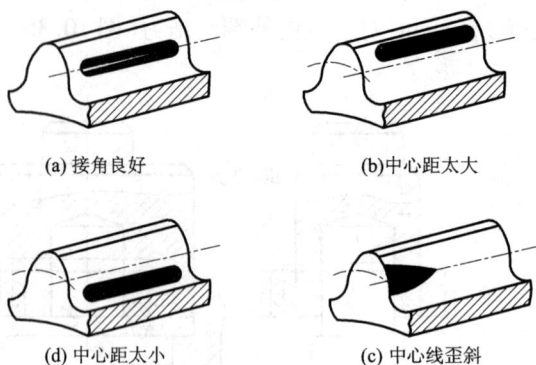

(a) 接角良好　　　　(b)中心距太大

(d) 中心距太小　　　　(c) 中心线歪斜

图 10.37　对轮齿接触斑点的检查

10.8.6　拆卸工作

机器拆卸(disassemble)工作的顺序应与装配的顺序相反，一般应先拆外部附件，然后按总成、部件和组件进行拆卸。并应按从外部到内部，从上部到下部的顺序，依次拆卸组件或零件。

拆卸时，使用的工具必须保证对零件不会发生损伤。不可猛拆猛敲造成零件的损伤和变形，严禁用手锤直接敲击零件的工作表面。注意零件的松紧方向，拆下的组件和零件，必须有次序、有规律放好，并作适当的标记，以免记错。

练 习 题

1. 加热法装配的理论依据是什么？
2. 拆卸工作和装配工作的步骤有何不同？
3. 拧紧成组螺母时，应注意什么？

第四篇
数控加工与特种加工

11 数控加工技术

11.1 概 述

11.1.1 数控加工的定义与特点

1. 数控加工的定义

数控加工是指在数控机床上用数字信息控制机床的运动及其加工过程，即：在数控机床上加工零件时，操作者根据零件图纸及工艺要求等编制零件数控加工程序，输入数控系统，控制机床主运动的启停与变速、进给运动的速度、方向和进给量，以及其他诸如自动换刀、冷却润滑液的启停等动作，使刀具与工件及其他辅助装置严格按照数控程序规定的顺序、路径和参数进行工作，从而加工出形状、尺寸与精度符合要求的零件。

数控加工技术是现代先进制造技术的核心。随着科学技术的发展，机械产品的结构越来越复杂，对产品的性能、精度和生产效率的要求越来越高，并且更新换代频繁。为了缩短生产周期，满足市场上不断变化的需求，机械制造业正经历着从大批量到小批量及单件生产的转变过程，传统的制造手段已满足不了当前技术的发展和市场经济的要求，而数控加工技术的应用和发展则可有效的解决了上述问题，给机械制造业的生产方式、产品结构和产业结构都带来了深刻的变化，是现代制造业实现自动化、柔性化和集成化生产的基础。

2. 数控加工的特点

与普通机床加工相比，数控加工具有如下特点：

(1)生产效率高 数控加工可以采用较大的切削速度和进给量，有效地节省了加工时间；同时设备还具备自动换刀、不停车自动变速和快速空行程等功能，无需工序间的检验与测量，使得辅助时间也大为缩短。因此，数控加工的生产效率一般是普通机床的 3 ~ 7 倍。

(2)加工精度高、产品质量稳定 数控机床本身的精度较高，还可以利用软件进行精度校正和补偿，加工尺寸精度在 0.005 ~ 0.01 mm 之间，不受零件复杂程度的影响。由于大部分操作都由机床自动完成，基本消除了人为误差，提高了批量零件尺寸的一致性，同时精密控制的数控机床上还采用了位置检测装置，更加提高了数控加工的精度。

(3)加工能力强、适应性好 应用数控机床可以准确的加工出曲线、曲面、圆弧等形状复杂的零件；改变加工对象时，除了更换刀具和解决毛坯装夹方式外，只需重新编程即可，不需要作其他任何复杂的调整，从而缩短了生产准备周期。

(4)减轻劳动强度、改善劳动条件 由于数控加工是按照数控程序自动完成，许多动作不需要操作者进行，因此劳动强度和劳动条件大为改善。

(5)有利于生产管理 由于机床采用数字信息控制，易于与计算机辅助设计系统连接，形成 CAD/CAM 一体化系统，且可建立各机床间的联系，容易实现群控。

11.1.2 数控机床的产生与发展

数控机床的研制始于 20 世纪 40 年代末。1952 年，美国 PARSONS 公司与麻省理工学院（MIT）合作研制了世界上第一台立式数控铣床，使机械制造业的发展进入了一个崭新的阶段。

随着计算机和微电子技术的迅猛发展，数控机床中的核心部件——数控系统也在不断地更新换代，先后经历了电子管（1952 年）、晶体管和印刷电路板（1960 年）、小规模集成电路（1965 年）、小型计算机（1970 年）、微处理器/微型计算机（1974 年）和基于 PC-NC 的智能数控系统（20 世纪 90 年代后）等六代数控系统。前三代数控系统是属于采用专用控制计算机的硬逻辑数控系统，简称 NC（numerical control），目前已被淘汰。第四代数控系统采用小型计算机取代专用控制计算机，数控的许多功能由软件控制，因此又称为计算机数控系统（简称 CNC，computer numerical control）。1974 年采用以微处理器为核心的数控系统，形成目前应用较广泛的第五代微机数控系统（简称 MNC，micro-computer numerical control）。由于 CNC 和 MNC 数控系统生产厂家各自设计其硬件和软件，各个公司开发的数控系统具有不同的软硬件模块、编程语言、人机界面和实时操作系统非标准化的接口，不仅给操作者带来了使用和维修的复杂性，还给车间物流层的集成带来了困难。因此，现在发展了一种基于 PC-NC 的第六代数控系统，它充分利用现有 PC 机的软硬件资源，提供了开放式的基础，使数控机床进入了广泛应用的 PC 阶段。

我国数控技术的发展起步于 20 世纪 50 年代，通过"六五"期间引进数控技术、"七五"期间组织"科技攻关"及实施"数控机床引进消化吸收一条龙"项目、"八五"期间以发展自主知识产权为目标的"数控技术攻关"，我国的数控机床及数控技术有了长足的发展。特别是近几年，我国数控产业发展迅速，1998~2004 年国产数控机床产量和消费量的年平均增长率分别为 39.3% 和 34.9%。但是，国内数控机床制造企业在中高档与大型数控机床的研发方面与国外的差距比较明显，70% 以上的此类设备和绝大多数的功能部件均依赖进口。由此可以看出，国产数控机床特别是中高档数控机床仍然缺乏市场竞争力，究其原因主要在于国产数控机床的研发深度不够、制造水平依然落后、服务意识与能力欠缺、数控系统生产应用推广不力及数控人才缺乏等。我们应充分认识到国产数控机床的不足，努力发展先进技术，加大技术创新与培训服务力度，以缩短与发达国家之间的差距。

11.1.3 数控机床的工作原理与系统组成

1. 数控加工原理

当使用机床加工零件时，通常都需要对机床的各种动作进行控制，一是控制动作的先后次序，二是控制机床各运动部件的位移量。采用普通机床加工时，这种启动、停车、走刀、换向、主轴变速和开关切削液等操作都是由人工直接控制的。采用数控机床加工零件时，只需要将零件图形和工艺参数、加工步骤等以数字信息的形式，编成程序代码输入到机床控制系统中，再由其进行运算处理后转换成驱动伺服机构的指令信号，从而控制机床各部件协调动作，自动地加工出零件来。当更换加工对象时，只需要重新编写程序代码，输入给机床，即可由数控装置代替人的大脑和双手的大部分功能，控制加工的全过程，制造出复杂的零件。

数控加工过程总体上可分为数控程序编制和机床加工控制两大部分。

2. 数控机床的组成与功能

一般由输入装置(input devices)、数控装置(NC unit)、伺服系统(servo system)、位置测量与反馈系统(feedback system)、辅助控制单元(accessory control unit)和机床本体(main engine)组成，图 11.1 为数控机床组成示意图。

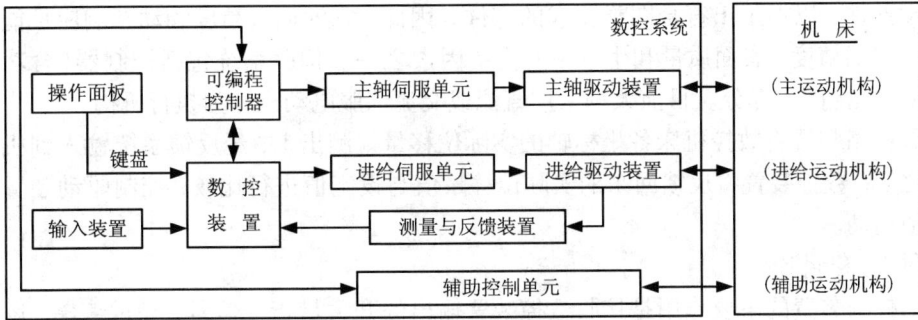

图 11.1　组成示意图

1)程序编制及程序载体

数控程序是数控机床自动加工零件的工作指令。在对加工零件进行工艺分析的基础上，首先确定零件坐标系在机床坐标系上的相对位置(即零件在机床上的安装位置)、刀具与零件相对运动的尺寸参数、零件加工的工艺路线、切削加工的工艺参数以及辅助装置的动作等，得到零件的所有运动、尺寸、工艺参数等加工信息，然后用由字母、数字和符号组成的标准数控代码，按规定的方法和格式，编制零件加工的数控程序单。对于形状相对简单的零件编制程序的工作可由人工进行；对于形状复杂的零件，则要在专用的编程机或通用计算机上进行自动编程(APT)或 CAD/CAM 设计。

编好的数控程序，存放在便于输入到数控装置的一种存储载体上，它可以是穿孔纸带、磁盘和 USB 盘等，采用哪一种存储载体，取决于数控装置的设计类型。

2)输入装置

输入装置的作用是将程序载体(信息载体)上的数控代码传递并存入数控系统。根据控制存储介质的不同，输入装置可以是光电阅读机、磁带机或软盘驱动器等。数控机床加工程序也可通过键盘用手工方式直接输入数控系统；数控加工程序还可由编程计算机用 RS232C 或采用网络通信方式传送到数控系统中。

零件加工程序输入过程有两种不同的方式：一种是边读入边加工(数控系统内存较小时)，另一种是一次将零件加工程序全部读入数控装置内部的存储器，加工时再从内部存储器中逐段逐段调出进行加工。

3)数控装置

数控装置是数控机床的核心。数控装置从内部存储器中取出或接受输入装置送来的一段或几段数控加工程序，经过数控装置的逻辑电路或系统软件进行编译、运算和逻辑处理后，输出各种控制信息和指令，控制机床各部分的工作，使其进行规定的有序运动和动作。

零件的轮廓图形往往由直线、圆弧或其他非圆弧曲线组成，刀具在加工过程中必须按零件形状和尺寸的要求进行运动，即按图形轨迹移动。但输入的零件加工程序只能是各线段轨迹的起点和终点坐标值等数据，不能满足要求，因此要进行轨迹插补，也就是在线段的起点和终点坐标值之间进行"数据点的密化"，求出一系列中间点的坐标值，并向相应坐标输出脉冲信号，控制各坐标轴（即进给运动的各执行元件）的进给速度、进给方向和进给位移量等。

4）伺服系统和位置检测装置

伺服系统接受来自数控装置的指令信息，经功率放大后，严格按照指令信息的要求驱动机床移动部件，以加工出符合图样要求的零件。因此，它的伺服精度和动态响应性能是影响数控机床加工精度、表面质量和生产率的重要因素之一。伺服系统包括控制器（含功率放大器）和执行机构两大部分。目前大都采用直流或交流伺服电动机作为执行机构。

位置检测装置将数控机床各坐标轴的实际位移量检测出来，经反馈系统输入到机床的数控装置之后，数控装置将反馈回来的实际位移量值与设定值进行比较，控制驱动装置按照指令设定值运动。

5）辅助控制装置

辅助控制装置的主要作用是接收数控装置输出的开关量指令信号，经过编译、逻辑判别和运动，再经功率放大后驱动相应的电器，带动机床的机械、液压、气动等辅助装置完成指令规定的开关量动作。这些控制包括主轴运动部件的变速、换向和启停指令，刀具的选择和交换指令，冷却、润滑装置的启动停止，工件和机床部件的松开、夹紧，分度工作台转位分度等开关辅助动作。

由于可编程逻辑控制器（PLC）具有响应快、性能可靠、程序编制与修改方便，并可直接启动机床开关等特点，现已广泛用于数控机床的辅助控制装置。

6）机床本体

数控机床的机床本体与传统机床相似，由主轴传动装置、进给传动装置、床身、工作台以及辅助运动装置、液压气动系统、润滑系统、冷却装置等组成。但数控机床在整体布局、外观造型、传动系统、刀具系统的结构以及操作机构等方面都已发生了很大的变化。这种变化的目的是为了满足数控机床的要求和充分发挥数控机床的特点。

11.1.4 数控加工常用术语

1. 坐标联动加工

数控机床加工时的横向、纵向等进给量都是以坐标数据来进行控制的。像数控车床是属于两坐标控制的[如图11.7(a)]，数控铣床则是三坐标控制的[如图11.7(b)]，还有四坐标轴、五坐标轴甚至更多的坐标轴控制的加工中心等。坐标联动加工是指数控机床的几个坐标轴能够同时进行移动，从而获得平面直线、平面圆弧、空间直线和空间螺旋线等复杂加工轨迹的能力，如图11.2所示。有一些数控机床尽管具有三个坐标轴，但能够同时进行联动控制的只是其中两个坐标轴，那就属于两坐标联动的三坐标机床。这类机床要想加工复杂的曲面，只能采用在某平面内进行联动控制，第三轴作单独周期性进给的"2.5坐标加工"方式。

2. 脉冲当量、进给速度与速度修调

数控机床各轴采用步进电机、伺服电机或直线电机驱动，是用数字脉冲信号进行控制的。每发送一个脉冲，电机就转过一个特定的角度，通过传动系统或直接带动丝杠，从而驱动与螺母副连结的工作台移动一个微小的距离。单位脉冲作用下工作台移动的距离就称之为

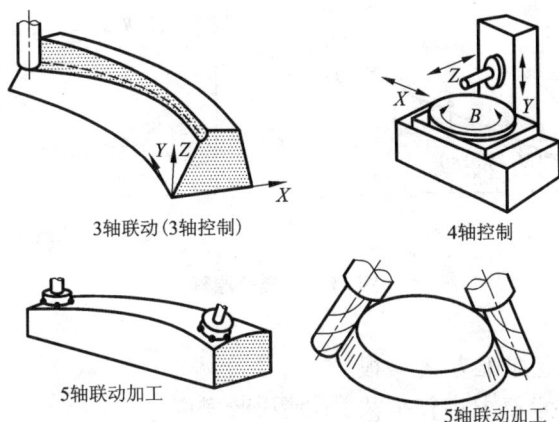

图 11.2 多轴联动加工

脉冲当量。手动操作时数控坐标轴的移动通常是采用按键触发或采用手摇脉冲发生器(手轮方式)产生脉冲的,采用倍频技术可以使触发一次的移动量分别为 0.001 mm、0.01 mm、0.1 mm、1 mm 等多种控制方式,相当于触发一次分别产生 1、10、100、1000 个脉冲。

数控加工的进给速度由程序代码中的 F 指令控制,但实际进给速度还可以根据需要作适当调整的,这就是进给速度修调。修调是按倍率来进行计算的,如程序中指令为 F80,修调倍率调在 80% 档上,则实际进给速度为 $80 \times 80\% = 64$ mm/min。同样地,有些数控机床的主轴转速也可以根据需要进行调整,那就是主轴转速修调。

3. 插补与刀补

数控加工直线或圆弧轨迹时,程序中只提供线段的两端点坐标等基本数据,为了控制刀具相对于工件走在这些轨迹上,就必须在组成轨迹的直线段或曲线段的起点和终点之间,按照一定的算法进行数据点的密化工作,以填补方式来确定一些中间点,如图 11.3 所示,各轴就以趋近这些点为目标实施配合移动,这就称之为插补。这种计算插补点的运算称为插补运算。早期 NC 硬逻辑数控机床的数控装置中是采用专门的逻辑电路器件进行插补运算的,称之为插补器。在现代 CNC 数控机床的数控装置中,则是通过软件来实现插补运算的。现代数控机床大多都具有直线插补和平面圆弧插补的功能,有的机床还具有一些非圆曲线的插补功能。

刀补是指数控加工中的刀具半径补偿和刀具长度补偿功能。具有刀具半径补偿功能的机床数控装置,能使刀具中心自动地相对于零件实际轮廓向外或向内偏离一个指定的刀具半径值,并使刀具中心在这偏离后的补偿轨迹上运动,刀具刃口正好切出所需的轮廓形状,如图 11.4 所示。编程时直接按照零件图纸的实际轮廓大小编写,再添加上刀补指令代码,然后在机床刀具补偿寄存器对应的地址中输入刀具半径值即可。刀具长度补偿则主要是用于补偿由于刀具长度发生变化的情况。

11.1.5 数控加工的过程

零件数控加工的过程如图 11.5 所示,主要包括以下几个方面的内容:

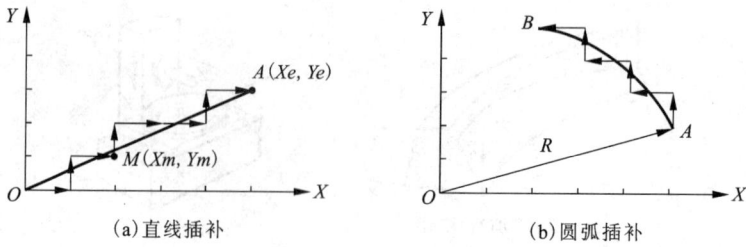

(a)直线插补　　　　　　　　　　(b)圆弧插补

图11.3　插补原理

　　(1)分析图纸,确定加工方案　根据零件加工图纸及其技术要求进行工艺分析,确定零件的数控加工方案,选择合适的数控加工机床。

　　(2)工件的定位与装夹　根据零件的加工要求,选择合理的定位基准,并根据零件批量、精度要求及加工成本来选择合适的夹具,完成工件的装夹和找正。

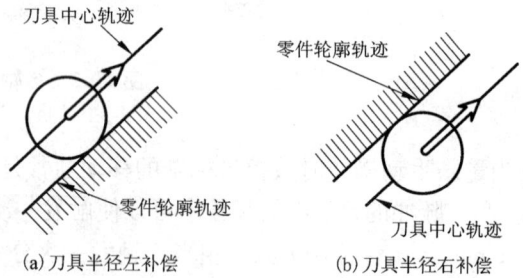

(a)刀具半径左补偿　　　(b)刀具半径右补偿

图11.4　刀具半径补偿图

　　(3)刀具的选择与安装　根据零件的加工工艺性与结构工艺性,选择合适的刀具材料和刀具类型,并完成刀具的安装与对刀,并将对刀所得的参数正确地设定在数控系统中。

　　(4)数控加工程序的编制　用规定的程序代码和格式编写零件加工程序单;或用自动编程软件进行 CAD/CAM 工作,直接生成零件的加工程序文件。经过初步校验后,将数控程序通过控制介质或手动方式输入机床的数控单元。

　　(5)试切削、试运行并校验数控程序　对所输入的数控程序进行空走刀试运行,刀具轨迹正确后进行首件的试切削,校验工件的加工精度。

　　(6)数控加工　当试切的首件检验合格并确定加工程序正确无误后,便可进入数控加工阶段。

　　(7)工件的验收与质量误差分析　工件入库前,先进行工件的检验,并通过质量分析,找出误差产生的原因,得到纠正误差的方法。

11.2　数控加工编程基础

11.2.1　数控编程的定义

　　生成用数控机床进行零件加工的数控程序的过程,称为数控编程。数控编程可以手工完成,即手工编程,也可以由计算机辅助完成,即计算机辅助数控编程。采用计算机辅助数控编程需要一套专用的数控编程软件,现代数控编程软件主要分为以批处理命令方式为主的 APT 语言和以 CAD 软件为基础的交互式 CAD/CAM—NC 编程集成系统。

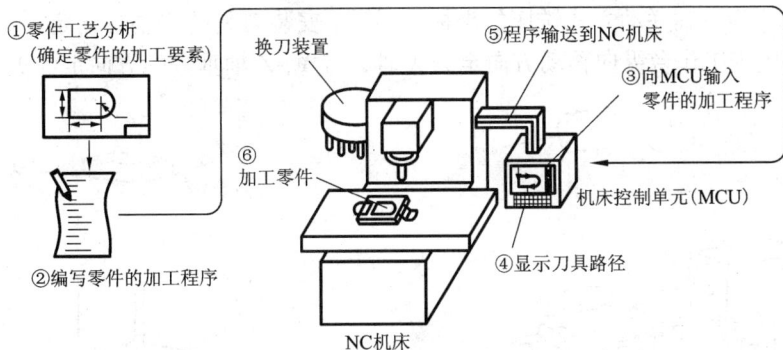

图 11.5 数控加工过程示意图

11.2.2 机床坐标系及运动方向

数控机床的坐标系统，包括坐标系、坐标原点和运动方向，对于数控加工及编程，是一个十分重要的概念。每一个数控编程员和数控机床的操作者，都必须对数控机床的坐标系统有一个完整且正确的理解，否则，程序编制将发生混乱，操作时更会发生事故。

1. 坐标系

ISO 和 JB3052—1982 中均规定：数控机床的坐标系采用右手直角坐标系，其基本坐标轴为 X、Y、Z 直角坐标，相对于每个坐标轴的旋转运动坐标为 A、B、C，如图 11.6 所示。

2. 坐标轴及其运动方向

不论机床的具体结构是工件静止、刀具运动，还是工件运动、刀具静止，数控机床的坐标

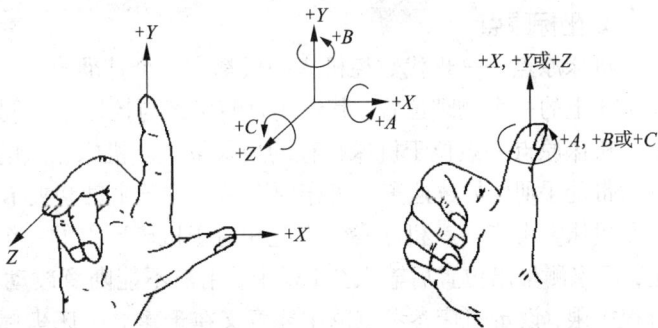

图 11.6 数控机床的坐标系

运动指的是刀具相对静止的工件坐标系的运动。

ISO 和 JB3052—1982 中对数控机床的坐标轴及其运动方向均有一定的规定：Z 轴定义为平行于机床主轴的坐标轴，如果机床有一系列主轴，则选尽可能垂直于工件装夹面的主要轴为 Z 轴，其正方向定义为从工作台到刀具夹持的方向，即刀具远离工作台的运动方向。X 轴为水平的、平行于工件装夹平面的坐标轴，垂直于 Z 轴，对于工件旋转的机床，X 轴的方向是在工件的径向上，且平行于横滑座，刀具离开工件旋转轴线的方向为 X 轴的正方向；对于刀具旋转的立式机床，规定从刀具(主轴)向立柱看朝右的水平方向为 X 轴正方向；对于刀具旋转的卧式机床，规定从刀具(主轴)尾端向工件看朝右的水平方向为 X 轴正方向。Y 轴的运动方向则根据 X 轴和 Z 轴按右手法则确定。旋转坐标轴 A、B、C 相应地在 X、Y、Z 坐标轴正方向上，按右手螺旋前进方向来确定。

图 11.7(a) 为数控车床的坐标系，装夹车刀的溜板可沿两个方向运动，溜板的纵向运动平行于主轴，定之为 Z 轴，而溜板垂直于 Z 轴方向的水平运动，定为 X 轴，由于车刀刀尖安装于工件中心平面上，不需要作竖直方向的运动，所以不需要规定 Y 轴。

图 11.7(b)为三轴联动立式铣床的坐标系,图中安装刀具的主轴方向定为 Z 轴,主轴可以上下移动,机床工作台纵向移动方向定为 X 轴;与 X、Z 轴垂直的方向定为 Y 轴。

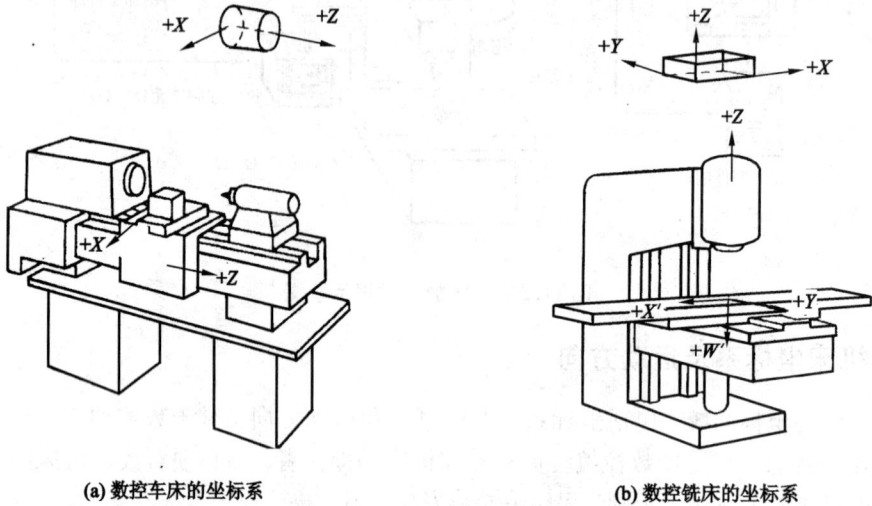

(a) 数控车床的坐标系　　　　　　　　(b) 数控铣床的坐标系

图 11.7　数控机床的坐标系统

3. 坐标原点

机床原点——现代数控机床一般都有一个基准位置,称为机床原点,是机床制造商设置在机床上的一个物理位置,其作用是使机床与控制系统同步,建立测量机床运动坐标的起始点。机床原点一般位于机床行程的极限位置。机床原点的具体位置须参考具体型号的机床随机附带的手册,如数控车的机床原点一般位于主轴装夹卡盘的端面中心点上。

机床参考点——机床参考点是相对于机床原点的一个特定点,它由机床厂家在硬件上设定,厂家测量出位置后输入至 NC 中,用户不能随意改动,机床参考点的坐标值小于机床的行程极限,设定机床参考点的主要意义在于建立机床坐标系。为了让 NC 系统识别机床坐标系,就必须执行回参考点的操作,通常称为回零操作。或者叫返参操作,但并非所有的 NC 机床都设有机床参考点。一般来说,加工中心的参考点为机床的自动换刀位置。

程序原点——对于数控编程和数控加工来说,还有一个重要的原点就是程序原点,是编程人员在数控编程过程中定义在工件上的几何基准点,有时也称为工件原点。它是编程人员在编程前设定的,为了编程方便,选择工件原点时,应尽可能将工件原点选择在工艺定位基准上,这样对保证加工精度有利,如数控车一般将工件原点选择在工件右端面的中心。程序原点一般用 G92 或 G54 ~ G59(对于数控镗铣床)和 G50(对于数控车床)指定。

装夹原点——除了上述三个基本原点以外,有的机床还有一个重要的原点,即装夹原点。装夹原点常见于带回转(或摆动)工作台的数控机床或加工中心,一般是机床工作台上的一个固定点,比如回转中心,与机床参考点的偏移量可通过测量存入 CNC 系统的原点偏移寄存器中,供 CNC 系统原点偏移计算用。

原点偏移——现代 CNC 系统一般都要求机床回零操作,即使机床回到机床原点或机床参考点之后,通过手动或程序命令(比如 G92 X0 Y0 Z0)初始化控制系统后,才能启动。机床参考点和机床原点之间的偏移值存放在机床常数中。初始化控制系统是指设置机床运动坐标 X,Y,Z,A,B 等的显示为零。

对于程序员而言，一般只要知道工件上的程序原点就够了，与机床原点、机床参考点及装夹原点无关，也与所选用的数控机床型号无关。但对于机床操作者来说，必须十分清楚所选用的数控机床的上述各原点及其之间的偏移关系。数控机床的原点偏移，实质上是机床参考点向编程员定义在工件上的程序原点的偏移。

4. 绝对坐标编程及增量坐标编程

数控系统的位置/运动控制指令可采用两种编程坐标系统进行编程，即绝对坐标编程和增量坐标编程。

绝对坐标编程——在程序中用 G90 指定，刀具运动过程中所有的刀具位置坐标是以一个固定的编程原点为基准给出的，即刀具运动的指令数值(刀具运动的位置坐标)，与某一固定的编程原点之间的距离给出的。

增量坐标编程——在程序中用 G91 指定，刀具运动的指令数值是按刀具当前所在位置到下一个位置之间的增量给出的。

在加工过程中，工件和刀具的位置变化关系由坐标指令来指定，坐标指令的值的大小是与工件原点带符号的距离值。坐标指令包括：X、Y、Z、U、V、W、I、J、K、R 等。其中，通常来说 X、Y、Z 是绝对坐标方式；U、V、W 是相对坐标方式，但在三坐标以上系统中，有相应的 G 指令来表示是绝对坐标方式还是相对坐标方式，不使用 U、V、W 来表示相对坐标方式；I、J、K 或 R 是表示圆弧的参数的两种方法，I、J、K 表示圆心与圆弧起点的相对坐标值，R 表示圆弧的半径。

如图 11.8(a)，其中 A 点(10，10)用绝对坐标指令表示为 X10.0 Z10.0；B 点(25，30)用绝对坐标指令表示为 X25.0 Z30.0；B 点用增量坐标方式(相对坐标方式)表示为(U+15.0 W+20.0)，其中 + 号可以省略则写成(U15.0 W20.0)。

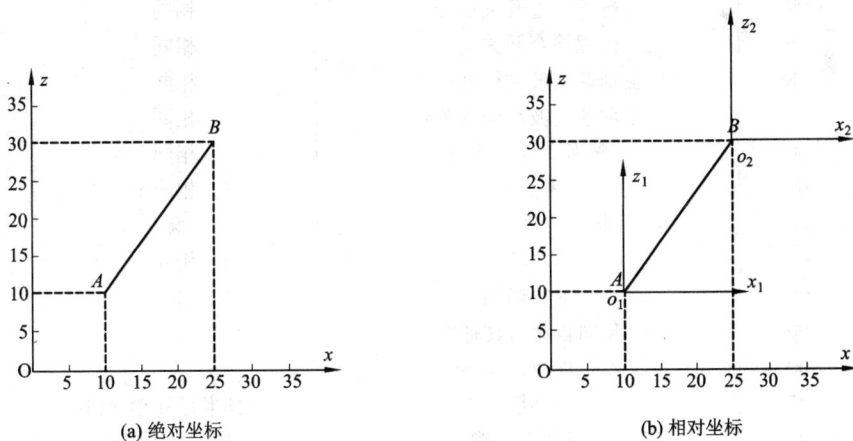

(a) 绝对坐标　　　　　　　　　　(b) 相对坐标

图 11.8　数控机床坐标指令表示示意图

11.2.3　数控编程常用指令及其格式

1. 程序段的一般格式

一个程序段中各指令的格式为：

N35 G01 X26 Y32 Z15 F152

其中 N35 为程序段号，现代 CNC 系统中很多都不要求程序段号，即程序段号可有可无；G 代码为准备功能；X、Y、Z 为刀具运动的终点坐标位置；F 为进给速度代码。在一个程度段中，可能出现的编码字符还有 S、T、M、I、J、K、A、B、C、D、H、R 等。

2. 常用的编程指令

（1）准备功能指令

准备功能指令由字符 G 和其后的 1～3 位数字组成，常用的从 G00～G99，很多现代 CNC 系统的准备功能已扩大到 G150。准备功能的主要作用是指定机床的运动方式，为数控系统的插补运算做准备。表 11.1 是 G 指令代码简介。

表 11.1　G 指令代码功能表

G 代码	组别	用于数控车的功能	用于数控铣的功能	附注
G00	01	快速点定位	相同	模态
G01	01	直线插补	相同	模态
G02	01	顺时针方向圆弧插补	相同	模态
G03	01	逆时针方向圆弧插补	相同	模态
G04	00	暂停	相同	非模态
G10	00	数据设置	相同	模态
G11	00	数据设置取消	相同	模态
G17	16	XY 平面选择	相同	模态
G18	16	ZX 平面选择	相同	模态
G19	16	YZ 平面选择	相同	模态
G20	06	英制	相同	模态
G21	06	米制	相同	模态
G22	09	行程检查开关打开	相同	模态
G23	09	行程检查开关关闭	相同	模态
G25	08	主轴速度波动检查打开	相同	模态
G26	08	主轴速度波动检查关闭	相同	模态
G27	00	参考点返回检查	相同	非模态
G28	00	参考点返回	相同	非模态
G30	00	第二参考点返回	×	非模态
G31	00	跳步功能	相同	非模态
G32	00	螺纹切削	×	模态
G36	00	X 向自动刀具补偿	×	非模态
G37	00	Z 向自动刀具补偿	×	非模态
G40	07	刀尖补偿取消	刀具半径补偿取消	模态
G41	07	刀尖左补偿	刀具半径左补偿	模态
G42	07	刀尖右补偿	刀具半径右补偿	模态
G43	17	×	刀具长度正补偿	模态
G44	17	×	刀具长度负补偿	模态
G49	17	×	刀具长度补偿取消	模态
G50	00	工件坐标原点设定,最大主轴速度设置	×	非模态
G52	00	局部坐标系设置	相同	非模态

G 代码	组别	用于数控车的功能	用于数控铣的功能	附注
G53	00	机床坐标系设置	相同	非模态
G54	14	第一工件坐标系设置	相同	模态
G55	14	第二工件坐标系设置	相同	模态
G56	14	第三工件坐标系设置	相同	模态
G57	14	第四工件坐标系设置	相同	模态
G58	14	第五工件坐标系设置	相同	模态
G59	14	第六工件坐标系设置	相同	模态
G65	00	宏程序调用	相同	非模态
G66	12	宏程序调用模态	相同	模态
G67	12	宏程序调用取消	相同	模态
G68	04	双刀架镜像打开	×	非模态
G69	04	双刀架镜像关闭	×	非模态
G70	01	精车循环	×	非模态
G71	01	外圆/内孔粗车循环	×	非模态
G72	01	模型粗车循环	×	非模态
G73	01	端面粗车循环	高速深孔钻孔循环	非模态
G74	01	端面啄式钻孔循环	左旋攻螺纹循环	非模态
G75	01	外径/内径啄式钻孔循环	×	非模态
G76	01	螺纹车削多次循环	精镗循环	非模态
G80	01	固定循环注销	相同	模态
G81	01	×	钻孔循环	模态
G82	01	×	钻孔循环	模态
G83	01	端面钻孔循环	深孔钻孔循环	模态
G84	01	端面攻螺纹循环	攻螺纹循环	模态
G85	01	×	粗镗循环	模态
G86	01	端面镗孔循环	镗孔循环	模态
G87	01	侧面钻孔循环	背镗孔循环	模态
G88	01	侧面攻螺纹循环	×	模态
G89	01	侧面镗孔循环	镗孔循环	模态
G90	01	外径/内径车削循环	绝对尺寸	模态
G91	01	×	增量尺寸	模态
G92	01	单次螺纹车削循环	工件坐标原点设置	模态
G94	01	端面车削循环	×	模态
G96	02	恒表面速度设置	×	模态
G97	02	恒表面速度设置	×	模态
G98	05	每分钟进给	×	模态
G99	05	每转进给	×	模态

注：模态指令是指具有自保性的指令，即后面的程序段与前面程序段代码相同时，可以不必重复指定，G 指令有部分是模态指令，F 指令也是模态指令。

（2）辅助功能指令

辅助功能指令亦称"M"指令，由字母 M 和其后的两位数字组成，从 M00～M99 共 100 种。M 指令用于指定机床一些辅助动作的开/关功能，如：机床主轴的正向、停、反向旋转，切削液的开关、程序的启动、停止等。表 11.2 是 M 代码功能表

表 11.2　M 代码功能表

M 代码	用于数控车的功能	用于数控铣的功能	附注
M00	程序停止	相同	非模态
M01	计划停止	相同	非模态
M02	程序结束	相同	非模态
M03	主轴顺时针旋转	相同	模态
M04	主轴逆时针旋转	相同	模态
M05	主轴停止	相同	模态
M06	×	换刀	非模态
M08	切削液开	相同	模态
M09	切削液关	相同	模态
M10	接料器前进	×	模态
M11	接料器退回	×	模态
M13	1 号压缩空气吹管打开	×	模态
M14	2 号压缩空气吹管关闭	×	模态
M15	压缩空气吹管关闭	×	模态
M17	2 轴变换	×	模态
M18	3 轴变换	×	模态
M19	主轴定向	×	模态
M20	自动上料器工作	×	模态
M30	程序结束并返回	相同	非模态
M31	互锁旁路	相同	非模态
M38	右中心架夹紧	×	模态
M39	右中心架松开	×	模态
M50	棒料送料器夹紧并前进	×	模态
M51	棒料送料器夹松开并退回	×	模态
M52	自动门打开	相同	模态
M53	自动门关闭	相同	模态
M58	左中心架夹紧	×	模态
M59	左中心架松开	×	模态
M68	液压卡盘夹紧	×	模态
M69	液压卡盘松开	×	模态
M74	错误检查功能打开	相同	模态
M75	错误检查功能关闭	相同	模态
M78	尾架套筒送进	×	模态
M79	尾架套筒退回	×	模态
M88	主轴低压夹紧	×	模态
M89	主轴高压夹紧	×	模态

M 代码	用于数控车的功能	用于数控铣的功能	附注
M90	主轴松开	×	模态
M98	子程序调用	相同	模态
M99	子程序调用返回	相同	模态

（3）其他常用功能指令

T 功能——刀具功能，用于指定所选用的刀具。它由字母 T 和后接数字组成，在同一程序段中，若同时存在坐标移动指令和刀具 T 指令，执行顺序一般为先执行 T 指令，但具体由机床厂家，参见机床说明书。

S 功能——主轴速度功能，其后的数值表示主轴速度（单位为 r/min），控制主轴转速。S 是模态指令，S 功能只有在主轴速度可调节时有效。

F 功能——进给速度进给率功能，表示工件被加工时刀具相对于工件的合成进给速度，F 的单位取决于 G94（每分钟进给量 mm/min）或 G95（每转进给量 mm/r）。当工作在 G01，G02 或 G03 方式下，编程的 F 一直有效，直到被新的 F 值所取代，而工作在 G00、G60 方式下，快速定位的速度是各轴的最高速度，由 CNC 参数设定，与所用 F 值无关。

11.2.4　数控加工程序格式

数控加工程序一般由程序名、程序段、子程序等组成。

1. 程序名

程序名是数控程序必不可少的第一行，由一个地址符后接四位数字组成，第一个字符或字母是具体的数控系统规定的（参看机床说明书），后接的四位数字（可以小于四位）是用户任意取的。根据具体数控系统要求，打头的字符或字母一般为%或字母 O。

例：%123，%7788，O1111 都是合法的程序名。

子程序也有程序名，其程序名是主程序调用的入口。子程序的命名规则与主程序一样，不同的数控系统有不同的规则。

2. 程序字

程序字由地址符及其后面的数字组成，在数字前可以加上 + 、– 号。程序字是构成程序段的基本单位，也称指令字。 + 号通常可以省略不写。

例：X – 100.0，前面字母 X 为地址，必须是大写，地址规定其后数值的意义。 – 100.0 为数值。合在一起称程序字。根据程序中 G 指令的不同，同一个地址也许会有不同的含义。

3. 程序段

程序段由多个程序字组成，在程序段的结尾有结束符号，一般是“;”或“ * ”，ISO 为 “LF”，显示为“ * ”，EIA 为“CR”，显示为“;”。

程序段的格式为：

N×××　G××　X±×××.××　Z±×××.××　F××S××　T××M×× *

数控系统一般采用一行为一个程序段，也有的采用多行为一段。

例：N1 G01 X – 100.0 Z20.0 ；是一个合法程序段（适用于 MV – 5 数控铣床）。

N10 G1 X - 100.0 Z20.0 ＊ 是一个合法程序段(适用于 CJK6236A2 数控车床)。

4．小数点与子程序

小数点用于距离、时间作单位的数，但有的地址不能用小数点输入。

如 F10 表示 10 mm/min 或 10 mm/r，速度不能用小数点输入。

而有的地址必须用小数点输入。

如 G04 X1.0 暂停 1 秒。

要用小数点输入的地址如下：

X，Y，Z，A，B，C，U，V，W，I，J，K，R，Q

通常情况下 NC 按主程序的指令进行移动，当程序中有调用子程序指令时，以后 NC 就按子程序移动，当在子程序中有返回主程序指令时，NC 就返回主程序，继续按照主程序指令移动。调用子程序使用如下格式：

例：M98　P×××　L××；

　　　　　　　　　　└──── 调用次数

　　　　　　　└──────── 子程序名

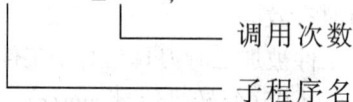

编写程序时，试采用表格形式，可以提高编程效率，减少差错，如表 11.3 所示。

表 11.3　试验零件程序单

名　称		零件图形或工艺说明								日　期		页
试验程序										2002.4	1	1
程序名										编写者		审核
％123										小泉		小林
N	G	X	Z	U	W	R/C	F	S	T	M	P	Q	＊
N10	G00	X20.0	Z99.0										＊
N11									T01	M03			＊
N12	G00	X18.0	Z0.0										＊
N13	G02	Z - 10.0											＊
N14	G01				W - 10.0								＊
N15										M02			＊

练 习 题

1. 简述数控加工技术的定义和特点。

2. 数控机床为什么要进行刀具补偿?

3. 简要说明常用的 G 指令(如 G00、G01、G02、G03、G54)、M 指令(如 M00、M03、M04、M08、M98)的功能与用途。

4. 什么是数控机床的机床坐标系和工件坐标系，它们之间有什么区别和联系。

5. 选定工件编程原点时要考虑些什么因素?

11.3 数控车削

11.3.1 数控车床及其系统简介

1. 数控车床

数控车床的外形与普通车床相似,由床身、主轴箱、刀架、进给系统、冷却与润滑系统等部分组成。数控车床的进给系统与普通车床有本质上的区别,传统普通车床有进给箱和交换齿轮架,而数控车床是直接用伺服电机通过滚珠丝杠驱动溜板和刀架实现进给运动,因此,其进给系统的结构较普通车床而言是大为简化。

2. 数控车床的分类

数控车床品种繁多,规格不一,可按如下方法进行分类。

(1)按车床主轴位置分类 可分为卧式数控车床(如图 11.9 所示,其车床主轴平行于水平面)和立式数控车床(如图 11.10 所示,其车床主轴平行于水平面)两类。

图 11.9 卧式数控车床

图 11.10 立式数控车床

(2)按功能分类 可分为以下三类:①经济型数控车床,这类机床采用步进电动机和单片机对普通车床的进给系统进行改造后形成的简易型数控车床,成本较低,但自动化程度和功能都比较差,车削加工精度也不高,适用于要求不高的回转类零件的车削加工;②普通数控车床,即根据车削加工要求在结构上进行专门设计并配备通用数控系统而形成的数控车床,数控系统功能强,自动化程度和加工精度也比较高,适用于一般回转类零件的车削加工。③车削加工中心,是在普通数控车床的基础上,增加了 C 轴和动力头,更高级的数控车床带有刀库,可控制 X、Z 和 C 三个坐标轴,联动控制轴可以是(X、Z)、(X、C)或(Z、C)。由于增加了 C 轴和铣削动力头,这种数控车床的加工功能大大增强,除可以进行一般车削外,还可以进行径向和轴向铣削、曲面铣削、中心线不在零件回转中心的孔和径向孔的钻削等加工。

(3)其他分类方式 除以上的分类方式外,数控车床还可以根据加工零件的基本类型、刀架数量、数控系统的不同控制方式等指标进行分类。

3. 数控车床的加工对象

数控车床能完成端面、内外圆、倒角、锥面、球面及成形面、螺纹等的车削加工,其主切削运动是工件的旋转,工件的成形则由刀具在 ZX 平面内的插补运动保证,因此,与传统车床相比,数控车床比较适合于车削精度要求高、表面粗糙度好、轮廓形状复杂或带一些特殊类型螺纹的回转体零件。

4. 数控系统

目前,数控车床使用的主流数控系统有 FANUC(法那科)、SIEMENS(西门子)、三菱、广数、华中等。这些数控系统的编程方法及指令格式基本类似,本书以常用的 FANUC 0i 数控系统的规范进行编程。

5. 数控车床的结构特点

与传统车床相比,数控车床的结构有以下特点:

(1)由于数控车床刀架的两个方向运动分别由两台伺服电动机驱动,所以它的传动链短,不必使用挂轮、光杠等传动部件,用伺服电动机直接与丝杠联结带动刀架运动。

(2)多功能数控车床是采用直流或交流主轴控制单元来驱动主轴,按控制指令作无级变速,主轴之间不必用多级齿轮副来进行变速,床头箱内的结构已比传统车床大为简化,且其刚度大,与控制系统的高精度控制相匹配实现零件的高精度加工。

(3)数控车床的第三个结构特点是轻拖动。刀架移动一般采用滚珠丝杠副,丝杠两端安装专用的滚动轴承,它的压力角比常用的向心推力球轴承要大得多。

(4)为了拖动轻便,数控车床的润滑都比较充分,大部分采用油雾自动润滑。

(5)数控车床一般采用镶钢导轨,这样机床精度保持的时间就比较长,其使用寿命也可延长许多。

(6)数控车床还具有加工冷却充分、防护较严密等特点,自动运转时一般都处于全封闭或半封闭状态。

(7)数控车床一般还配有自动排屑装置。

11.3.2 数控车削编程基础

1. 数控车床坐标系与工件坐标系

数控车床坐标系以水平径向为 X 轴方向,使刀具离开工件的方向为 X 轴正方向;纵向为 Z 轴方向,指向尾座的方向为 Z 轴正方向;数控车床的坐标系原点为机床上的一个固定点,一般以主轴旋转中心与卡盘的端面之交点,即图中的 B 点。图中的 O' 点为机床的参考点,是刀具退离到一个固定不变的极限点。数控车床的坐标系是机床固有的坐标系,在出厂前就已经调整好,一般情况下不允许用户随意变动。

工件坐标系是编程时使用的坐标系,故又称为编程坐标系。在编程时,应首先确定工件坐标系,工件坐标系的原点也称为工件原点。从理论上讲,工件原点可以选择工件的任意位置,但为了编程方便和尺寸直观些,应尽量将工件原点选得合理些,一般选择主轴旋转中心与工件的右端面之交点,如图 11.11 所示的 O 点。

2. 对刀

在数控车床上加工时,工件坐标系确定好后,还需确定刀尖点在工件坐标系中的位置,即对刀。常见的对刀方法为试切对刀。如图 12.11 所示,将工件安装好后,先用手动方式十步进方式或手动数据输入(MDI)方式操作机床,用已装好的刀具将工件端面车一刀,然后保持刀具在 Z 向尺寸不变沿 X 向退刀,对刀输入 $Z0.0$;再用同样的方法将工件外圆表面车一

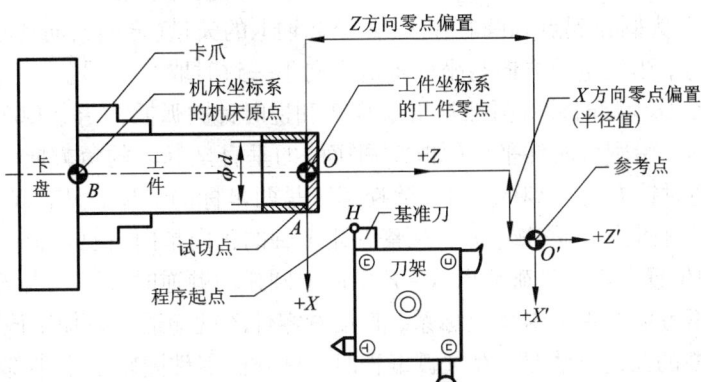

图 11.11　数控车床坐标系与工件坐标系

刀，然后保持刀具在 X 向尺寸不变沿 Z 向退刀，停止主轴转动，测量工件车削后的直径值 ϕd，对刀输入 Xd，即可确定该刀具在工件坐标系中的位置。加工中需使用的所有刀具都要进行以上操作，以确定每把刀具在工件坐标系中的位置。

3. 数控车削常用的各种指令

（1）快速定位指令 G00

指令格式　G00 X××（U××）Z××（W××）

X_Z_为刀具目标点坐标，当使用增量方式时，U_W_为目标点相对于起始点的增量坐标，不运动的坐标可以省略不写。在一个零件的程序中或一个程序段中，可以按绝对坐标编程或增量坐标编程，也可用绝对坐标与增量坐标混合编程。

需要特别说明的，由于车削加工图样上的径向尺寸及测量的径向尺寸使用的是直径值，因此在数控车削加工的程序中输入的 X 及 U 坐标值也是"直径值"，即按绝对坐标编程时，X 为直径值，按增量坐标编程时，U 为径向实际位移值的二倍，并附上方向符号（正向省略）。

该指令使刀具以点定位控制方式从刀具所在点快速移动刀指定点，是模态指令。

（2）直线插补指令 G01

指令格式　G00 X××（U××）Z××（W××）F××

X_Z_为刀具目标点坐标，当使用增量方式时，U_W_为目标点相对于起始点的增量坐标，不运动的坐标可以省略不写；F_为刀具切削进给速度。

该指令命令刀具在两坐标轴间以插补联动方式按照指定的进给速度作任意斜率的直线运动，也是模态指令。

（3）圆弧插补指令 G02/G03

指令格式　G02(03) X××（U××）Z××（W××）R×× F××

　　　　　G02(03) X××（U××）Z××（W××）I×× K×× F××

采用绝对值编程时，圆弧终点坐标为圆弧终点在工件坐标系中的坐标值，用 X、Z 表示；当采用增量值编程时，圆弧终点坐标为圆弧终点相对于圆弧起点的增量值，用 U、W 表示。R 为圆弧半径。当用半径值指定圆心位置时，由于在同一半径值的情况下，从圆弧的起点到终点有两个圆弧的可能性，为区别二者，规定圆弧圆心角≤180°时，用" + R"表示；若圆弧圆心

角 >180°时,用"−R"表示。用半径指定圆心位置时,不能描述整圆。

圆心坐标 I、K 为圆弧起点到圆心在 X、Z 坐标轴上的矢量(方向指向圆心)。I、K 为增量值,并带有"±"号,当矢量的方向与坐标轴的方向不一致时取"−"号。

圆弧插补指令分为顺时针圆弧插补指令 G02 和逆时针圆弧插补指令 G03。圆弧插补的顺逆方向判断原则为:沿圆弧所在平面(如 XZ 平面)的垂直坐标轴的负方向($-Y$)看去,顺时针方向为 G02,逆时针方向为 G03。由于数控车床是两坐标的机床,只有 X 轴和 Z 轴,按右手定则的方法将 Y 轴也加上去来考虑。观察者让 Y 轴的正向指向自己(即沿 Y 轴的负方向看去),站在这样的位置上就可正确判断 X-Z 平面上圆弧的顺逆时针了。当然,我们在实际生产过程中,可以不考虑右手笛卡尔坐标系,直接看零件图就知道圆弧加工该用什么指令。圆弧插补的顺逆判断的简便方法是:在圆弧编程时,只分析零件图轴线上半部分圆弧形状,当沿该段圆弧形状从起点画向终点为顺时针方向时用 G02,反之用 G03。

(4)螺纹切削指令 G32

指令格式 G32 X×× Z×× F××

该指令用于切削圆柱螺纹、圆锥螺纹和端面螺纹。其中 F 值为螺纹的螺距。

(5)暂停指令 G04

指令格式 G04 P××

该指令可使刀具作短时间的停顿,以进行进给光整加工,主要用于车削环槽、不通孔和自动加工螺纹等情况。指令中 P 后的数值表示暂停时间(单位为 s)。

(6)工件坐标系设定指令 G50

指令格式 G50 X×× Z××

该指令设定刀具起始点相对工件原点的位置,指令中的坐标即为刀具起始点在工作坐标系下的坐标值。它用来设定工件坐标系(有的数控系统用 G92 指令),是一个非运动指令,只起预置寄存作用,一般作为第一条指令放在整个程序的前面。

11.3.3 数控车削加工及其编程举例

1. 数控车床操作面板简介

图 11.12 为浙江某厂生产的 CK6140S 机床的控制面板,其数控系统采用的 FANUC Series Oi Mate −TC。表 11.4 是其数控面板上主要按键的功能表。

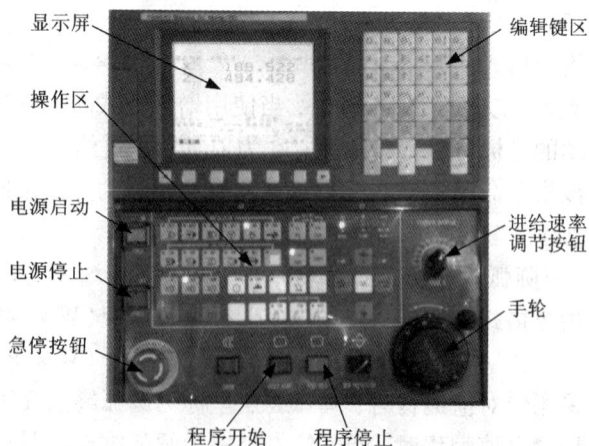

图 11.12　CK6140S 数控车床控制面板图

表 11.4 CK6140S 面板按键功能简表

序号	所在区域	图 符	名 称	功 能 说 明
1	编辑键区	RESET	复位键	按此键可使 CNC 复位,用以消除报警等。
2		HELP	帮助键	按此键用来显示如何操作机床,在 CNC 发生报警时提供帮助(帮助功能)。
3		N₀ 4↑ …	地址和数字键	按这些键可以输入字母、数字及其他字符。
4		↑ SHIFT	切换键	在有些键的顶部有两个字符,按此键来选择字符。当屏幕上显示特殊字符 时,表示键面右下角的字符可以输入。
5		INPUT	输入键	当按了地址键或数字键后,数据被输入到缓冲器,按此键将键入到输入缓冲器的数据拷贝到存储器中,即将显示器底行的语句存入存储器。
6		CAN	取消键	按此键可删除已输入到输入缓冲器的最后一个字符或符号。
7		ALTER INSERT DELETE	程序编辑键	当编辑程序时按这些键。 ALTER:替换 INSERT:插入 DELETE:删除
8		POS PROG …	功能键	按这些键用于切换各种功能显示画面。 POS:位置画面 PROG:程序画面 OFS/SET:刀偏/设定画面 SYSTEM:系统画面 MESSAGE:信息画面 CSTM/GR:用户宏画面或图形画面
9		←↑→↓	光标移动键	这是四个不同方向的光标移动键。
10		PAGE↑ PAGE↓	翻页键	二个翻页(向前/向后)键。
11			软键	根据其使用场合,软键有各种功能。软键功能显示在 CRT 屏幕的底部。
12	模式选择	EDIT	编辑模式	选择该模式,再按 PROG 键,可以输入及编辑加工程序。
13		AUTO	自动模式	与辅助开关配合,按不同方式来自动执行加工程序,详细情况见"辅助开关选择"。
14		MDI	手动数据输入	手动数据输入方式,适用于简单的测试操作。

序号	所在区域	图　符	名　　称	功　能　说　明
15	模式选择		手轮模式	手摇脉冲发生器进给方式移动机床。
16			手动模式	点动进给方式移动机床。
17			回参考点	按下此键待指示灯亮之后,按" + X"键及" + Z"键,刀架移动回到机床参考点。
18	辅助开关选择		单程序段执行按钮	每按一次"程序启动"执行一条程序指令。
19			空运行功能按钮	自动或 MDI 方式时,此按钮接通,机床按空运行方式执行程序。
20			程序段跳步功能按钮	自动操作时此按钮接通,程序中有"\"的程序段将不执行。
21			程序段选择停功能按钮	此按钮接通,所执行的程序在遇有 M01 指令处,自动停止执行。
22			机床锁定按钮	自动,MDI 或 JOG 操作时,此按钮接通,即禁止所有轴向运动已(进给的轴将减速停止)但位置显示仍将更新,M、S、T 功能不受影响。
23			进给速率修调开关	以给定的 F 指令进给时,可在 0 ~ 150% 的范围内修改进给率。JOG 方式时,亦可用其改变 JOG 速率。

2. 数控车床操作规程

(1)开机前要检查润滑油是否充裕、冷却是否充足, 发现不足应及时补充。

(2)检查机床导轨以及各主要滑动面, 如有障碍物、工具、铁屑、杂物等, 必须清理、擦拭干净、上油。

(3)打开数控车床电器柜上的电器总开关。

(4)启动数控机床。

(5)手动返回数控车床参考点。首先返回 +X 方向, 然后返回 +Z 方向。

(6)车刀安装不宜伸出过长, 车刀垫片要平整, 宽度要与车刀底面宽度一致。

(7)对刀操作时应选取合适的主轴转速、背吃刀量及进给速度。

(8)在自动运行程序前, 必须认真检查程序, 确保程序的正确性。在操作过程中必须集中注意力, 谨慎操作, 运行前关闭防护门。运行过程中, 一旦发生问题, 及时按下复位按钮或紧急停止按钮。

(9)出现报警时, 要先进入主菜单的诊断界面, 根据报警号和提示文本, 查找原因, 及时排除警报。

(10)加工完毕后, 应把刀架停放在远离工件的换刀位置。

(11)实习学生在操作时, 旁观的同学禁止按控制面板的任何按钮、旋钮, 以免发生意外及事故。

（12）严禁任意修改、删除机床参数。

（13）关机前，刀架应移动到距离主轴较远处，清除铁屑，清扫工作现场，认真擦净机床，导轨面处加油保养，将进给速度修调置零。

（14）关闭电器总开关。

3. 数控车床编程实例

已知毛坯为 φ mm 的棒料，材料为 45 钢，切槽刀宽度 4 mm，试编制图 11.13 所示工件的数控加工程序。

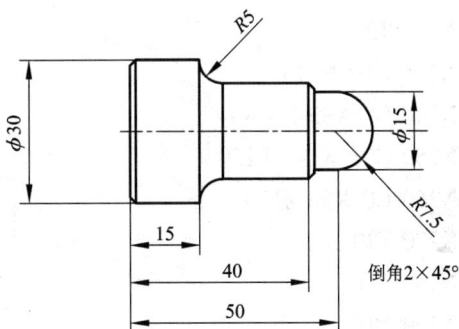

图 11.13　实例零件图

（1）首先根据图纸要求按先主后次的加工原则，确定工艺路线

其工步顺序为：粗加工外圆与端面→精加工外圆与端面→切断。

（2）选择刀具，对刀，确定工件原点

根据加工要求需选用 2 把刀具，T01 号刀车外圆与端面，T02 号刀切断。用碰刀法对刀以确定工件原点，此例中工件原点位于工件最左面与旋转中心的交点。

（3）确定切削用量

①加工外圆与端面，主轴转速 630rpm，进给速度 150 mm/min。

②切断，主轴转速 315 r/min，进给速度 150 mm/min。

（4）编制加工程序

O1234	取程序名为 O1234
N10 G50 X50 Z150	设置工件坐标系,确定起刀点
N20 M03 S630	主轴正转,转速为 630rpm
N30 T11	选用 1 号刀,1 号刀补
N40 G00 X35 Z57.5	准备加工右端面
N50 G01 X－1 F150	加工右端面
N60 G00 X32 Z60	准备开始进行外圆循环
N70 G90 X28 Z20 F150	开始进行外圆循环
N80 X26	
N90 X24	
N100 X22	
N110 X21	φ20 圆先车削至 φ21
N120 G01 X0 Z57.5 F150	结束外圆循环并定位至半圆 R7.5 的起切点
N130 G02 X15 Z50 I0 K－7.5 F150	车削半圆 R7.5
N140 G01 X15 Z42 F150	车削 φ15 圆
N150 X16	倒角起点
N160 X20 Z40	倒角

N170 Z20	车削 φ20 圆
N180 G03 X30 Z15 I10 K0 F150	车削圆弧 R5
N190 G01 X30 Z2 F150	车削 φ30 圆
N200 X26 Z0	倒角
N210 G0 X50 Z150	回起刀点
N220 T10	取消 1 号刀补
N230 T22	换 2 号刀
N235 M03 S315	主轴转速为 630rpm
N240 G0 X33 Z−4	定位至切断点
N250 G01 X−1 F150	切断
N260 G0 X50 Z150	回起刀点
N270 T20	取消 2 号刀补
N280 M05	主轴停止
N290 M02	程序结束

11.4　数控铣削

11.4.1　数控铣床的特点

1. 数控铣床的分类

数控铣床一般按主轴部件的角度，可分为数控立式铣床和数控卧式铣床。按数控系统控制的坐标轴数量，又可将数控铣床分为两轴半联动铣床，三轴联动铣床，四轴联动铣床及五轴联动铣床等。从机床数控系统控制的坐标数量来看，目前三坐标数控立式铣床占大多数。

小型数控立式铣床一般采用工作台移动、升降及主轴不动方式，与普通立式升降台铣床结构相似。中型数控立式铣床一般采用工作台纵向和横向移动，且主轴沿垂直溜板上下移动的方式，大型数控立式铣床因要考虑到扩大行程、缩小占地面积及刚性等技术问题，往往采用龙门架移动式，其主轴可以在龙门架的横向与垂直溜板上运动，而龙门架则沿床身作纵向运动。

2. 数控铣床的结构特征

数控铣床的主轴开启与停止，主轴正、反转与主轴变速等，都可以按程序自动执行，自动化程度较数控车床要高，因此，数控铣床配置的数控系统档次一般都比其他数控机床要高一些。为了适应数控铣床加工范围广，工艺适应性强和自动化程度高的特点，要求主传动装置具有很宽的变速范围，并能无级变速，随着全数字化交流调速技术的日趋完善，齿轮分级变速传动在逐渐减少，大多数数控铣床采用电动机直接驱动主轴的结构。

数控铣床的进给传动装置，灵敏度和稳定性，将直接影响到工件的加工质量，因此常采用不同于普通机床的进给机构，例如采用线性导轨、塑料导轨或静压导轨代替普通滑动导轨，用滚珠丝杠螺母机构代替普通的滑动丝杠螺母机构，以及采用可以消除间隙的齿轮传动副和可以消除间隙的键连接等。

如图 11.14 是典型的滚珠丝杠螺母机构，在丝杠 1 和螺母 4 上各加工有圆弧，当螺母 4 旋转时，丝杠 1 的旋转面经滚珠 2 推动螺母 4 轴向移动，同时滚珠 2 沿螺旋形滚道滚动，使丝杠 1 和螺母 4 之间的滑动摩擦转为滚珠与丝杠 1、螺母 4 之间的滚动摩擦。螺母螺旋槽的两端用回珠管 3 连接起来,使滚珠 2 能够从一端重新回到另一端,构成一个闭合的循环回路。

各类中小型数控机床普遍采用滚珠丝杠。

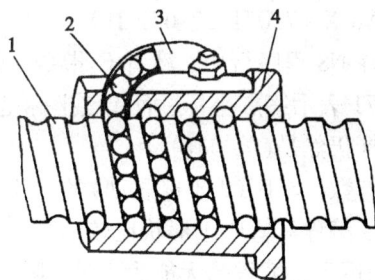

图 11.14 滚珠丝杠螺母机构

11.4.2 数控铣床的程序简介

作为数控加工程序的代码体系,它产生于 40 年以前,ISO(国际标准化组织)已将其标准化,现代的数控系统均遵守该体系。由于数控铣床的联动轴增加,增加了 Y 坐标等,以下介绍其 NC 程序特点:例

O1234;

N1 G92 X0. Y0. Z5. ;

N2 M3 S1000;

N3 G0 Z20. ;

N4 X7.071 Y7.071;

N5 Z1. ;

N6 G1 Z－1. F800;

N7 G2 X0. Y－10. I－7.071 J－7.071 ;

N8 X－7.071 Y7.071 J10. ;图 11.15 编程例图

N9 G1 X0. Y0. ;

N10 X7.071 Y7.071 ;

N11 G0 Z20. ;

N12 G0 X0. Y0. ;

N13 M02;

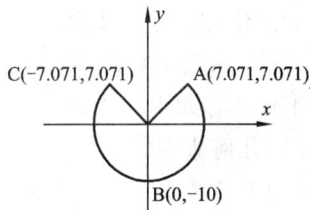

图 11.15 编程例图

①O1234 为程序名,程序名的命名规则是:以 O 开头,外加一串数字,程序的扩展名为.CNC,并遵循 DOS 环境下的 8.3 规则。

②程序的每行结束标记为";";

③G92 表示绝对值坐标编程方式;

④程序按书写顺序执行,N 代表行号,后面的数字不代表执行顺序,指令与指令之间用空格隔开;

⑤如果指令字后的数字为整数,后面仍然带小数点,但小数点后再没有数字;

⑥圆弧指令的坐标表达方式改变;如程序行 N7:

N7 G2 X0. Y－10. I－7.071 J－7.071 ;

其中 G2 表示顺时针圆弧插补,X0. Y－10. 表示终点坐标,I－7.071 J－7.071 表示由起点到中心点的 X、Y 方向带符号距离,试观察 N4、N5、N6,可得出起点坐标为(X7.071、Y7.071),有如下运算表达式:

$$中心坐标X = X_{起} + L_X = 7.071 + (-7.071) = 0$$
$$Y = Y_{起} + L_Y = 7.071 + (-7.071) = 0$$

所以中心点的坐标为(0,0)。

N8 X −7.071 Y7.071 J10. ;

在 N8 程序行中，没有 G 指令，说明本程序行继承执行上一行的 G 指令 G2，X −7.071 Y7.071 表示终点坐标，而起点坐标是 X0，Y −10，中心坐标是 X0，Y −10 +10 = Y0，所以中心坐标仍然是(0,0)

与数控车床(2 坐标联动)的相比，数控铣床(3 坐标以上联动)的加工能力大大增强，由于手工编程只适应于形状比较简单的二维加工编程，所以，数控铣床的程序(如三维曲面零件)采用手工编程是无能为力的，随着计算机辅助设计(CAD)与计算机辅助制造(CAM)技术的发展，交互式图形系统与 NC 编程集成在一起，编程人员可在 CAM 软件里直接建立零件的几何模型，(当然也可以从其他 CAD 软件数据库中提取零件几何模型，如由 AutoCAD 生成的 dxf 文件)。然后再在 CAM 软件中定义刀具运动参数、CAM 软件对刀位数据文件进行后置处理，并由其生成 NC 程序，利用计算机接口将数据传送到机床的 NC 装置中，实现整个加工过程的无纸化和高度自动化。

目前：市场上有多种 CAD/CAM 系统，典型的系统有 MasterCAM 、AlphaCAM 等，它们的基本工作内容如下：

(1)几何造型；

(2)刀具运动定义；

(3)数据处理；

(4)后置处理。

11.4.3　数控铣床的操作方法

MV −5 数控铣床是一种典型的三坐标数控铣床，其操作方法如下：

数控铣床操作的内容包括：机床面板按钮和机床控制软件。其中，机床面板按钮的功能包括主轴正反转、主轴停止，冷却泵启停、机床工作与锁住、紧急停止、超行程复位。机床控制软件的功能包括调入和运行 NC 程序、仿真加工、原点设定、手动功能等等。

①开机：打开机床总电源开关，将钥匙插入面板开关，顺时针旋转打开计算机电源，此时计算机自动引导 DOS 操作系统，由于已经将机床控制软件的可执行程序放入 autoexec. bat 中，系统引导完毕自动运行机床控制软件，进入机床操作界面。按下"机床工作"按钮，电机通电，机床进入准备状态。

②机床控制软件简介：机床控制软件菜单结构如图 11.16。

软件运行后，默认进入自动方式，屏幕下方有 8 个亮条，对应自动方式的 8 个子菜单；

按[F1] ~ [F5]键可实现从"自动方式"到"管理方式"五种工作方式的切换。

按[1] ~ [8]键可以实现每个方式下的子菜单的切换。

其余：

程序执行附加功能：

　　按[F6]　NC 程序运行；

　　按[F8]　NC 程序单步运行；

　　按[F9]　程序暂停；

　　按[Enter](回车键)，执行当前输入的指令；

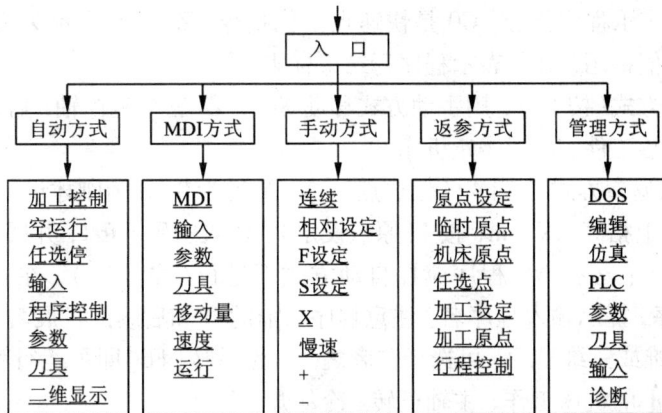

图 11.16　铣床控制软件菜单

进给速度微调：

　　按［PageUp］每按一次，进给速度 F 按 5% 向上增加。

　　按［PageDown］每按一次，进给速度 F 按 5% 向下减少。

　　按［Home］每按一次，进给速度 F 返回编程速度。

主轴速度微调：

　　按［Insert］每按一次，主轴速度按编程速度 5% 向上增加。

　　按［Delete］每按一次，主轴速度按编程速度 5% 向下减少。

③调入 NC 程序并仿真加工：

将存有 NC 程序文件(设文件名为 O1234. CNC)的磁盘插入软驱中；

按［F5］进入管理方式，按数字 1 回到 DOS 状态；

用 DOS 命令将 A 盘 NC 程序文件拷贝到 C：\CNC 目录下；

copy a：\O1234. cnc c：\cnc\

键入 exit 回到管理方式。

C：\CNC\exit

按数字键 3 选择仿真功能，提示输入程序名，输入 1234 并回车。(注意文件名前导字母 O 和扩展文件名.CNC 省略)，再提示二维或三维显示。选二维三维均可，再次回车后即可执行仿真加工；

执行仿真加工的目的是检验 NC 程序的正确性。以便在工件加工前发现程序错误而及时修正，避免造成不必要的损失。

④对刀：对刀的目的是设定工件的原点，工件的原点应与编程时设定的原点应该大致相符。

首先应在仿真时观察机床下刀点，得到下刀点的大致位置，然后调出 NC 程序仔细查看，在程序的开头一段，应该有这样一句：

　　…

　　N * * *　　G0　Z – xx；

……

其中 N＊＊＊表示程序行号，G0 是快速点定位指令，Z－XX 表示 Z 方向下移的长度为 XX，记下 XX 的数值备用，分号表示程序行结束标志。

然后进入手动方式（按 F3），用手动方式移动 X、Y、Z 三个坐标轴，启动主轴，使铣刀在下刀点附近轻轻接触工件表面，停止机床。

再按［F4］进入返参方式，按［4］（任选点），X、Y 均为 0，Z 为刚才记下的长度 XX，回车并按 F6，将主轴向上抬高 XX mm，按 1（原点设定），输入密码 refret，并回车。

⑤运行 NC 程序：运行 NC 程序应在自动方式下进行（按［F1］），在自动方式下，再按［1］，选择运行程序，提示输入程序名：注意程序名前的 O 和后续的扩展名不要，输入程序名后回车，再按 8 二维或三维显示，可选择二者之一，然后按［F6］即可运行程序，注意此前应按已经下工作面板上的机床工作、主轴正转、冷却开。

程序运行完毕，应按下工作面板上的机床锁住、主轴停、冷却停。

特殊情况处理：

⑥超行程复位：当手动或运行 NC 程序有误时，可引起某个联动轴超出其行程，这时，铣床面板上绿色"超行程复位"按钮上指示灯亮，系统自动关闭机床驱动电源。不能执行任何动作。按照以下操作方法可使其回到正常状态。

按住"［超行程复位］"按钮，同时按住"［机床工作］"按钮，听到机床主机上发出轻微的"啪"继电器吸合的声音后松开。

按 F3 进入手动工作方式，按数字［5］一次或多次选择已超程的联动轴。

再次按住"超行程复位"按钮，同时按住"［＋］"或者"［－］"其中之一。使其朝超程的反方向运动，直至其退回到正常位置。

在自动或手动运行时，系统要检测 XYZ 轴的实际位置是否与发出的指令相符，若不符，则显示相应的轴报警。

这时，按［F4］进入返参方式，可见到：

$$Xg = ＊＊＊.＊＊＊ \quad Yg = ＊＊＊.＊＊＊ \quad Zg = ＊＊＊.＊＊＊$$
$$Xf = ＊＊＊.＊＊＊ \quad Yf = ＊＊＊.＊＊＊ \quad Zf = ＊＊＊.＊＊＊$$

若还显示 X SERVO ALARM，表示 X 轴报警，观察 Xg 和 Xf，可发现二者之间数值不相等。按照以下操作方法消除：

按"机床锁住"按钮，使伺服驱动电源断电；

按［F4］进入返参方式，按数字［4］（任选点），将 XYZ 分别按 Xf、Yf、Zf 的数值输入计算机，并回车，然后按下 F6 键，系统将在不打开驱动电源的情况下开始运行，待 Xg、Yg、Zg 与 Xf、Yf、Zf 相等后，再按"机床工作"按钮，即可进行其他正常操作了。

⑦关机：关机应在当前零件加工完后，或按下暂停键使系统暂停运行后进行。按"机床锁住"，使伺服系统和机床断电，然后用钥匙关断计算机电源，系统和机床即可全部停止运行。

练 习 题

1. 数控车床和数控铣床的刀具偏置数据是如何获得的？
2. 手工编程和自动编程各有何特点，分别适应于何种场合？

3. 设毛坯是 $\phi25$ mm 的长棒料，T1 为外圆车刀，T2 为 60° 车刀，T3 为切断刀，要求编制出图 11.17 零件的数控车削加工程序。

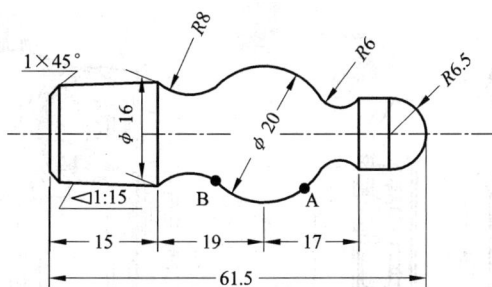

图 11.17　零件图形

（提示：确定坐标系，设最右端圆弧顶点为 Z 轴原点，计算出 $\phi20$ 圆弧与 R6 圆弧及 R8 圆弧交点 A，B 的坐标）

11.5　数控加工中心

11.5.1　概述

数控加工中心（Machining Center 简称 MC）是由普通机床与数控系统组成的用于加工形状复杂、精度要求高的零件高效率自动化机床。数控加工中心是从数控铣床发展而来的，与数控铣床相比，他们的相同点都是由机床主机、数控系统、位置测量与反馈系统、辅助控制单元、伺服系统、液压系统等部分组成的；他们的最大区别在于，数控加工中心具有自动换刀功能，扩大了加工中心的加工范围。数控加工中心通过安装在刀库不同用途的刀具，可以实现在一次装夹中通过自动换刀装置改变主轴上的加工刀具，实现铣、钻、铰、镗、攻丝等多种加工。

1. 数控加工中心分类

数控加工中心一般按机床形态或换刀方式分类。

（1）按机床形态分类

卧式数控加工中心　卧式数控加工中心的主轴轴线与工作台成水平布置（如图 11.18 所示），一般具有 3~5 个运动，常见的有沿 X、Y、Z 三个直线运动坐标和一个工作台回转坐标，它能够使零件在一次装夹中完成除安装面和顶面外的四个面的加工。卧式数控加工中心较立式数控加工中心的应用范围广，适合复杂的箱体、泵体、阀体类零件的加工，且排屑容易，对加工有利。但它的结构复杂，体积、重量大，安装时占地面积大，价格较高。

立式数控加工中心　立式数控加工中心的主轴轴线与工作台垂直（如图 11.19 所示），其结构形式为固定立柱，长方形工作台。一般具有沿 X、Y、Z 三个直线运动坐标，多用于加工简单的箱体、箱盖、板类零件等加工。另外有的立式数控加工中心的工作台上可以安装一个水平轴的数控转台，可以进行螺旋线类零件的加工。立式数控加工中心工件装夹方便，便于操作，易于观察加工情况，但受到立柱高度及换刀装置的影响，不能加工高度太高的零件，在加工型腔和下凹的型面时切屑不易排出，严重时会损坏刀具，破坏已加工表面。立式数控加工中心的结构简单，体积、重量小，安装时占地面积小，价格低。

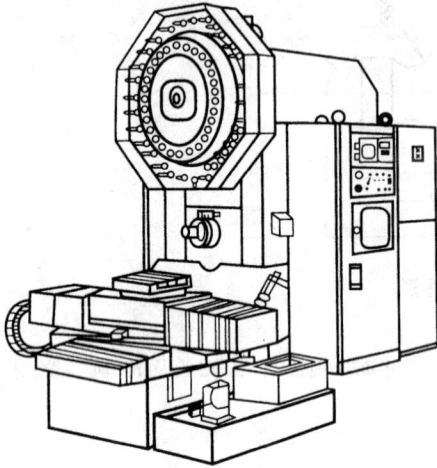

图 11-18 卧式加工中心

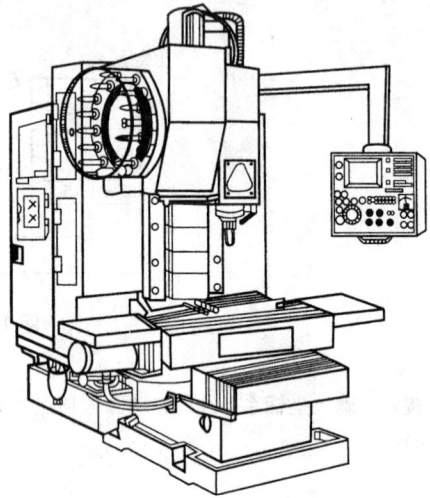

图 11-19 立式加工中心

万能数控加工中心 万能数控加工中心(如图 11.20 所示)集合了卧式、立式数控加工中心的特点，也称五轴加工中心，在零件的一次装夹中可以完成除安装面外的五个面上的所有加工。常见的万能数控加工中心有两种形式：一种是主轴可以旋转 90°；另一种是主轴不旋转，由工作台带动零件旋转；一次装夹可以完成多个面的加工，从而减少了由于重复安装带来的安装误差，加工效率和加工精度高。但万能数控加工中心结构复杂，造价高。

数控龙门加工中心 与龙门刨床类似(如图 11.21 所示)，其主轴多为垂直布置，除带有刀库外，还带有可更换的主轴头附件。数控装置的功能也较齐全，能够一机多用，特别适合于加工大型或形状复杂的零件。

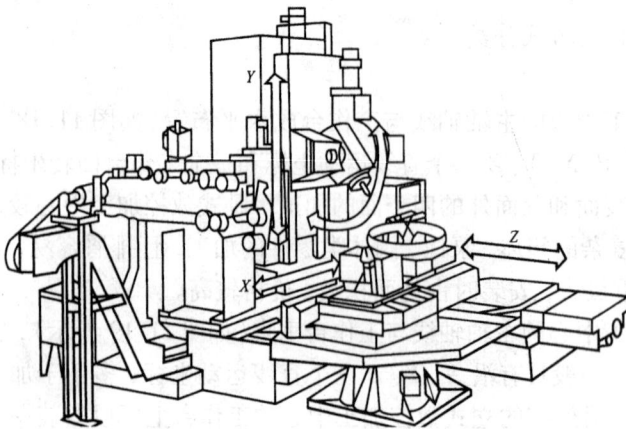

图 11.20 万能数控加工中心

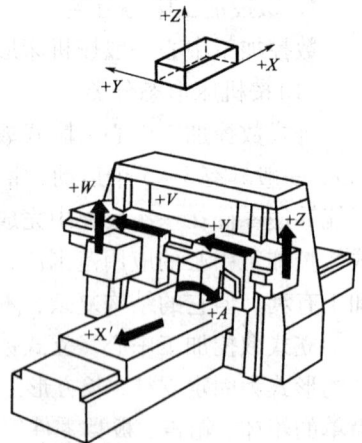

图 11.21 龙门数控加工中心

（2）按换刀方式分类

带刀库机械手的数控加工中心　数控加工中心换刀装置由刀库、机械手组成，换刀动作由机械手完成。

机械手数控加工中心　机械手的数控加工中心的换刀动作由刀库和主轴箱的配合动作来完成。

转塔刀库式数控加工中心　转塔刀库式数控加工中心主要应用于以加工孔为主的小型数控加工中心。

2．数控加工中心的组成

数控加工中心有各种类型，外形结构各异，但总体结构基本相同，主要由以下几大部分组成（如图11.22所示）：

基础部分　基础部分是数控加工中心的基本结构，他不仅要承受机床的静载荷，还要承受切削加工时的产生的动载荷，所以要求基础部分有足够强度和刚度。基础部分主要由床身、工作台、立柱三大部分组成，一般采用铸铁铸钢制造。

主轴部件　主轴部件由主轴箱、主轴电机、主轴、主轴轴承等零部件组成。它是数控加工中心切削运动和切削力的输

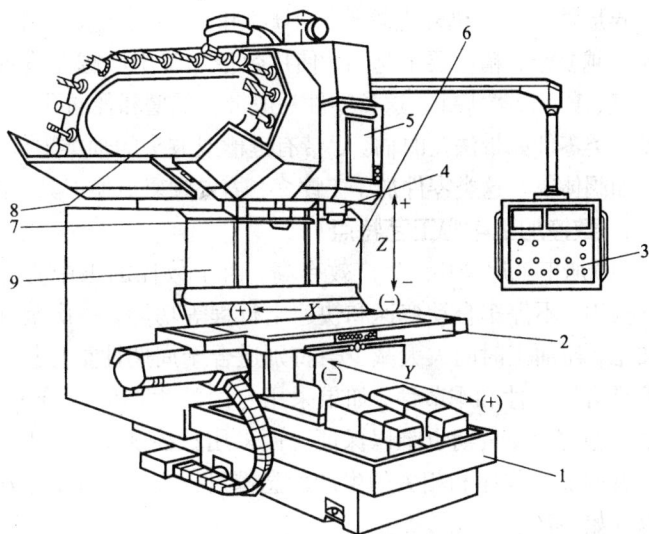

图11.22　数控加工中心结构
1—床身；2—工作台；3—操作面板；4—主轴；5—主轴箱；
6—数控装置；7—机械手；8—刀库；9—立柱

出部件，主轴的启动、停止；进给、变速、变向等动作均由数控系统控制。主轴的定位精度、进给精度、旋转精度是影响数控加工中心加工零件精度的主要因素。

数控系统　数控系统由数控装置（CNC）、可编程控制器、面板操作系统、伺服系统、位置测量与反馈系统等组成。数控装置是数控机床的核心，结合可编程控制器、面板操作系统可以完成信息的输入、存储、变换、插补运算以及实现各种功能；伺服系统是接受数控装置的指令，驱动机床执行机构运动的驱动部件，它包括主轴驱动单元（主要是速度控制）、进给驱动单元（主要有速度控制和位置控制）、主轴电机和进给电机等；位置测量与反馈系统由检测元件和相应电路组成，其作用是检测速度与位移，并将信息反馈给数控装置；

自动换刀系统　自动换刀系统由刀库、机械手等部件组成。数控系统发出换刀指令后，机械手从机床主轴上取下刀具，送回到刀库；然后从刀库中取出所需的刀具，装到主轴孔内，完成换刀过程。

辅助装置　辅助装置包括润滑、冷却、排屑、防护、液压、气动、报警等系统。这些系统虽然不直接参与切削加工，但是对保障数控加工可靠运行起到不可或缺的作用，同时对提高数控加工中心的加工精度、加工效率起到重要的作用。

3．数控加工中心的适应范围

数控加工中心适合加工形状复杂、工序要求多、精度要求高的零件。它的适应范围：

箱体类零件　如发动机缸体、变速箱箱体类零件上有很多孔系需要加工,且孔与孔之间或孔系与孔系之间都有同轴度、平行度、垂直度或位置度方面的要求,因此要求进行多工位孔系和平面的加工,定位精度要求高。在数控加工中心上加工时,一次装夹可以完成在普通机床上加工60% ~ 95%的工序内容,而且易于保证加工精度和位置精度。

复杂曲面类零件　如飞机、汽车外形、叶轮、螺旋桨、各种成型模具等由复杂曲面组成的零件,在数控加工中心上可以用球头刀具进行三坐标联动加工,加工精度高,但效率低。如果零件存在加工干涉或加工盲区时,就需要考虑采用四轴或五轴联动加工中心进行加工。

异形件　如手机外壳等外形不规则的零件,大多需要点、线、面多工位混合加工。异形件加工越复杂,精度要求越高,使用数控加工中心越能显示其优越性。

盘、套,板类零件　这类零件一般带有键槽和径向孔、安装止口等,端面分布有孔系;曲面的盘套类零件如带法兰的轴套,带有键槽或方头的轴类零件等;具有较多孔加工的板类或方形零件如阀体等。这类零件加工工序多,需要频繁更换刀具,在数控加工中心上加工就方便得多。

4. 数控加工中心工艺特点

(1)加工工序集中,生产效率高,由于数控加工中心加工过程是自动进行的,且机床能自动换刀、不停车自动变速和快速空行程等功能,一次装夹可完成多道工序的加工和多个面的加工,使加工时间大大减少。特别适合于周期性重复投产的零件的加工。有些产品的市场需求具有周期性和季节性,如果采用专门的生产线代价太高,采用普通机床加工效率太低,质量不稳定,交货期也难以保证。而采用数控加工中心加工,只要首件产品第一次试切合格后所有的加工程序和相关的生产信息都可以保留下来,下次再生产时只需很少的准备时间就可以开始生产。

(2)能稳定地获得高精度,数控加工时人工干预减少,可以避免人为误差,且机床重复精度高。在一些设备中的某些关键零件,要求精度高,采用普通设备加工需多台机床协调工作,不仅周期长,效率低,而且各种机床间的协调需人工干预,难免造成安装误差,甚至产生废品,造成重大经济损失,影响生产。

(3)加工能力提高,使用数控加工中心可以很准确的加工出曲线、曲面、圆弧等形状非常复杂的零件,因此,可以通过编写复杂的程序来实现常规加工方法难以加工的零件。四轴、五轴联动的数控加工中心的应用以及CAD/CAM技术的成熟发展,使加工零件的复杂程度大大提高,DNC的使用使同一程序的加工内容足以满足各种加工要求,复杂零件的自动加工变得很容易。

(4)便于生产管理现代化,用数控加工中心加工零件,能够准确计算出零件的加工工时,并能有效地简化检验、工装卡具和半成品的管理,这些特点有利于使生产管理现代化。而且现在运用的许多CAD/CAM集成软件都已开发了生产管理模块,实现了计算机辅助生产管理。

(5)操作者劳动强度低,在数控加工中心上加工零件都是按照事先编好的程序自动完成的,工人除了操作键盘、装卸零件、关键工序的中间测量以及观察机床的运动外,不需要进行繁重的重复性手工劳动,劳动强度和紧张程度都可大为减轻,劳动条件也得到极大的改善。

11.5.2　数控加工中心数控系统简介

数控加工中心数控系统主要由数控(CNC)装置和控制面板组成。

数控装置是数控加工中心的控制核心,是一台专用的计算机,它配置的操作系统是控制

各执行部件(运动轴)的位移量并使之
协调运动,而不是普通意义上进行文
档处理和科学计算的计算机。在数控
装置的专用计算机中,除了与普通计
算机一样配置了 CPU、存储器、总线、
输入/输出接口外,还配置了专门适合
机床各执行部件运动位置控制的位置
控制器(如图 11.23 所示);数控装置
的存储器一般由 ROM、RAM 构成,而

图 11.23　CNC 装置的硬件构成

普通计算机则由内存和外存构成;在数控装置中一般将显示器(CRT)和机床的操作面板设计
在一起,便于实现手动输入(MDI);将 CPU、存储器、位置控制器、输出接口等设计在一起,
构成数控(CNC)装置。

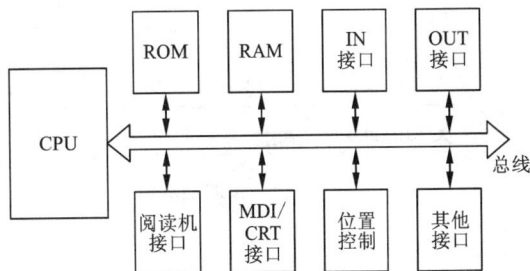

目前世界上比较通用的数控加工中心的数控系统主要有 FANUC、FAGOR、SIEMENS、三
菱等。

MVP - 8、OMINIS1270 数控加工中心是采用三菱数控系统的数控加工机床。其外形如图
11.24 所示。

MVP-8型三轴数控加工中心　　　　　　　　　　　　　OMINIS1270数控加工中心

图 11.24　数控加工中心

数控系统中的控制面板是操作人员控制、操作数控加工中心的主要界面。数控系统控制
面板一般由 MDI 面板(Manual data-input)和机床操作面板(Operator Panel)两部分组成。其中
MDI 面板由键盘和显示器组成,主要用于手工程序的输入、编辑等;机床操作面板主要用于
手动方式下对机床的操作以及自动方式下对机床的控制。各种数控系统的控制面板是不相同
的,但都有其共性和相似之处,下面我们以 MVP - 8 数控加工中心介绍三菱数控系统的控制
面板。

MVP - 8 机床主机控制面板如图 11.25 所示,面板上包括 CRT 显示屏,NC 程序输入、编
辑区,各种设定、机能选择键等等。

MVP - 8 机床辅操作面板如图 11.26 所示,面板上包括开关、报警指示灯、机床状态指
示、机器控制、模式开关、循环控制等等。主要控制加工过程中机器的一些辅助动作,如,冷
却液、吹气、排屑等等。

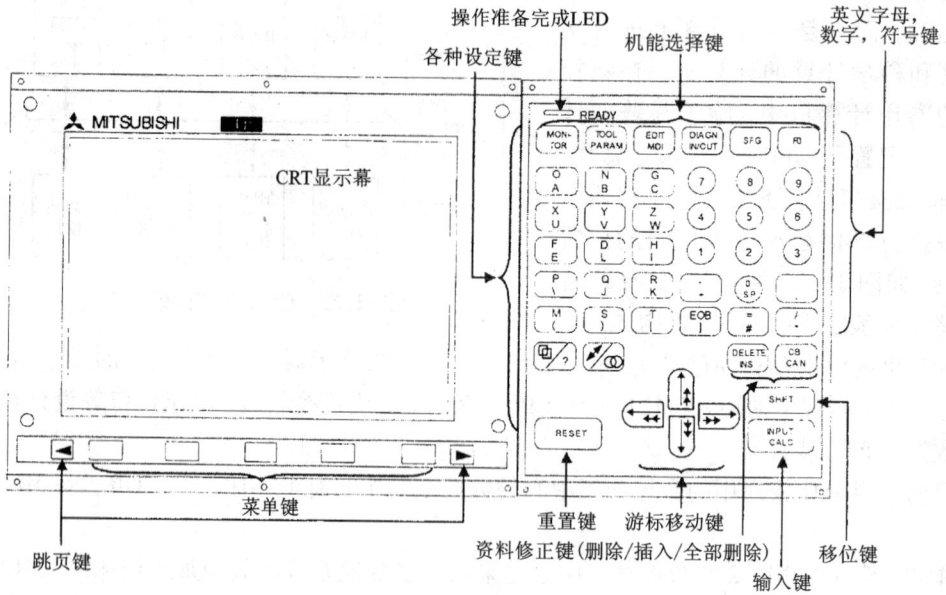

图 11.25　数控加工中心机床主机控制面板

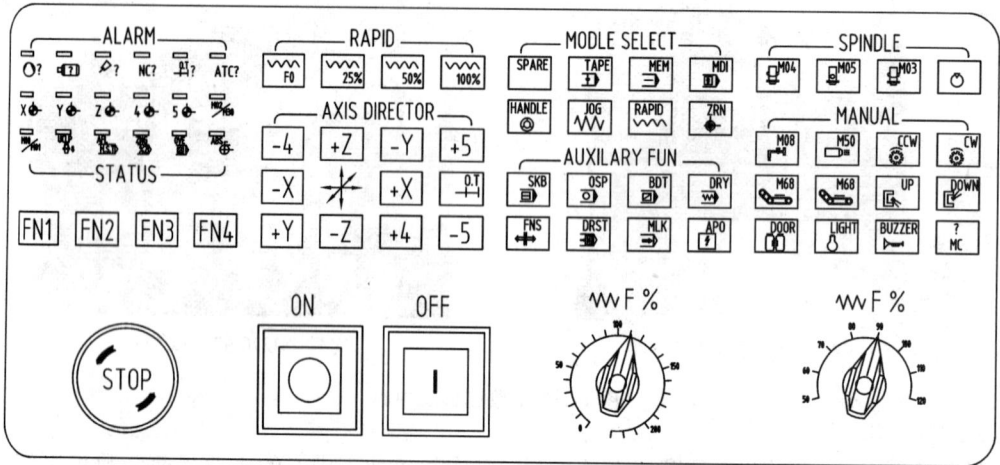

图 11.26　数控加工中心机床控制面板

　　OMINIS1270 数控加工中心的控制面板与 MVP - 8 数控加工中心的控制面板的内容相同，只是功能区域的布置有所差别。

11.5.3　数控加工中心手工编程

　　所谓手工编程，就是针对于一些结构简单、数值计算不复杂的零件，由人工完成从分析零件图纸、制定零件工艺规程、计算刀具运动轨迹坐标值、编写加工程序单、制定控制介面直至程序校核的工作，这对于我们掌握加工中心的加工工艺过程、各运动轴的运动轨迹有极大的好处，同时可以提高我们阅读自动编译的 CNC 程序的能力。

下面是一个加工中心手工编程实例：

如右图所示，在100X100X50的方形毛坯上加工直径 φ80 高 5 的凸台，并在 φ100 的圆周上加工 4 - φ10 深 10 mm 的孔。假设毛坯上平面已铣平，刀具为 φ10 的铣刀（1#刀），φ10 钻头（3#刀），加工工艺为：第一步，加工凸台；第二步，加工四个角；第三步，钻孔。其中第一、第二步分两次加工。

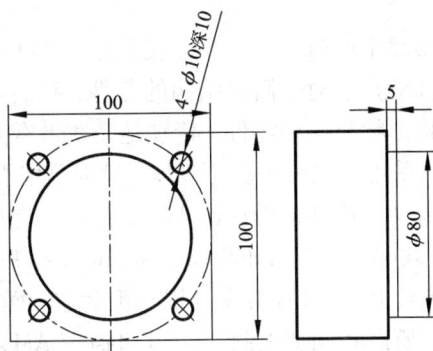

加工工艺	程　　序	说　　明
对刀	采用手动对刀，（演示）	设定工件坐标系为毛坯的中心点
加工凸台	G90 G40 G80；	使用绝对坐标方式，取消刀补，取消国定循环
	G54 X0 Y0；	将工作台移到工件坐标系原点
	M06 T1；	换取 1#铣刀
	M03 S1500；	启动主轴正转，转速1500r/min
	G43 H01 Z10.；	刀具长度补偿，将主轴定位至离工件 10 mm 高度处
	G41 D01；	设定刀具半径补偿
	G00 X - 52. Y - 52.；Z - 2.5	将工作台移动到加工起始点
	G01 X - 40 F1000；	直线加工至 φ80 圆的起点
	G02 I40.；	加工 φ80 的圆
	G00 Z5.；X - 52. Y - 52.；Z - 5；	返回加工起始点，并定位到第二次加工起点
	G01 X - 40. F1000；	直线加工至 φ80 圆的起点
	G02 I40；	加工 φ80 的圆，
	G00 Z5.；X - 46. Y - 56.；	凸台加工完成，定位至清角加工的起始点
	G40；	取消刀补
清角	G01 Z - 2.5；Y56.；Y46.；X56.；X46.； 　　Y - 56.；X - 48.；	沿毛坯周边第一次加工，
	G00 Z5.；X - 46. Y - 56.；Z - 5.；	退刀，定位至第二次加工起始点
	G01 Z - 2.5；Y56.；Y46.；X56.；X46.； Y - 56.；X - 48.；	沿毛坯周边第二次加工，
	G00 Z5.；X - 48. Z - 2.5；	退刀，定位至第一次加工余下角上起始点
	G02 I48.；	沿 φ96 圆周切削
	G01 Z - 5.；	定位至第二次加工余下角上起始点
	G02 I48.；	沿 φ96 圆周切削。
	G00 Z5.；X0 Y0 Z0；	清角完成，返回原点。
	M05；	主轴停止
钻孔	M06 T3；	换3#刀（钻头）
	M03 S500；	主轴正转
	G43 H03 Z10；	刀具长度补偿，将主轴定位至离工件 10 mm 高度处
		钻孔固定循环
	G91 G81 Z - 20 F100；	φ100 圆周钻 4 个孔，起始孔与 X 轴成 45^0。
	G90 G34 X0 Y0 I50. J45. K4	
	M30；	程序结束，自动关机

11.5.4　数控加工中心自动编程

在实际生产过程中，要求我们根据零件和毛坯的技术要求以及加工工艺要求，编译好 CNC 加工程序，对于简单结构的零件，我们可以采用手工编程的方式编制 NC 加工程序，但对于结构形状复杂的零件，特别是一些带有曲线，曲面的零件编程过程就必须进行大量的坐标运算，采用手工编程就不现实，这时就需要采用有关的 CAM 软件来编译 CNC 程序。

随着计算机辅助设计（CAD），计算机辅助制造（CAM）技术的发展，现在可用于自动编程的 CAM 软件主要有 AutoCAD、Solidworks、ProE、UG、MasterCAM、Cimatron。其中 AutoCAD、Solidworks、ProE、UG 等主要以造型为主，而 MasterCAM、Cimatron 等是基于模具和机械制造开发的，所以我国加工制造采用 MasterCAM、Cimatron 的比较多。下面简单介绍 Cimatron 自动编程的方法。

1. NC 程序的产生

用 CAM 软件进行数控编程时，首先是根据零件模型设置加工参数，包括刀具参数、刀路参数、加工工艺、机床参数等，然后计算出刀具路径轨迹，通过后处理器将刀具路径轨迹转换成 G/M 代码的数控程序，即 NC 程序。

从数控编程过程可以看出，刀具路径轨迹的产生过程与特定的数控机床无关，所以特定的数控机床并不能识别 CAM 软件生成的 NC 程序。这就需要把由 CAM 软件生成的 NC 程序转变为数控机床能够识别的 NC 程序，这个转换过程称为后处理。后处理实际上是一个文本编辑处理的过程，就是将计算出的刀具路径轨迹以规定的标准格式生成 NC 代码并保存。不同的后处理器生成的 NC 程序都会有所不同，而且不同的数控机床所接受的 G/M 代码也有所区别，一般用 CAM 软件生成的 NC 程序都不能直接进行加工，还需要根据特定的数控机床作适当的修改。

2. Cimatron E8.0 编程基础

Cimatron E8.0 NC 编程的工作界面比较直观和人性化，NC 编程模块的工作界面和零件模块的工作界面可以自由互相切换进行操作，灵活性非常强，极大地提高了模型修改和编程加工的效率。

（1）进入编程加工界面

Cimatron E8.0 进入 NC 编程的工作界面有三种方法：新建文档法，输出法，转换法。其中新建文档法是传统的进入编程加工界面，下面就新建文档法进入 Cimatron E8.0 NC 编程的工作界面简单介绍。

在 Cimatron E8.0 软件的初始界面双击【新建】图标，进入【新建文档】对话框，选择编程选项，就进入到编程加工的工作界面（如图 11.27 所示）。

新建文档法有两种创建加工模型的方法，一种是将现有的三维模型通过导入模型功能调入到当前文档创建刀具路径，使用该方法必须事先建立好模型。另一种是切换到 CAD 模式中创建模型，再返回到 CAM 模式中创建刀具路径，使用该方法可以完全没有模型，直接用 CAD 模块创建模型后进行加工。

（2）NC 编程的操作流程

①导入模型。将一个已完成的 CAD 零件模型调入到 CAM 编程加工环境中进行编程加工，在图 11.27 中左边工具条上点选第一个图标，按照弹出的对话框，选取要编程的文件打

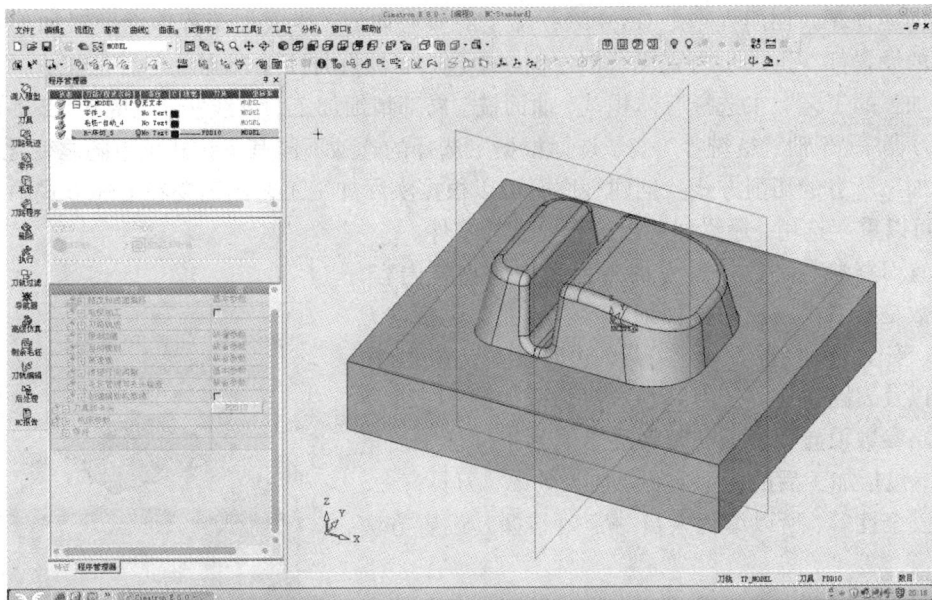

图 11.27　Cimatron NC 编程加工工作界面

开既可。

　　②定义刀具。刀具是进行数控编程加工的工具，定义刀具就是定义一些在加工中必须使用到的刀具。定义刀具可以设置刀具的名称、编号、类型以及刀具的参数值，还可以设置刀具卡头参数，借以检验刀具卡头是否与工件发生干涉。在定义刀具时应充分考虑被加工工件的结构大小，合理地选用刀具类型和大小，数控加工中心常用的刀具类型有球刀、环形刀、平底刀、钻头等几种类型。

　　③创建刀路。创建刀路用于创建一个刀具路径程序组，一个刀路可以包含一个或多个加工程序，这些程序都在同一个指定的加工坐标系下，也就是说刀具路径程序组实际上相当于一个用来放置加工程序的文件夹。在实际加工中，刀具路径程序组一般会以加工工艺及刀具大小进行划分，即创建一个刀具路径程序组作为粗加工的刀路，然后将所有粗加工的刀路程序放在该刀具路径程序组。继续创建另一个刀具路径程序组作为精加工的刀路，然后将所有精加工的刀路程序放在该刀具路径程序组。在图 11.27 上点选创建刀路后，左边工具条所有项目变成亮显。

　　④创建零件。创建零件是创建与参考模型一致的零件，表示加工后理想状态下最终产品，主要用于零件实际加工结果与理想状态的比较，分析是否有余量或过切。创建零件时可以选择导入的整个模型，也可以选择导入模型某个或几个几何要素，如果选择的是整个模型，则创建的刀路对整个零件进行加工，如果选择的是几何要素，则创建的刀路只对选择的是几何要素进行加工。

　　⑤创建毛坯。创建毛坯是创建一个用于加工的原始毛坯，他在加工中起到限制刀具运动的范围作用。原始毛坯可以定义得与零件实际毛坯一致，但必须建立毛坯模型；也可以直接使用 Cimatron E 中的限制盒虚拟毛坯。Cimatron E 自动默认前一个刀路加工完成后的形状为下一个刀路加工的毛坯形状。即在一个加工中只要定义一次毛坯，粗加工后的零件自动作为

精加工的毛坯。

　　⑥创建程序。创建程序是 CAM 编程加工的核心内容，生成加工程序以及对加工程序各种参数的设置都在这一步内完成。创建程序中包含了实际加工中所需的各种加工方式，即确定零件加工的工艺。主选择有体积铣、曲面铣、局部精细加工、流线铣、轮廓铣、2.5 轴、钻孔、连刀程序、5 轴航空铣等等，子选择根据主选择的选项不同其下拉式菜单随之变化，包含了数控加工所有的切削方式。创建程序时可以根据实际加工工艺的需要在上述方式中任意选用，也可以重复选用，最终加工出符合要求的零件。

　　设置刀路参数是数控编程加工程序中的重要内容，刀路参数是指刀具路径的各种细节参数，主要包括进刀和退刀、安全平面、进刀和退刀点、边界设置、精度、曲面偏移以及刀路轨迹等。刀路参数对话框如图 11.28 所示。刀路参数设置得合理与否将会影响到工件加工质量的好坏，包括加工后的表面质量、加工效率、刀具寿命、程序的安全性等，所以编程人员一定要掌握其设置方法和技巧。

　　创建程序时还需要设置机床参数，机床参数包括主轴转向和转速、进给速度、刀具直径补偿、切削液控制等。机床参数对话框如图 11.29 所示。合理的机床参数是保证加工效率的有效的途径之一，其设置的依据是根据被加工件材料和选用的刀具综合考虑。在 Cimatron E 中，几乎所有的加工方式机床参数设置都是相同的，只是某些加工方式的机床参数不包含部分选项。

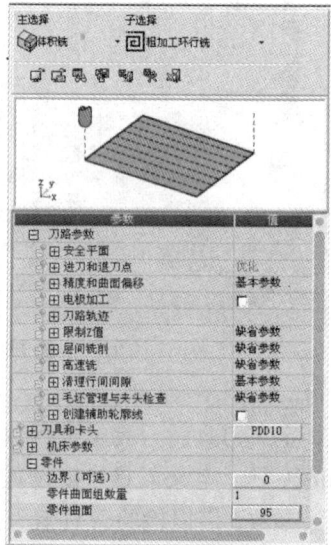

图 11.28　设置刀路参数界面面

　　⑦执行程序。执行程序是对已有的刀路程序重新计算，用于一些编程时只保存还没有计算以及一些修改了刀路参数和工艺的刀路程序的计算。

　　⑧模拟仿真。模拟仿真是对编制好的刀路程序进行刀路轨迹的模拟，检验刀路轨迹是否符合实际加工的要求，是否发生过切现象等。通过模拟仿真可以提高程序的安全性和合理性，模拟仿真以不到实际加工 1% 的时间且不造成任何损失的情况下检查零件加工的状况，从而减少出现错误，提高加工效率。

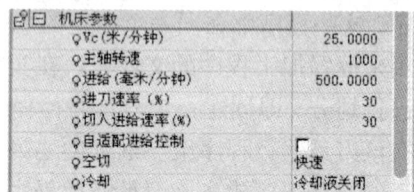

图 11.29　设置机床参数界面

　　⑨后置处理。后置处理即后处理配置文件，主要用来将由 CAM 软件生成的 NC 程序转换成数控机床能够识别的 NC 程序。后置处理根据特定的数控机床和数控系统的具体情况进行修改，从而制定出符合特定数控机床专用的后处理文件。

11.5.5　数控加工中心的操作

1. DNC 在线加工

DNC 在线加工是利用计算机中现有的 DNC 程序，在数控机床主机上调用来加工零件。

其操作步骤如下：

在计算机上，双击"CIMOOEDIT"软件，在图标栏中选择文件菜单，打开所需加工的 DNC 文件，再选择机床通信选择机床后确定。计算机上操作完成。

在机床上，先将进给速度调到"0"，选择"TAPE"模式，再将机床显示屏切换到"MONITOR"以便观察加工进程，按"CYCLE START"按钮开始执行程序，调节进给速度观察机床动作。

2. 以太网络加工

以太网络加工是利用远程计算机控制数控机床加工零件的方法，其操作步骤如下：

在计算机上，打开 SERV – U32. EXE 软件(运行 FPT 软件)，

在数控机床上，选择"DIAGN IN/OUT"，在主机显示屏上按菜单键找到并选择"HOST"，在显示屏上找到并选择"A CHOICE"，选择要运行的文件，在主机控制面板上按"INPUT"键，显示屏上按"返回键"，输入"7"，按"INPUT"键，按"返回"键，选择"IC CARD"，输入"4 + 程序名"，按"INPUT"键，待显示屏显示"呼叫完成"，就已经实现了远程程序调入。再将机床显示屏切换到"MONITOR"以便观察加工进程，按"CYCLE START"按钮开始执行程序，调节进给速度观察机床动作。

练 习 题

1. 简述数控加工中心的工艺特点。
2. 简述数控加工中心的组成，分类和主要适应加工范围。
3. 应用 Cimatron 软件练习数控自动编程。
4. 数控铣/加工中心坐标是如何规定的。

12 特种加工技术

12.1 概　述

特种加工(Non-traditional machining)是直接利用电能、电化学能、声能、光能或热能等能量,或选择几种能量的复合形式对材料进行加工的一类方法的总称。其加工的实质与传统的切削加工完全不同。它的产生和发展解决了一些特殊性能材料及某些复杂结构零件、超小型零件、超精密零件的加工问题。

特种加工是切削加工方法的发展和补充,是近几十年发展起来的机械加工领域的新技术、新工艺。

12.1.1　特种加工技术的发展及工艺特点

自20世纪中叶以来,由于材料科学和高新技术的迅猛发展、激烈的市场竞争、国防及尖端科学研究的需要,不仅产品更新换代日益加快,而且要求具有很高的强度重量比,并正朝着高速度、高精度、高可靠性、耐腐蚀、高温高压、大功率及尺寸大小两极分化的方向发展。因此,各种新材料、新结构、形状复杂的高精密机械零件大量涌现,给制造业提出了一系列迫切需要解决的新问题。当材料的硬度高,零件的精度要求高,零件的结构过于复杂或零件的刚度较差时,传统的切削加工就显得难以适应。生产中一旦提出了需要解决的新问题,就必然有人进行研究和探索。直到1943年,前苏联的拉扎连柯夫妇在研究开关触点遭受火花放电时的腐蚀损坏的现象和原因时,从火花放电时的瞬时高温可使局部金属熔化、汽化而蚀除的现象,顿悟到创造一种全新的加工方法的可能性,继而深入进行研究,最终发明了电火花加工的新方法,采用较软的工具即可加工高硬度的金属材料,从而首次摆脱了常规的切削加工,直接利用电能和热能去除金属,达到了"以柔克刚"的效果。继发明电火花加工之后,人们又不停顿地进行研究和探索,相继发展了一系列的特种加工新方法,如电解加工、电铸加工、超声波加工和激光加工、电子束和离子束加工等,迄今为止已有20多种,从而开创了特种加工的广阔领域。

与传统的切削加工相比,特种加工具有下列特点:

(1)工具材料的硬度可以大大低于工件材料的硬度;

(2)可直接利用电能、电化学能、声能或光能等能量对材料进行加工;

(3)加工过程中的机械力不明显;

(4)各种加工方法可以有选择地复合成新的工艺方法,使生产效率成倍地增长,加工精度也相应提高;

(5)几乎每产生一种新的能源,就有可能导致一种新的特种加工方法的产生。

12.1.2 特种加工技术在工业制造中的应用

由于特种加工方法具有上述特点,因此可以用于解决下列工艺难题:

(1)解决各种难切削材料的加工问题,如耐热钢、不锈钢、钛合金、淬火钢、硬质合金。陶瓷、宝石、金刚石以及锗和硅等各种高强度、高硬度、高韧性、高脆性以及高纯度的金属和非金属的加工。

(2)解决各种复杂零件表面的加工问题,如各种热锻模、冲裁模和冷拔模的模腔和型孔、整体涡轮、喷气涡轮机叶片、炮管内腔以及喷油嘴和喷丝头的微小异形孔的加工问题。

(3)解决各种精密的、有特殊要求的零件加工问题,如航空航天、国防工业中表面质量和精度要求都很高的陀螺仪、伺服阀以及低刚度的细长轴、薄壁筒和弹性元件等的加工。

特种加工自问世以来,由于其突出的工艺特点和日益广泛的应用,逐步深化了人们对制造工艺技术的认识,同时也引起了制造工艺技术的一系列变革。

(1)改变了对材料可加工性的认识 对切削加工而言,淬火钢、硬质合金、陶瓷、立方氮化棚和金刚石一直被认为是难切削材料。而现在已较广泛使用的由陶瓷、立方氮化棚和人造聚晶金刚石制成的刀具、工具和拉丝模等,都可以采用电火花、电解、超声波和激光等多种方法进行加工;对于淬火钢和硬质合金,采用电火花成形加工和电火花钱切割加工已不再是难事。这样,材料的可加工性就不再仅仅以材料的强度、硬度、韧性和脆性进行衡量,而只与所选择的加工方法有关。

(2)重新衡量设计结构工艺性的优劣问题 在传统的结构设计中,常认为方孔、小孔、弯孔和窄缝的结构工艺性很差。而对特种加工来说,利用电火花穿孔和电火花线切割加工孔时,方孔和圆孔在加工难度上是没有差别的。有了高速电火花小孔加工专用机床后,各种导电材料的小孔加工变得更为容易;喷丝头上的各种异形孔由以往的不能加工变为可以加工;过去因一时疏忽在淬火前没有钻的定位销孔,没有铣的槽,淬火后因难于切削加工只能报废,现在可用电加工方法予以补救;攻螺纹因无法取出孔内折断的丝锥,而使工件报废的现象已不复存在。有了特种加工,设计和工艺人员在设计零件结构,安排工艺过程时有了更大的灵活性和选择余地。

(3)对零件的结构设计带来重大变革 喷气发动机的叶轮由于形状复杂,过去只能在做好一个个的叶片后组装而成。有了电解加工,设计人员就可以设计整体涡轮了。又如山形硅钢片冲模,结构复杂,不易制造,往往采用拼镶结构。有了电火花线切割,就可以设计成整体结构。

(4)可以进一步优化零件的加工工艺过程 按传统切削加工,除磨削外,其他切削加工一般需要安排在淬火工序之前。按照常规,这是工艺人员必须遵循的工艺准则之一。有了特种加工,为了避免淬火工序中引起已加工部分的变形甚至开裂,工艺人员可以先安排淬火再加工孔槽。采用电火花成形加工、电火花线切割加工或电解加工的零件常先安排淬火,这已成为比较典型的工艺过程。

总之,各种特种加工方法不仅给设计师提供了更广阔的结构设计的新天地,而且给工艺师提供了解决各种工艺难题的新手段。根据在生产中的实际应用情况,本章将主要介绍电火花加工、超声波加工、激光加工等在生产中应用较为广泛的特种加工方法。

练 习 题

1. 什么是特种加工？"特"体现在哪些方面。
2. 特种加工在工业制造中的应用与对制造工艺的影响有哪些？

12.2　电火花成形加工

电火花加工(spark-erosion machining)是应用最广泛的一种特种加工方法。电火花加工有多种形式，其中电火花成形加工(spark-erosion sinking)与电火花线切割加工(spark-erosion cutting with a wire)是应用较多的两种，将在本节与下一节分别讨论。

电火花加工是利用两个电极间隙脉冲放电的腐蚀原理进行的。电火花加工的实质是"电蚀"。所谓电蚀是带电两极间的绝缘介质被瞬时击穿产生火花放电，并瞬时产生大量的热能，使工件的放电部分熔化、甚至气化，电极金属放电局部被蚀除的过程。电火花加工也被称做放电加工或电蚀加工。

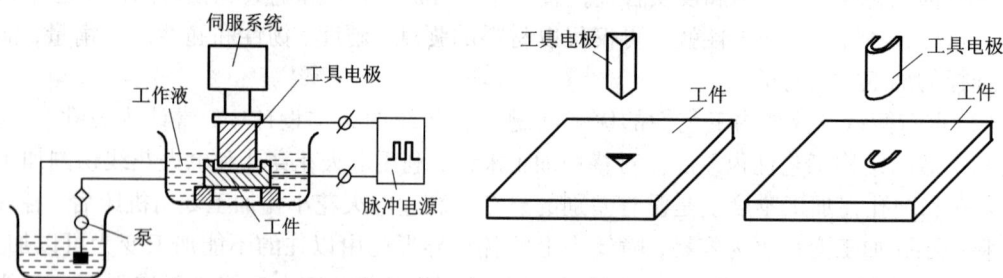

图 12.1　电火花加工原理图

12.2.1　电火花成形加工的原理与基本条件

1. 电火花成形加工的原理

如图 12.1 所示，工件与工具电极分别接在脉冲电源的两个输出端。在工具电极与工件之间充满绝缘的工作介质(煤油或变压器油)。自动进给调节装置使工具电极和工件间经常保持一很小的放电间隙(0.01 ~ 0.05 mm)。当脉冲电压加到两个电极(工件与工具)上，便将当时条件下极间最近点的液体介质击穿，形成放电通道。由于放电通道的截面积很小，放电时间极短(0.0001 ~ 0.1 s)，致使能量密度高度集中(10^6 ~ 10^7 W/mm^2)，放电区域产生的瞬时高温(中心温度可达10000℃)，致使放电处局部金属迅速熔化甚至蒸发，以致形成一个小凹坑。第一次脉冲放电结束之后，经过很短的间隔时间，第二个脉冲又在另一极间最近点击穿放电。如此周而复始高频率地循环下去，工具电极不断地向工件进给，它的形状最终就复制在工件上，形成所需要的加工表面。与此同时，总能量的一小部分也释放到工具电极上，从而造成工具损耗。电蚀过程如图 12.2 所示。

2. 电火花加工的条件

进行电火花加工必须具备以下几个条件：

(1)必须采用脉冲电源，以形成瞬时脉冲放电。每次脉冲放电延续一段时间($10^{-7} \sim 10^{-3}$ s)后，需停歇一段时间(图12.3)。这样才能使能量集中于微小区域，而不致扩散到邻近的材料中去。如果形成连续放电，就会形成像电焊一样的电弧，使工件表面烧伤而不能保证零件的尺寸和表面质量。

(2)必须采用自动进给调节装置，以保持工具电极与工件间微小的放电间隙。间隙过大，极间电压难以击穿极间的液体介质，不能产生火花放电；间隙过小，容易产生短路，也不能产生火花放电。电参数对放电间隙的影响很大，精加工时单边间隙仅有 0.01 mm，而粗加工则可达 0.5 mm，甚至更大。

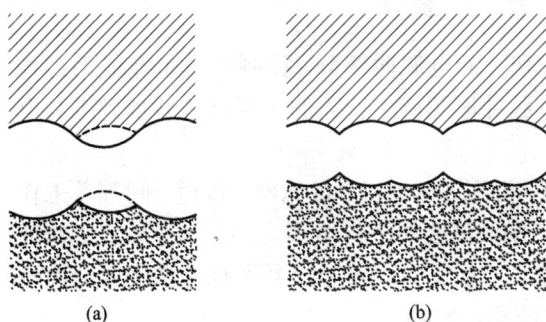

图 12.2 电蚀过程

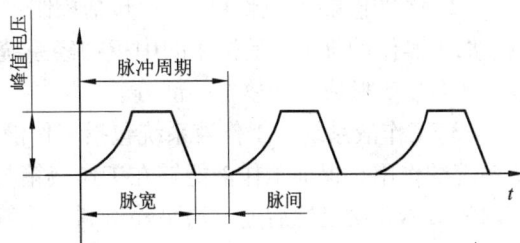

图 12.3 脉冲电源电压波形

(3)火花放电必须在具有一定绝缘强度($10^3 \sim 10^7 \ \Omega \cdot cm$)的液体介质中进行。常用的绝缘液体介质有煤油、皂化液和去离子水等。液体介质又称工作液，它除有利于产生脉冲式的火花放电外，而且有利于排除放电过程中产生的电蚀产物和冷却电极及工件表面。

3. 电火花成形加工的特点与应用

(1)适合于难加工材料的加工。由于加工中材料的去除是靠放电时的电热作用实现的，材料的可加工性主要取决于导电性及热学特性，而几乎与力学性能(硬度、强度、韧性等)无关。这样可以突破传统切削加工对刀具的限制，实现用软的工具加工硬、韧的工件。

(2)可以加工形状复杂的零件。

(3)其缺点是只适合加工导电材料，加工速度较慢，生产率低。

由于电火花加工具有许多传统切削加工所无法比拟的优点，因此其应用领域日益扩大，目前广泛应用于机械(特别是模具制造)、宇航、航空、电子电器、精密机械、汽车拖拉机和轻工等行业。以解决难加工材料及复杂形状零件的加工问题。加工范围从小至几微米的小轴、孔、缝，大到几米的超大模具和零件。

12.2.2 电火花成形加工机床的组成、传动及功能简介

1. 电火花成形加工机床(Spark-erosion sinking machine)的组成及各部分的作用

电火花成形加工机床由主机、工作液系统、脉冲电源柜三大部分组成，图12.4为DMK7732型电火花成形加工机床示意图。(DMK7132："D"为机床分类号，表示电加工类。

"MK"为机床特性代号，M 表示精密级，K 表示数控加工，"71"为机床组系代号，表示电火花成形机床组，"32"为机床工作台宽度的十分之一。）

（1）主机　主机由床身、立柱、工作台、工作液槽、主轴箱、主轴头、机床端子箱等部件组成。

床身　机床的基础，用来安装机床各部件并保证各部件之间相对位置。

立柱　立柱的前端安装和支承主轴箱，右侧安装和支承端子箱。

工作台　用于装夹工件，在工作台上有工作液槽，加工时工作液槽内必须充满工作液。

主轴箱　箱内为主轴伺服机构，主轴箱内主轴与下面的主轴头相联，工具电极装在主轴头通用电极夹具上，通过主轴伺服运动来实现工具电极的自动进给。

机床端子箱　主机操作的所有信号都汇集在端子箱内，来自脉冲电源的信号通过端子控制主轴、油泵等部件的动作，机床信号（液面高度、限位、报警等信号）又通过端子箱驱使电柜作出不同的反应。

（2）脉冲电源柜　脉冲电源柜包括控制系统和脉冲电源两部分，控制系统是完成系统控制、加工操作的部分，是机床的中枢神经系统。脉冲电源产生所需的重复脉冲并加到工具电极和工件上，形成脉冲放电的部分。

（3）工作液系统　工作液系统包括工作液箱、油泵、电动机、过滤器、管道、阀等。工作液系统的作用是保证工作液能够在工作液箱与工作液槽之间进行循环流动。加工前，工作液箱内的液体介质过滤后通过油泵输送到工作液槽内，加工时，通过油泵可对工作液进行强制循环，加工后，工作液槽内的液体介质返回工作液箱内贮存。

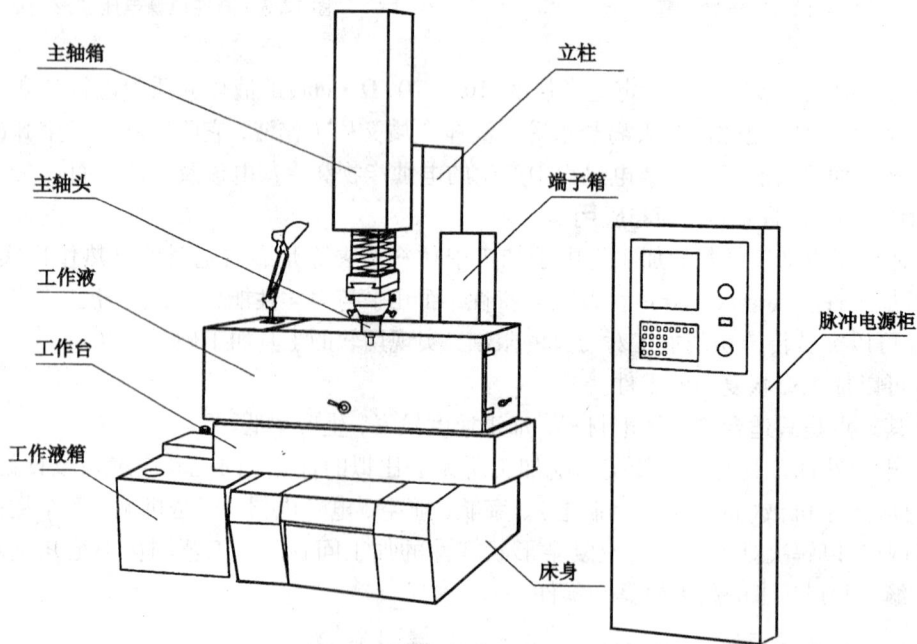

图 12.4　电火花成形机床外观图

2. 电火花成形机床的传动

主轴伺服系统采用步进电动机拖动，通过滚珠丝杠副传动，驱动主轴作上下伺服运动。伺服主回路通电后，电机制动器松开，电机旋转，通过联轴节带动滚珠丝杠转动，使主轴上下运动，从而实现放电加工。在任何位置切断回路电源时，电机制动器同时断电，靠制动器内的弹簧力进行机械制动，使主轴停止运动。步进电机的开停由机床控制系统控制，伺服系统按给定要求自动调节工具电极的进给速度并使之与工件间保持一定的放电间隙。

工作台的纵向、横向运动同样采用步进电机通过联轴节直接驱动滚珠丝杠来完成。

3. 电火花机床控制系统的基本功能

电火花机床利用人机交互界面能够进行加工、编程等各种操作：能够进行单轴移动加工，或一轴移动加工的同时另两轴平动加工；具有接触感知、自动找正定位、火花找正定位、快速移动、拉弧与短路自适应处理等辅助功能；还能够适时跟踪加工轨迹显示当前坐标位置。图 12.5 为系统的几种基本功能举例。此外，平动加工还有 45°平动加工、自由平动加工、步进方平动加工等方式。

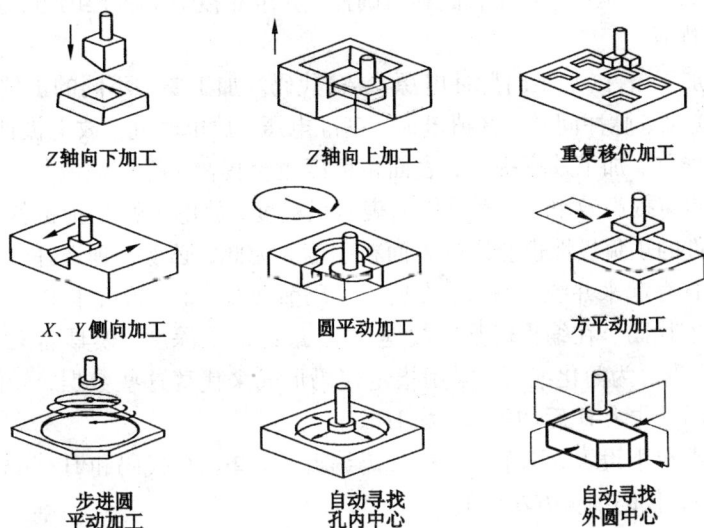

Z轴向下加工   Z轴向上加工   重复移位加工

X、Y侧向加工   圆平动加工   方平动加工

步进圆平动加工   自动寻找孔内中心   自动寻找外圆中心

图 12.5 电火花机床的几种基本功能

12.2.3 电火花成形加工的编程方法

编写程序前，应先分析零件图纸，确定工艺参数，再进行适当的数据处理，算出电机运动轨迹，同时弄清楚编程代码含义及程序格式。

1. 编程代码及代码含义

以 MD21NC 系列控制系统为例。该系统采用 ISO 国际标准代码。

(1)一般代码 包括 G 指令和 M 指令。其含义见表 12.1。

表 12.1　编程代码及含义

代码	功能	代码	功能
G00	快速定位	G92	设定坐标值
G01	直线插补	G97	三坐标清零
G04	延时	M02	程序结束
G80	接触感知	M04	回加工起点
G82	半程移动	M05	忽略接触感知
G90	绝对坐标	M98	子程序调用
G91	增量坐标	M99	子程序返回

（2）特殊代码　包括 LN 代码、C 代码、H 代码等。

LN 代码是平动加工代码。平动加工是指在单轴加工时，其他两轴进行特定轨迹合成动作的加工方式。其作用是：①修光表面和精确控制尺寸精度。②补偿因电极损耗而引起的加工偏差。③利于排屑。

C 代码是指加工条件（加工时脉冲电源参数）代码。加工要求不同的工件，其脉冲电源的各项参数（脉冲宽度、脉冲间歇、峰值电流、基准电压、放电时间、放电极性等）选择是不一样的。脉冲宽度增加，加工效率提高，表面粗糙度也会提高；峰值电流与基准电压增加，使放电能量增加，也将提高效率，但严重影响表面粗糙度，放电极性是指工件接脉冲电源的正极还是负极，工件的正负极性也会影响表面粗糙度。为此，必须合理选择这些参数。将一些常用的参数组合保存起来并统一编号，在所编号码前加 C，如：C01，称作 C 代码。

H 代码称为宏代码。在编程时某些数据（如：最终加工深度、模具名义尺寸与电极尺寸之差等）会经常出现。为简化编程，采用指定代码形式来代替这些数据，以便反复使用而不出错。规定：代码形式为 H 后加编号，如 H1。

系统在编程菜单下设置有 C 代码、H 代码编辑子菜单。C 代码和 H 代码只有事先编好才能在程序中应用（C 代码编辑方法略）。

H 代码格式为：H＊□＝□＊＊＊（等于号前后都需空格□）。如：H6　＝　500，即表示用 H6 代替 500 μm。

2. 编程格式及要求

（1）一般格式：

G 代码□参数

其中□为空格。

例如：G01 X100. 数值后面有点表示单位为 mm，无点则表示单位为 μm。

LN＊＊□STEP＊＊＊

＊＊指平动类型，见表 12.2。

＊＊＊指平动幅度（半径），范围为 5 ~ 9999 μm。

例如：LN11 STEP320

表 12.2　平动类型

		圆形平动	方形平动	交叉平动
自由平动	00	01	02	03
步进平动	10	11	12	13
锁定平动	20	21	22	23

(2)要求与规定：

在一个语句中，如果既有 C 代码，又有 M 代码和 G 代码，规定 C 代码在前，M 代码在中，G 代码在后，代码与代码之间空一格。

在一个语句中，如果既有 LN 代码，又有 C 代码和 G 代码，规定 C 代码在前，LN 代码在中，G 代码在后，代码与代码之间空一格。

3. 编程实例

设加工零件孔深为 20 mm，$Ra < 1.25$ μm，事先定义 $H_1 = 20000$(孔深)，$H_2 =$ 工件名义尺寸 $-$(电极尺寸 $+$ STEP $***$)(STEP $***$ 为最后加工条件的 STEP 值)，并编辑好 C01、C02、C03、C04、C05、C06、C80 等 C 条件，规定平动类型为 LN01。加工程序如下：

```
G90
G80 Z -
G92 X0 Y0 Z0
G00 M05 Z10
C01 LN01 STEP6 + H2 G01 Z260 - H1
G00 M05 Z10
C02 LN01 STEP100 + H2 G01 Z180 - H1
G00 M05 Z10
C03 LN01 STEP140 + H2 G01 Z140 - H1
G00 M05 Z10
C04 LN01 STEP160 + H2 G01 Z100 - H1
G00 M05 Z10
C05 LN01 STEP180 + H2 G01 Z60 - H1
G00 M05 Z10
C06 LN01 STEP200 + H2 G01 Z30 - H1
G00 M05 Z10
C80 LN01 STEP220 + H2 G01 Z0 - H1
G00 M05 Z10
M02
```

程序分析说明：以上程序中共有了七道加工工序，这反映了电火花加工工艺规律，对于不同的工件，加工深度不一样，它的规律是一样的，即要加工到较高粗糙度值的某一深度，必须经过粗、中、精的转换。粗、中、精的转换点的确定关系到生产效率与最终质量的好坏，转换过早，剩余量多，电极损耗大，加工时间长；转换晚了，因粗加工造成的过切量(放电间隙)较大,使中、精加工无法修光,会出现尺寸加工到了,而粗糙度还不符合要求的现象。为了达到规定的粗糙度要求,多少道次最合适必须在加工过程中反复摸索总结才能得出。

如果零件的技术要求相同,只是加工深度不同,则只需重新定义宏代码的数据,程序本身可以不发生任何变化。从这里也可以说明宏代码的重要作用。

练习题

1. 电火花加工的原理是什么? 实现电火花加工必须具备哪些条件?
2. 电火花成形机床由哪几部分组成? 各部分的作用是什么?
3. 操作电火花成形机床时应特别注意什么?

12.3　电火花线切割加工

12.3.1　电火花线切割加工的工作原理和工艺特点

1. 电火花线切割加工的工作原理

电火花线切割(sparkerosion cutting with a wire)简称线切割。它是在电火花穿孔、电火花成形加工的基础上发展起来的。它不仅使电火花加工的应用得到了发展,而且某些方面已取代了电火花穿孔、成形加工。线切割机床已占电火花加工机床的大半。其工作原理如图12.6所示。绕在运丝筒4上的电极丝1沿轴线方向以一定的速度移动,装在机床工作台上的工件3由工作台按预定控制轨迹相对于电极丝做成形运动。脉冲电源的一极接工件,另一极接电极丝。在工件与电极丝之间总是保持一定的放电间隙且喷洒工作液,电极之间的火花放电蚀出一定的缝隙,连续不断的脉冲放电就切出了所需形状和尺寸的工件。

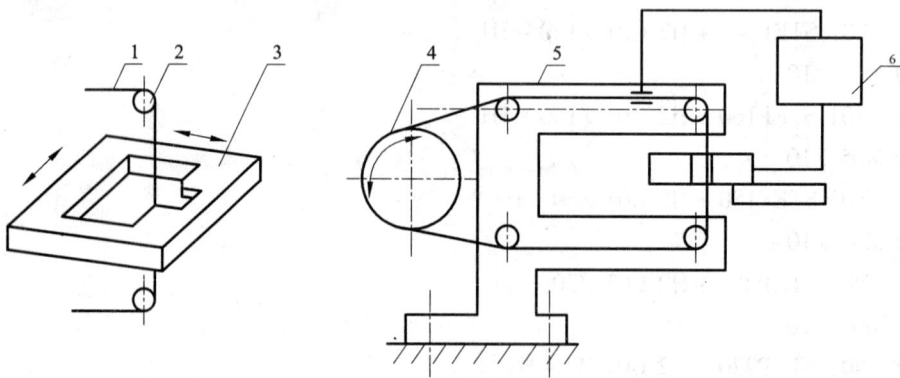

图 12.6　电火花线切割的工作原理

1—电极丝;2—导轮;3—工件;4—运丝筒;5—线架;6—脉冲电源

电极丝的粗细影响切割缝隙的宽窄,电极丝直径越细,切缝越小。电极丝直径最小的可达 $\phi 0.05$ mm,但太小时,电极丝强度太低容易折断。一般采用直径为 $0.1 \sim 0.3$ mm 的电极丝。

根据电极丝移动速度(Wire driving speed)的大小分为高速走丝线切割和低速走丝线切割。低速走丝线切割的加工质量高,但设备费用、加工成本也高。我国普遍采用高速走丝线切割,近年正在发展低速走丝线切割。高速走丝时,线电极采用高强度钼丝,钼丝以 8 ~ 10m/s 的速度作往复运动,加工过程中钼丝可重复使用。低速走丝时,多采用铜丝,电极丝以小于 0.2 m/s 的速度作单方向低速移动,电极丝只能一次性使用。

电极丝与工件之间的相对运动一般采用自动控制,现在已全部采用数字程序控制,即电火花数控线切割。

工作液起绝缘、冷却和冲走屑末的作用。工作液一般为皂化液。

目前,越来越多的学者认为:线切割加工的原理并非像电火花成形加工一样是由于两电极之间存在间隙引起火花放电,而是"线电极在切割时,只有当电极丝和工件之间保持一定的轻微接触压力,才形成火花放电"。由此可以推断,在电极丝和工件间必然存在某种电化学作用产生的绝缘薄膜介质。当电极丝相对工件移动摩擦和被顶弯所造成的压力使绝缘薄膜减薄到可以被击穿的程度,才发生火花放电。放电产生的爆炸力使钼丝或铜丝局部振动而暂时脱离接触,但宏观上仍属轻压放电。

2. 电火花线切割加工的特点和应用

(1)电火花线切割能切割加工传统方法难于加工或无法加工的高硬度、高强度、高脆性、高韧性等导电材料及半导体材料。

(2)由于电极丝极细,可以加工细微异形孔、窄缝和复杂形状零件。

(3)工件被加工表面受热影响小,适合于加工热敏感性材料。同时,由于脉冲能量集中在很小的范围内,加工精度较高,线切割加工精度可达 0.02 ~ 0.01 mm,表面粗糙度 Ra 可达 1.6 μm

(4)加工过程中,工具与工件不直接接触,不存在显著的切削力,有利于加工低刚度工件。

(5)由于切缝很细,而且只对工件进行轮廓切割加工,实际金属蚀除量很少,材料利用率高,对于贵重金属加工更具有重要意义。

(6)与电火花成形相比,以线电极代替成形电极,省去了成形工具电极的设计和制造费用,缩短了生产准备时间。

电火花线切割加工的缺点是生产率较低,且不能加工盲孔类零件和阶梯表面。

电火花线切割主要用于各种冲模、塑料模、粉末冶金模等二维及三维直纹面组成的模具及零件。也可切割各种样板、磁钢、硅钢片、半导体材料或贵重金属,还可进行微细加工,异形槽和试件上标准缺陷的加工。广泛用于电子仪器、精密机床、轻工、军工等部门。

12.3.2 线切割机床的组成、传动及系统功能

1. 电火花数控线切割机床(spark-erosion cutting with a wire machine)的组成

电火花数控线切割机床由主机、数控装置、脉冲电源装置等三部分组成。

(1)主机部分由工作台(Table)、运丝装置(Wire drive device)、丝架(Guide frame)、锥度装置、夹具、操纵盒、工作液箱、床身、防水罩等部分组成。工作台和锥度装置均可在水平面内移动,工作台的移动轴称为 X 轴、Y 轴,锥度装置的移动轴称为 U 轴、V 轴。切割带锥度工件时,工作台和锥度装置必须同时移动,从而使电极丝相对于工件有一定的倾斜。把 X、Y、

U、V 四轴同时移动称作四轴联动。操纵盒上设有机床的常用开关。

（2）数控装置作为机床的编程、控制系统，其内配备有486以上微机，装有线切割加工专用软件，通过操作线切割加工软件，能够实现绘制线切割加工轨迹图、进行自动编程并对线切割加工的全过程进行自动控制。也可以利用"Auto CAD"或"电子图板"等常用绘图软件绘制线切割加工轨迹图。

（3）脉冲电源装置为线切割机床提供符合要求的脉冲电源。脉冲电源装置可单独设置，也可与数控装置合并在一个控制柜内。脉冲电源装置上设有各项脉冲参数选择按钮（旋钮）。

图12.7是DK7732型电火花数控线切割机床外形图。（防水罩和夹具位于工作台上，图中未画出。DK7732中"D"表示电加工类、"K"表示数控加工、"77"表示快走丝电火花线切割加工机床、"32"为机床工作台宽度的十分之一。）

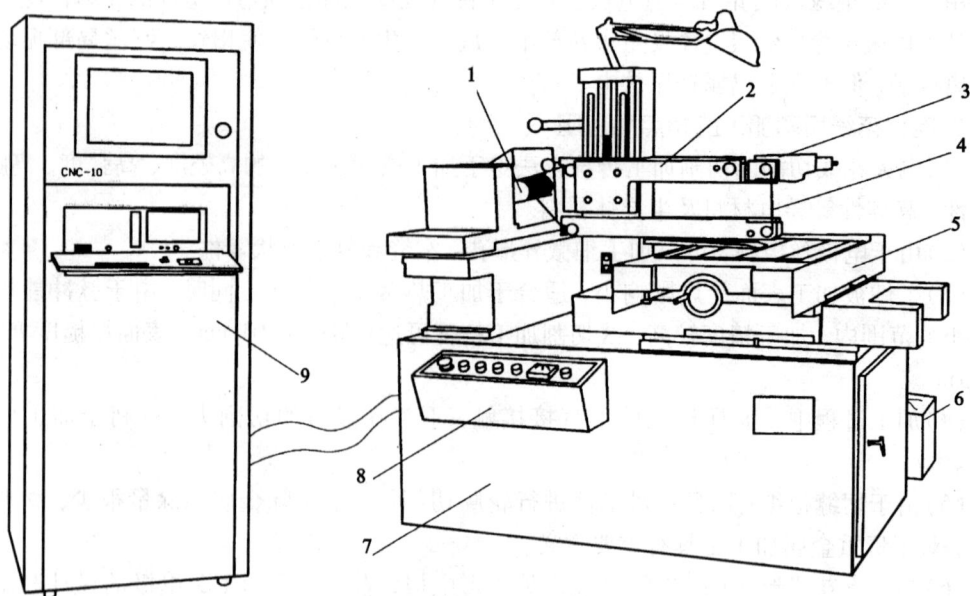

图12.7　线切割机床外观图

1—动丝筒；2—线架；3—锥度装置；4—电极丝；5—工作台；
6—工作液箱；7—床身；8—操纵盒；9—控制柜

2. 线切割机床的传动

系统采用步进电机带动滚珠丝杠传动，如图12.8所示。

工作台的传动路线为：

X 向　控制系统发出进给脉冲——步进电机 A——齿轮/齿轮——丝杠1——螺母1。

Y 向　控制系统发出进给脉冲——步进电机 B——齿轮/齿轮——丝杠2——螺母2。

控制系统每发出一个脉冲，工作台就移动0.001 mm。通过X、Y向两个摇手柄也可以使工作台实现X、Y向移动。

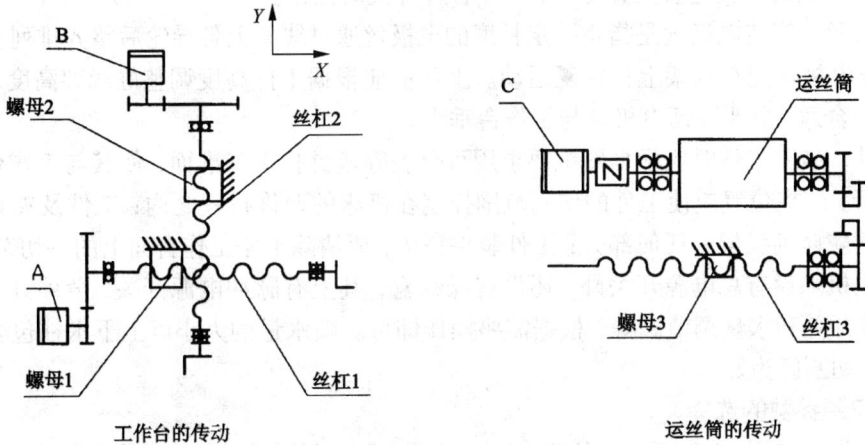

图 12.8　线切割机床的传动

运丝装置的传动路线为:

运丝电机 C——联轴节——运丝筒高速旋转——齿轮/齿轮——丝杠 3——螺母 3 带动拖板——行程开关。运丝装置带动电极丝按一定的速度运行,并将电极丝整齐地绕在运丝筒上,行程开关控制运丝筒的正反转。

线架 运丝筒旋转带动电极丝往复运动,排丝轮、导轮保持电极丝轨迹,导电块通电。通过手柄转动丝杠,带动上悬臂上下移动。

锥度装置位于线架上悬臂的头部,两个步进电机分别控制锥度装置作 U、V 两个方向运动.实现锥度切割。

3. 数控线切割机床控制系统功能特点

CNC – 10 线切割控制系统是目前较先进的快走丝高级编程控制系统,它采用了先进的计算机图形和数控技术,控制、编程为一体。具有以下功能特点:

①上下异形面,大锥度工件加工;

②双 CPU 结构,编程控制一体化,加工时可以同机编程;

③放电状态波形显示,自动跟踪无须变频调节;

④国际标准 ISO 代码方式控制;

⑤加工轨迹实时跟踪显示,工件轮廓三维造型;

⑥屏幕控制台方式,全部操作均用鼠标轨迹球实现,方便直观;

⑦现场数据停电记忆,上电恢复。

12.3.3　线切割机床的操作方法

与其他机床相比,数控线切割机床的操作部位较多。按其操作部位不同可分为主机操作、计算机编程控制操作、脉冲电源参数的选择等。以 DK7732 型数控线切割机床为例分别介绍。

1. 主机操作

主机的操作包括绕装电极丝、装夹工件和各种开关的操作。

绕装电极丝　绕装电极丝是指将一定长度的电极丝通过线架上各导轮后整齐排列在运丝筒上,以保证电极丝能在线架上作往复运动。上丝前应根据工件高度调整好线架高度,电极丝的松紧应当合适,且要保证电极丝与工作台垂直。

装夹工件　装夹工件时应根据图纸要求用百分表等量具找正基准面,使其与工作台的 X 向或 Y 向平行;装夹位置应使工件的切割范围控制在机床的允许行程之内;工件及夹具等在切割过程中不应碰到线架的任何部分;工件装夹完毕,要清除干净工作台面上的一切杂物。

开关　主机除设有总电源开关外,还设有操纵盒,其上有脉冲电源开关、急停开关、运丝开关、水泵开关和水量调节阀等,根据需要操作即可。喷水量的大小以上下水柱包容电极丝,水柱射向切割区为好。

2. 脉冲电源参数的选择

脉冲电源波形如图 12.9 所示。脉冲电源面板上有脉冲间隔调节、功率管个数选择、脉冲宽度选择、峰值电压选择等。脉冲间隔大小与功率管个数多少决定了加工电流(通过加工区的平均电流)的大小,功率管个数越多,峰值电流越大,加工电流越大;脉冲间隔越小加工,电流越大。正确选择脉冲电规准,可以提高加工工艺指标和加工的稳定性。粗加工时应选用较大的加工电流和大的单个脉冲能量(单个脉冲能量大小是由脉冲宽度、峰值电流、峰值电压等决定),可获得较高的材料去除率。精加工时,应选用较小的加工电流和小的单个脉冲能量,可以获得较好的表面粗糙度。

要求获得较高的切割速度时,可选用大一些的脉冲参数,但应注意所选电极丝的截面积对加工电流的限制,以免引起断丝。工件厚度大时(>300 mm),应选用较高的单个脉冲能量,以增大放电间隙,改善排屑条件。加工薄工件时,应选择较小的幅值电压,较少的峰值电流和较小的加工电流。

在容易断丝的场合,如工件材料含非导电杂质多、工作液中脏污程度较严重等,应减小电流、增大脉冲间隔时间。

图 12.9　脉冲参数示意

3. 计算机编程、控制部分的操作

计算机编程、控制部分的操作方法取决于机床控制系统所使用的软件,机床生产厂家不同,所开发的软件各具特点,具体操作方法将有所不同。如苏州长风生产的线切割机床,其控制系统为 CNC – 10(A) 系统,系统内的应用软件为"YH"软件。该软件性能稳定,使用效果良好。图 12.10 为 CNC – 10(A) 系统中控制屏形式(图中斜体字为注解)。系统所有的操作按钮、状态、图形显示全部在屏幕上实现。各种操作命令均可用鼠标轨迹球或相应的按键完成。编程屏的形式将在编程方法中介绍。

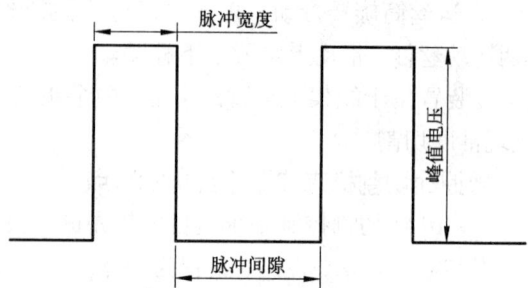

窗口切换标志　　　　　计时牌　　　　　电机状态　　　高频状态　　　　　　　　　间隙电压指示

SAMPLE《K》=1.0　00：45：38　　OFF　　OFF

YH

显示窗口切换标志

OPEN

机床参数设置

▲

◄　原点　►

▼

JOB SPEED/S

加工　暂停　复位

单段　检查　模拟

定位　读盘　回退

显示窗口

当前程序段显示

NO　0　*　　　　　√　+　-　←　→　↑　↓

图号　　　　　　坐标　X　　Y　　U　　V　　　效率　　　　/M

局部放大　　　图形显示调整　　　　功能按钮

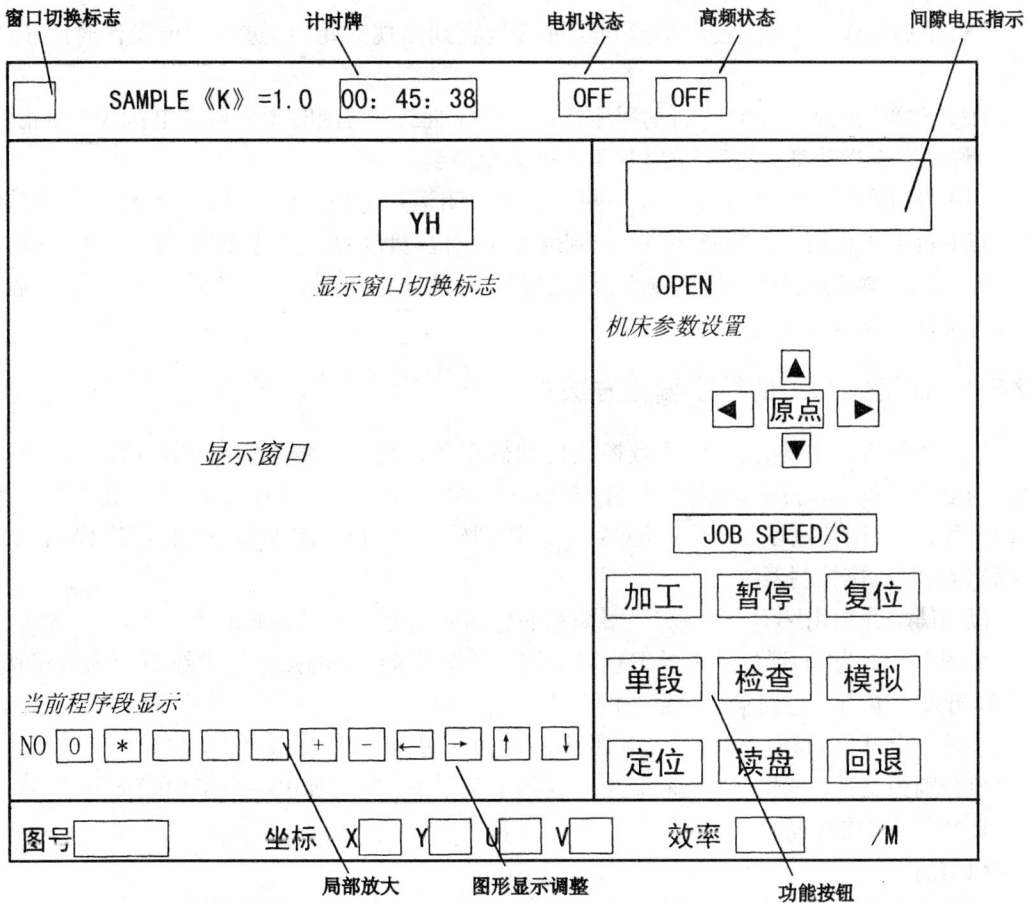

图 12.10　控制系统主屏幕

4. 具体操作步骤概括如下：

操作准备

(1)启动电源开关,让机床空载运行,观察其工作状态是否正常。

(2)按机床加工要求注油;添加或更换工作液,一般以每隔 10~15 天更换一次为宜;决定是否调换电极丝。

(3)调整线架,根据工件的厚度选择相应的切割跨距。

(4)校正电极丝与夹具垂直。

操作步骤

(1)开机。

(2)工件装夹。

(3)定位。此步只用于工件有定位要求的情况下。

(4)编程及加工程序送控制台。

(5)确定脉冲电源参数(当需要调整参数时,必须先关断高频脉冲输出)。

(6)启动运丝电机,启动水泵。

（7）将控制柜上高频脉冲置于"ON"状态。

（8）手摇工作台手柄，使电极丝与工件接近直到出现火花（已进行定位操作时此步必须省略）。

（9）按"W"或点击"加工"启动程序运行，进行加工。切割时观察机床电流表，使指针稳定（允许电流表指针略有晃动），将加工速度调至适当。

（10）加工结束后应先关闭水泵电机，然后关闭运丝电机，检查 X、Y 坐标是否到终点。到终点时拆下工件清洗并检查质量；未到终点时应检查程序是否有错或控制台有否故障。

注：机床操纵盒和控制柜控制面板上都有红色急停按钮开关，工作中如有意外情况，按下此开关即可断电停机。

12.3.4　线切割加工的绘图编程方法：

绘图编程方式主要有：（1）用数控线切割机床系统自备的编程软件（如：YH 软件）进行绘图与自动编程；（2）用其他绘图软件（如 Auto CAD、CAXA 等）绘图，再转入机床编程系统自动编程；（3）用其他切割软件（如 CAXA 线切割软件）进行绘图编程，再将程序代码（如 3B 代码）传送至机床控制系统。

以下简单介绍用"YH"软件。绘图编程的详细介绍见实习指导书。

如图 12.11 为"YH"软件内的编程屏形式，编程系统的全部操作集中在 20 个命令图标和 4 个弹出式菜单内。它们构成了系统的基本工作平台。

系统的全部绘图和一部分最常用的编辑功能，用 20 个图标表示（见图 12.11 左侧）。4 个菜单分别为文件、编辑、编程和杂项。在每个菜单下，均可弹出一个子功能菜单。

1. YH 软件操作简介

（1）绘图

用光标点击编程屏左侧的绘图命令（如直线、圆、切线等）将图形准确地绘出来（略）。绘图过程中需要用到"剪除"、"清理"等编辑命令。绘好的图形可以保存在指定的数据盘上，以便下次使用。

已保存在数据盘内的图形文件可通过"读盘"调出来。注：只能读两种格式的图形文件。一种是用本系统绘制的图形文件，另一种是以"dxf"格式保存的图形文件。

（2）自动编程

确认所绘图形准确无误后，用光标点击编程屏上［编程］菜单，依次操作各级编程子菜单，在必要时键盘输入："切割起点坐标"、"补偿量"等参数，注意选择好正确的切割路线。直至路径选取后，光标点击"认可"屏幕上可见火花沿着所选择的路径方向进行模拟切割，在切割路径终点出现"OK"，编程结束。自动编程系统操作简单，容易掌握，与手动编程相比，可大大节约编程时间，提高工作效率。

（3）切割编程起始位置与切割路线的选择

切割编程起始位置与切割路线要合理选择。选择切割编程起始位置与切割路线应以工件装夹位置为依据，再考虑工件切割过程中刚性的变化以及工件内是否存在残余应力等。

图 12.12 是切割路线与工件刚性变化的实例。加工过程中，随着切割的进行，工件上需要切离的部分和夹持部分的连接也越来越少，工件刚度也大为降低，容易产生变形，影响加工精度。这种情形是比较普遍的，应采用合理的切割路线，使其得到改善。一般应将工件与

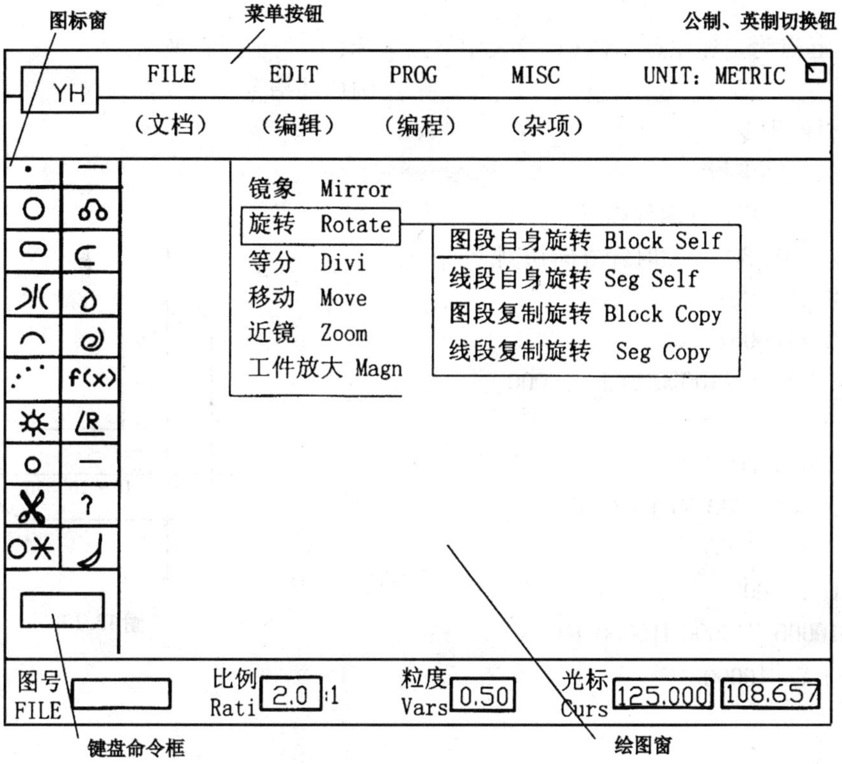

图 12.11　编程系统主屏幕

其夹持部分相分割的路线,安排在切割总程序的末端,图 13.12(a)是不合理的切割路线,(b)是合理的切割路线。

为了能够读懂程序代码以及个别场合需要对程序进行修改时能够进行手动修改。以下介绍编程代码含义

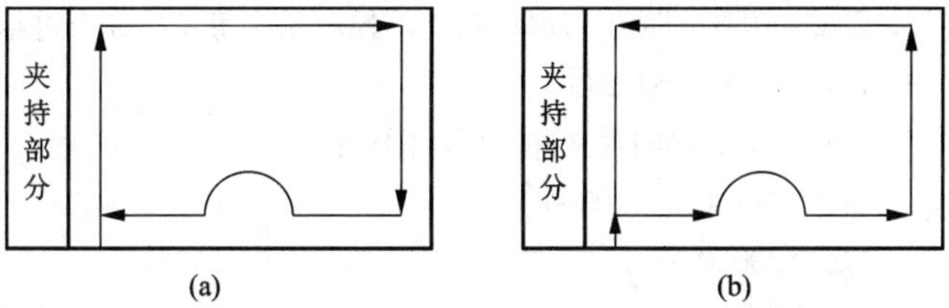

目前,有的线切割机床控制系统采用国际通用的 ISO 代码、也有的采用3B 或4B 代码,为了便于国际交流和标准化,已建议我国生产的线切割机床控制系统逐步采用 ISO 代码。

图 12.12

ISO 代码的编程格式如下:

G92 X _____ Y _____:以相对坐标方式设定加工坐标起点

G27:设定 XY/UV 平面联动方式

G01 X _____ Y _____(U _____ V _____):直线插补指令

XY 表示在 XY 平面中以直线起点为坐标原点的终点坐标

UV 表示在 UV 平面中以直线起点为坐标原点的终点坐标

G02 X _____ Y _____ I _____ J _____:顺圆插补指令

G02 U ＿＿＿＿＿　V ＿＿＿＿＿　I ＿＿＿＿＿　J ＿＿＿＿＿

以圆弧起点为坐标原点，XY(UV)表示终点坐标，IJ 表示圆心坐标

G03 X ＿＿＿＿＿　Y ＿＿＿＿＿　I ＿＿＿＿＿　J ＿＿＿＿＿ ：逆圆插补指令

M00：暂停指令

M02：加工结束指令

例如：图 12.13，可编程如下：

加工起点(0，30)，顺时针方向切割。

G92 XO Y30000

G01 XO Y10000

G02 X10000 Y – 10000 I0 J – 10000

G01 XO Y – 20000

G01 X20000 YO

G02 X0 Y – 20000 IO J – 10000

G01 X – 40000 YO

G01 XO Y40000

G02 X10000 Y10000 I10000 JO

G01 XO Y – 10000

M00

M02

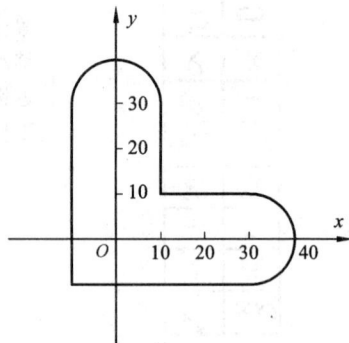

图 12. 13

练习题

1. 线切割加工的工作原理与电火花成形加工的工作原理有何同异？

2. 线切割加工机床由哪几部分组成？各部分有何作用？

3. CNC – 10 控制系统有哪些功能？控制系统每发出一个进给脉冲，工作台移动多少距离？

4. 四轴联动是指哪四轴？

5. 解释下列代码的含义并反译成图形：

G92 X – 10000 Y20000

G01 X20000 Y0

G03 X10000 Y – 10000 I10000 J0

G02 X0 Y – 20000 I0 J – 10000

G03 X – 10000 Y – 10000 I0 J – 10000

G01 X – 20000 Y0

G03 X – 10000 Y10000 I – 10000 J0

G02 X0 Y20000 I0 J10000

G03 X10000 Y10000 I0 J10000

M00

M02

6. 由于线切割加工的工艺路线是一闭合回路，所以切割编程的起点和路途可以任一选择。这句话对吗？为什么？举例说明。

12.4 超声波加工

人耳能感受到的声波频率在 16~16000 Hz 范围内。当声波频率超过 16000 Hz 时，就是超声波。前节所介绍的电火花加工，只能加工导电材料，而利用超声波振动则不但能加工像淬火钢、硬质合金等硬脆的导电材料，而且更适合加工像玻璃、陶瓷、宝石和金刚石等硬脆非金属材料。

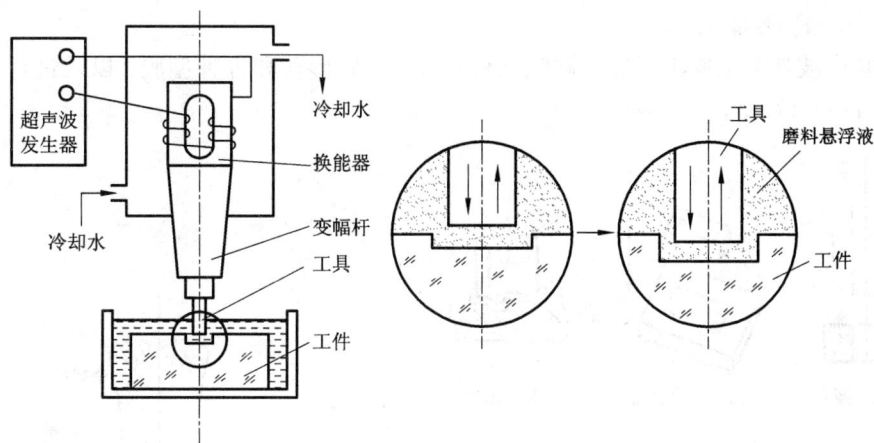

图中标注：
- 超声波发生器
- 冷却水
- 换能器
- 冷却水
- 变幅杆
- 工具
- 工件
- 工具
- 磨料悬浮液
- 工件

图 12.14 超声波加工原理

12.4.1 超声波加工的工作原理

超声波加工(ultrasonic machining)是利用工具端面的超声频振动，或借助于磨料悬浮液加工硬脆材料的一种工艺方法。其加工原理如图 12.14 所示。超声波发生器产生的超声频电振荡，通过换能器转变为超声频的机械振动。变幅杆将振幅放大到 0.01~0.15 mm，再传给工具，并驱动工具端面作超声振动。在加工过程中，由于工具与工件间不断注入磨料悬浮液，当工具端面以超声频冲击磨料时，磨料再冲击工件，迫使加工区域内的工件材料不断被粉碎成很细的微粒脱落下来。当工具端面以很大的加速度离开工件表面时，加工间隙中的工作液内可能由于负压和局部真空形成许多微空腔。当工具端面再以很大的加速度接近工件表面时，空腔闭合，从而形成可以强化加工过程的液压冲击波，这种现象称为"超声空化"。因此，超声波加工过程是磨粒在工具端面的超声振动下，以机械锤击和研抛为主，以超声空化为辅的综合作用过程。

12.4.2 超声波加工的特点与应用

1. 超声波加工具有如下特点：

(1)超声波加工特别适用于各种不导电的硬脆材料，如玻璃、石英、陶瓷、硅、玛瑙、宝石、金刚石等的加工。对于硬质金属材料，也能加工，但生产率低。

(2)工具可用软金属材料制作(如 45 钢)，故易于制造复杂形状的工具。但磨粒硬度一般应比加工材料高。

（3）加工过程中，工具对工件的作用力和热影响小，可用于加工薄壁、窄缝、低刚度的零件。

（4）去除被加工材料是靠极小的磨料作用，故加工精度高，一般可达 0.02 mm，表面粗糙度 Ra 值可达 0.4 ~ 0.1 μm，被加工表面的组织应力、残余应力及烧伤等均很小。

（5）超声波机床结构简单，使用维修方便。

（6）超声波加工的主要缺点是生产率低，比电火花加工还要低。

2. 超声波加工的应用范围

（1）型孔和型腔加工

目前超声波加工主要用于加工硬脆材料的圆孔、异形孔和各种型腔，以及进行套料、雕刻和研抛等（图 12.15）

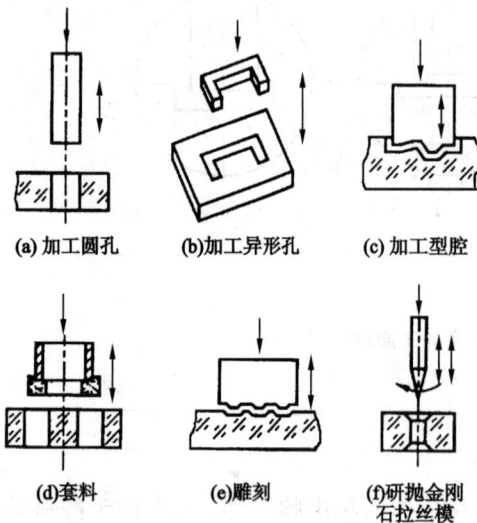

图 12.15　型孔与型腔加工　　　　图 12.16　切割单晶硅片

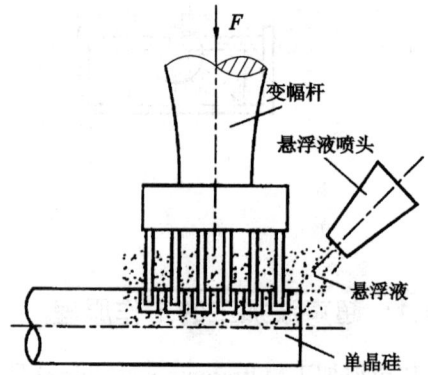

（2）切割加工

锗、硅等半导体材料又硬又脆，用机械切割非常困难，采用超声波切割则十分有效（图 12.16）。

（3）超声波清洗

由于超声波在液体中会产生交变冲击波和超声空化现象，这两种作用的强度达到一定值时，产生的微冲击就可以使被清洗物表面的污渍遭到破坏并脱落下来。加上超声作用无处不入，即使是小孔和窄缝中的污物也容易被清洗干净。目前，超声波清洗不但用于机械零件或电子器件的清洗，也用于医疗器皿如生理盐水瓶、葡萄糖水瓶的清洗。利用超声振动去污原理，国外已生产出超声波洗衣机。

（4）超声波焊接

焊接一般离不开热。超声波焊接就是利用超声频的振动作用，去除工件表层的氧化膜，使工件露出新的本体表面。此时被焊工件表层的分子在高速振动撞击下，摩擦生热并亲和焊接在一起（图12.17）。它不仅可以焊接表面易生成氧化物的铝制品及尼龙、塑料等高分子制品，而且它还可以使陶瓷等非金属材料在超声振动作用下挂上锡或银，从而改善这些材料的可焊接性。

超声波的应用范围十分广泛，利用其定向发射、反射等特性，可以用于测距和无损检测，还可以利用超声振动制作医疗用的超声手术刀。

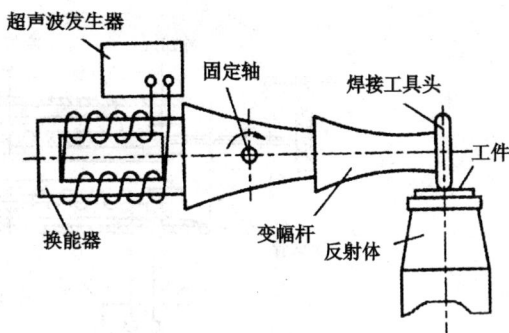

图12.17　超声波焊接示意图

12.5　激光加工

激光加工（laser heam machining）是20世纪60年代发展起来的一种新兴技术。它是利用光能经过透镜聚焦后达到很高的能量密度，依靠光热效应来加工各种材料。由于它利用高能光束进行加工，加工速度快，变形小，可以加工各种金属和非金属材料，在生产实践中不断显示出它的优越性，因而广泛用于打孔、切割、焊接、表面热处理以及信息存储等许多领域。

12.5.1　激光加工的工作原理

激光（laser）是一种经受激辐射产生的加强光。它的光强度高，方向性、相干性和单色性好，通过光学系统可将激光束聚焦成直径为几十微米到几微米的极小光斑，从而获得极高的能量密度（$10^8 \sim 10^{10}$ W/cm²）。当激光照射到工件表面，光能被工件吸收并迅速转化为热能，光斑区域的温度可达1万度以上，使材料熔化甚至汽化。随着激光能量的不断吸收，材料凹坑内的金属蒸汽迅速膨胀，压力突然增大，熔融物爆炸式地高速喷射出来。在工件内部形成方向性很强的冲击波。因此，激光加工是工件在光热效应下产生的高温熔融和冲击波的综合作用过程。

图12.18是固体激光器中激光的产生和工作原理图。当激光的工作物质钇铝石榴石受到光泵（激励脉冲氙灯）的激发后，吸收具有特定波长的光，在一定条件下可导致工作物质中的亚稳态粒子数大于低能级粒子数，这种现象称为粒子数反转。此时一旦有少量激发粒子产生受激辐射跃迁，造成光放大，再通过谐振腔内的全反射镜和部分反射镜的反馈作用产生振荡，此时由谐振腔的一端输出激光。再通过透镜聚焦形成高能光束，照射在工件表面上，即可进行加工。固体激光器中常用的工作物质除了钇铝石榴石外，还有红宝石和钕玻璃等材料。

12.5.2　激光加工的特点与应用

1. 激光加工的特点

（1）激光加工属高能束流加工，其功率密度可高达$10^8 \sim 10^{10}$ W/cm²，几乎可以加工任何金属与非金属材料。

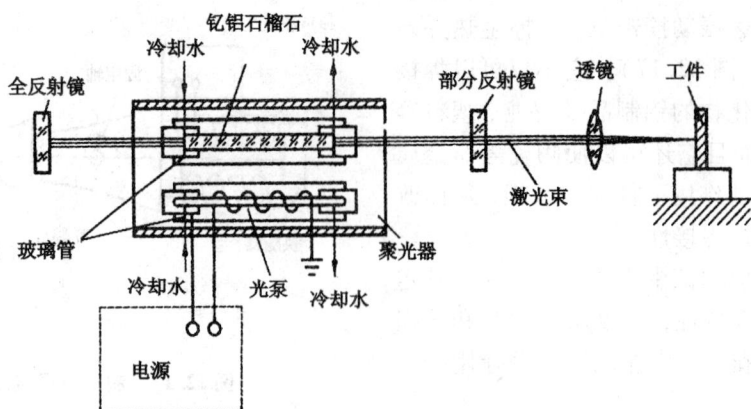

图 12.18　固体激光器中激光的产生与工作原理

(2)激光加工无明显机械力,也不存在工具损耗问题。加工速度快,热影响区小,易实现加工过程自动化。

(3)激光能通过玻璃等透明材料对隔离室或真实室内的零件进行加工,如对真空管内部进行焊接等。

(4)激光可以通过聚焦,形成微米级的光斑,输出功率的大小又可以调节,因此可用于精密微细加工。

(5)可以达到 0.01 mm 的平均加工精度和 0.001 mm 的最高加工精度;表面粗糙度值可达 0.4~0.1 μm。

2. 激光加工的应用范围

激光加工的主要参数为激光的功率密度、波长和输出的脉宽、激光照射在工件上的时间以及工件对能量的吸收等。激光对材料的表面热处理、焊接、切割和打孔等都与上述参数有关。

(1)激光表面热处理

当激光的功率密度约为 $10^3 \sim 10^5$ W/cm^2,便可实现对铸铁、中碳钢、甚至低碳钢等材料进行激光表面淬火。激光淬火层的深度一般为 0.7~1.1 mm。淬火层的硬度比常规淬火约高 20%,产生的变形小,能解决低碳钢的表面淬火强化问题。

(2)激光焊接

当激光的功率密度为 $10^5 \sim 10^7$ W/cm^2,照射时间约为 1/100 秒左右,即可进行激光焊接。激光焊接一般无需焊料和焊剂,只需将工件的加工区域"热熔"在一起就可以。激光焊接过程迅速,热影响区小,焊缝质量高,既可以焊接同种材料,也可以焊接异种材料,还可以透过玻璃进行焊接。

(3)激光切割

激光切割所需的功率密度约为 $10^5 \sim 10^7$ W/cm^2。它既可以切割金属材料,也可以切割非金属材料。它还能透过玻璃切割真空管内的灯丝,这是任何机械加工所难以达到的。

固体激光器(YAG)输出的脉冲式激光成功地用于半导体硅片的切割,化学纤维喷丝头异型孔的加工等。大功率的 CO_2 气体激光器输出的连续激光不但广泛用于切割钢板、钛板、石英和陶瓷,而且用于切割塑料、木材、纸张和布匹等。图 12.19 所示为 CO_2 气体激光器切割钛合金板材的情况。

(4)激光打孔

激光打孔的功率密度一般为 $10^7 \sim 10^8$ W/cm^2。它主要应用于在特殊零件或特殊材料上加工孔。如火箭发动机和柴油机的喷油嘴、化学纤维的喷丝板、钟表上的宝石轴承和聚晶金刚石拉丝模等零件上的微细孔加工。激光打孔的效率很高,如直径为 0.12 ~ 0.18 mm,深为 0.6 ~ 1.2 mm 的宝石轴承孔,若工件自动传送,每分钟可加工数十件。在聚晶金刚石拉丝模坯料的中间加工直径为 0.04 mm 的小孔,仅需十几秒钟

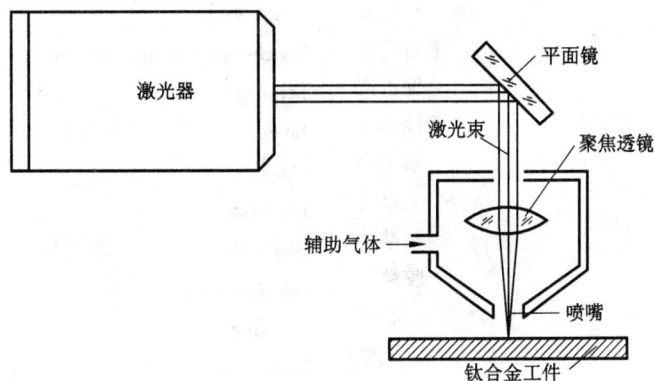

图 12.19 CO_2 气体激光器切割钛合金

练 习 题

1. 超声波加工的工作原理是什么? 有什么特点? 主要应用于哪些方面?
2. 激光加工的工作原理是什么? 有什么特点? 主要应用于哪些方面?

附录：常用制造工程专业术语英语词汇表

A

abrading	打磨
absolute coordinate	绝对坐标
accelerator	促进剂
acid electrode	酸性焊条
additives	附加物
adhesion	粘合
adherend	被粘物
adhesive	胶粘剂
adhesive layer	胶层
adjusted	调整
adjustment assembly method	调整法
ageing	老化
agglutination	胶合
aligning	找正
alloy steel	合金钢
aluminium	铝
aluminium alloy	铝合金
annealing	退火
anvil	砧铁
apron	溜板箱
arc furnace	电弧炉
argon shielded arc welding	氩弧焊
assemble	装配
assembly	装配
autoprogramming	自动编程
awaging die	摔子

B

back engagement of the cutting edge	背吃刀量
ball bearing	滚动轴承
base metal	母材
basic electrode	碱性焊条
bed	床身，砂床
belt transmission	皮带传动
bench work	钳工
bench-type drilling machine	台式钻床
bending	弯曲
binder	粘料、粘接剂
blacking	涂料
blanking	冲裁，落料
blank made	毛坯制造
blasting treatment	喷砂处理
blocking	粘连
blow energy	打击能量
blow moulding	吹塑成形
blowhole	气孔
bond	胶接，熔合区
bonding strength	胶接强度
bore with a reamer	铰孔
boring machine	镗床
boring tool	镗刀
brass	黄铜
brazing	硬钎焊
brazing alloy	钎料
brazing flux	钎剂
Brinell hardness	布氏硬度
Brinell hardness number	布氏硬度值
Brinell hardness test	布氏硬度试验
bronze	青铜
brush coating	刷胶
buring	过烧
burning moulding	烧结成形
butt joint	对接接头
butt rammer	春砂锤
butt welding	对焊

C

capacity	公称压力
carbon steel	碳钢
carburizing	渗碳
carburizing flame	碳化焰
cast alloy steel	合金铸钢
cast aluminum alloy	铸造铝合金
cast carbon steel	碳素铸钢
castability	铸造性能
cast iron	铸铁
cast steel	铸钢
casting	铸造
casting stress	铸造应力
centre rest	中心架
ceramic powder	陶瓷粉
C – frame press	开式压力机
chaplet	芯撑
characteristic of mechanical properties of metal	金属力学性能判据
characteristic of plasticity	塑性判据
characteristic of strength	强度判据
charge	炉料
charpy impact test	夏比冲击试验
chemical property	化学性能
chemical treatment	化学处理
classified groups assembly method	分组装配法
cleaner	提勾
cleaning fettling	清理
clearance gauge	厚薄尺
coating	药皮
coke bed	底焦
cold carcking	冷裂
cold shut	冷隔
column	立柱
compasses	圆规
composite materials	复合材料
compression molding	压塑成型
computer aided design(CAD)	计算机辅助设计
computer aided manufacture(CAM)	计算机辅助制造
computer aided process planning(CAPP)	计算机辅助工艺规程编制

computer integrated manufacturing system(CIMS)	计算机集成制造系统
computer numerical control(CNC)	计算机数控
conter punching	样冲眼
contraction	收缩
controlled atmosphere heat treatment	可控气氛热处理
control unit	控制单元
cope	上箱
copper	铜
copper alloy	铜合金
core	芯，芯子
core box	芯盒
core drilling	扩孔
core print	芯头
core raised	偏芯
core rod	芯骨
core sand	芯砂
core wire	焊芯
corner	刀尖
CO_2 shielded arc welding	CO_2 气体保护焊
counlerboring	扩孔
covered electrode	焊条
cracking	裂纹
crucible furnace	坩埚炉
cupola	冲天炉
cupola well	炉缸
curing	固化
curing agent	固化剂
curing temperature	固化温度
curing time	固化时间
cutting	切割
cutting off	切断
cutting speed	切削速度
cylindrical grinder	外圆磨床

D

dado joint	槽接接头
datum	基准
datum plane	基准平面
decarbonization	脱碳
defect	缺陷
deformability	退让性
delamination	分层

depth of cut	背吃刀量	face turning	车端面
dial gauge	百分表	fatique	疲劳
die	凹模	feed	进刀量
die casting	金属型铸造	feed box	进给箱
die forging	模锻	feed motion	进给运动
die handle	板牙架	feed rod	光杠
digital technology	数字技术	feedback system	反馈系统
digital-brick laying	数码累积造型	file	锉刀
diluent	稀释剂	filler	填料
drilling	钻孔，钻削	filing	锉削
direct numerical control(DNC)	直接数字控制	finish-forging temperature	终锻温度
disassembly	拆卸	finish turning	精车
dispersed shrinkage	缩松	fitting assembly method	修配法
dividing head	分度头	flanging	翻边
double column planer	龙门刨床	flash butt welding	闪光对焊
double ended radius sleeker	双头铜勺（秋叶）	flask	砂箱
dowel joint	套接接头	flat position welding	平焊
draft angle	模锻斜度	flexible manufacturing system(FMS)	柔性制造系统
drag	下箱	flexibilizer	增韧剂
drawing	拉拔，拉深	fluidity	流动性
drawing out	拔长	flux	熔剂，熔剂
draw spike	起模针	follow rest	跟刀架
drilling machine	钻床	forehearth	前炉
ductile-brittle transition temperature	韧脆转变温度	forging	锻造
ductile iron	球墨铸铁	forging dies	锻模
drill chuck	钻夹头	forging flow line	锻造流线
		forging temperature interval	锻造温度范围

E

		forging tolerance	锻件公差
elastic limit	弹性极限	forging welding	锻接
electric induction furnace	感应电炉	form precision	形状精度
electrode holder	焊钳	form turning	车成形面
electro-discharge machining	电火花加工	forming	成形法
engineering ceramic	工业陶瓷	foundry	铸造
engagement of a cutting edge	吃刀量	foundry coke	焦炭
engineering plastics	工程塑料	foundry molding drawing	铸造工艺图
external cylindrical grinder	外圆磨床	foundry returns	回炉铁
extrusion	挤压	friction welding	摩擦焊
excess metal	余块	fuel	燃料
extrusion molding	模压成形，挤压成形	furnace lining	炉衬
		fusible pattern molding	熔模制造

F

		fused deposition modeling, FDM	熔融沉积制模
face	前刀面	fusion welding	熔化焊
face milling	端铣		

G

gas cutting	气割
gas regulator	减压器
gas shielded arc welding	气体保护焊
gating system	浇注系统
gear	齿轮
gear and rack transmission	齿轮齿条传动
gear hobbing machine	滚齿机
gear shaping machine	插齿机
gear transmission	齿轮传动
generating	展成法
geometry offset	形状补偿
gluing	胶接
green strength	湿强度
grey cast iron	灰口铸铁
grinder	磨床
grinder model	磨床的型号
grinding	磨削
grinding wheel	砂轮
grinding variables	磨削用量
groove	坡口
grooving	切槽

H

hand molding	手工造型
handsaw	手锯
hard metal	硬质合金
hardness	硬度
headstock	床头箱
heat-affected zone (HAZ)	热影响区
heating of preform	坯料的加热
heat treatment in a controlled atmosphere	可控气氛热处理
heat treatment installation of steel	钢的热处理设备
heat treatment of steels	钢的热处理
height vernier calipers	高度游标尺
hexagon nut	六角螺母
high-temperature tempering	高温回火
hole drilling	钻孔
hole turning	车孔
horizontal position welding	横焊
hot isostatic pressing	热静压

hot tearing	热裂
hydraulic blast	水砂清理
hydraulic press	液压机

I

impact absorb function	冲击吸收功
impact toughness	冲击韧度
impregnation	浸胶
incomplete joint penetration	未焊接
increment coordinate	相对坐标
ingate	内浇道
injection molding	注射成型
inspected	检验
inspection of casting	铸件检验
instal grinding wheel	安装砂轮
install workpiece	装夹工件
interchangeable assembly method	完全互换法
internal grinder	内圆磨床
interpolation	插补
iron	铁
iron coke ratio	铁焦比

J

jack	千斤顶
joint	接头
jolt molding machine	震压式造型机

K

knee	升降台
knockout	落砂
knurling	滚花

L

ladle	浇包
laminated object manufacturing	层合实体制造
lap	折叠
lap joint	搭接接头
laser	激光
laser beam machining	激光加工
laser heat treatment	激光热处理
lathes	车床
laying out	划线
liquid phase sintering	液相烧结

lead screw and screw nut transmission	丝杆螺母传动
lip runner	压边浇口
loose piece	活块
loose piece molding	活块造型
loose tool	胎模
loose tooling forging	胎模锻
lower dead point	下死点
low hydrogen type electrode	低氢型焊条
low-pressure die casting	低压铸造
lower table	下工作台
low-temperature tempering	低温回火
lube	润滑油

M

machine-building process	机械制造过程
machine molding	机械造型
machined surface	已加工表面
machining	机械加工
machining allowance	加工余量
machining by trail cuts	试切法
magnetic particle inspection	磁粉探伤
main engine	主机
making powder	制粉
major flank	主后刀面
malleable cast iron	可锻铸铁
malleability	锻造性能
manual programming	手工编程
manual welding	手工焊
mark method	标注方法
material measure	量具
maximum stroke	最大行程
mechanical properties of metal	金属力学性能
mechanical working	压力加工
mechanical working of metal	金属的压力加工
medium-temperature tempering	中温回火
melting	熔炼
metal cutting machine tools	金属切削机床
metallic raw material	金属原材料
metal materials	金属材料
metal mold	金属型
metal penetration	机械粘砂
metallic charge	金属炉料
metallic powder	金属粉

microcast process	精密铸造
micrometer screw gauge	百分尺
miller	铣床
miller model	铣床的型号
milling	铣削
milling cutter	铣刀
minimum bending radius	最小弯曲半径
minor flank	副后刀面
misrum	浇不到
moisture content	水分，含水量
mold assembling	合型
mold cavity	型腔
mold joint	分型面
molding	造型
molding material	造型材料
molding sand	型砂
mottled cast iron	麻口铸铁

N

necessing	车槽
neutral flame	中性焰
nitriding	渗氮
nondestructive inspection	无损检测
non-traditional machining	特种加工
normalizing	正火
numerical control	数控
numerical controlled machining	数控加工

O

oddside molding	假箱造型
offset	错移；偏置
one-piece parttern	整体模
open die forging	自由锻
overhead position welding	仰焊
over heat	过热
overlap	焊瘤
overlapping moulding	层压成形
oxidation	氧化
oxidizing flame	氧化焰
oxyfuel gas welding	气焊
oxyfuel gas welding torch	气焊炬
oxygen cutting	气刻

P

parted pattern	分开模
parts	零件(部件)
pattern	模样
pattern draft	起模斜度
percentage elongation after fracture	断后伸长率
percentage reduction of area	断面收缩率
peripheral milling	周铣
permanent mold casting	金属型铸造
permanent set stress	规定残余伸长应力
permeability	透气性
physical property	物理性能
pig iron	生铁
pit molding	地坑造型
plane grinder	平面磨床
plane shear	剪板机,剪床
plane tool characteristic	刨刀的特点
planer tool	刨刀
planing	刨削
planing machine	刨床
plastic deformation	塑性变形
pneumatic hammer	空气锤
polymerization	聚合
polymety kemetharylate	有机玻璃
porosity	气孔
position precision	位置精度
pouring	浇注
pouring basin	外浇口
pouring position	浇注位置
pouring temperature	浇注温度
powder metallurgy	粉末冶金
preform	坯料
precision forging	精密锻造
prepare function	准备功能
press	压力机,冲床
pressure die casting	压力铸造
pressure welding	压力焊
primary motion	主运动
procedure specification	工艺规范
prototype	原形
properties of metal materials	金属材料的性能
punch	凸模,冲子

punching	冲孔

Q

quech hardening	淬火

R

radiographic inspection	射线探伤
radial drilling machine	摇臂钻床
rail	横梁
ram	滑枕
rapid prototyping maunfacturing	快速原型制造
reamer	铰刀
reaming	铰孔
refractoriness	耐火性
resistance spot welding	电阻点焊
resistance welding	电阻焊
reversed polarity	反接
right angle gauge	直角尺
riser	冒口
Rockwell hardness	洛氏硬度
Rockwell hardness scale	洛氏硬度标尺
Rockwell hardness number	洛氏硬度值
roller	轧辊
rolling	轧制
root face	钝边
rotary table	回转工作台
roughness of surface	表面粗糙度
runner	横浇道
rough turning	粗车

S

sand	砂
sand blasting	喷砂清理
sand casting process	砂型铸造
sand inclusion	砂眼
saw blade	锯条
saw tooth	锯齿
sawing	锯削
scab	夹砂结疤
scale loss	烧损
scale-less or free heating	少无氧化加热
scarf joint	斜接接头
scraper	刮刀

scraping	刮削	sprue	直浇道
screw cutting	车螺纹	stabilizer	稳定剂
scum	渣气孔	stamping	冲压
sealing adhesive	密封胶粘剂	start-forging temperature	始锻温度
seam welding	缝焊	steam-air forging hammer	蒸汽–空气锤
selected laser sintering	选域激光烧结	steam die forging hammer	蒸汽空气模锻锤
setting	硬化	steel	钢
setting-up workpiece	安装工件	step gating system	阶梯式浇注系统
servo system	伺服系统	stereo lithography apparatus	立体印刷成型
shake-out	落砂	Stereo Lithography File	STL 文件
shapers	牛头刨床	stiking	引弧
shaper model	牛头刨床的型号	straight polarity	正接
shielded metal arc welding	焊条电弧焊	strength	强度
shift	错型	stroke	行程
shearing	剪切	structural adhesive	结构胶粘剂
shot blasting	抛丸清理	submerged arc welding	埋弧焊
shower gate	雨淋式浇口	superconductivity	超导性
shrinkage	缩孔	suppress moulding	压制成形
shrinkage allowance	收缩余量	surface grinders	平面磨床
shut height	封闭高度	surface hardening	表面淬火
size precision	尺寸精度	surface heat treatment	表面热处理
slag	炉渣	surface treatment	表面处理
slag inclusion	夹渣	surface tuming	车平面
slicing solid manufacturing	分层实体制造	sweep molding	刮板造型
slippage	滑动	sweep pattern	刮板模
slotting machine	插床		
snail weel and snail bar transmission	蜗轮蜗杆传动	**T**	
solder	软钎焊	table	工具台, 工作台
solid pattern molding	整模造型	tail stock	尾架
soldering	钎焊	taper turning	车锥面
solvent adhesive	溶剂型胶粘剂	tapping	攻丝, 攻螺纹
solventless adhesive	无溶剂胶粘剂	tap wrench	铰杠
spark-erosion machining	电火花加工	tempering	回火
spark-erosion sinking	电火花成形	tensile strength	抗拉强度
spark-erosion sinking machine	电火花成形机床	tensile testing	拉伸试验
spark-erosion cutting with a wire	电火花线切割	test run	试车
spark-erosion cutting with a wire machine		thermo-chemical treatment	化学热处理
	电火花线切割机床	thermomechanical treatment	形变热处理
special casting	特种铸造	thread die cutting	套扣, 套螺纹
spindle	主轴	tool grinder machine	工具磨床
spindle head	主轴箱	three-part molding	三箱造型
spring back angle	回弹角	tongs	夹钳
split pattern molding	分模造型	tool	刀具

tool cutting angle	偏角	vice	虎钳
tool minor cutting edge	主切削刃	visual examination	外观检查
tool major cutting edge plane	主切削平面		

W

tool major cutting edge	副切削刃		
tool minor cutting edge angle	副偏角	wad	连皮
tool orthogonal clearance	后角	water resistance	耐水性
tool orthogonal plane	正交平面	wax pattern	蜡模
tool orthogonal rake	前角	wear offset	磨损补偿
tool post	刀架	weight	压铁
tool reference plane	基面	weld	焊缝
three dimensional printing and gluing	三维喷涂粘结	welding	焊接
transient surface	过渡表面	welding condition	焊接参数
		weld crack	焊接裂纹

U

		welding operation	焊接操作
ultrasonic inspection	超声波探伤	welding point	焊接接头
ultrasonic machining	超声波加工	welding position	焊接位置
undercut	唆边	welding wire	焊丝
universal cylindrical grinder	万能外圆磨床	wettability	润湿性
universal dividing head	万能分度头	wetting	湿润
universal milling head	万能铣头	wheelhead	砂轮架
universal vernier protractor	万能角度尺	whirl gate dirt trap system	离心集渣浇注系统
upper dead point	上死点	white cast iron	白口铁
upper table	上工作台	work surface	待加工表面
upsetting	镦粗	wire travelling speed	走丝速度
upset welding	电阻对焊	work hardening	加工硬化
		work head	头架

V

		working motion	工作运动
		wire drive device	走丝装置
vacuum heat treatment	真空热处理		
variety of shaper tools	刨刀的种类		

Y

vertical position welding	立焊		
vernier calliper	游标卡尺	yield point	屈服点
vertical drilling machine	立式钻床		

主 要 参 考 文 献

[1] 胡昭如主编. 机械工程材料. 长沙：中南工业大学出版社，1991 年
[2] 傅水根，马二恩，张学政编著. 机械制造工艺基础. 北京：清华大学出版社，1998 年
[3] ［日］堂山昌男等编，邝心湖等译. 尖端材料. 北京：电子工业出版社，1987 年
[4] ［美］E. P. Wohlfarth 主编，刘增民等译. 铁磁材料. 北京：电子工业出版社，1993 年
[5] ［日］舟久保等编，千东范译. 形状记忆合金. 北京：机械工业出版社，1992 年
[6] ［日］千千岩健儿著，吴桓文等译. 机械制造概论. 重庆：重庆大学出版社，1992 年
[7] 张万昌等主编. 机械制造实习. 北京：高等教育出版社，第 3 版，1990 年
[8] 邓文英主编. 金属工艺学. 北京：高等教育出版社，第 3 版，1990 年
[9] 同济大学金属工艺学教研室编. 金属工艺学实习教材，第 2 版. 北京：高等教育出版社，1991 年
[10] 林兴光，刘水华主编. 机械加工工艺基础. 长沙：中南工业大学出版社，1991 年
[11] 周泽华主编. 金属切削原理. 上海：上海科学技术出版社，第 2 版，1993 年
[12] 丁根宝主编. 铸造工艺学. 北京：机械工业出版社，1985 年
[13] 张之德，弁季美著. 纳米材料和纳米结构. 北京：科学出版社，2001 年
[14] 何少平，杨瑾珪主编. 金工实习. 长沙：中南工业大学出版社，1997 年
[15] 徐滨士著. 表面工程与维修. 北京：机械工业出版社，1996 年
[16] 王秀峰，罗宏杰. 快速原型制造技术. 北京：中国轻工业出版社，2001 年
[17] 金涤尘，宋放之. 现代模具制造技术. 北京：机械工业出版社，2001 年
[18] 清华大学金工教研室编. 金属工艺实习教材. 北京：高等教育出版社，1996 年
[19] 李长江主编. 数控机床编程与操作. 北京：机械工业出版社，2002 年
[20] 赵志修主编. 机械制造工艺学. 北京：机械工业出版社，1985 年
[21] 刘忠伟主编. 先进制造技术. 北京：国防工业出版社，2007 年
[22] 郑英华，何华妹主编 Cimatron E8.0 数控加工入门一点通 清华大学出版社
[23] Cimatron chian 教育培训中心 Cimatron E8.0 中文培训教材
[24] 数控加工中心
[25] 台湾三菱电机股份有限公司 MELDAS 60/60S 系列程式说明书
[26] 台湾三菱电机股份有限公司 MELDAS 60/60S 系列操作说明书
[27] 易红. 数控技术. 北京：机械工业出版社，2005
[28] 鲁方霞，邓朝晖. 数控机床的发展趋势及国内发展现状. 工具技术，2006.3（40）
[29] 胡育辉，袁晓东. 数控机床编程与操作. 北京：北京大学出版社，20086
[30] 刘舜尧，刘水华. 机械制造基础与实践. 长沙：中南工业大学出版社，1996
[31] 汤酞则，周增文，吴安如. 材料成形工艺基础. 长沙：中南大学出版社，2003
[32] 魏继昆，谭蓉. 先进焊接设备与维修. 北京：机械工业出版社，2006
[33] 王大志. 焊接技术与焊接工艺问答. 北京：机械工业出版社，2006